航天发射场数据处理技术

崔俊峰　侯艳杰　谢会琴　主编

U0415143

国防工業出版社
·北京·

内容简介

本书较为系统地介绍了航天发射场数据处理技术的基础理论、基本概念、算法模型及其技术特点，内容包括测控系统基础、数据处理基础、遥外测数据处理方法以及数据处理结果应用等技术。本书根据编者多年来从事航天发射场数据处理经验和相关科研成果而编写，旨在帮助读者熟悉并快速掌握航天发射场数据处理相关技术，为从事航天发射场数据处理以及相关领域的研究和应用打下坚实的基础。

图书内容力求理例结合，适合从事航天发射场数据处理的专业人员学习使用，也可供从事航天工业领域的试验鉴定、产品设计等相关科研工作人员自学或参考。

图书在版编目（CIP）数据

航天发射场数据处理技术 / 崔俊峰，侯艳杰，谢会琴主编. -- 北京 : 国防工业出版社，2025.1. -- ISBN 978-7-118-13491-9

Ⅰ. V55

中国国家版本馆 CIP 数据核字第 2024YS8446 号

※

国防工業出版社出版发行

（北京市海淀区紫竹院南路 23 号　邮政编码 100048）

北京凌奇印刷有限责任公司印刷

新华书店经售

*

开本 710×1000　1/16　**印张** 18　**字数** 308 千字

2025 年 1 月第 1 版第 1 次印刷　**印数** 1—1600 册　**定价** 148.00 元

（本书如有印装错误，我社负责调换）

国防书店：(010) 88540777　　书店传真：(010) 88540776

发行业务：(010) 88540717　　发行传真：(010) 88540762

航天发射场数据处理技术
编 审 人 员

主　　审　梁彦明

审　　定　肖　岗　杜培明　肖艳青　郭　锐

　　　　　王思华

主　　编　崔俊峰　侯艳杰　谢会琴

副 主 编　王竞克　李　鑫　高　燕　于国涛

编　　写　于建新　谷鹏冲　张香成　裴晓强

　　　　　岳　佳　刘宗伟　舒传华　何　华

校　　对　商临峰　李沛锦　陈　军

序

在人类探索宇宙的历程中，航天技术无疑是最为关键的一环。而在这个技术领域中，航天发射场数据处理又扮演着至关重要的角色，它既是我们获取飞行器信息的关键工具，也是航天器安全飞行的基础。随着航天技术的飞速发展，中国航天驶入了加速发展的快车道，“举北斗、探月宫、铸天链，射遥感、顶风云、闯太空”，航天人在探索浩瀚宇宙的征程中创造了一次次中国奇迹，航天发射场数据处理技术在其中发挥了关键作用，也取得了长足进步，为我国的太空探索之旅提供了强大支撑。本书是太原卫星发射中心深研不辍、接续奋斗多年，不断探索、实践和积累的成果。这些年来，中心有一些团队、一批专家骨干一直致力于航天发射场数据处理领域的研究和实践，以探索与创新精神，应用理论与实践成果，不断用高精度、高质量数据，助力我们的航天事业不断创造新高度、开拓新边疆。

数据处理能力一直被认为是航天发射场的重要核心能力。本书涵盖了航天发射场数据处理的相关概念、算法和模型，通过深入浅出的方式，介绍基本原理、具体方法和实践应用，旨在使读者能够更好地理解、掌握航天发射场数据处理的基本技能，并带领读者走进这个神秘而重要的领域，了解如何从复杂的数据中提取有价值的信息，以及如何利用这些信息为航天发射提供服务与支撑。

本书有以下几个特点：一是数据处理方法新，该书以参数化技术贯穿全书，深入介绍了实时事后一体化通用数据处理体系及最新的遥外测数据处理模型；二是理论与实践结合紧，书中所涉及的全部模型、理论、方法、算法都经过了发射场成功应用，并且针对实际应用中遇到的问题，提供了详细的解决方案和策略，以帮助读者解决实际问题；三是适用范围广，该书有关方法不仅适用于发射场各类测量数据的分析与处理，也适用于试验鉴定、型号设计等领域的数据处理。

值得一提的是，本书还介绍了近年来在航天发射场数据处理领域的一些前沿技术和方法，如机器学习在数据处理中的应用等。这些内容将帮助读者更好地了解航天发射场数据处理领域的最新进展，同时也为广大读者提供新的思路和方法来优化数据处理过程。

航天发射场数据处理不仅是航天技术的重要组成部分，也是数据科学领域的一个重要分支。在这个领域中，我们需要不断地学习、探索和创新，以推动航天事业的发展和进步。我们希望本书能够为读者提供有关航天发射场数据处理的系统和全面的知识，同时也能够激发广大读者对这个领域的兴趣与热情。

问渠那得清如许？为有源头活水来。希望此书能够成为广大读者的良师益友，在探索航天发射场数据处理的旅程中提供有益的参考和启示。纸上得来终觉浅，绝知此事要躬行。希望广大读者能以此书为新的起点，在数据处理这个充满挑战的领域中不断探索、实践，在航天发射所属领域有更大成就，为航天事业的发展与进步做出更大贡献。

最后，感谢作者们的辛勤努力和付出！

太原卫星发射中心

2023 年 11 月 30 日于山西岢岚

前　言

航天发射技术难度大、系统复杂，是一项高风险的系统工程。航天工程所要求的高精度、高稳定性和高可靠性，使航天器、运载器和发射系统的复杂程度很高；另外，航天飞行器所具有的不可逆、不可重复、主体系统与环境强关联等特性，使其故障具有突发性强、危险性大、不可预见等特点，一旦发生故障将会造成巨大的损失。随着航天技术发展的需要，各种用途和类型的火箭、航天器越来越多，其试验内容越来越丰富，对测量的要求越来越高，对测量数据处理的速度、精度、范围及内容提出了更高的要求。

本书针对航天发射中数据处理与分析中的各种实际问题，将理论与实践相结合，通过分析、研究、解决复杂过程的建模、仿真和验证等关键问题的技术和方法，研究新一代基于云平台的智能数据处理系统为典型的新型数据处理中心，实现航天发射场数据处理智能化的新构思，对航天发射场数据处理及相关领域的科研和工程技术人员有较好的指导和参考价值。

书中许多研究得到国家高技术研究发展计划（863 计划）相关研究领域、青年科技基金等的大力支持，编者在近 10 年工程化实践和科研课题研究的基础上，汇总了多项获奖课题的研究成果、发明专利和数十篇科研学术论文，对航天发射场数据处理的各种方法和关键技术进行了梳理和总结，也是编者近 10 年研究和实践的总结和提升。全书共分 5 章，第 1 章由崔俊峰、侯艳杰等主笔，介绍测控系统基础，包含航天发射场测控系统、测量设备及测量原理、运载火箭相关知识；第 2 章由谢会琴、高燕、侯艳杰等主笔，介绍数据处理基础知识，包含外测数据处理基础、遥测数据处理基础两部分；第 3 章由侯艳杰、刘宗伟、张香成等主笔，从不同类型设备数据及弹道计算方面介绍外测数据处理相关技术；第 4 章由崔俊峰、谢会琴、王竞克等主笔，介绍遥测数据处理相关技术；第 5 章由崔俊峰、侯艳杰等主笔，介绍数据处理结果应用。全书由崔俊峰、侯艳杰、谢会琴统稿和定稿。

本书引用了许多专家和学者的工作成果（见书末参考文献），在此，特别对有关作者和有关出版单位表示衷心感谢，为使本书内容完整，书中引用了作者在有关刊物上发表的一些文章。

在本书的撰写和出版过程中，太原卫星发射中心李宗利主任以及辛虎兵、高家智、梁允峰、唐立、管懿、韩庆华、马小东、尹全、张军军、王猛等同志给予了大力的支持和热情的帮助，是他们看到了该书对发射中心乃至航天事业的重要意义，才萌生出版该书的意愿。数据处理室的梁彦明研究员以及陈军、周俊相、王曙光、邵四海高级工程师，以及李世龙博士等认真阅读了全书，提出了许多宝贵的意见，在内容审查工作中付出了辛勤的工作，在这里一并表示感谢！最后非常感谢太原卫星发射中心各级领导及机关对本书出版的支持！

由于作者水平有限，书中的缺点和疏漏在所难免，诚恳希望同行和读者批评指正，以便今后改正和完善。

编　者

2023 年 11 月

目录

第1章

测控系统基础

在航天发射场中，测控系统是对运载火箭及卫星飞行试验进行跟踪测量和控制的专用技术设施，是航天工程的重要组成部分，是高度综合的现代科学技术结晶。

数据处理系统与测控系统有着极为密切的联系，数据处理功能是在航天发射中，对测控系统获取的遥外测测量数据及实况记录等信息进行精确处理，用数学方法将各种测量数据计算成直观的运载器位置参数、弹道参数、状态参数和时间指令参数等，以监视跟踪和分析运载火箭的飞行情况，为整个飞行过程的分析评定提供依据，同时也是测控系统工作情况评定的基础。

1.1 航天发射场测控系统

1.1.1 测控系统的地位、作用、组成和布局

1. 测控系统的地位和作用

卫星发射、载人航天工程中需由地面测控系统负责测量并监视运载火箭的飞行状态，判断卫星或飞船是否进入预定轨道。入轨后，需用测控系统对其进行测量、监视与控制。对于需要变换轨道的卫星，其轨道的变换和保持更需要地面测控系统的测量与控制。总之，从我国航天工程的系统来分析，卫星发射工程由卫星、运载火箭、发射场、地面测控、运控和应用六大系统组成；载人航天工程由航天员、空间应用、飞船、运载、发射场、测控通信、着陆场、空间运行管理八大系统组成。从这些组成来看，所有航天工程均离不开测控系统。

目前，我国航天测控系统已建成了主要针对航天发射的中精度卫星测控

网，形成了功能较强、具有一定规模、符合我国国情、实用有效的网络体系，建成了以外弹道测量系统、遥测系统和遥控系统为主体，具备一定国际联网能力的航天测控系统，总体上达到了世界先进水平，已承担并完成了一系列“神舟”飞船、导航定位和各种轨道卫星的测控工作，为我国航天事业的发展做出了卓越贡献。

2. 测控系统的组成

从总体上讲，测控系统由箭载测控系统和地面（或天基）测控系统两部分组成。箭载测控系统是指为配合地面测控系统完成火箭飞行的跟踪、遥测、遥控任务而安装在火箭上的由测控设备组成的系统。地面测控系统是指设置在地球上，用以进行飞行器测控的设备组合，包括跟踪伺服，天馈、无线电收发、终端等设备。天基测控系统是以空间跟踪与数据中继卫星系统、卫星定位系统和其他空间系统为基础构成的航天测控系统。

（1）箭载测控设备主要包括应答机及天线、信标机及天线、光源与激光反射器、遥控指令接收设备及天线、遥测信号采编与发射设备、卫星导航定位设备。

（2）地面测控系统按照功能，一般分为外弹道测量分系统、遥测分系统、遥控分系统、指挥显示分系统、数据处理分系统和大地测量分系统，如图 1-1 所示。

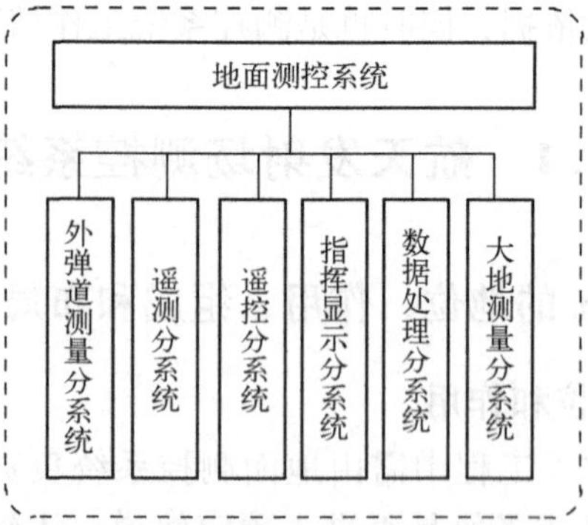

图 1-1　地面测控系统组成框图

（3）外弹道测量分系统是利用光学或无线电测量手段，从运载火箭外部测量其飞行参数的专用测量系统，目的是跟踪和获取目标的位置、速度等运动参数，以确定飞行弹道。根据测量采用的手段可以分为光学外弹道测量和无线电外弹道测量两类，测量设备包括光学测量设备、雷达测量设备和全球导航卫星系统（Global Navigation Satellite System，GNSS）测量设备。外弹道参数测量不仅是飞行制导精度鉴定、制导工具误差分离、飞行故障分析和改进设计的基本依据，也是指挥、监视显示、飞行控制和测控设备实时引导跟踪的基础，是测控系统的重要工作之一。

(4) 遥测分系统是接收在飞行器上进行测量与组织收集、经下行无线电链路传送来的各种参数数据并进行记录、处理以及按要求发送至相应用户的系统。在运载火箭等飞行器的研制试飞中，常用遥测分系统获取飞行器内部各系统的工作状态参数和环境数据，为评定飞行器的性能和进行故障分析提供依据。

(5) 遥控分系统是通过对火箭等飞行器发送相应指令，使其完成预定动作的专用系统。根据用途不同，遥控系统常划分为五类：一是火箭安全遥控系统，主要用于火箭发射过程的安全控制；二是近地卫星遥控系统，主要用于各种中低轨道近地卫星的轨道控制、返回式卫星的返回控制和星上有效载荷的控制等；三是地球同步卫星遥控系统，与近地卫星遥控系统相比，在用途和性能方面有不少相似之处，但控制内容更多、更复杂；四是载人航天遥控系统，被控对象为载人航天器，除包括前两类遥控系统的用途和功能外，还增加了航天员的逃逸控制，并遵循“先逃逸后安控”的原则；五是深空遥控系统，用于深空飞行器的遥控。

(6) 指挥显示分系统将实时数据处理系统处理后送出的、指挥控制人员关注的信息进行汇集、加工和显示，为分析决策和指挥控制提供依据。其功能是利用外测与遥测信息，生成图形、表格、曲线和声音，为指挥人员和总体技术人员监视发射进程、目标飞行状况、地面系统工作情况提供形象、直观的信息。指挥显示分系统是指挥员的“耳目”和工具，能够帮助指挥员及时了解目标飞行状况、参试设备状态、工作进展情况，保证指挥决策的高实时性、高可靠性，所以指挥显示分系统是航天发射中不可缺少的重要技术设施之一。

(7) 数据处理系统是测控计算机及其系统软件和应用软件的集合，对测量数据进行加工、计算、分析，以获得真实反映飞行器和载荷工作状态的结果信息。数据处理包括遥测数据处理和外测数据处理两大类。遥测数据处理主要针对遥测指令、参数、计算机字等箭上测量信息的处理，目的是获取飞行器及其载荷的工作状态和工作环境；外测数据处理主要针对光学、雷达、GNSS 等设备测量信息的处理，目的是获取飞行弹道等信息。从时间上分，数据处理包括实时数据处理和事后数据处理。

(8) 发射场大地测量系统主要是为各类航天发射建立精确的空间基准，为发射场坐标系统的建立和联网提供准确坐标，是运载火箭和电子装备等发射的技术保障系统之一。它是随着发射场的建立而产生，随着发射场的发展而发展的。发射场大地测量工作是各项发射前的一项基础性、先行性技术工作。例如，为了保证航天发射成功，首先通过卫星大地测量、卫星摄影测量、天文重力测量，提供地心坐标及垂线偏差等资料，同时通过一系列精确测量，保证精确的坐标和射向。因此，在发射场，无论是火箭测试发射、测量控制设备的标校跟踪，还是实时、事后的数据处理，都需要有准确的大地测量数据作为依据，测量成果精度差以毫厘，失之千里。

3. 测控设备布局

目前，航天发射场测控系统主要包含光学、雷达、遥测、遥控、指挥显示、数据处理、大地测量等设备。

为保证航天发射中各类测量信息的相对冗余和可靠搭接，测控设备一般在发射阵地附近和航区布设。对于不同的航天发射，存在射向不同和测量精度要求不同的差别，因此，为了满足不同发射的测量要求，测控设备的布局要求有所调整。

1）*发射阵地附近测控设备布局*

发射阵地附近布设的测控设备包括光学设备和遥测设备，大都属于机动设备，发射前派出就位，发射后撤回收拢。发射阵地附近测控设备布设原则如下。

（1）安全性好。一般要布设于安全区以外，如必须布设于安全区以内时，应采取无人值守或远程操控的工作方式。

（2）通视性好。测量方向无山体、树木、建筑物遮挡，无起飞段烟雾遮挡。

（3）跟踪条件好。箭上天线覆盖好、设备伺服跟踪性能在指标范围内、发动机尾焰影响尽量小。

（4）多站交会测量设备（系统），在发射阵地和初始段飞行弹道四周均匀布设。

（5）能够给出完整的初始段测量信息，与近航区、远航区设备能够可靠搭接。

2）*航区测控设备布局*

航区包括近航区和远航区，近航区连接发射阵地首区和远航区，设备布局基本保持不变，而远航区设备布局则随发射射向、航区的不同有所调整。航区设备包括光学、脉冲雷达、测速雷达、遥测、遥控等测控设备。航区设备布设的基本原则如下。

（1）与发射阵地附近测控系统有效搭接。

（2）与航区参试测控系统有效搭接。

（3）保证各设备跟踪性能优异，箭上天线覆盖性好，避免发动机尾焰影响。

（4）脉冲雷达、遥测设备、光学实况记录等设备相互补充，能形成完整测量链。

（5）光学、测速雷达等需多站联解系统，布站几何还应符合一定条件，利于提高飞行弹道联解质量。

1.1.2　测控系统设备种类及特点

测控系统设备按功能可分为外测系统、遥测系统、安全控制系统、指挥显示系统、数据处理系统，其中外测设备按测量体制又分为光学设备、无线电设备、天基外测设备。

1. 光学设备

利用接收可见光、红外、紫外、激光等光信号对目标进行跟踪、测量的设备，统称为光学测量设备，相应的系统称为光学测量系统。由于光学信号最终需要转换成电信号，或需要利用电学的手段实现控制等功能，因此也称为光电测量设备或光电测量系统。

光电测量系统是利用光学成像原理，在电荷耦合器件（charge coupled device，CCD）靶面上成像，采集飞行目标信息，经处理得到所需参数，并获取飞行实况图像资料。

光电测量系统具有测量精度高、可获取飞行目标直观的影像、不受"黑障"和地杂波干扰影响等特点，但与无线电设备相比，光电测量设备的作用距离近、易受气象条件影响。由于光电设备的这些特点，因此光学设备一般主要布置于发射场首区。

2. 无线电设备

利用发射/接收无线电信号对目标进行跟踪、测量、控制的设备，统称为无线电设备。

无线电测量设备按其工作体制分为基线制测量系统和非基线制测量系统两种，根据无线电信号的形式分为连续波和脉冲两类。

无线电外测设备的测元主要有方位角、俯仰角、距离、距离变化率、多站距离差、距离差变化率以及方向余弦、方向余弦变化率等。

连续波雷达的特点是一般采用锁相环技术，属于合作式测量，测量精度高，适用范围广。其缺点是不适合反射式跟踪和测距，其测距实现非常复杂，会导致发射功率受限。

脉冲测量雷达技术成熟，测量精度较高，可以进行非合作目标跟踪测量；单台设备就能确定目标位置；瞬时发射功率可以很大，探测距离远。其缺点是实现技术较为复杂，不适合测速。

3. 天基外测设备

天基外测主要指 GPS（美国）、GLONASS（俄罗斯）、GALILEO（欧盟）、BDS（中国）卫星测量系统，这些系统若按信号波形分类，应归于连续波测量系统。由于卫星在天上，相当于测量基站布于天上，当这些系统应用于飞行弹道测量时，又称为天基测量系统。当然，天基测量不仅仅是 GNSS，还有中继卫星以及其他卫星等，这里仅介绍 GNSS 测量系统。

GNSS 具备全球覆盖、全天候、连续和高精度的定位、测速和定时服务的特点，可有效弥补地基测量网覆盖率低、维持成本高、多目标测控能力弱、测量精度分布不均等不足，目前已广泛应用于在各发射场。

4. 遥测系统

遥测是将一定距离外被测对象的参数，经过感受、采集，通过传输介质送到接收地点并进行解调、记录、处理的一种测量过程。完成上述功能的设备组合称为遥测系统，它是火箭、航天测控系统中的重要组成部分。

遥测系统是以现代信息技术为基础的应用系统，其功能包括信息采集、传输与处理 3 个环节。其组成和原理如图 1-2 所示。在发送端，待测参数通过传感器转换成电信号，再通过信号调节器变换成适合采集的规范化信号，如电压和电流。多路复用装置将多路规范化信号按一定体制集合在一起，形成适合于单一信道传送的群信号，再调制发射机的载波，经功率放大后通过天线发向接收端。在接收端，接收天线收到信号后送到接收机，进行载波解调，再经多路复用解调器恢复出各路遥测信号，送到数据处理分系统进行数据处理，按要求选出部分参数进行显示，并对接收和解调后的检前、检后全部遥测信号进行记录以便事后处理。遥测系统是接收在飞行器上测量与组织收集、经下行无线电链路传送来的各种参数数据并进行记录、处理，以及按要求发送至相应用户（如指挥控制中心）的系统。在运载火箭等的研制试飞中，常用遥测系统获取飞行器内部各系统的工作状态参数和环境数据，为评定飞行器的性能和进行故障分析提供依据。

遥测系统按照传输信道可分为无线遥测和有线遥测两大类。无线遥测是指利用无线信道发送、接收遥测信号，有线遥测是指利用有线信道发送、接收遥测信号。遥测系统按遥测信号的多路复用调制技术分类，可分为频分制、时分制及码分制等；遥测系统按被传输信息类型可分为模拟遥测系统和数字遥测系统；遥测系统按设备装载体不同，又可分为车载、船载、机载和地面固定站遥测系统。但不论哪种分类方式，决定遥测系统主要性能的还是多路复用调制技术。

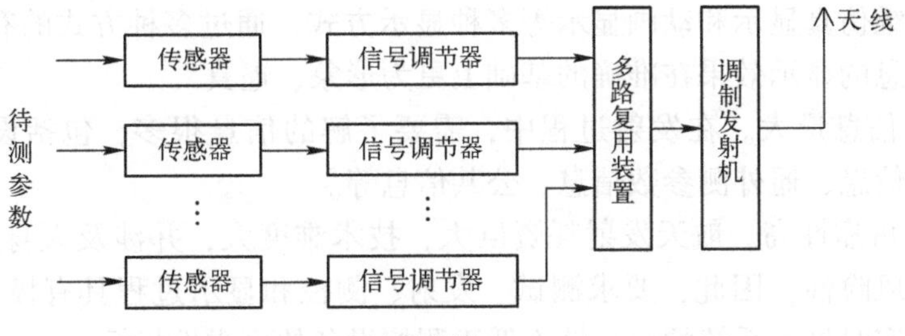

(a) 发送端

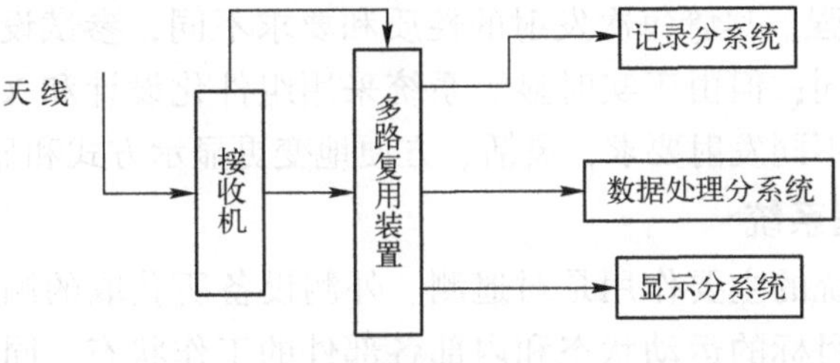

(b) 接收端

图 1-2　遥测系统组成和原理框图

5. 安全控制系统

安全控制系统简称为安控系统，它是针对运载火箭等飞行器飞行故障，确保地面人员和重要设施生命财产安全，确保飞行器落点不出国，根据一定规则对飞行器实施炸毁的系统，主要分为箭上安全控制系统和地面安全控制系统。

虽然火箭自身具有姿态失稳时的自毁能力，但为了确保航区大、中城市和重要工业设施的安全，避免故障火箭飞出国境造成国际纠纷，仍要求地面安全控制系统实时判断火箭的飞行情况，必要时对异常飞行的火箭实施安全控制炸毁，并选择合适的残骸落点。

6. 指挥显示系统

指挥显示主要由监控显示系统实时接收并显示数据处理中心计算机从网上送来的星箭飞行参数、发射实况，并根据需要分别以图形、表格等形式醒目、迅速地显示出来，为指挥人员决策提供所需的各类信息。

指挥显示系统的特点如下。

(1) 通用性好。采用组件化设计和画面定制方式，在不修改源代码的情况下实现程序的动态生成与配置，满足不同发射过程的显示需要，确保了软件质量的可靠性，降低了软件维护的工作量。

(2) 可视化好。系统采用多种显示方式灵活显示飞行信息。除了普通的曲线信息显示、数据信息显示、表格信息显示等外，还包括仿三维信息显示方式、三维仿真显示和动画显示等多种显示方式，通过多种方式的有效搭配，使实时信息的显示效果在准确的基础上更为形象、逼真。

(3) 信息量大。在发射过程中，需要了解的信息很多，包括设备状态、设备测量信息、遥外测参数信息、公共信息等。

(4) 可靠性高。航天发射耗资巨大，技术难度大，并涉及人身安全，具有极大的风险性，因此，要求测试、发射、测控和显示过程具有极高的可靠性，一般实时显示系统的可靠性不低于测控设备的可靠性指标。

(5) 灵活性强。尽管每次发射的性质和要求不同，参试设备、工作流程及指挥关系也不同；但由于实时显示系统采用组件化设计和 XML 语言支持，因此，可以根据不同发射要求，灵活、方便地变更显示方式和显示内容。

7. 数据处理系统

数据处理系统的主要作用是对遥测、外测设备所获取的测量信息进行处理，以了解飞行目标的运动状态和内部各部件的工作状态，同时计算出目标的飞行参数。数据处理按实时性要求可以分为实时数据处理和事后数据处理，按数据处理内容可以分为外测数据处理和遥测数据处理。目前，发射场按实际运行情况分为实时遥外测数据处理、事后遥外测数据处理。

1) 实时外测数据处理

实时外测数据处理主要实现对外测信息的预处理、检择、滤波和飞行弹道计算，并对解算飞行弹道进行择优等功能。即在实际飞行、校飞和系统联试中，根据输入帧缓冲区的取数指针的指示，从相应单元取出各外测测量数据帧，对各数据帧分别进行量纲复原，得到各测量设备的数据，完成对发射场光学、雷达、计算机等设备实时测量信息或模拟信息的加工和复原，完成对复原后数据的合理性检择；对检择后的数据进行滤波，解算飞行弹道，并将飞行弹道解算结果送到网上，进行实时择优，供各级指挥人员及安全控制系统使用，并为航区各站提供实时数据引导信息，使各测控设备及时捕获目标。

实时外测数据处理要求数据处理速度快、时间短、环节少、方法和计算公式较简单，满足安全控制和引导精度要求即可。通常情况下，实时外测数据处理仅仅包含信息复原、合理性检验以及所需参数解算等流程，必要时加上简化的大气折射修正处理。随着计算机处理能力的飞速发展，实时外测数据处理的要求也越来越高。

2) 实时遥测数据处理

实时遥测数据处理主要实现对各遥测设备的测量数据进行并行处理，包括遥测弹道计算、时间指令处理、工程参数计算，将各路遥测信息处理的结果数据输出到主干网上，供其他系统使用。

由于遥测参数的范围广、数量多，因此在实时遥测数据处理时，应挑选部分关键参数进行处理并显示，以供指挥及工作人员实时监控，作为实时指挥决策的依据。

遥测数据处理方法需随运载火箭类型以及遥测系统的变化而变化，甚至同类型而不同批次的火箭也会有所不同。

对于实时遥测数据处理来讲，要求对传输至计算机的每个参数立即进行处理，要确保这些参数在一帧的时间周期内正确解算并能够实时发送并实时显示。

数据处理工作涉及计算方法、数理统计学、误差理论、随机数据处理及无线电技术、计算机与应用等专业的基础理论，同时还涉及运载火箭总体知识、无线电遥测技术以及传感器和变换器知识；数据压缩技术；各种信号处理技术；计算机应用领域里的各种新技术、新知识等。

3）事后遥测数据处理

在运载火箭等飞行中，通过飞行器上遥测系统对其他各系统的工作状态、飞行器上环境情况和飞行弹道状况进行测量并实时传输下来，通过地面遥测设备接收站，把这些数据实时记录在硬盘、光盘等介质上，通过网络实时向数据处理中心传送接收数据。遥测数据处理的主要职责，就是对接收记录的测量数据进行质量检查、对接、分路和弥补，再按照数据处理方法和要求对分路数据进行计算，获取飞行器内部各系统的工作状态参数、环境数据和飞行弹道数据等，如反映箭上姿态控制情况的控制系统参数的电压、电流、指令和姿态角等；反映箭上各级发动机工作情况的动力系统参数的压力、压差和转速等；反映箭上热环境情况的环境参数的温度和热流等；反映箭上发动机系统、分离系统和飞行气流等综合因素的力学环境参数的振动、冲击、噪声和底部脉动压力等。

4）事后外测数据处理

事后外测数据处理担负着飞行结束后，通过对外测系统的原始测量信息进行整理、加工、扣除系统误差、减少随机误差，得到用户所需飞行器弹道参数及精度的职能。其主要作用是对测量分系统送来的各种测量信息进行加工处理，修正各项误差，提供计算弹道，供火箭研制部门进行制导工具误差系数分离以及分析故障使用，并对测量设备的跟踪与数据质量情况进行综合分析。事后数据处理结果的质量和精度，直接影响对运载火箭飞行的评价和精度的评定。

1.1.3　测控合作目标

按照被测对象有无测控合作目标，测量可分为合作测量和非合作测量。

合作测量是指被测对象上安装了测控合作目标，测量设备通过接收合作目标发射、转发或反射的无线电或光波信号获取飞行器弹道、姿态等特性的探测手段。合作测量的优点是设备接收信号强度波动小、跟踪稳定、作用距离远、数据质量好、不会跟错目标；缺点是受合作目标安装位置、天线增益、固体尾焰衰减和飞行姿态变化影响明显。非合作测量不依赖外测应答设备，更贴近实际飞行情况，是发射场未来发展的一个重要趋势；缺点是数据质量不稳定、精度低、易跟错目标。

1. 信标发射机

信标发射机简称信标机，是一种箭载测控合作目标。信标发射机没有接收部分，它自行产生一个无线电信号并发射出去供地面设备接收。与应答机相比，信标发射机结构简单，易实现，但测量精度不高。信标发射机在航天测控中主要用于引导系统中，个别情况下也用于对精度要求不高的测速系统中（如双频测速仪），两者分别称为引导信标发射机和测速信标发射机。信标发射机主要由频率源、倍频链、功率放大器、天线等几部分组成。

用于测速时，信标发射机频率准确度和频率稳定度直接影响地面接收机的带宽和测量精度。为抵消电离层影响，有时采用双频信标发射机。

有些信标发射机还具有发射遥测信号功能，这时需在倍频器后面加一级调制器，以便把遥测副载波或数字信号调制到载波上。调制度应合理选择，使地面接收载波和解调遥测信号能同时满足阈值要求。

某些应答机也配有频率源，在载波环路未锁定时能够独立发射一频率信号，供地面天线初始捕获，此时应答机的作用相当于一个信标发射机；载波环锁定到上行载波频率后，应答机输出信号即与上行载波相干，转入应答工作状态。

2. 脉冲应答机

脉冲应答机配合脉冲雷达工作，接收地面脉冲雷达的询问信号，放大后重新转发到地面雷达站，既可提高脉冲雷达作用距离，又可提高脉冲雷达回波品质，从而提高脉冲雷达的测量精度。脉冲应答机一般由接收机、发射机、视频处理器和电源组成。根据组成原理，可分为直接检波视频放大式应答机和超外差式应答机；根据应答机转发脉冲载频特性，可分为相参和非相参应答机；根据应答机回答雷达站询问信号的数量，可分为单站触发和多站触发应答机。

1）脉冲相参应答机

脉冲相参应答机接收到微弱的地面雷达发射的高稳定脉冲载波信号后，经应答机解调、延时、变频、调制、放大，转发出同接收载波频率相参的脉冲载波信号，也就是说，应答机回答脉冲与询问脉冲之间载波相位是相关的。

应答机的接收频率是地面雷达的发射频率，应答机的接收频率和发射频率可以相同，也可以不同。

延迟线将应答机解调的中频脉冲抑制信号延迟，以保证发射信号和接收信号在时间上分割，也便于地面雷达判别应答回波，这是脉冲应答机的显著特征。开关和第一中放通常处于“开”状态，接收到信号后，将信号分别输入中频延迟线和视频处理器。视频处理器产生的控制信号关闭开关和第一中放，同时开启第二中放。第二中放的输出经上混频器变频，再馈送到发射机。发射机在来自调制器的调制脉冲控制下，将脉冲载波放大，经双工器至天线发回地面。

用于航天测量的脉冲相参应答机，均采用超外差式接收机及中频延迟，利用同一本振将超外差信号反馈到载波频率上。如果应答机具有良好的稳定性，则应答载波相位和询问信号保持固定关系。

2）脉冲非相参应答机

脉冲非相参应答机转发的脉冲载波频率与接收频率是不相参的，也就是说，发射机振荡器的振荡频率相位是随机的。应答机接收到微弱的地面雷达信号后，经混频获得中频信号，再经中频放大器放大，由检波器取出包络，获得视频脉冲，经视频处理器处理（包括整形、延迟、解码、放大等），然后形成一时间上与接收脉冲载波相联系的视频脉冲去触发调制器，控制发射机振荡器产生所需转发脉冲载波信号。

3. 测速雷达应答机

目前测速雷达应答机主要有两种：一种使用数字处理技术；另一种使用模拟技术。

4. 箭载遥测设备

箭载遥测设备是遥测系统的一个重要组成部分，主要完成运载火箭内部各种参数的测量、信息采集、变换和调制发射，与地面遥测设备共同完成火箭的遥测工作。除信息采集和调制发射等主要组成部分外，还包括电源部分、电线与电缆以及记忆重发等模块。其主要要求和特点是体积小、重量轻、耗电低、可靠性高、电磁兼容性好等。

1）信息采集

信息采集包括信息和数据的采集、存储、处理及控制。将被测对象（如温度、压力、流量、位移、角度、电压等物理模拟量）先采集、记录，转换为数字量，再进一步进行变换、存储、处理、记录。由于数字化会带来高精度，数据格式灵活多变，易于存储、压缩、加密，便于充分利用数字技术和集成电路工艺，可以直接与计算机连接等优点，故数字化信息采编占据主要地位。

2）遥测发射机

遥测发射机的作用是将遥测信息以高频电磁波形式辐射到空间。就其基本功能而言，与其他无线电系统中的发射机没有区别，但由于火箭的特殊性及特定的工作环境使其具有以下特点：①高可靠性；②高效率；③高的功率利用率；④带宽受限；⑤体积小、重量轻。

5. 箭载安全遥控设备

箭载安全遥控设备的主要功能是接收地面发送的遥控指令或数据，实施对火箭的控制和数据注入，其主要要求和特点是可靠性高、重量轻、功耗小、抗干扰能力强，能适应空间飞行环境。

1）箭载安全遥控设备组成

箭载安全遥控设备由接收天线、指令接收机、视频放大器、解调器、译码器和执行机构组成。接收机包括高频放大、本振、混频、中放、鉴频器和视频放大器等部件。

2）基本工作原理

当运载火箭飞行情况恶化准备将其炸毁时，地面遥控发出携带指令密码信息的高频调制波。箭上遥控天线接收该信号，送入接收机，进行高频放大，经两次变频后送入鉴频器进行第一次解调，得到视频信号。接收机输出分为两路：一路经检波后送箭上遥测设备返回地面，供实时显示和事后分析用；另一路送解调器进行第二次解调，输出指令密码，再经译码器译出相应控制信号。此信号将解除箭上引爆器的保险。

1.2 航天发射场测量设备

1.2.1 光学设备及其测量原理

光学测量设备是以完成飞行目标的弹道测量和飞行图像记录为目的，以光学成像和光电子探测原理为基础，运用光学、精密机械、电控与计算机技术综合于一体研制而成的各种各类大型仪器和装备的总称。

光测与无线电外测、无线电遥测是发射场测控的支柱系统。无线电外测与遥测共为电磁波谱段，并同属于自主发射接收的无线电探测技术，是主动式测量；而光测则为光谱波段的被动接收光学信息成像技术，是被动式测量。其探测原理的不同决定了各自的不同特点。

特点1：光测的被动式是指探测接收的光信息不是光探测器本身发出的，而是被测目标发出的或反射自然界太阳光等发光体的反射光。无线电探测则是在被测目标上人为安装无线电信号发送机构，无线电遥测还需在目标上安装各种参数的传感器，也就是说，其探测设备必须是双向构成，其复杂程度要高，构成测量的条件多，难度相对较大。光测则只有地面接收设备部分，构成简单，探测距离虽然没有无线电远，但非常灵活，所需外界支持条件较少。

特点2：光测基于光波探测，受天气影响大，阴雨天气不能用，夜晚对自身不发光的目标不能探测，这是其最大缺陷。

特点3：无线电探测是信号接收，只有信号的大小；而光测是成像探测，是目标的真实形象，各部分均清晰可见，光测的这种真实可视性是其独有的。

1.2.2　雷达设备及其测量原理

雷达测量系统在发射场中的主要作用是测量目标的运动位置和速度，从而确定它们的弹道。目前，作为测量的雷达设备种类繁多，按照它们的工作体制不同，可以分为单脉冲体制和连续波体制。为了提高弹道测量精度和作用距离，一般需要箭载合作目标（应答机）的配合来完成测量工作。

1. 连续波体制雷达工作原理

采用连续波射频信号进行工作的雷达测量系统称为连续波雷达测量系统。连续波雷达的测量体制主要有双频多普勒测速仪、测速与定位多站测量系统、相位干涉仪测角系统、微波统一系统。

1）测速基本原理

雷达测速的基本原理是建立在多普勒效应的基础上。多普勒效应就是指一个接收机雷达对目标运动速度的测量有多种，当前主用雷达采用连续波雷达的回波多普勒频移测量。速度（距离变化率）测量的基础是目标运动的多普勒效应，所产生的多普勒频率叠加在信号的载波频率上，对运动目标进行测速就是设法从接收的载波信号中将叠加其上的多普勒频率提取出来。

连续波跟踪测量雷达系统主要完成对目标发射段、运行段和回收段的跟踪、弹道测量等。连续波跟踪测量技术是利用发射的连续波射频信号对空中目标进行跟踪、测量。用于航天测控的连续波测量雷达系统大部分借助合作目标以应答方式工作，主要包括合作目标和地面设备。连续波测量设备的合作目标是按一定要求安装在被测目标上的设备，主要有应答机和信标机两种。信标机的功能是向地面站发射频率固定的连续波信号，通俗地说，合作目标上所装的信标机和设备上所用的信标机在原理上是一样的，只不过其功能更强大、作用距离更远，它安装在火箭上发射的信号，雷达可以在地面接收到。在地面具有发射机的雷达发射信号，安装在火箭上的应答机收到地面发射机发来的载有测量信号的上行信号，将上行信号进行频率变换，然后发回地面设备。应答机转发的信号也就是通常所说的下行信号。

2）测角基本原理

雷达对角度的测量是通过测量目标回波前到达雷达的角度来实现的。通俗地说，就是伺服系统雷达天线寻找所有能接收到的信号中最强的一个信号，这个最强信号就是目标所在的位置。雷达对目标角度跟踪的原理就是不断寻找当前雷达接收信号与最强信号之间的误差，然后对该误差处理后送入角伺服驱动系统，控制天线往减小误差的方向转动，以便使天线接收到的信号为最强信号。天线是通过测量两个倾斜波束的幅度差来实现对比以寻找天线能够接收到的最强信号的，这也是跟踪雷达通过天线波束提取目标角位置偏离误差的基本原理。

跟踪测角分系统有手动控制、搜索扫描、自跟踪、数字引导、程序跟踪、记忆跟踪等多种工作方式，自跟踪是系统的主要工作方式。

2. 单脉冲体制雷达工作原理

下面以某脉冲雷达为例讲述单脉冲雷达的工作原理，其原理如图 1–3 所示。在测距机的定时触发脉冲触发下，频率源产生固定时宽的单载频信号，送往发射机放大，形成峰值功率为 1MW 的射频脉冲信号，经过发射馈线系统（含高功率环流器、功率程控衰减器、传输波导、方位铰链、俯仰铰链、正交模耦合器、极化器等波导器件）的传输，再通过天线辐射到空间。

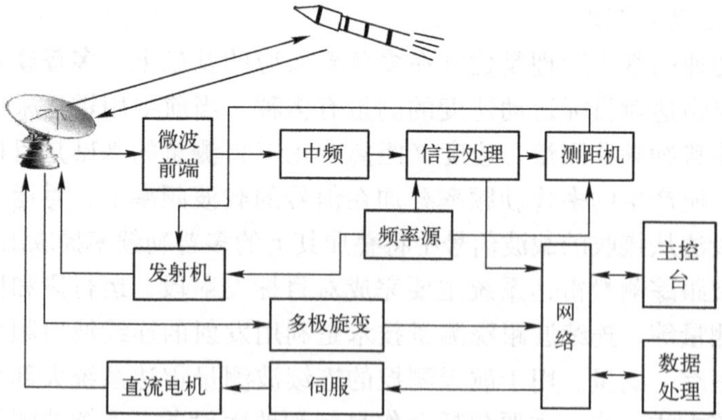

图 1–3　脉冲测量雷达原理框图

目标反射信号或应答信号经天线接收后，通过极化器及和差网络得到和、方位、俯仰 3 路射频信号，通过馈线送给接收机。

接收机为典型3路单脉冲接收机，接收应答信号和反射信号，两者在时间上是分开的。接收机首先将3路射频信号进行低噪声放大，与本振信号混频，形成中频信号，经滑环送中频接收机。中频接收机将和、方位、俯仰3路中频信号放大，完成自动增益控制（automatic gain control，AGC）和中频采样，送信号处理分系统。

信号处理机接收到3路中频采样数据后，在常规无地杂波干扰、相参情况下，搜索时根据测距提供的搜索距离门，分别对距离门内的和信号进行一次阈值和8/32准则的二次阈值检测，若检测到目标，则将目标的状态信息送测距机，测距机改搜索波门为宽跟踪波门，系统转跟踪方式，信号处理提取目标角误差和距离误差信号，将主目标角度误差送伺服，距离误差信号送测距机，并对目标的接收机增益控制码进行计算，将AGC码送接收机，进行增益控制；若是非相参目标，则通过鉴频后对接收机非相参本振进行控制。

在有地杂波干扰情况下，则采用数字动目标显示（moving target indicator，MTI）或目标（MTD）检测技术，根据需要可以进行杂波对消，或杂波对消后接8点FFT相参积累以增强动目标显示效果。对消、相参积累后的信号处理与常规工作时的处理方法一样，进行目标检测、误差信号提取，对消器采用3脉冲双延时对消器。

测距机产生全机的定时控制信号，控制雷达各分系统之间同步工作，同时给信号处理、接收机、光栅A/R显示器送出距离波门信号。在搜索目标时，测距机接收到信号处理送来目标检测有效及目标距离单元后送出跟踪波门，并转入跟踪状态；在目标跟踪时，接收距离误差信号后采用全数字Ⅱ型跟踪回路完成对距离的跟踪。

伺服分系统在搜索捕获目标过程中，可以采用光学引导、数字引导、手动控制等捕获目标的方式，完成对天线的驱动和目标的捕获。目标进入波束并完成距离闭环跟踪后，由信号处理解算出角度误差信号送至角伺服分系统，完成角度的闭环跟踪。

在完成距离和角度的闭环跟踪后，测距机和角编码器按20Hz的速率送出距离和角度数据进行显示和数据处理，数据处理分系统完成数据记录、数据修正处理等工作。在非跟踪状态下，显示的距离数据是搜索波门的位置，角度是天线指向的当前位置。

脉冲雷达搜索捕获目标时，通过转动天线，可以在光栅A/R显示器上观察到目标回波，再进行移动波门和距离转跟踪的控制完成距离捕获跟踪，进一步将角度转跟踪后，完成对目标的三维跟踪。跟踪时，A/R显示器上显示目标回波的实时状态，方便监控跟踪情况。A/R显示器为粗、精双基线显示器，粗显上可以显示全程回波信号及其相应的跟踪波门信号，精显上显示粗显中主目标的回波和相应的跟踪波门信号。

1.2.3 遥测设备及其测量原理

航天发射中，常用遥测系统获取飞行器内部各系统的工作状态参数和环境数据，为评定飞行器性能和进行故障分析提供依据。遥测系统性能的优劣直接影响飞行器的研制进程及费用，影响飞行器性能的改进和提高。

遥测系统是以现代信息技术为基础的应用系统，其功能包括信息采集、传输和处理 3 个环节，其组成和原理如图 1-4 所示。

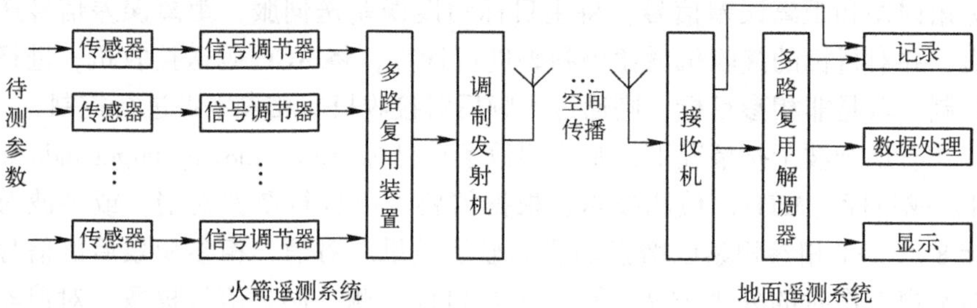

图 1-4 无线电遥测系统原理框图

在火箭遥测系统端，待测参数（如温度、压力、加速度等物理量）通过传感器（如热电偶、电阻温度计等）转换成电信号，再通过信号调节器转换成适合采集的规范信号，如电压、电流。多路复用装置将多路规范化遥测信号按一定体制集合在一起，形成适合于单一信道传送的群信号，再调制发射机的载波，经功率放大后通过天线发向接收端。

在地面遥测系统端，接收天线收到信号后送到接收机，进行载波解调，再经过多路复用解调器恢复出各路遥测信号，送到数据处理分系统进行数据处理，按要求选出部分参数加以显示，并对接收和解调后的检前、检后全部遥测信号进行记录，以便事后处理。

箭上遥测合作目标作为遥测系统重要的组成部分，它的性能好坏直接影响发射中遥测系统，甚至整次发射的成败。

从功能和完成工作上划分，箭上遥测合作目标可以分为遥测箭体合作目标、GPS 外测合作目标两类。

火箭遥测发射机的作用是将箭上的遥测信息以高频电磁波形式辐射到空间。就基本功能来说，火箭遥测发射机与其他无线电系统中的发射机没有区别，但是箭上特定的工作条件决定了运载火箭遥测发射机的某些特殊性。除了要求可靠性高、质量轻、体积小之外，还要求高效率、谐波辐射小，因为在运载火箭遥测设备中，发送设备（包括发射机和功率放大器）是主要的耗电设备。此外，效率的高低还直接影响设备本身的热状态（因为消耗的电能变成的热能需要经壳体耗散掉），而热状态又会影响设备的可靠性。所以，提高发送设备到射频的功率转换效率是很重要的。

GPS 外测装置既不同于导航定位，也不同于精密定位，它具有自己的特点。GPS 外测系统既可对火箭进行连续跟踪测量，为发射场提供实时安全控制数据，又可事后进行精密的数据处理，精确地确定目标弹道参数，作为鉴定目标制导精度、分析和确定各项误差的标准。也就是说，发射场的安全控制需要实时的时空信息，而弹道的精确测定需要有事后详细分析能力的精确时空信息。

第2章

数据处理基础

本章介绍遥测和外测数据处理需要的基础知识，包括大地测量基础知识、统计理论、样条理论、误差理论等数学基础知识，遥测数据测量基本原理、纠错及处理方法。

2.1 外测数据处理基础

本节主要介绍外测数据处理中使用的大地测量基础知识，包括大地测量相关的基本概念、统计理论相关知识及样条理论相关知识。

2.1.1 大地测量基础

1. 水准面与大地水准面

地球表面上绝大部分是海洋，因此，海面就自然成为衡量地面高低的标准。设想当海洋处于静止平衡状态时，并把它延伸到大陆内部，使它形成一个连续不断的、闭合的水准面（水准面是地球重力场中处处与铅垂线成正交的曲面），这个水准面就是大地水准面。通常所说的地球形状，就是指大地水准面的形状。由大地水准面所包含的形体称为大地体或地球体。

2. 地球椭球和参考椭球

由于地球表面物质分布不均匀和地形起伏不规则的缘故，大地水准面所包围的地球不能用一个严格的数学模型来描述。可以设想用经过地轴的平面把地球切开，看看从大地水准面上切出来的截线，即切口是什么样子。长期大量的观测结果证明，这些截线非常接近一些大小相同的椭圆。它们有共同的短轴，接近地轴。因此，所有这些截线都可以看作由一个椭圆绕着它的短轴旋转而得到的。这根短轴在北极那一方的端点称为大地北极，另一端称为大地南极。所以，能模拟地球的最简单的数学体是旋转椭球，称为地球椭球体，如图2-1所示。以地球旋转轴为轴，作一旋转椭球体，使它尽量与大地水准面相符合，这样的椭球体称为参考椭球体。

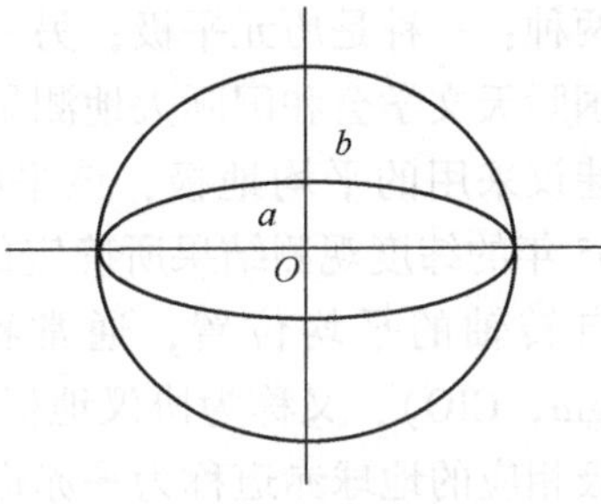

图2-1　地球椭球体示意图

3. 椭球体的描述

经过地球椭球中心与地轴垂直的平面称为赤道面，赤道面与椭球面的截线称为赤道。包含地球旋转轴且垂直于赤道平面的旋转椭球体的截面称为大地子午面，大地子午面与旋转椭球面的交线称为大地子午线。地球旋转轴通过赤道平面中心，垂直于赤道平面指向北极星。

在地球椭球面的每一个点上，都有一个与它只在这一个点相接触的平面，称为切平面，这个接触点叫切点。切平面在切点上的垂线，称为法线。法线一定在大地子午面上，法线也一定与旋转轴（地轴）相交。大地水准面的切平面就是水平面。

描述地球椭球几何特性（形状和大小）的参数有两个，即椭球长半径 a 和扁率 f。f 与长半径 a 和短半径 b 的关系为 $f=\frac{a-b}{a}$，焦距用 c 表示，第一偏心率 $e_1^2=\frac{c^2}{a^2}$，第二偏心率 $e_2^2=\frac{c^2}{b^2}$，其中 $c^2=a^2-b^2$。

a 和 f 仅反映地球椭球的几何特性，为研究地球的物理特性，还必须有物理参数。为此，自1967年开始，国际上明确规定采用以下4个参数综合表示地球椭球的几何特性和物理特性，即地球椭球的长半径 a、引力常数与地球质量的乘积 GM、地球重力场2阶带谐系数 J_2 及地球自转角速度 ω_e。

4. 垂线偏差

地球椭球面，对于大地水准面，即对于实际的海洋水面，只是一个理想的近似。因此，参考椭球面上一点的切平面和法线，与实际的水平面和铅垂线会有微小的偏差，称为垂线偏差。

5. 地极移动和起始天文子午线

天文坐标系是以地球自转轴和起始天文子午线为基准的。根据大量资料证明，地球自转轴相对地球位置并不是固定不变的，这种现象称为地极移动，简称极移。观测瞬间地球自转轴所处的位置，称为瞬时地球自转轴，而相应的极点称为瞬时极。由于地极移动将使地球坐标系轴向发生变化，因此瞬时地极所定义的地球坐标系是一变化的坐标系。为解决这一问题，通常选定某一固定的平极（地极的某一平均位置）来建立地球坐标系。选择平极的方法有两种：一种是历元平极；另一种是国际协议平极。国际协议平极是在 1967 年国际天文学会和国际大地测量与地球物理联合会共同召开的第 32 次讨论会上建议采用的平均地极，该平极是根据国际上 5 个纬度服务站，于 1900—1905 年的纬度观测结果所确定的平均位置，该平均位置是相应于上述期间地球自转轴的平均位置，通常称为国际协议原点（Conventional International Origin，CIO），又称为协议地极（Conventional Terrestrial Pole，CTP）。与协议地极相应的地球赤道称为平赤道或协议赤道面。

1968 年国际时间局（Bureau International de I'Heure，BIH）决定用通过国际协议原点 CIO 和格林尼治天文台的天文子午线作为起始天文子午线，该子午线与协议赤道面的交点 E_{CTP} 为经度零点。故该起始子午线称为 BIH 零子午线，它是与协议地极相对应的。目前，该起始子午线是由国际上若干天文台来保持的，故又称为格林尼治平均天文台起始子午线，简称格林尼治平起始子午线。

6. 天文经纬度、方位角与大地经纬度、方位角的关系式

1）天文经纬度与大地经纬度的关系

垂线偏差是由地面点的垂线和法线不重合而产生的，它是铅垂线与法线的夹角。地球表面上的每一点只有一条垂线。

在确定地面点的位置时，采用参考椭球体参数来确定。一旦选定了参考椭球体，该椭球体上所有点的法线就确定了。同一点的法线由于参考椭球的选取不同而不同。所以，对于不同的参考椭球体，因法线不同，所以垂线偏差也不同。

垂线偏差在子午面上的分量称为子午分量或南北分量，记做 ζ。在卯酉面上的分量称为卯酉分量或东西分量，记做 η。

下面介绍卯酉面的概念。

过 P 点的法线作一与该点子午面垂直的平面称为卯酉面。卯酉面与椭球面相交所得的曲线称为卯酉圈。

首先指出，在椭圆体定位时，不论采取何种方式，总是使椭圆体的短轴与地轴平行（相应的赤道面也平行）。另外，又采取同起始天文子午面平行的大地子午面作为自己的首子午面。因此，在天文和大地坐标系中，基本坐标面是平行的。在这个前提下比较同一点的天文和大地坐标是很方便的。在图 2-2 中，P 为观测站，设 P 点的天文坐标为(λ,φ)，大地坐标为(L,B)。

以 P 点为圆心作单位圆，如图 2-3 所示，PM 表示平行于地轴和参考椭球体短轴的直线，ECM 为起始子午面（天文和大地一致）。P 点的法线与单位圆

交于 Z 点，称为大地天顶；P 点的铅垂线与单位圆交于 Y 点，称为天文天顶。ZP 与 YP 的夹角 $\angle YPZ$ 或其所对之弧 ZY 为垂线偏差 u，$\angle SZY$ 为它的方位 θ。显然，$\angle EPN$ 为 P 点的大地经度 L，$\angle MPZ=90°-B$，$\angle EPL$ 为 P 点的天文经度 λ，$\angle MPY=90°-\varphi$，$PNZM$ 平面为 P 点的大地子午面，ZPT 为 P 点的卯酉面，$YTLPM$ 平面为 P 点的天文子午面。

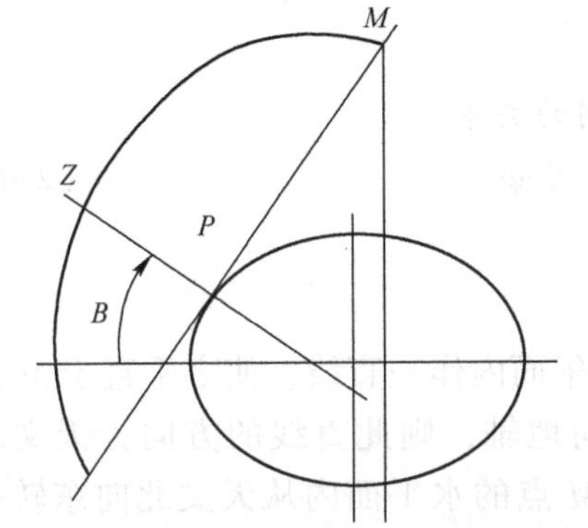

图 2-2　大地坐标与天文坐标示意图

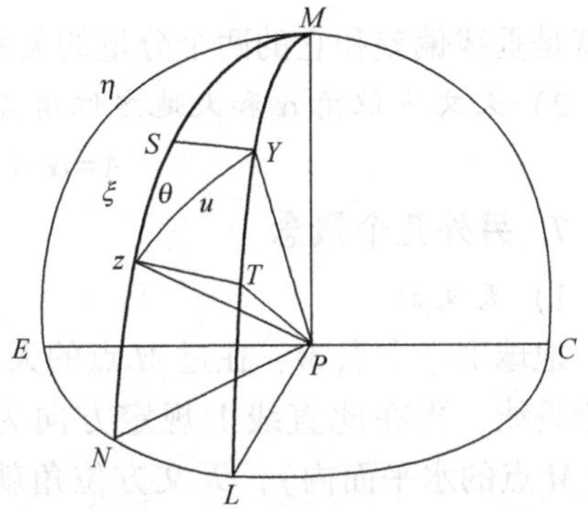

图 2-3　单位圆上各点分布

把垂线偏差 ZY 弧投影到大地子午面上得 ZS 弧，是大地子午分量 ξ。把垂线偏差 ZY 弧投影到大地卯酉面上得 SY 弧，是大地卯酉分量 η。在球面三角形 MSY 中有

$$\cos(\lambda-L)=\tan(90°-B-\xi)\operatorname{ctan}(90°-\varphi)=\operatorname{ctan}(B+\xi)\tan\varphi \tag{2-1}$$

以及

$$\sin(\lambda-L)=\frac{\sin\eta}{\sin(90°-\varphi)}=\frac{\sin\eta}{\cos\varphi} \tag{2-2}$$

由于 $\lambda-L$ 及 η 的值都很小，因此可视 $\cos(\lambda-L)=1$，$\sin(\lambda-L)=\lambda-L$，$\sin\eta=\eta$。

由此可得

$$\begin{cases}\xi=\varphi-B\\ \eta=(\lambda-L)\cos\varphi\end{cases} \tag{2-3}$$

由式（2-3）可见，ξ 和 η 是有符号的。以大地天顶 Z 为原点作一平面直角坐标系，使 X 轴在 P 点的大地子午面内指向大地北，Z 轴在 P 点的大地卯酉面内与 X 轴成直角。那么表示 ξ 和 η 均为正时，表示天文天顶在此坐标系的第一象限。ξ 和 η 的符号也可以这样确定，以地面点的外向垂线和对应的外向法线为基准，则 ξ 以垂线向北偏出为正，η 以垂线向东偏出为正。

由式（2-3）得天文坐标与大地坐标之间的转换关系为

$$\begin{cases}B=\varphi-\xi\\L=\lambda-\eta\sec\varphi\end{cases}\tag{2-4}$$

此外，由于垂线偏差数值很小，故可视三角形 *ZYS* 为平面三角形，于是可得

$$\xi=u\cos\theta;\quad \eta=u\sin\theta;\quad u^2=\xi^2+\eta^2;\quad \tan\theta=\frac{\eta}{\xi}\tag{2-5}$$

这就是垂线偏差和它的两个分量的关系式。

2）天文方位角 α 和大地方位角 A 之间的关系

$$A=\alpha-(\lambda-L)\sin\varphi\tag{2-6}$$

7. 另外几个概念

1）天文北

地球上一个点 M，在过 M 点的天文子午面内作一直线，使之垂直于 M 点的铅垂线，再在此直线上规定方向为指向地轴，则此直线的方向为天文北（在 M 点的水平面内），天文方位角就在 M 点的水平面内从天文北向东转一个角。

2）大地北、坐标北、大地方位角、子午线收敛角

这些概念是由高斯平面引申而来的，先来介绍高斯投影。

在大地测量的实际应用中，需要把椭球上的点投影到平面上来计算。但是，旋转椭球是一个不可展的曲面。如果将椭球体上的点投影到平面上，必然引起曲面上各点间的位置改变。这种改变一般有角度变形、长度变形和面积变形。高斯投影保证角度不产生变形，长度的变形只和投影点的位置有关。

高斯投影是把地球从起始子午线起，自西向东分为 60 个带，每个带跨经度 6°，称为高斯投影六度带，如图 2-4 所示。此时高斯投影是将六度带的中央子午线投影成平面上一条直线，且中央子午线投影后长度不变。

高斯坐标：对每一个六度带，中央子午线和赤道的投影皆为直线，且互相垂直。在高斯平面上，以这两直线的交点 O 作为坐标系原点，以中央子午线的投影为纵轴 OX，以赤道的投影为横轴 OY，形成**高斯平面直角坐标系**。

大地线：两点间的大地线是这两点在椭球面上具有最短距离的曲线。

设在椭球面上某一六度带上有两点 P_1 和 P_2，过 P_1 点的子午线是 P_1N，该六度带的中央子午线是 ON，如图 2-4 所示，那么投影到高斯平面直角坐标系后，如图 2-5 所示。投影后的 P_1、N、P_2 分别为 P_1'、N' 和 P_2' 点。那么，

大地北：$P_1'N'$ 方向。

坐标北：$P_1'K$ 方向。

$P_1'K/\!/X$ 轴，$A_{1,2}$ 是大地方位角。可见大地方位角是由大地北起算，到大

地投影线终止；$T_{1,2}$是坐标方位角，由坐标北起算到直线 $P_1'P_2'$终止。γ 是 P_1 的子午线收敛角，$\delta_{1,2}$是曲率改正。于是 $A_{1,2}=T_{1,2}+\gamma+\delta_{1,2}$。

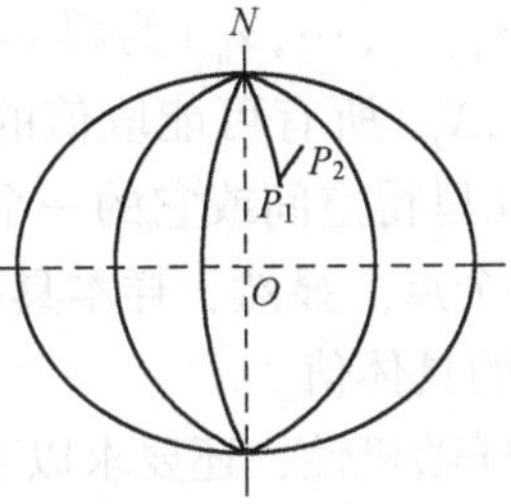

图 2-4 高斯投影六度带

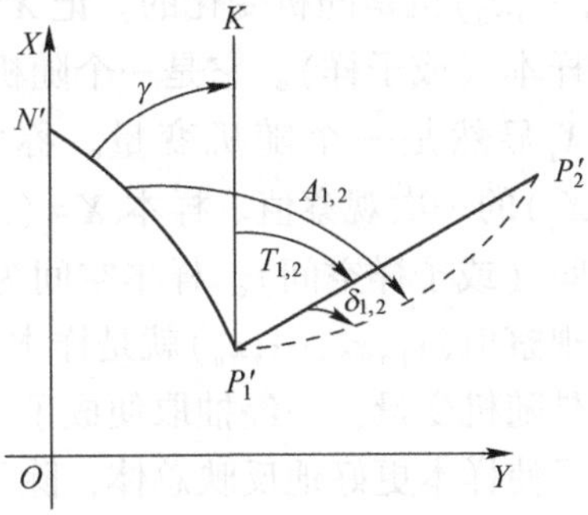

图 2-5 投影到高斯平面直角坐标系

一般采用 $A_{1,2}=T_{1,2}+\gamma$，原因是 $\delta_{1,2}$是一个很小的值。

由于大地方位角、坐标方位角和子午线收敛角都是规定了方向的量。即自北向东沿顺时针方向量取，所以子午线收敛角由于点的位置不同，其值有正有负。若 $\gamma<0$，则 $A_{1,2}=T_{1,2}+\gamma$，即 $T_{1,2}$加了一个负数。

3）P 点的大地北与天文北之间的关系

$$A_r=(\lambda-L)\sin\phi \tag{2-7}$$

式中：A_r 为大地北与天文北之间的夹角；λ 为 P 点的天文经度；φ 为 P 点的天文纬度；L 为 P 点的大地经度。

2.1.2 统计基础

1. 数理统计的基本概念

1）总体和个体

通常把对某一个问题的研究对象的全体元素组成的集合称为总体或母体，总体中的每一个元素称为个体。我们的目标不是研究每个个体的所有特征，而是对每个个体的一项或几项数量指标 ξ（可以是向量）和该指标在总体中的分布感兴趣。如果研究清楚了指标 ξ 这个随机变量的分布情况（通常是讨论 ξ 的分布函数及期望、方差等主要数字特征），也就研究清楚了个体在总体中指标 ξ 的分布情况。

2）样本和样本空间

从总体上按一定规则抽出一些个体的行为称为抽样。为了更好地得到总体的信息，需从总体中抽取多个个体（一般设为 n 个）进行观察，称为一次抽样。抽样的要求必须是随机的，即每个个体都有可能同等概率被抽到。对随机抽样来说，某一次抽样观察的数据$(x_1,x_2,\cdots,x_n)$是完全确定的一组值，但它随每次抽样的不同而取一组不同的值，即由于抽样的随机性，观察值$(x_1,x_2,\cdots,x_n)$也是随机变化的。记$\boldsymbol{X}=(X_1,X_2,\cdots,X_n)$，称它为总体$\xi$的容量为$n$的样本（或子样）。它是一个随机向量，$X_i$表示容量为$n$的样本中第$i$个个体，$X_i$显然是一个随机变量。称实数组$(x_1,x_2,\cdots,x_n)$为样本$\boldsymbol{X}=(X_1,X_2,\cdots,X_n)$的一次观察值。样本$\boldsymbol{X}=(X_1,X_2,\cdots,X_n)$所有可能取值的全体称为样本空间（或子样空间）。样本空间为n维欧几里得空间或它的一个子集。一个n维观察值$(x_1,x_2,\cdots,x_n)$就是样本空间的一个点。显然，样本具有两重性，它本身是随机变量，一经抽取便成了一组确定的具体值。

为了使样本更好地反映总体，除了要求抽样随机性，还要求以下两点。

① 独立性，即$X_1,X_2,\cdots,X_n$为相互独立的随机变量。

② 代表性，要求样本的每个分量X_i与总体ξ具有相同的分布函数。

3）分布族和参数空间

一般地，用θ记总体ξ的分布函数$F(x)$中的未知参数（可以是向量），未知参数θ的全部可允许值组成的集合称为参数空间，记为Θ。

通常用$F_\theta(x)$表示总体ξ的分布，用$\{F_\theta(x),\theta\in\Theta\}$表示总体所在的分布族。

如何给出总体ξ所在的分布族不是一个纯理论问题，而是一个实践性很强的问题。人们常将经验、物理因素和主观因素等混合起来给出假定。

4）统计量和样本矩

虽然样本含有总体的信息，但比较分散，不经过一定的加工整理很难从样本中提取出有用的信息，所以样本一般不能直接用于推断，必须把分散在样本中的信息集中起来，用样本的某种函数表示，这种函数称为统计量。

（1）统计量。设$\{F_\theta(x),\theta\in\Theta\}$为总体$\xi$所在的分布族，$\boldsymbol{X}=(X_1,X_2,\cdots,X_n)$为总体的一个样本，若样本的实值可测函数

$$T=T(\boldsymbol{X})=T(X_1,X_2,\cdots,X_n) \tag{2-8}$$

不依赖于未知参数θ，则此T为此分布族的一个统计量。

统计量为随机变量，仅为样本的函数而不与任何未知量特别是未知参数θ有关。下面介绍几个常用的重要统计量——样本矩。

（2）样本均值。设$\boldsymbol{X}=(X_1,X_2,\cdots,X_n)$是总体$\xi$中抽取的一个样本，有

$$\overline{X}=\frac{1}{n}\sum_{i=1}^{n}X_i \tag{2-9}$$

称为样本均值，它是样本的算术平均，反映了总体均值的信息。

(3) 样本方差。设$\boldsymbol{X}=(X_1,X_2,\cdots,X_n)$是总体$\xi$中抽取的一个样本，有

$$S_n^2=\frac{1}{n}\sum(X_i-\overline{X})^2 \tag{2-10}$$

称为样本方差，它是样本平均偏差的平方和，它反映了总体方差的信息。

(4) 样本的k阶原点矩，有

$$A_k=\frac{1}{n}\sum_{i=1}^{n}X_i^k \tag{2-11}$$

样本的k阶中心矩为

$$B_k=\frac{1}{n}\sum_{i=1}^{n}(X_i-\overline{X})^k \tag{2-12}$$

样本的k阶原点矩与k阶中心矩反映了总体ξ的k阶原点矩与k阶中心矩，显然A_1就是样本均值，B_2就是样本方差。

(5) 两个样本之间的协方差。设有分别来自总体ξ和η的两个样本$\boldsymbol{X}=(X_1,X_2,\cdots,X_n)$和$\boldsymbol{Y}=(Y_1,Y_2,\cdots,Y_n)$，统计量

$$S_{12}=\frac{1}{n}\sum_{i=1}^{n}(X_i-\overline{X})(Y_i-\overline{Y}) \tag{2-13}$$

称为两个样本之间的协方差。

两个样本之间的相关系数。设有分别来自总体ξ和η的两个样本$\boldsymbol{X}=(X_1,X_2,\cdots,X_n)$和$\boldsymbol{Y}=(Y_1,Y_2,\cdots,Y_n)$，统计量

$$\rho_{12}=\frac{\sum_{i=1}^{n}(X_i-\overline{X})(Y_i-\overline{Y})}{\sqrt{\left(\sum_{i=1}^{n}(X_i-\overline{X})^2\right)\left(\sum_{i=1}^{n}(Y_i-\overline{Y})^2\right)}} \tag{2-14}$$

称为两个样本之间的相关系数。样本协方差与样本相关系数反映了两个总体线性相关程度的信息。

下面分别研究样本矩的期望和方差。记

$$E(\xi)=\mu,\quad D(\xi)=\sigma^2,\quad E(\xi^k)=\alpha_k,\quad E(\xi-\mu)^k=\mu_k \tag{2-15}$$

定理 2-1 设总体ξ的分布函数为$F(x)$，$\boldsymbol{X}=(X_1,X_2,\cdots,X_n)$是从总体$\xi$中抽取的容量为$n$的简单随机样本，若$\xi$的2阶矩存在，则对样本均值$\overline{X}$有

$$E(\overline{X})=\mu,\quad D(\overline{X})=\frac{\sigma^2}{n} \tag{2-16}$$

由此可见，样本均值确实是集中反映了总体均值的信息，常用样本均值$\overline{X}$代替总体均值μ的估计。

定理 2-2 设总体ξ的4阶矩存在，则对样本方差有

$$\begin{cases} E(S_n^2)=\dfrac{n-1}{n}\sigma^2 \\ D(S_n^2)=\dfrac{\mu_4-\mu_2^2}{n}-\dfrac{2(\mu_4-2\mu_2^2)}{n^2}+\dfrac{\mu_4-3\mu_2^2}{n^3} \end{cases} \tag{2-17}$$

当 n 很大时，样本方差 S_n^2 确实是集中反映了总体方差的信息，常用 S_n^2 或 $\dfrac{n}{n-1}S_n^2$ 代替总体方差 σ^2 的估计。

定理 2-3 设总体 ξ 的 $2k$ 阶矩存在，则对样本的 k 阶原点矩 A_k 有

$$\begin{cases} E(A_k)=\alpha_k \\ D(A_k)=\dfrac{\alpha_{2k}-\alpha_k^2}{n} \end{cases} \tag{2-18}$$

样本 k 阶原点矩集中反映了总体 k 阶原点矩 A_k 的信息，常用样本 k 阶原点矩代替总体 k 阶原点矩 A_k 的估计。

2. 参数的点估计

数理统计的重要内容之一为统计推断。统计推断就是根据总体中取得的一个简单随机样本对总体进行分析和推断，简言之，统计推断就是由样本推断总体，或部分推断整体。统计推断的基本问题分为两大类：一是估计理论；二是假设检验。估计理论又可分为参数估计与非参数估计，参数估计又分为点估计和区间估计两种。

设总体 ξ 具有分布函数族 $\{F_\theta(x),\theta\in\Theta\}$，参数 θ 为未知，Θ 为参数空间。怎样从样本估计未知参数？自然应从总体 ξ 的样本 $(X_1,X_2,\cdots,X_n)$ 中提取参数 θ 的信息，即构造样本的函数统计量 $T(X_1,X_2,\cdots,X_n)$ 作为 θ 的估计，记作 $\hat{\theta}=T(X_1,X_2,\cdots,X_n)$，$\hat{\theta}$ 称为未知参数 θ 的点估计。以下介绍估计量的求法和评价估计量好坏的标准，以及寻求某种特定准则下的最优估计量。

1）参数的矩估计法和最大似然估计法

外测数据处理中经常使用的估计量是点估计中的两种方法，即矩估计法和最大似然估计法。

（1）矩估计法。

矩是描写随机变量最简单的数字特征。样本来自总体，样本矩可作为总体矩的估计。最常用的矩估计法为均值和方差估计。

设总体 ξ 具有分布函数族 $\{F_{\boldsymbol{\theta}}(x),\boldsymbol{\theta}\in\Theta\}$，假设 $\boldsymbol{\theta}=(\theta_1,\theta_2,\cdots,\theta_k)$ 为 k 维未知参数。又假定总体 ξ 的 k 阶原点矩 $E(\xi_k)$ 存在，并记

$$\alpha_l(\theta_1,\theta_2,\cdots,\theta_k)=E_\theta(\xi^l)\quad(l=1,2,\cdots,k) \tag{2-19}$$

记样本 $\boldsymbol{X}=(X_1,X_2,\cdots,X_n)$ 的 l 阶矩为

$$A_l = \frac{1}{n}\sum_{i=1}^{n} X_i^l \quad (1 \leqslant l \leqslant k) \tag{2-20}$$

现在由矩估计法，用样本矩作为总体矩的估计，即令

$$\alpha_l(\theta_1,\theta_2,\cdots,\theta_k) = A_l = \frac{1}{n}\sum_{i=1}^{l} X_i^l \quad (l = 1,2,\cdots,k) \tag{2-21}$$

由式（2-21）确定了 k 个未知参数 $\boldsymbol{\theta}=(\theta_1,\theta_2,\cdots,\theta_k)$ 的 k 个方程组，它的一组解 $\hat{\boldsymbol{\theta}}=(\hat{\theta}_1,\hat{\theta}_2,\cdots,\hat{\theta}_k)$ 作为 $\boldsymbol{\theta}=(\theta_1,\theta_2,\cdots,\theta_k)$ 的估计量，称它为矩方法估计量。这种求估计量的方法称为矩方法。当 $k=2$ 时，解以上两个方程组，得总体 ξ 的均值 μ 和方差 σ^2 的矩估计 $\hat{\mu}$ 和 $\hat{\sigma}^2$，即

$$\begin{cases} \hat{\mu} = \overline{X} = \dfrac{1}{n}\displaystyle\sum_{i=1}^{n} X_i \\ \hat{\sigma}^2 = \dfrac{n}{n-1}S_n^2 = \dfrac{1}{n-1}\displaystyle\sum_{i=1}^{n}(X_i - \overline{X})^2 \end{cases} \tag{2-22}$$

（2）最大似然估计法。

设总体 ξ 具有分布密度函数族 $\{f(x;\boldsymbol{\theta}),\boldsymbol{\theta}\in\Theta\}$，$\boldsymbol{\theta}=(\theta_1,\theta_2,\cdots,\theta_k)$ 为 k 维未知参数向量，又设 $(x_1,x_2,\cdots,x_n)$ 为样本 $\boldsymbol{X}=(X_1,X_2,\cdots,X_n)$ 的一个观察值。最大似然估计法就是选取 $\boldsymbol{\theta}$ 的估计值 $\hat{\boldsymbol{\theta}}$，使样本 $\boldsymbol{X}=(X_1,X_2,\cdots,X_n)$ 落在 $(x_1,x_2,\cdots,x_n)$ 的邻域里具有最大的可能性。由于样本 $\boldsymbol{X}=(X_1,X_2,\cdots,X_n)$ 落在 $(x_1,x_2,\cdots,x_n)$ 的邻域里的概率是 $\prod_{i=1}^{n} f(x_i;\boldsymbol{\theta})$，记

$$L(x;\boldsymbol{\theta}) = \prod_{i=1}^{n} f(x_i;\boldsymbol{\theta}) \tag{2-23}$$

称为 $\boldsymbol{\theta}$ 的似然函数，它是固定 $(x_1,x_2,\cdots,x_n)$ 时，定义在参数空间 Θ 上的函数。

如果选取 $\hat{\boldsymbol{\theta}}$ 使得

$$L(x;\hat{\boldsymbol{\theta}}) = \sup L(x;\boldsymbol{\theta}) \quad (\boldsymbol{\theta}\in\Theta) \tag{2-24}$$

则这样的 $\hat{\boldsymbol{\theta}}=(\hat{\theta}_1,\hat{\theta}_2,\cdots,\hat{\theta}_k)$ 称为 $\boldsymbol{\theta}$ 的最大似然估计。

由于 $\ln x$ 是 x 的单调递增函数，因而 $\ln L$ 与 L 在同一处达到极值，故式（2-24）等价于

$$\ln L(x;\hat{\boldsymbol{\theta}}) = \sup \ln L(x;\boldsymbol{\theta}) \quad (\boldsymbol{\theta}\in\Theta) \tag{2-25}$$

一般情况下，上述解可由似然方程求出，即

$$\left.\frac{\partial \ln L(x;\boldsymbol{\theta})}{\partial \theta_i}\right|_{\boldsymbol{\theta}=\hat{\boldsymbol{\theta}}} = 0 \tag{2-26}$$

最大似然估计法经常用来估计总体 ξ 的均值 μ 和方差 σ^2，可以证明当 $X_1,X_2,\cdots,X_n$ 为独立、同正态分布时，由矩估计法确定的总体均值估计 $\overline{X}$ 和方

差估计$\frac{n}{n-1}S_n^2$为最大似然估计。

2）估计量的优良性和最优估计量

由于参数$\boldsymbol{\theta}$和估计量$\hat{\boldsymbol{\theta}}$可以用不同的准则和方法来得到，因此，存在着哪一个参数估计量$\hat{\boldsymbol{\theta}}$更优良的问题，也即应按什么准则来选择参数估计量。

（1）线性估计。

假设由样本$X_1,X_2,\cdots,X_n$得到未知参数$\boldsymbol{\theta}$的估计量$\hat{\boldsymbol{\theta}}$，且是样本$X_1,X_2,\cdots,X_n$的线性组合，即

$$\hat{\theta} = \sum_{j=1}^{n} c_j X_j \tag{2-27}$$

式中：c_j为非全零实数；$\hat{\boldsymbol{\theta}}$为参数$\boldsymbol{\theta}$的线性估计。

（2）无偏估计。

假设由样本$X_1,X_2,\cdots,X_n$所构成的统计量$\hat{\boldsymbol{\theta}}$作为参数$\boldsymbol{\theta}$的估计，并且其数学期望满足

$$E(\hat{\boldsymbol{\theta}})=\boldsymbol{\theta} \tag{2-28}$$

则称$\hat{\boldsymbol{\theta}}$为未知参数$\boldsymbol{\theta}$的无偏估计；否则，称$\hat{\boldsymbol{\theta}}$为$\boldsymbol{\theta}$的有偏估计。这里$E(\hat{\boldsymbol{\theta}})$表示对随机变量$\hat{\boldsymbol{\theta}}$取数学期望。

如果无偏估计$\hat{\boldsymbol{\theta}}$又是样本$X_1,X_2,\cdots,X_n$构成的参数$\boldsymbol{\theta}$的线性估计，则称$\hat{\boldsymbol{\theta}}$为参数$\boldsymbol{\theta}$的线性无偏估计。

（3）最小方差无偏估计。

假设$\hat{\theta}_1$为由样本$X_1,X_2,\cdots,X_n$所构成的参数$\boldsymbol{\theta}$的无偏估计，而$\hat{\boldsymbol{\theta}}$为参数$\boldsymbol{\theta}$任意的无偏估计，如果对任意一个$\hat{\boldsymbol{\theta}}$的方差都满足

$$D(\hat{\theta}_1)\leqslant D(\hat{\boldsymbol{\theta}}) \tag{2-29}$$

则称$\hat{\theta}_1$为参数$\boldsymbol{\theta}$的最小方差无偏估计，也称最优（最佳）无偏估计。这里$D(\hat{\theta}_1)$表示对随机变量$\hat{\theta}_1$取方差。

如果$\hat{\theta}_1$和$\hat{\boldsymbol{\theta}}$都是样本$X_1,X_2,\cdots,X_n$构成的线性估计，而且又满足上式，则又称$\hat{\theta}_1$为最小方差线性无偏估计，或称最优（最佳）线性无偏估计。

估计参数时，人们通常选择无偏性和最优性作为衡量估计量$\hat{\boldsymbol{\theta}}$优劣的准则，也就是用最优无偏估计或最优线性无偏估计作为参数$\boldsymbol{\theta}$的估计。

（4）最小均方误差估计。

假设$\hat{\theta}_1$为由样本$X_1,X_2,\cdots,X_n$所构成的参数$\boldsymbol{\theta}$的估计，而$\hat{\theta}$为参数$\boldsymbol{\theta}$的任意估计，如果对任意一个$\hat{\theta}$的均方误差都满足

$$\mathrm{MSE}(\hat{\theta}_1)=E(\hat{\theta}_1-\theta)^2\leqslant \mathrm{MSE}(\hat{\theta})=E(\hat{\theta}-\theta)^2 \tag{2-30}$$

则称$\hat{\theta}_1$为参数θ的最小均方误差估计。这里$\mathrm{MSE}(\hat{\theta}_1)$表示对随机变量$\hat{\theta}_1$取均方误差。

经典参数估计中，常用最小方差无偏估计（最优无偏估计）作为衡量估计量$\hat{\theta}$的优劣准则，后来逐渐发现无偏性和方差最小的条件未必是可取的。首先，通常难以使模型准确无偏；其次，方差最小准则仅考虑到观测数据随机误差的影响，未考虑因模型不准和观测数据系统误差造成有偏的影响。因此，近代参数估计中综合考虑参数估计与参数真值之间的误差关系，有时尽管估计是有偏的，但它与真值偏离程度比无偏估计的偏离程度小。所以，常取参数的最小均方误差估计作为衡量估计量优劣的准则。

3. 抽样分布

统计量的分布称为抽样分布。如果总体分布函数的表达形式已知，对于任意一个自然数 n，如能求出给定统计量 $T(X_1,X_2,\cdots,X_n)$ 的分布函数，这分布称为统计量 $T(X_1,X_2,\cdots,X_n)$ 的精确分布。一般来说，要确定一个统计量的精确分布难度较大，目前只对一些重要的特殊情形，如总体服从一维正态分布时，求出χ^2统计量、t 统计量、F 统计量的精确分布，有人称其为“统计三大分布”，它们在统计推断中起着很重要的作用。

1）χ^2分布

设总体 $\xi \sim N(0,1)$，$X_1,X_2,\cdots,X_n$为其样本，随机变量 $X_i(i=1,2,\cdots,n)$ 相互独立而且服从同一正态分布，则称统计量$\chi^2=\sum\limits_{i=1}^{n}X_i^2$ 所服从的分布是自由度为 n 的χ^2分布，记为$\chi^2(n)$。其分布密度函数为

$$f_n(x)=\begin{cases}\dfrac{1}{2^{\frac{n}{2}}\Gamma\left(\dfrac{n}{2}\right)}\mathrm{e}^{-\frac{x}{2}}x^{\frac{n}{2}-1} & (x\geqslant 0)\\ 0 & (x<0)\end{cases} \tag{2-31}$$

式中：$\Gamma(\cdot)$为 Γ 函数；n 为自由度，表示 $X_1,X_2,\cdots,X_n$中独立变量的个数。

χ^2分布的数学期望为 $E(\chi^2)=n$，方差为 $D(\chi^2)=2n$。

2）正态总体样本均值和样本方差的分布

通常要根据从总体取到的样本 $X_1,X_2,\cdots,X_n$对总体分布中的未知参数作出推断，重要的是利用统计量$\overline{X}$和 S_n^2 对总体均值μ、方差 σ^2进行推断，所以弄清$\overline{X}$和 S_n^2 各自的分布及它们间的关系对以后的讨论是很方便的。

定理 2-4（抽样分布定理） 设 $X_1,X_2,\cdots,X_n$是取自总体 $\xi\sim N(\mu,\sigma^2)$ 的一个样本，其样本均值和样本方差分别为

$$\begin{cases}\overline{X}=\dfrac{1}{n}\sum\limits_{i=1}^{n}X_i\\ S_n^2=\dfrac{1}{n}\sum(X_i-\overline{X})^2\end{cases} \tag{2-32}$$

则有① $\overline{X}$ 和 S_n^2 相互独立；② $\overline{X}\sim N\left(\mu,\frac{1}{n}\sigma^2\right)$；③ $nS_n^2/\sigma^2\sim\chi^2(n-1)$。

3）t 分布

设随机变量 $\boldsymbol{X}\sim N(0,1)$、$\boldsymbol{Y}\sim\chi^2(n)$，且 $\boldsymbol{X}$ 和 $\boldsymbol{Y}$ 相互独立，则随机变量

$$t=\frac{\boldsymbol{X}}{\sqrt{\boldsymbol{Y}/n}} \tag{2-33}$$

服从的分布为自由度为 n 的 t 分布，其分布密度函数为

$$f_n(x)=\frac{\Gamma\left(\frac{n+1}{2}\right)}{\sqrt{n\pi}\,\Gamma\left(\frac{n}{2}\right)}\left(1+\frac{x^2}{n}\right)^{\frac{n+1}{2}}\quad(-\infty<x<+\infty) \tag{2-34}$$

式中：参数 n 为 t 分布的自由度。当 n 趋向于无穷大时，t 分布 n 趋向于正态分布 $N(0,1)$。

t 分布统计量常用来检验总体 ξ 服从正态分布 $N(\mu,\sigma^2)$（μ、σ 都是未知参数）的均值 $\mu=\mu_0$ 是否成立，或者用来比较两个方差未知（但方差相等）的正态母体的均值是否相等。

4）F 分布

设随机变量 $\boldsymbol{X}$ 和 $\boldsymbol{Y}$ 相互独立，服从自由度分别为 m 和 n 的 χ^2 分布，则称随机变量 F

$$F=\frac{X/m}{Y/n}=\frac{n}{m}\cdot\frac{X}{Y} \tag{2-35}$$

服从的分布为自由度是 (m,n) 的 F 分布，并且记为 $F(m,n)$ 或 $F_{m,n}$。

F 分布的分布密度函数为

$$f_{m,n}(x)=\begin{cases}\dfrac{\Gamma\left(\frac{m+n}{2}\right)}{\Gamma\left(\frac{m}{2}\right)\Gamma\left(\frac{n}{2}\right)}\left(\dfrac{m}{n}\right)^{\frac{m}{2}}x^{\frac{m}{2}-1}\left(1+\dfrac{m}{n}x\right)^{-\frac{m+n}{2}} & (x>0)\\ 0 & (x\leqslant 0)\end{cases} \tag{2-36}$$

F 分布统计量常用来检验两个正态分布的总体 $\boldsymbol{X}$ 和 $\boldsymbol{Y}$ 的方差是否相等，检验和辨识观测数据样本和未知参数间线性模型假设是否成立。

4. 参数假设检验

1）假设检验的基本概念

在数理统计中，常利用从总体 ξ 抽取的观测数据样本 $X_1,X_2,\cdots,X_n$ 来估计总体 ξ 的分布、有关数字特征或所需参数，但是在估计总体 ξ 这些量时常需要假设某种条件。现在首先要问这种假设是否正确，因为只有这种假设成立才

能选择合理的方法去估计所需量。对此需要利用观测样本来统计判断和假设检验的正确性，这就是数理统计中的假设检验问题。

统计假设检验一般分两步进行。首先根据问题的需要对总体 ξ 作某种假设，记为 H_0，称为原假设。据此假设寻找假设检验所需要的统计量，如上述 χ^2分布、t 分布、F 分布的变量，当然还有其他统计量。

有了统计量 U 后，则进一步由选取的样本对总体 ξ 的某种特性作出判断。但由于观测样本只能反映总体 ξ 的部分性质，不能全面正确地对原假设 H_0作出判断，需要规定一个临界概率 a，并且计算出 U 的临界值 U_0，也就是所有大于 U_0的 U 概率等于 α，即

$$P(U>U_0)=\alpha \tag{2-37}$$

此时，称确定的临界概率 α 为显著水平。通常取显著水平 $\alpha=0.05$ 或0.01。

在数理统计问题中，常将出现概率在0.05（或0.01）以下的事件，称为小概率事件。因此，由 n 个观测数据计算统计量 U 得到 $U\cdot$,如果 $U\cdot>U_0$，因出现此事件的概率很小，故判定原假设 H_0不成立；反之，如果计算得到 $U\cdot<U_0$，则说明原假设 H_0合理，判断该假设成立。

2）参数的区间估计

设总体 ξ 具有分布函数族 $\{F_\theta(x),\theta\in\Theta\}$，$T_1$、$T_2$都是统计量，且 $T_1\leqslant T_2$，则称(T_1,T_2)为随机区间。

给定常数 $\alpha(0<\alpha<1)$，若随机区间(T_1,T_2)使

$$P(T_1<\theta<T_2)=1-\alpha \tag{2-38}$$

则称随机区间(T_1,T_2)为参数 θ 的区间估计。$1-\alpha$ 称为置信水平（置信度），T_1称为置信下限，T_2称为置信上限，(T_1,T_2)称为置信区间。

区间估计的频率解释：100 次观察中包含 θ 的真值占$(1-\alpha)\times100\%$，即置信区间(T_1,T_2)包含 θ 的真值的概率是 $1-\alpha$。

5. 最小二乘估计

在数理统计中，最小二乘估计是应用最广泛的参数估计方法，同样也是外测数据事后处理中使用最多的一种参数估计方法。

1）高斯估计

高斯估计是最小二乘估计的最早形式，它是在 n 个观测样本的随机误差为等方差不相关条件下得到的最优线性无偏估计。

假设 m 个观测数据 $y_1,y_2,\cdots,y_m$与 n 个未知参数 $x_1,x_2,\cdots,x_n$有以下线性关系式，即

$$\begin{cases} y_1 = a_{11}x_1 + a_{12}x_2 + \cdots + a_{1n}x_n + \eta_1 \\ y_2 = a_{21}x_1 + a_{22}x_2 + \cdots + a_{2n}x_n + \eta_2 \\ \vdots \\ y_m = a_{m1}x_1 + a_{m2}x_2 + \cdots + a_{mn}x_n + \eta_m \end{cases} \tag{2-39}$$

式中：$\{a_{ij}\}$为已知；$\{\eta_i\}$为观测数据的随机误差，满足

$$E(\eta_i) = 0 \quad (i = 1, 2, \cdots, m)$$

$$E(\eta_i \eta_j) = \begin{cases} \sigma^2 & (i = j) \\ 0 & (i \neq j) \end{cases}$$

为了计算方便，常用矩阵形式来表示方程组（2-39）。为此，令

$$\boldsymbol{Y} = \begin{bmatrix} y_1 \\ y_2 \\ \vdots \\ y_m \end{bmatrix}, \quad \boldsymbol{A} = \begin{bmatrix} a_{11} & a_{12} & \cdots & a_{1n} \\ a_{21} & a_{22} & \cdots & a_{2n} \\ \vdots & \vdots & \ddots & \vdots \\ a_{m1} & a_{m2} & \cdots & a_{mn} \end{bmatrix}, \quad \boldsymbol{X} = \begin{bmatrix} x_1 \\ x_2 \\ \vdots \\ x_n \end{bmatrix}, \quad \boldsymbol{\eta} = \begin{bmatrix} \eta_1 \\ \eta_2 \\ \vdots \\ \eta_m \end{bmatrix}, \quad \hat{\boldsymbol{X}} = \begin{bmatrix} \hat{x}_1 \\ \hat{x}_2 \\ \vdots \\ \hat{x}_n \end{bmatrix} \tag{2-40}$$

则方程组（2-39）的矩阵形式为

$$\boldsymbol{Y} = \boldsymbol{A}\boldsymbol{X} + \boldsymbol{\eta} \tag{2-41}$$

式中，$\mathrm{rank}(\boldsymbol{A}) = n$，且$E(\boldsymbol{\eta}) = 0$，$E(\boldsymbol{\eta}\boldsymbol{\eta}^{\mathrm{T}}) = \sigma^2 \boldsymbol{I}$。

当$m > n$时，即观测子样个数多于未知参数个数时，取使方程组（2-39）残差平方和，即

$$Q = (\boldsymbol{Y} - \boldsymbol{A}\hat{\boldsymbol{X}})^{\mathrm{T}} (\boldsymbol{Y} - \boldsymbol{A}\hat{\boldsymbol{X}}) \tag{2-42}$$

达到最小的$\hat{\boldsymbol{X}}$作为未知参数向量$\boldsymbol{X}$的估计，即为

$$\hat{\boldsymbol{X}} = (\boldsymbol{A}^{\mathrm{T}}\boldsymbol{A})^{-1} \boldsymbol{A}^{\mathrm{T}} \boldsymbol{Y} \tag{2-43}$$

而参数估计量$\hat{\boldsymbol{X}}$的误差协方差为

$$P_{\hat{X}} = (\boldsymbol{A}^{\mathrm{T}}\boldsymbol{A})^{-1} \sigma^2 \tag{2-44}$$

式（2-43）和式（2-44）便是式（2-40）的未知参数向量$\boldsymbol{X}$的高斯估计和误差协方差阵，或称$\hat{\boldsymbol{X}}$为等方差不相关条件下未知参数$\boldsymbol{X}$的最小二乘估计。容易证明，高斯估计是最优线性无偏估计。应用高斯估计的优越性，一是不需要确切知道观测数据随机误差的特征，二是计算简便。

可以证明，未知参数向量$\boldsymbol{X}$的最小二乘估计与矩估计是一致的；而当观测向量$\boldsymbol{Y}$的随机误差向量$\boldsymbol{\eta}$服从正态分布时，则参数的高斯估计即为最大似然估计。

在外测数据处理中，观测数据随机误差的方差统计、数据平滑与滤波以及多台光学经纬仪测量数据交会处理，常将观测数据随机误差视为等方差不相关的，并且应用高斯估计来估计未知参数。

对于式（2-41），可以利用高斯估计来估计观测数据$\hat{Y}=A\hat{X}$，并由其残差估计观测数据随机误差的方差σ^2和均方差σ。在此，仅列出结果，其中方差σ^2的估计为

$$\hat{\sigma}^2=\frac{Q}{m-n} \tag{2-45}$$

$\hat{\sigma}^2$为σ^2的无偏估计，而观测误差均方差σ估计为

$$\hat{\sigma}=\sqrt{\frac{Q}{m-n}} \tag{2-46}$$

2）马尔可夫估计

在实际测量中，观测数据的随机误差往往是不等方差，甚至是相关的，即相应于式（2-41）的误差向量具有性质$E(\boldsymbol{\eta})=0$，$E(\boldsymbol{\eta}\boldsymbol{\eta}^{\mathrm{T}})=P$（正定阵）。此时应用高斯估计式（2-43）所得到的未知参数向量$\boldsymbol{X}$的估计$\boldsymbol{X}$不是最优线性无偏估计。对于这种情况，马尔可夫改进了高斯估计，提出了相关条件下的最小二乘估计。其原理是首先对式（2-41）作线性变换，即乘以矩阵$\boldsymbol{P}^{\frac{1}{2}}$得到

$$\boldsymbol{P}^{-\frac{1}{2}}\boldsymbol{Y}=\boldsymbol{P}^{-\frac{1}{2}}\boldsymbol{A}\boldsymbol{X}+\boldsymbol{P}^{-\frac{1}{2}}\boldsymbol{\eta} \tag{2-47}$$

式中：$\boldsymbol{P}^{-\frac{1}{2}}$为正定阵，并且满足$\boldsymbol{P}^{-\frac{1}{2}}\cdot\boldsymbol{P}^{-\frac{1}{2}}=\boldsymbol{P}^{-1}$。

令$\boldsymbol{Y}'=\boldsymbol{P}^{-\frac{1}{2}}\boldsymbol{Y}$，$\boldsymbol{A}'=\boldsymbol{P}^{-\frac{1}{2}}\boldsymbol{A}$，$\boldsymbol{\eta}'=\boldsymbol{P}^{-\frac{1}{2}}\boldsymbol{\eta}$，这样式（2-41）变为

$$\boldsymbol{Y}'=\boldsymbol{A}'\boldsymbol{X}+\boldsymbol{\eta}' \tag{2-48}$$

而且有

$$E(\boldsymbol{\eta}'\boldsymbol{\eta}'^{\mathrm{T}})=\boldsymbol{P}^{-\frac{1}{2}}E(\boldsymbol{\eta}\boldsymbol{\eta}^{\mathrm{T}})\boldsymbol{P}^{-\frac{1}{2}}=\boldsymbol{I} \tag{2-49}$$

由此可知，方程组（2-48）中新观测数据$\boldsymbol{Y}'$的随机误差向量$\boldsymbol{\eta}'$已是等方差不相关的，且$\sigma^2=1$。则由高斯估计得到式（2-41）未知参数向量$\boldsymbol{X}$的最优线性无偏估计$\hat{\boldsymbol{X}}$为

$$\hat{\boldsymbol{X}}=(\boldsymbol{A}'^{\mathrm{T}}\boldsymbol{A}')^{-1}\boldsymbol{A}'^{\mathrm{T}}\boldsymbol{Y}' \tag{2-50}$$

误差协方差阵为

$$\boldsymbol{P}_{\hat{X}}=(\boldsymbol{A}'^{\mathrm{T}}\boldsymbol{A}')^{-1} \tag{2-51}$$

再将$\boldsymbol{Y}'=\boldsymbol{P}^{-\frac{1}{2}}\boldsymbol{Y}$和$\boldsymbol{A}'=\boldsymbol{P}^{-\frac{1}{2}}\boldsymbol{A}$代入式（2-44）、式（2-45）中，则有

$$\hat{\boldsymbol{X}}=(\boldsymbol{A}^{\mathrm{T}}\boldsymbol{P}^{-1}\boldsymbol{A})^{-1}\boldsymbol{A}^{\mathrm{T}}\boldsymbol{P}^{-1}\boldsymbol{Y} \tag{2-52}$$

误差协方差阵为

$$\boldsymbol{P}_{\hat{X}}=(\boldsymbol{A}^{\mathrm{T}}\boldsymbol{P}^{-1}\boldsymbol{A})^{-1} \tag{2-53}$$

由于式（2-52）、式（2-53）中$\boldsymbol{X}$是方程组（2-48）中按高斯估计得到的最优线性无偏估计，容易证明，它也是原式（2-41）中的最优线性无偏

估计。

通常称由式（2-52）得到的未知参数向量 $\boldsymbol{X}$ 的估计$\hat{\boldsymbol{X}}$为马尔可夫估计。当方程组（2-40）中的观测数据随机误差为等方差不相关时，马尔可夫估计即为高斯估计，人们常将高斯估计和马尔可夫估计合称为最小二乘估计。在外测数据事后处理中，多台外测设备交会测量的 EMBET 系统误差自校准和弹道参数解算，都应用马尔可夫估计。

最小二乘估计还有一些变化形式，如递推最小二乘估计、逐步回归最小二乘估计、线性约束最小二乘估计、非线性最小二乘估计，这些变化形式在外测数据事后处理中都有重要的作用，详细情况参见文献［6］。

6. 线性模型的假设检验

在前文最小二乘估计中，模型式（2-41）的参数估计都是线性模型的回归问题。但是，在讨论它之前，还存在着线性模型是否正确、是否反映观测数据与待估参数之间的关系以及如何选择待估参数等问题，这些都会影响参数估计结果的精度。在数理统计中，讨论线性模型的建模及其正确性和合理性等问题，常称为线性模型的假设检验。

在外测数据事后处理中经常要作线性模型的假设检验。例如，利用多项式拟合观测数据阶数的确定，多套连续波雷达联用系统误差自校准时系统误差模型的显著性和紧致性检验等。

观测数据与未知参数之间的线性模型可以表示为

$$\boldsymbol{Y}=\boldsymbol{A}\boldsymbol{X}+\boldsymbol{\eta} \tag{2-54}$$

式中：$\boldsymbol{Y}$ 为 $m\times1$ 维观测向量；$\boldsymbol{X}$ 为 $n\times1$ 维未知参数向量；$\boldsymbol{A}$ 为已知的 $m\times n$ 维系数矩阵，且 $\mathrm{rank}(\boldsymbol{A})=n$；$\boldsymbol{\eta}$ 为观测数据的随机误差向量，且满足且 $E(\boldsymbol{\eta})=0$，$E(\boldsymbol{\eta}\boldsymbol{\eta}^{\mathrm{T}})=\boldsymbol{P}>0$。

线性模型假设检验问题都可以归结为以下线性条件的假设是否成立，即原假设为

$$H_0:\boldsymbol{H}\boldsymbol{X}=\boldsymbol{a} \tag{2-55}$$

式中：$\boldsymbol{H}$ 为已知的 $s\times n(s<n)$ 维系数矩阵；$\boldsymbol{a}$ 为 $s\times1$ 维实数向量。矩阵 $\boldsymbol{H}$ 和向量 $\boldsymbol{a}$ 根据具体假设和检验的内容来确定。

实际上，如果 H_0成立，则线性模型假设检验可以归结为线性约束条件下最小二乘估计的问题，也就是联立线性模型式（2-54）和线性条件式（2-55）成为以下方程组，即

$$\begin{cases}\boldsymbol{Y}=\boldsymbol{A}\boldsymbol{X}+\boldsymbol{\eta}\\ \boldsymbol{H}\boldsymbol{X}=\boldsymbol{a}\end{cases} \tag{2-56}$$

求解未知参数向量 $\boldsymbol{X}$ 的约束最小二乘估计$\hat{\boldsymbol{X}}_H$。

线性约束最小二乘估计表达式为

$$\hat{\boldsymbol{X}}_{\boldsymbol{H}}=\hat{\boldsymbol{X}}-(\boldsymbol{A}^{\mathrm{T}}\boldsymbol{P}^{-1}\boldsymbol{A})^{-1}\boldsymbol{H}^{\mathrm{T}}[\boldsymbol{H}(\boldsymbol{A}^{\mathrm{T}}\boldsymbol{P}^{-1}\boldsymbol{A})^{-1}\boldsymbol{H}^{\mathrm{T}}]^{-1}[\boldsymbol{H}\hat{\boldsymbol{X}}-\boldsymbol{a}] \tag{2-57}$$

有了$\hat{\boldsymbol{X}}_{\boldsymbol{H}}$后，且当$E(\boldsymbol{\eta}\boldsymbol{\eta}^{\mathrm{T}})=\boldsymbol{P}=\boldsymbol{\sigma}^2\boldsymbol{I}$时，引入以下两个统计量，即

$$\begin{cases}\mathrm{SS_e}=\|\boldsymbol{Y}-\boldsymbol{A}\hat{\boldsymbol{X}}\|^2\\ \mathrm{SS_H}=\|\boldsymbol{Y}-\boldsymbol{A}\hat{\boldsymbol{X}}_{\boldsymbol{H}}\|^2-\|\boldsymbol{Y}-\boldsymbol{A}\hat{\boldsymbol{X}}\|^2\end{cases} \tag{2-58}$$

式中：$\hat{\boldsymbol{X}}$和$\hat{\boldsymbol{X}}_{\boldsymbol{H}}$分别为线性模型式（2-54）的最小二乘估计和约束最小二乘估计。

易知$\mathrm{SS_e}$是高斯估计残差平方和，而$\mathrm{SS_H}$是有约束和无约束最小二乘估计残差平方和之差。由数理统计原理可知，它们具有下述性质：

① $\mathrm{SS_e}/\sigma^2\sim\chi^2_{m-r}$（自由度$m-r$的中心$\chi^2$分布），其中$m$为观测数据总个数，$r=\mathrm{rank}(\boldsymbol{A})$；

② $\mathrm{SS_H}/\sigma^2\sim\chi^2_{\mu}(\delta)$，$\mu=\mathrm{rank}(\boldsymbol{A})+\mathrm{rank}(\boldsymbol{H})-\mathrm{rank}\begin{pmatrix}\boldsymbol{A}\\ n\end{pmatrix}$，当$a=0$时，即约束条件$\boldsymbol{HX}=0$，$\delta=0$，此时$\mathrm{SS_H}$服从中心$\chi^2$分布；

③ $\mathrm{SS_e}$和$\mathrm{SS_H}$相互独立。

将$\hat{\boldsymbol{X}}$和$\hat{\boldsymbol{X}}_{\boldsymbol{H}}$代入式（2-58），则统计量$\mathrm{SS_e}$和$\mathrm{SS_H}$可以分别写成

$$\begin{cases}\mathrm{SS_e}=(\boldsymbol{Y}-\boldsymbol{A}\hat{\boldsymbol{X}})^{\mathrm{T}}(\boldsymbol{Y}-\boldsymbol{A}\hat{\boldsymbol{X}})=\boldsymbol{Y}^{\mathrm{T}}[\boldsymbol{I}-\boldsymbol{A}(\boldsymbol{A}^{\mathrm{T}}\boldsymbol{A})^{-1}\boldsymbol{A}^{\mathrm{T}}]\boldsymbol{Y}\\ \mathrm{SS_H}=\boldsymbol{Y}^{\mathrm{T}}\{\boldsymbol{A}(\boldsymbol{A}^{\mathrm{T}}\boldsymbol{A})^{-1}\boldsymbol{H}^{\mathrm{T}}[\boldsymbol{H}(\boldsymbol{A}^{\mathrm{T}}\boldsymbol{A})^{-1}\boldsymbol{H}^{\mathrm{T}}]^{-1}\boldsymbol{H}(\boldsymbol{A}^{\mathrm{T}}\boldsymbol{A})^{-1}\boldsymbol{A}^{\mathrm{T}}\}\boldsymbol{Y}\end{cases} \tag{2-59}$$

如果$E(\boldsymbol{\eta}\boldsymbol{\eta}^{\mathrm{T}})=\boldsymbol{P}$，按照前文马尔可夫估计中的方法，则可以分别得到

$$\begin{cases}\mathrm{SS_e}=\boldsymbol{Y}^{\mathrm{T}}\boldsymbol{P}^{-1}\boldsymbol{Y}-\boldsymbol{Y}^{\mathrm{T}}\boldsymbol{P}^{-1}\boldsymbol{A}(\boldsymbol{A}^{\mathrm{T}}\boldsymbol{P}^{-1}\boldsymbol{A})^{-1}\boldsymbol{A}^{\mathrm{T}}\boldsymbol{P}^{-1}\boldsymbol{Y}\\ \mathrm{SS_H}=\boldsymbol{Y}^{\mathrm{T}}\boldsymbol{P}^{-1}\boldsymbol{A}(\boldsymbol{A}^{\mathrm{T}}\boldsymbol{P}^{-1}\boldsymbol{A})^{-1}\boldsymbol{H}^{\mathrm{T}}[\boldsymbol{H}(\boldsymbol{A}^{\mathrm{T}}\boldsymbol{P}^{-1}\boldsymbol{A})^{-1}\boldsymbol{H}^{\mathrm{T}}]^{-1}\boldsymbol{H}(\boldsymbol{A}^{\mathrm{T}}\boldsymbol{P}^{-1}\boldsymbol{A})^{-1}\boldsymbol{A}^{\mathrm{T}}\boldsymbol{P}^{-1}\boldsymbol{Y}\end{cases} \tag{2-60}$$

这两个统计量仍具有前述类似的3个性质。

得到了$\mathrm{SS_e}$和$\mathrm{SS_H}$两个统计量后，就可以构成F分布统计量为

$$F=\frac{\mathrm{SS_H}/\mu}{\mathrm{SS_e}/(m-r)} \tag{2-61}$$

若线性约束条件$\boldsymbol{HX}=0$成立，则式（2-61）服从中心F分布，记为$F_{u,m-r}$。引入F分布统计量后，可对线性模型式（2-54）进行各种假设检验。若有某线性假设

$$H_0:\boldsymbol{HX}=\boldsymbol{a} \tag{2-62}$$

根据观测数据$\boldsymbol{Y}$计算式（2-61）中的F，如果$F\leqslant F(a)$（一般$a=0.01$、0.05），则认为假设H_0成立；反之，则拒绝该假设。

2.1.3 样条理论基础

在动态数据的数学建模中，把待估计的未知参数（真实信号、系统误差）

用含较少的待估参数的（表达式）已知函数（表达式可以是显式、隐式或用方程描述）表示，主要有 4 种途径：应用代数多项式或三角多项式；应用代数多项式样条或三角多项式样条；应用待估函数满足的（已知）微分方程和（待估）初值；应用经验公式。这些经验公式可能是由科学定律或工程经验推导而来的，在不同的场合只是参数的取值不同。

1. 均匀逼近和平方逼近

定义 2-1 设 a_0、a_k、$b_k(k=1,2,\cdots,n)$是实数，则分别称

$$\begin{cases} P_n(t)=a_0+\sum_{k=1}^{n}a_k t^k & (a_n\neq 0) \\ T_n(t)=a_0+\sum_{k=1}^{n}(a_k\cos(kt)+b_k\sin(kt)) & (a_n^2+b_n^2\neq 0) \end{cases} \tag{2-63}$$

为 n 次代数多项式和 n 次三角多项式。

通常函数逼近可以叙述为：“对函数类 A 中给定的函数 $f(x)$，要求在另一类较简单的便于计算的函数类 B 中，求函数 $P(t)\in B\subset A$，使 $P(x)$ 与 $f(x)$ 在某种度量意义下最小”。函数类 A 通常是区间$[a,b]$上的连续函数，记为 $C[a,b]$；而函数类 B 通常是代数多项式、三角多项式或样条函数。而度量的标准最常用的有两种，一种为

$$\|f(t)-P(t)\|_\infty=\max_{a\leqslant t\leqslant b}|f(t)-P(t)| \tag{2-64}$$

这种度量意义下的函数逼近称为一致均匀逼近，另一种为

$$\|f(t)-P(t)\|_2=\sqrt{\int_a^b[f(t)-P(t)]^2\mathrm{d}x} \tag{2-65}$$

用这种度量的函数逼近称为均匀逼近或平方逼近，符号$\|\cdot\|_\infty$和$\|\cdot\|_2$是范数。下面先讨论均匀逼近。

2. 多项式表示待估参数

1）最佳一致逼近

用 $P_n(t)$ 一致逼近 $f(t)$，首先要解决的问题是：对$[a,b]$上的连续函数 $f(t)$ 是否存在多项式 $P_n(t)$ 一致收敛于 $f(t)$？维尔斯特拉斯给出了下面的定理。

定理 2-5 设 $f(t)\in C[a,b]$，则对任何 $\varepsilon>0$，总存在一个代数多项式 $p(x)$，使$\|f(x)-p(x)\|_\infty<\varepsilon$ 在$[a,b]$上一致成立。

伯恩斯坦构造了多项式

$$B_n(f,t)=\sum_{k=0}^{n}f\left(\frac{k}{n}\right)C_n^k t^k(1-t)^{n-k} \tag{2-66}$$

并证明了 $\lim B_n(f,t)=f(t)$ 在 $[a,b]$ 上一致成立。

切比雪夫从另一观点研究一致逼近问题，他不让多项式次数 n 趋于无穷，而是固定了 n，记次数不大于 n 的多项式的集合为 H_n。

定义 2-2　$P_n(t)\in H_n$，$f(t)\in C[a,b]$，称

$$\Delta(f,P_n)=\|f-P_n\|_\infty=\max_{a\leqslant t\leqslant b}|f(t)-P_n(t)| \tag{2-67}$$

为 $f(t)$ 与 $P_n(t)$ 在 $[a,b]$ 上的偏差。

$\Delta(f,P_n)$ 的全体组成一个集合，记为 $\{\Delta(f,P_n)\}$，它有下界 0。若记集合的下确界为 $E_n=\inf\limits_{P_n\in H_n}\{\Delta(f,P_n)\}$，则 E_n 称为 $f(t)$ 在 $[a,b]$ 上的最小偏差。

定义 2-3　假定 $f(t)\in C[a,b]$，若存在 $P_n^*(t)\in H_n$ 使 $\Delta(f,P_n^*)=E_n$，则称 $P_n^*(t)$ 是 $f(t)$ 在 $[a,b]$ 上最佳一致逼近多项式或最小偏差逼近多项式。

下面讨论诱导函数的最佳逼近。

研究非周期函数的结构与其代数多项式的逼近阶的联系，最简单的办法是通过变量代换，把被逼近的函数转化为三角函数。

若 $f(x)\in C[a,b]$，令 $x=\dfrac{bt-at+b+a}{2}$、$\varphi(t)\equiv f(x)=f\left(\dfrac{bt-at+b+a}{2}\right)$，则 $\varphi(t)\in[-1,1]$。令 $t=\cos\theta$，$(0\leqslant\theta\leqslant\pi)$，则 $\Phi(\theta)\equiv\varphi(\cos\theta)$ 可视为 $(-\infty,+\infty)$ 内的偶函数，并且 $\Phi(\theta)\in C_{2\pi}$。称 $\Phi(\theta)\in C_{2\pi}$ 为 $f(x)\in C[a,b]$ 的诱导函数。

定理 2-6　设 E_n 是 $f(x)\in C[a,b]$ 的用不高于 n 次的代数多项式得到的最佳逼近，而 E_n^* 是它的诱导函数 $\Phi(\theta)$ 用不高于 n 次的三角多项式得到的最佳逼近，那么 $E_n=E_n^*$。

2）最小偏差逼近代数多项式的逼近阶

定理 2-7　若 $f(t)\in C_{2\pi}$，且 $f(k)(t)$ 连续，则

$$E_n^*\leqslant\frac{\pi}{2}\left(\frac{1}{n+1}\right)^k\|f^{(k)}\|_\infty \tag{2-68}$$

并且 $\dfrac{\pi}{2}$ 是不依赖于 f、k、n 的最佳系数，$\|f^{(k)}\|_\infty=\max\limits_{a\leqslant t\leqslant b}|f^{(k)}(t)|$。

定理 2-8　若 $f(t)\in C[a,b]$，则：

① 若 $|f(x)-f(y)|<\lambda|x-y|$，则 $E_n(f)\leqslant\dfrac{\pi\lambda}{2(n+1)}\cdot\dfrac{b-a}{2}$；

② 若 $f^k(t)\in C[a,b],n\geqslant k$，则 $E_n(t)=\left(\dfrac{\pi}{2}\right)^k\cdot\dfrac{\|f^{(k)}\|_\infty}{(n+1)n\cdots(n+2-k)}\cdot\left(\dfrac{b-a}{2}\right)^k$。

3）待估函数多项式表示的基底

是否有可能找到这样的基底 $(\theta_1,\theta_2,\cdots,\theta_N)$，把代数多项式 $P(t)$ 表示成

$$P(t)=\sum_{t=0}^{N} b_i\theta_i(t) \tag{2-69}$$

而其中的 $b_i\theta_i(t)$ 很小（可以忽略不计）。可以通过基底的选择减少待估参数。

（1）切比雪夫多项式。

称 $T_n(t)=\cos(n\arccos t)(-1\leqslant t\leqslant 1;n=1,2,3,\cdots)$ 为切比雪夫多项式。若记 $\cos\theta=t$，则 $T_n(t)=\cos(n\theta)(0\leqslant\theta\leqslant\pi)$。

切比雪夫多项式有下列重要性质。

性质 1：递推关系

$$\begin{cases}T_{n+1}(t)=2tT_n(t)-T_{n-1}(t)\\T_0(t)=1,\quad T_1(t)=t\end{cases}\quad(n=1,2,3,\cdots) \tag{2-70}$$

性质 2：切比雪夫多项式 $T_n(t)$ 是 n 次多项式。

性质 3：切比雪夫多项式 $T_n(t)$ 的最高幂 t_n 项的系数为 $2n-1$。

性质 4：$T_n(t)\ \leqslant 1,-1\leqslant t\leqslant 1$。

性质 5：$T_n(t)$ 在 $[-1,1]$ 上有 n 个不同的实根，$t_k=\cos\dfrac{(2k+1)\pi}{2n}(k=0,1,\cdots,n-1)$。

性质 6：$T_n(t)$ 在 $[-1,1]$ 上有 $n+1$ 个点 $t_k=\cos\dfrac{k\pi}{n}(k=0,1,\cdots,n)$，取最大值 1 和最小值-1，即 $T_n(t_k)=(-1)^k$。

性质 7：正交性，即

$$\int_{-1}^{1}\frac{T_m(t)T_n(t)}{\sqrt{1-t^2}}\mathrm{d}t=\begin{cases}\pi & (m=n=0)\\2\pi & (m=n\neq 0)\\0 & (m\neq n)\end{cases} \tag{2-71}$$

（2）n 次插值多项式基。

考虑 $f(t)\in C^{n+1}[-1,1]$，已知 $f(t)$ 在 $[-1,1]$ 上 $n+1$ 个不同的点 $(t_1,t_2,\cdots,t_n)$ 处的值 $(y_1,y_2,\cdots,y_n)$。

定理 2-9　存在唯一的代数多项式 $P_n(t)$，使

$$P_n(t_i)=y_i\quad(i=0,1,\cdots,n) \tag{2-72}$$

对于插值多项式，令

$$l_i(t)=\frac{(t-t_0)\cdots(t-t_{i-1})(t-t_{i+1})\cdots(t-t_n)}{(t_i-t_0)\cdots(t_i-t_{i-1})(t_i-t_{i+1})\cdots(t_i-t_n)} \tag{2-73}$$

则 $P_n(t)=\sum_{i=0}^{n} y_i l_i(t)$ 为满足式（2-63）的唯一的 n 次代数多项式。

定理 2-10　若 $f(t)\in C^{n+1}[-1,1],t_1,t_2,\cdots,t_n$ 是 $[-1,1]$ 上不同的 $n+1$ 个插值节点，则对任意 t，存在唯一的 $\xi\in[-1,1]$，使插值误差为

$$E_n(f,t)=f(t)-P_n(t)=\frac{\omega(t)}{(n+1)!}f^{(n+1)}(\xi) \tag{2-74}$$

式中：$\omega_n(t)=(t-t_0)(t-t_1)\cdots(t-t_n)$。

若已知 $\sup\limits_{|t|\leqslant 1}|f^{(n+1)}(t)|\leqslant M_{n+1}$，可得到

$$|E_n(f,t)|\leqslant\frac{M_{n+1}}{(n+1)!}|\omega(t)| \tag{2-75}$$

显然，若能选择插值节点 $t_0,t_1,\cdots,t_n$，使

$$\max_{|t|\leqslant 1}|\omega(t)|=\min \tag{2-76}$$

则 $P_n(t)$ 在 $[-1,1]$ 上任何一点的逼近效果都不会差。

根据切比雪夫多项式的性质4，选取 $T_{n+1}(t)=0$ 的 $n+1$ 个根

$$t_k=\cos\frac{2k+1}{2(n+1)}\pi\quad(k=0,1,\cdots,n) \tag{2-77}$$

作为 n 次插值多项式 $P_n(t)$ 的插值节点，这样，$n+1$ 次多项式 $\omega(t)$ 与 $n+1$ 次多项式 $T_{n+1}(t)$ 的根完全相同，$\omega(t)$ 与 $T_{n+1}(t)$ 只相差一个常数倍，比较首次系数即可知道

$$\omega(t)=\frac{1}{2^n}T_{n+1}(t) \tag{2-78}$$

由式（2-75）和式（2-78）可得

$$|E_n(f,t)|\leqslant\frac{M_{n+1}}{2^n(n+1)!}|T_{n+1}(t)| \tag{2-79}$$

由切比雪夫多项式的性质4，可知

$$\max_{|t|\leqslant 1}|E_n(f;t)|\leqslant\frac{M_{n+1}}{2^n(n+1)!} \tag{2-80}$$

总之，对于函数 $f(t)\in C^{n+1}[-1,1]$，假定 $M_{n+1}=\sup\limits_{|t|\leqslant 1}|f^{(n+1)}(t)|$ 不是很大，那么只要把插值节点选为 $T_{n+1}(t)$ 的零点，$f(t)$ 的 n 次插值多项式 $P_n(t)$ 逼近 $f(t)$ 可以达到较高的精度。准确地说，若已知 $f(t)\in C^{n+1}[-1,1]$，而且 M_{n+1} 不很大，那么一定存在 $n+1$ 个常数 $c_0,c_1,\cdots,c_n$，使

$$\max_{|t|\leqslant 1}\left|f(t)-\sum_{i=0}^{n}C_il_i(t)\right|\leqslant\frac{M_{n+1}}{2^n(n+1)!} \tag{2-81}$$

因而，可以构造 $(l_0(t),l_1(t),\cdots,l_n(t))$ 作为逼近 $f(t)$ 的一组插值多项式基（这组基的插值节点是 $T_{n+1}(t)$ 的零点）。

假若区间是 $[a,b]$，那么有下面的定理2-11。

定理2-11 若 $f(t)\in C^n[a,b]\cap C^{n+1}(a,b)$，$M_{n+1}=\sup\limits_{a<t<b}|f^{(n+1)}(t)|$，取 $t_k=$

$\frac{(b+a)+(b-a)\cos\frac{(2k+1)\pi}{2(n+1)}}{2}$，则 $|E_n(f;t)|\leqslant\frac{M_{n+1}}{(n+1)!}\cdot\frac{(b-a)^{n+1}}{2^{2n+1}}$。

(3) 切比雪夫多项式基。

在用多项式逼近可微函数时，用切比雪夫多项式可以降低多项式的阶，又不降低逼近精度。

第2.1.3节中讨论了诱导函数的逼近问题，$C[a,b]$上的代数多项式的最佳逼近，可以转化为$C^{2\pi}$上的三角多项式的逼近问题，而且$E_n(f;x)=E_n^*(g;t)$。这里$f(x)\in C[a,b]$，$g(t)\in C^{2\pi}$，$g(t)=f\left(\frac{b\cos t-a\cos t+b+a}{2}\right)$。

下面设$f(x)\in C[a,b]$，那么

$$f(t)=A+\sum_{k=1}^{\infty}(a_k\cos(kt)+b_k\sin(kt)) \tag{2-82}$$

其中 $a_k=\frac{1}{\pi}\int_{-\pi}^{\pi}f(x)\cos(kx)\mathrm{d}x,(k=1,2,\cdots)$，$A=\frac{1}{2\pi}\int_{-\pi}^{\pi}f(x)\mathrm{d}x$，$b_k=\frac{1}{\pi}\int_{-\pi}^{\pi}f(x)\sin(kx)\mathrm{d}x$。

显然，若$f(x)$是一个n次三角多项式，则它的傅里叶级数就是它本身，记

$$S_n(f)=A+\sum_{k=1}^{n}(a_k\cos(kt)+b_k\sin(kt)) \tag{2-83}$$

定理2-12　若$f(x)\in C^{2\pi}$，用H_n^*中的三角多项式逼近$f(t)$的最佳逼近为E_n^*，则当$n\geqslant2$时有$|S_n(f)-f|\leqslant(3+\log n)E_n^*$。

定理2-12说明，用$S_n(f)$逼近$f(t)\in C^{2\pi}$的效果，不比n次最佳逼近三角多项式差许多。

综合上述讨论对于$f(t)\in C[-1,1]$，可以选择$\{T_0(t),T_1(t),\cdots,T_n(t)\}$作为基底。

4) 多项式逼近的不足

多项式是一种常用的逼近工具，但多项式逼近有以下几点不足。

(1) 无论被逼近的函数其性质如何，逼近多项式都是无穷可微函数，显然，在可微性方面，逼近多项式与函数本身是有差别的。

(2) 从函数的图形上看，n次代数多项式通常有$n-2$个拐点，当$f(t)$是比较平坦的函数时，逼近多项式与f的拐点也是有差别的。

(3) 多项式没有保凸、保单调等性质。

以上几点是使用多项式逼近函数f时要注意的地方。

3. 样条函数表示待估函数

1) 多项式样条函数的定义

定义 2-4 对于给定区间$[a,b]$的一个分划π：$a=t_0<t_1<\cdots<t_n=b$，若$s(t)$满足：

① $s(t)$在每一个子区间$(t_i,t_{i+1})(i=0,1,2,\cdots,n-1)$是$k$次多项式；

② $s(t)\in C^{k-1}[a,b]$。

则称$s(t)$是对应分划π的k次多项式样条函数，$t_0,t_1,\cdots,t_n$称为样条节点，$t_1,t_2,\cdots,t_{n-1}$称为内节点，t_0、t_n称为边界节点。这样的样条函数的集合称为$S(\pi,k)$。

定义 2-5 $t_+^m=\begin{cases}t^m & (t\geqslant 0)\\ 0 & (t<0)\end{cases}$，$m=0,1,2,\cdots$称为$m$次半截单项式。

$$s(t)=\sum_{j=0}^{k}a_jt^j+\sum_{j=1}^{n-1}c_j\frac{(t-t_j)_+^k}{k!} \tag{2-84}$$

就是对应于分划π：$-\infty=t_0<t_1<\cdots<t_n=\infty$的$k$次代数多项式样条函数。

3 次样条在函数逼近和动态数据处理中具有特殊地位，下面以介绍 3 次样条函数为主。

2) 3 次样条插值

插值问题的提出。

给定$[a,b]$区间的分划π：$a=t_0<t_1<\cdots<t_n=b$，现要在以$t_1,t_2,\cdots,t_{n-1}$为内节点的 3 次样条函数类$S(\pi,3)$中求满足下列各个插值问题的解。由于式（2-85）包含了$n+3$个待定参数，故插值条件应有$n+3$个。

$$s(t)=\alpha_{-1}+\alpha_0t+\alpha_1t^2+\sum_{j=1}^{n-1}\alpha_{j+2}(t-t_j)_+^3 \tag{2-85}$$

问题 1 求$s(t)\in S(\pi,3)$使满足

$$\begin{cases}s(t_i)=f(t_i)\\ s'(t_0)=f'(t_0),\ s'(t_n)=f'(t_n)\end{cases}\quad(i=0,1,\cdots,n) \tag{2-86}$$

问题 2 求$s(t)\in S(\pi,3)$使满足

$$\begin{cases}s(t_i)=f(t_i)\\ s''(t_0)=f''(t_0),\ s''(t_n)=f''(t_n)\end{cases}\quad(i=0,1,\cdots,n) \tag{2-87}$$

可以证明，插值问题 1 和问题 2 的解是存在并唯一的。

问题 1 的解：由式（2-85）和式（2-86）知

$$\begin{pmatrix} 0 & 1 & 2t_0 & 3t_0^2 & 0 & \cdots & 0 \\ 1 & t_0 & t_0^2 & t_0^3 & 0 & \cdots & 0 \\ 1 & t_1 & t_1^2 & t_1^3 & 0 & \cdots & 0 \\ 1 & t_2 & t_2^2 & t_2^3 & (t_2-t_1)^3 & \cdots & 0 \\ \vdots & \vdots & \vdots & \vdots & \vdots & \ddots & \vdots \\ 1 & t_n & t_n^2 & t_n^3 & (t_n-t_1)^3 & \cdots & (t_n-t_{n-1})^3 \\ 0 & 1 & 2t_n & 2t_n^2 & 3(t_n-t_1)^2 & \cdots & 3(t_n-t_{n-1})^2 \end{pmatrix} \begin{pmatrix} \alpha_{-1} \\ \alpha_0 \\ \alpha_1 \\ \alpha_2 \\ \vdots \\ \alpha_n \\ \alpha_{n+1} \end{pmatrix} = \begin{pmatrix} f'(t_0) \\ f(t_0) \\ f(t_1) \\ f(t_2) \\ \vdots \\ f(t_n) \\ f'(t_n) \end{pmatrix} \quad (2-88)$$

式（2-88）中左端的系数矩阵是非奇异的，于是由式（2-88）可以得到式（2-85）中$s(t)$的系数。

问题 2 的解与此类似。

3）3 次样条函数的逼近性质

定理 2-13　设$f(t) \in C^2[a,b]$，$S_f(t) \in S(\pi,3)$为插值问题 1 的解，则

$$\int_a^b |s_f''(t)|^2 dt = \int_a^b |f''(t)|^2 dt - \int_a^b |f''(t) - s_f''(t)|^2 dt \quad (2-89)$$

定理 2-14　设$S_f(t) \in S(\pi,3)$为插值问题 1 的解，$S(t) \in S(\pi,3)$，那么

$$\|f''(t)-s''(t)\|_2^2 = \|f''(t)-s_f''(t)\|_2^2 + \|s_f''(t)-s''(t)\|_2^2 \quad (2-90)$$

对于等距划分$(t_i-t_{i-1}=h)$的情况，有下述两定理。

定理 2-15　设$S_f(t) \in S(\pi,3)$为插值问题 1 的解，而且分划π为等距的，那么

$$\|s_f'(t)-f'(t)\|_2^2 \leqslant \frac{4h^2}{\pi^2}\|s_f''(t)-f''(t)\|_2^2$$

$$\|s_f(t)-f(t)\|_2^2 \leqslant \frac{h^2}{\pi^2}|s_f'(t)-f'(t)|_2^2$$

$$\|s_f(t)-f(t)\|_2^2 \leqslant \frac{4h^4}{\pi^4}\|s_f''(t)-f''(t)\|_2^2 \quad (2-91)$$

其中：

$$\|f(t)\|_2 = \left(\int_a^b |f(t)|^2 dt\right)^{1/2}$$

定理 2-16　设$f(t) \in C^4[a,b]$，分划π为等距（节点距为h），$S_f(t) \in S(\pi,3)$为插值问题 1 的解，那么

$$\|f^{(\alpha)}(t) - s_f^{(\alpha)}(t)\|_\infty < C_\alpha \|f^{(4)}(t)\|_\infty h^{4-\alpha} \quad (2-92)$$

其中，$\alpha=0、1、2、3$，$C_0=\dfrac{5}{384}$，$C_1=\dfrac{1}{21}$，$C_2=\dfrac{3}{8}$，$C_3=1$；并且C_0与C_1是最佳的。

定理2-16说明，若$f(t)\in C^4[a,b]$，那么满足插值问题1的等距节点的3次插值样条有很好的逼近性能；不仅函数$f(t)$本身，还包括其相应的1、2、3阶导数，都能由一个样条函数及其相应导数很好地逼近。另外，对于不等距分划，通常的做法是在$|f^{(4)}(t)|$较大的地方节点布得密，$|f^{(4)}(t)|$较小的地方节点布得稀，这样做可以在保证精度的条件下，尽可能减少样条系数。

4. B样条函数

任何一个样条函数，均能表示成B样条的线性组合。

（1）B样条的定义。

定义2-6　称

$$\Omega_k(t)=\sum_{j=0}^{k+1}\frac{(-1)^j\binom{k+1}{j}\left(t+\frac{k+1}{2}-j\right)_+^k}{k!} \tag{2-93}$$

为k次B样条。

$\Omega_k(t)$是一个分段k次多项式，k次导数间断点为$t_j=j-(k+1)/2\ (j=0,1,\cdots,k+1)$，也就是说，它是对应$(-\infty,+\infty)$的一个分划$\pi$：$-\infty<t_0<\cdots<t_{k+1}<+\infty$的$k$次样条函数，$t_j$为它的样条节点。

（2）B样条的性质。

① $\Omega_k(t)\in C^{k-1}(-\infty,+\infty)$。

② $\Omega_k(t)=0,\ |t|>\dfrac{k+1}{2}$。

③ $\Omega_k(t)$是$(-\infty,+\infty)$上的k次分段多项式，共有$k+2$个节点，它们是$-\dfrac{k+1}{2},-\dfrac{k+1}{2}+1,\cdots,\dfrac{k+1}{2}$。

④ $\Omega_k(t)$是偶函数。

⑤ $\Omega_k(t)>0,\ |t|<\dfrac{k+1}{2}$。

⑥ $\displaystyle\int_{-\frac{k+1}{2}}^{\frac{k+1}{2}}\Omega_k(t)\,\mathrm{d}t=\int_{-\infty}^{\infty}\Omega_k(t)\,\mathrm{d}t=1$。

（3）常用的B样条。

$$\Omega_0(t)=\begin{cases}0, & |t|>\dfrac{1}{2}\\ 1, & |t|<\dfrac{1}{2}\\ \dfrac{1}{2}, & |t|=\dfrac{1}{2}\end{cases} \tag{2-94}$$

$$\Omega_1(t)=\begin{cases}0, & |t|\geqslant 1\\ 1-|t|, & |t|<1\end{cases} \tag{2-95}$$

$$\Omega_2(t)=\begin{cases}0, & |t|\geqslant \dfrac{3}{2}\\ \dfrac{3}{4}-t^2, & |t|<\dfrac{1}{2}\\ \dfrac{t^2}{2}-\dfrac{3}{2}|t|+\dfrac{9}{8}, & \dfrac{1}{2}\leqslant |t|\leqslant \dfrac{3}{2}\end{cases} \tag{2-96}$$

$$\Omega_3(t)=\begin{cases}0, & |t|\geqslant 2\\ \dfrac{1}{2}|t|^3-t^2+\dfrac{2}{3}, & |t|\leqslant 1\\ -\dfrac{1}{6}|t|^3+t^2-2|t|+\dfrac{4}{3}, & 1<|t|<2\end{cases} \tag{2-97}$$

（4）一些常用的 $\Omega_k(t)$ 数值如表 2-1 至表 2-3 所列。

表 2-1　$\Omega_k(t)$ 的数值表

k	t				
	0	±0.5	±1	±1.5	±2
1	1	1/2	0	0	0
2	3/4	1/2	1/8	0	0
3	2/3	23/48	1/6	1/48	0

表 2-2　$\Omega_k'(t)$ 的数值表

k	t				
	0	±0.5	±1	±1.5	±2
1		∓1		0	0
2	0	∓1	∓1/2	0	0
3	0	∓5/8	∓1/2	∓1/8	0

表 2-3　$\Omega_k''(t)$ 的数值表

k	t				
	0	±0.5	±1	±1.5	±2
1		0		0	0
2	-2		1		0
3	-2	-1/2	1	+1/2	0

（5）用 $\Omega_3(t)$ 构造等距节点的插值 3 次样条函数。

设 π：$\tau_0=a<\tau_1<\cdots<\tau_n=b$，$\tau_j=\tau_0+\dfrac{b-a}{h}j$，要求

$$\begin{cases}s'(a)=f'(a),s'(b)=f'(b)\\ s(\tau_i)=f(\tau_i)\end{cases}\quad(i=0,1,\cdots,n)\tag{2-98}$$

记 $\tau_{-1}=\tau_0-h$、$\tau_{n+1}=\tau_n+h$，满足式（2-98）的 3 次插值样条，即

$$s(t)=\sum_{j=-1}^{n+1}b_j\Omega_3\left(\frac{t-\tau_j}{h}\right)\tag{2-99}$$

其中，样条系数$(b_{-1},b_0,\cdots,b_{n+1})$可由以下方程确定，即

$$\begin{cases}\sum\dfrac{b_j}{h}\Omega'_3\left(\dfrac{\tau_0-\tau_j}{h}\right)=f'(a)\\ \sum b_j\Omega_3\left(\dfrac{\tau_i-\tau_j}{h}\right)=f(\tau_i)\\ \sum\dfrac{b_j}{h}\Omega'_3\left(\dfrac{\tau_n-\tau_j}{h}\right)=f'(b)\end{cases}\tag{2-100}$$

由表 2-1 和表 2-2 知 $\Omega_3(0)=\dfrac{2}{3}$，$\Omega_3(\pm1)=\dfrac{1}{6}$，$\Omega'_3(0)=0$，$\Omega'_3(-1)=\dfrac{1}{2}$，$\Omega'_3(1)=-\dfrac{1}{2}$，$\Omega_3\left(\dfrac{\tau_i-\tau_j}{h}\right)=\Omega'_3\left(\dfrac{\tau_i-\tau_j}{h}\right)=0$，$|j-i|\geqslant2$。

于是满足式（2-98）的 3 次插值样条函数式（2-99）的样条系数，可由式（2-100）或式（2-100）的等价方程（2-101）决定，即

$$\begin{pmatrix}\frac{1}{2h}&0&-\frac{1}{2h}&0&\cdots&0&0&0\\ \frac{1}{6}&\frac{2}{3}&\frac{1}{6}&0&\cdots&0&0&0\\ 0&\frac{1}{6}&\frac{2}{3}&\frac{1}{6}&\cdots&0&0&0\\ \vdots&\vdots&\vdots&\vdots&\ddots&\vdots&\vdots&\vdots\\ 0&0&0&0&\cdots&\frac{1}{6}&\frac{2}{3}&\frac{1}{6}\\ 0&0&0&0&\cdots&\frac{1}{2h}&0&-\frac{1}{2h}\end{pmatrix}\times\begin{pmatrix}b_{-1}\\ b_0\\ b_1\\ \vdots\\ b_n\\ b_{n+1}\end{pmatrix}=\begin{pmatrix}f'(a)\\ f(a)\\ f(\tau_1)\\ \vdots\\ f(b)\\ f'(b)\end{pmatrix}\tag{2-101}$$

2.2 遥测数据处理基础

2.2.1 遥测数据测量与传输基础知识

1. 遥测数据测量基本原理

遥测是将一定距离外被测对象的参数，经过感受、采集，通过传输介质送到接收地点并进行解调、记录、处理的一种测量过程。能完成整个遥测过程的系统称为遥测系统。运载火箭的遥测系统是一个典型的遥测系统。遥测系统由检测、采集、传输、记录、显示及处理等设备组成。

遥测系统的特点：一是被测参数多，系统复杂；二是作用距离远、格式复杂、采用的新技术多；三是系统可靠性要求高；四是具有快速反应能力。

在火箭的研制试飞中，常用遥测系统获取其内部各系统的工作状态参数和环境数据，为评定运载火箭的性能和进行故障分析提供依据。

遥测系统按数据传输信道分类，可分为无线电遥测系统、有线电遥测系统；按遥测信号的多路复用调制技术分类，可分为频分制遥测系统、时分制遥测系统、码分制遥测系统和时频混合遥测系统；按被传输的信息类型分类，可分为模拟遥测系统和数字遥测系统；按设备装载体分类，可分为车载、船载、机载和地面固定站遥测系统；按设备的智能化程度分类，可分为普通型遥测系统和智能化可编程遥测系统。

箭载遥测系统是以现代信息技术为基础的应用系统，其功能包括信息采集、传输与处理 3 个环节，其组成和原理框图如图 2-6 所示。

在发送端，待测参数（如温度、压力、加速度等物理量）通过传感器（如热电偶、电阻温度计、电桥和电位计等）转换成电信号（对本身是电信号的参数，不需要再转换），再通过信号调节器变换成适合采集的规范化信号，如电压或电流。多路复用装置将多路规范化遥测信号按一定体制集合在一起，形成适合于单一信道传送的群信号，再调制发射机的载波，经功率放大后通过天线发向接收端。

在接收端，接收天线收到信号后送到接收机，进行载波解调，再经过多路复用解调器恢复出各路遥测信号，送到数据处理分系统进行数据处理，按要求选出部分参数加以显示，并对接收和解调后的检前、检后全部遥测信号进行记录，以便事后处理。

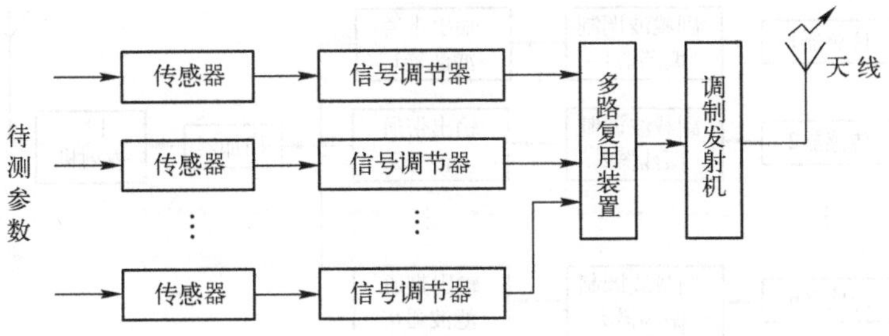

(a) 发送端

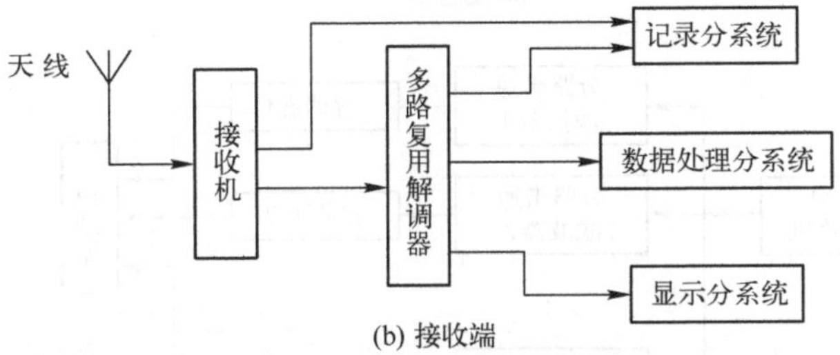

(b) 接收端

图 2-6 遥测系统组成原理框图

2. 遥测数据的传输和接收

1）常用的几种遥测传输系统

（1）调频-调频遥测传输系统。

频分制传输方法的基础是用各路信号对不同频率的副载波进行调制。各路有限频谱的信号调制到不同频率的载波上，使调制后的各路副载波信号的频谱不重叠，而且有一定的保护间隔。这些已调信号通过线性相加网络形成多路信号，再对发射机进行调制。在接收端，载波解调后，分路滤波器把各路副载波信号分离出来，再进行副载波解调，恢复原来的调制信号。

副载波可以采用 AM、FM、PM 等任何一种调制方式。为了与载波调制相区别，通常把这次调制称为副载波调制。同样，载波调制也可以采用 AM、FM 和 PM。这样两次调制就可以组成 AM-AM、AM-FM、AM-PM、FM-FM、FM-AM、FM-PM、PM-AM、PM-FM、PM-PM 9 种体制。FM-FM 遥测系统框图如图 2-7 所示。

接收端接收到载波信号，进行放大和载波解调（第一次解调）得到多路调制信号。然后将此信号加到多个并联的分路带通滤波器上，各路带通滤波器中心频率和通带分别对应该路的副载波频率和带宽，只让对应的频率通过，阻止其他信号通过，从而实现各路信号的频率分离。各分路滤波器输出的副载波调制信号，送至相应的副载波解调器进行第二次解调，解调出所传输的信号（即数据）送至终端记录设备。

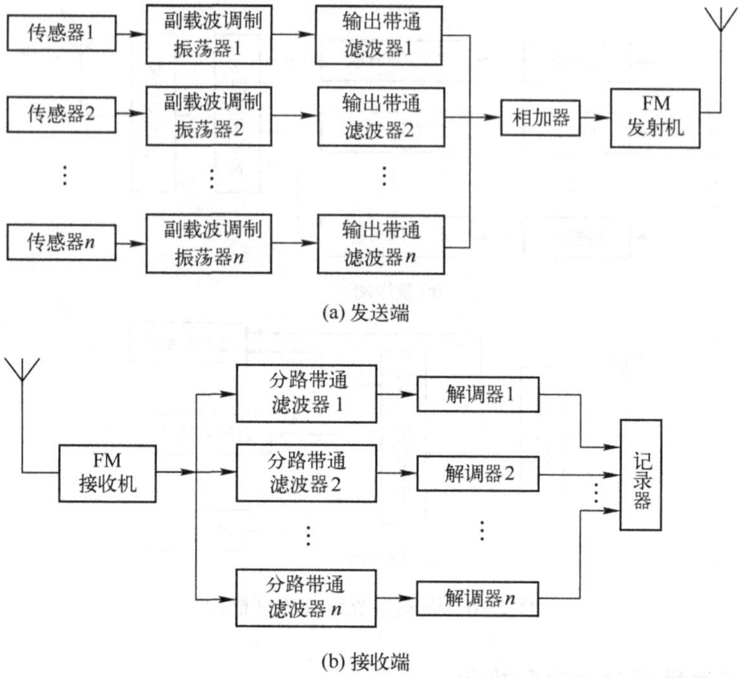

图 2-7　FM-FM 遥测系统框图

由上述工作原理可见，频分制遥测是一个两次调制的传输系统。第一次调制完成各路信号的频谱搬移，实现多路复用；第二次调制实现多路信号的无线电传输。

(2) 脉冲调幅-调频遥测传输系统。

频分制系统的各路信号占有的频带互不重叠，时分制系统的各路信号占用的时间互不重叠。频分制系统在任一时刻所有信号通道均有输出，而在时分制系统任一瞬时只有一路信号输出。

典型的 PAM-FM 无线电传输系统基本原理框图如图 2-8 所示。发送端通常由传感器、信号调节器、多路时分开关、发射机、电源及天馈系统等组成。接收端由接收天线、接收机、同步器、分路器、磁记录器以及频谱分析仪、编码器、计算机和外部设备等组成。

多路时分开关（俗称交换子）对多路群信号进行采样，形成脉冲幅度调制（PAM）信号，去调制发射机，再由发射天线将调频信号发送至接收站。接收站将接收到的微弱射频信号，经接收机放大限幅，至鉴频器解调还原出 PAM 视频信号，再经过视频滤波器送至同步器及 PAM 分路器。同步器从 PAM 序列中提取出帧同步及路同步信号之后，由分路器从 PAM 序列中分离出

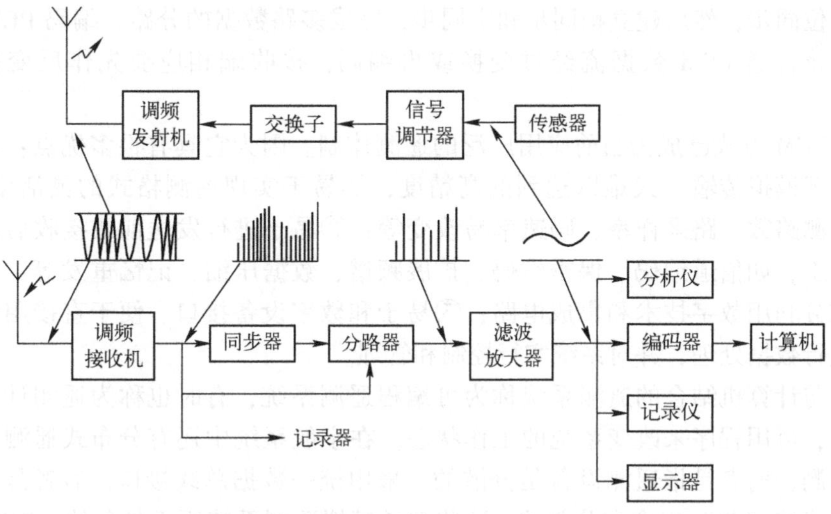

图 2-8 PAM-FM 无线遥测传输系统

各路采样脉冲。经过各通道滤波器，还原成被测参数的原始信号（即传感器输出的信号）。

交换子中的时间序列脉冲发生器，产生多路程序控制脉冲用于控制各路电子门的开闭，按时间先后次序对各路被测参数进行采样。最后将各路采样信号汇集起来并插入帧同步信号，构成 PAM 群信号。

为保证接收端准确无误地分离出各路信号，时分制遥测系统必须保证收发两端的 PAM 数据流严格同步。同步信号包括路同步和帧同步信号。提取到同步信号，意味着收发两端数据流的时钟已达到同步状态。提取出帧同步信号，表明一帧群信号的起始位置已找到。分路器根据这两个同步信号，从群信号中分离出各路被测信号。

所有 PAM 遥测系统，均采用比较完整的记录手段。PAM-FM 遥测系统具有结构简单、成本低、可靠性高等优点。

2）脉冲编码遥测传输系统

脉冲编码调制（pulse-code modulation，PCM）遥测是时分制的标准遥测体制之一，简称脉码遥测。PCM 系统是在时分制 PAM 模拟系统基础上发展起来的，它是以串行二进制脉冲编码序列传送时分制的多路采样的一种数字化遥测系统。

FCM 遥测分为普通 PCM 方式和编码 PCM 方式。普通 PCM 方式是在发送端将多路被测信号按时分制采样、量化为二进制码组，并插入特定的码组作为同步信号（有时还插入其他数字信息），形成串行 PCM 数据流。接收端先恢复位同步，然后建立帧同步和字同步，完成多路数据的分路。编码 PCM 方式是将普通 PCM 数据流经过变换或再编码，接收端相应要先作反变换或译码。

PCM 方式已成为当前应用广泛的遥测体制。因为它具有很多优点：①能够实现模拟传输方式难以达到的高精度；②易于实现遥测格式的灵活多变，如被测路数、路采样率、码速率易改变等；③易于进行发送前或接收后的数据加工，如信道编码、保密编码、扩展频谱、数据压缩、记忆重发等；④能够充分利用数字技术和集成电路；⑤易于和数字设备接口、便于直接用计算机进行数据处理，并对系统实行控制和管理。

与计算机结合的遥测系统称为可编程遥测系统，有时也称为遥测计算机系统，可用程序来改变系统的工作状态。在宇航系统中还有分布式遥测和分包遥测，前者是指遥测设备是分散的，采用统一数据总线接口，后者是指信息格式按“包”组合和分割的，这些都是模拟遥测系统所不具备的。PCM 遥测系统组成框图见图 2-9。

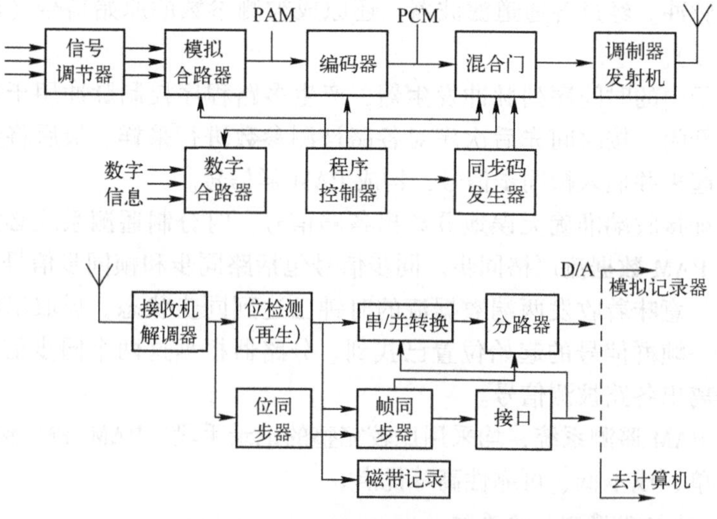

图 2-9　PCM 遥测系统组成框图

在 PCM 系统中对被测信号要进行采样、量化和数字化，这 3 个过程称为编码。一般量化和数字化是同时完成的，并且这 3 个过程可在一片集成电路上实现。串行的 PCM 多路信号插入同步信息之后，经调制和发射，送上信道。编码遥测和其他时分制系统一样，同步是至关重要的。同步有位同步、字同步、帧同步和副帧同步等。

接收端在接收和解调后，重新得到 PCM 数据流，但这时有噪声干扰。经提取位同步并对二进制码进行判决，得到重建后的 PCM 数据流，提取帧同步和字同步之后，恢复出原始遥测信号，并进行相应的记录和处理。

PCM 数据流是串行的 0、1 符号流，在传输中可用脉冲有无、电平高低、正负电平跳变、频率高低、相位偏移等来代表。究竟采用什么形式来表示 0 和 1 最好，与传输信道的性质关系极大。其中不用载波，只将 0、1 对应于适当电平的方式称为基带方式；而采用载波（通常载波频率高于码速率，高于基带方式的带宽）将 0、1 对应于载波的幅度、相位、频率的方式称为载波方式。基带方式中代表 0、1 信号的波形称为码型。遥测标准对通用的 6 种码型作了严格的规定。这 6 种码型是不归零电平码（NRZ-L）、不归零传号码（NRZ-M）、不归零空号码（NRZ-S）、双相电平码（BIΦ-L）、双相传号码（BIΦ-M）、双相空号码（BIΦ-S）。遥测标准没有对归零码（RZ）给出规定，RZ 码通常以有脉冲表示 1，无脉冲表示 0，这种码只在设备内部或近距离直接对接时使用。各种码型的波形见图 2-10。

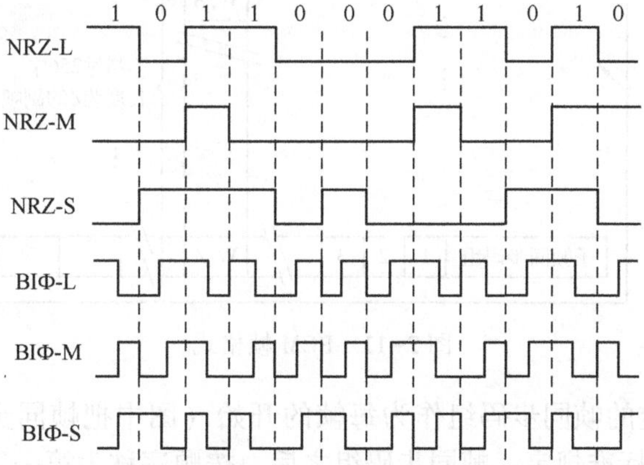

图 2-10 PCM 各种码型

各种码型的规定如下。

不归零电平码：“1” 用一个电平表示；“0” 用另一个电平表示。

不归零传号码：“1” 用电平改变表示；“0” 用电平不变表示。

不归零空号码：“1” 用电平不变表示；“0” 用电平改变表示。

双相电平码：每个码元中间均有电平改变，“1” 用从 “1” 电平跳变到 “0” 电平表示，“0” 用从 “0” 电平跳到 “1” 电平来表示。

双相传号码：每个码元的起始均有电平改变，“1” 用码元中间有电平改变来表示，“0” 用码元中间无电平改变来表示。

双相空号码：每个码元的起始均有电平改变，“1” 用码元中间无电平改变来表示，“0” 用码元中间有电平改变来表示。

PCM 数据流可以任选上述 6 种码型进行传输，在取得准确位同步的情况下，可以用逻辑电路实现各种码型之间的相互转换。在遥测系统中，用于无线传输时，抗干扰性是主要的，且要求占用带宽小，同步问题相对易解决，因而主要使用 NRZ 码。在同步条件差时，可使用 BIΦ 码。在磁带记录器中，由于磁带抖动使同步问题复杂化，主要使用电平跳变密度很高的 BIΦ 码。在有线传输情况下，一般使用 BIΦ 码，便于信号耦合。

典型的 PCM 帧格式如图 2-11 所示。N 表示子帧字数；W 表示子帧中的位置；S 表示副帧中字的位置。各个数据字组成一个数据块，称为帧（图 2-11 中第一行所示）。

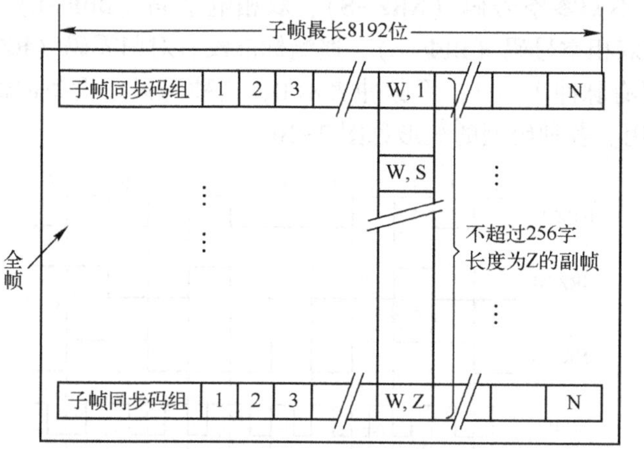

图 2-11　PCM 帧格式

以一个特定的帧同步码组作为每帧的开始（图中把帧同步码组画在最左边），根据遥测标准规定，帧同步码组之后，按顺序称为第一字、第二字……第 N 字统称为主帧。图中纵向的列如果安排若干路数据，则称为“副帧”，采用副帧的目的在于实现次交换，副帧中的字称为副帧字。全部帧和副帧循环完毕称为“全帧”。可以这样理解：PCM 系统从第一行起自左至右逐字进行传输，传完第一行后接着传第二行……第 N 行，全帧传送完毕又返回传第一行。需要超交换时，可以在一帧中等间隔地重复安排，这相当于波道并联。总之，采样率高的可以用超交换的办法安排，采样率低的可以在副帧中安排，采样率处于中间的在帧中作为普通波道来安排。

3）遥测数据的接收与解调处理

（1）遥测数据的接收。

遥测信号的测量要求不尽相同。通常，针对不同测量要求，配置不同的接收信道设备，组成相应的遥测站来完成测量工作。典型的多功能遥测地面接收站如图 2-12 所示。

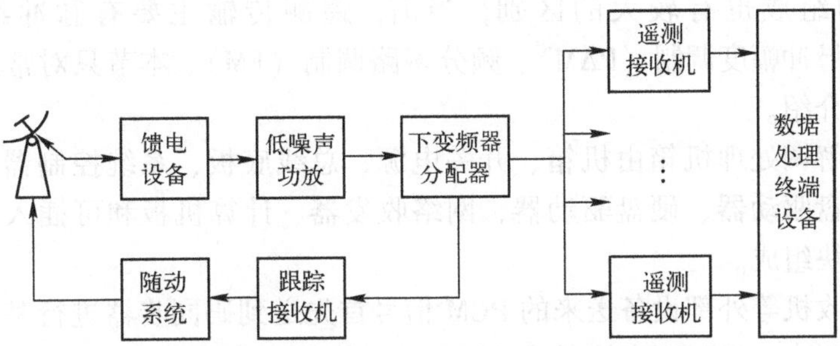

图 2-12 典型的多功能遥测地面接收站

用于接收射频遥测信号的天线，按工作方式可分为宽波束等待式天线、中等波束宽度手动或程控跟踪天线、窄波束自跟踪天线；按结构可分为微带天线、振子天线、螺旋天线、背射式天线和抛物面天线。

馈电设备用于对天线提供匹配、波束形成、滤波、圆极化等功能的馈电网络。遥测天线的馈电设备主要是指遥测自跟踪天线的馈源，是一个由若干微波器件和电缆组成的微波网络，用于控制各天线单元电流的幅度和相位，以形成方位、俯仰差波束与和波束，即形成一个连续波单脉冲天线，同时实现左、右旋圆极化。

低噪声放大器用于对馈源供给的微弱射频遥测信号进行放大，主要要求噪声低，有一定的增益。下变频器和分路器的主要功能是将射频信号变频至接收机需要的中频信号，并分路给各遥测接收机。

遥测接收机用于对接收的中频信号进行 AGC 放大、滤波和解调。按信道体制分为单信道遥测接收机和分集遥测接收机。为抗衰落，能连续接收遥测信号，重要的遥测站都配置分集接收机。按调制方式，接收机分为 FM 接收机、PM 接收机、FSK 接收机和 QPSK 接收机。为了同时接收不同调制方式的遥测信号，或同时接收同一种调制方式配置于不同部位上的多个不同遥测发射机发射的信号，一个遥测站需配置多个遥测接收机。

跟踪接收机将方位、俯仰的角误差信号解调出来，送至随动系统，实现天线对目标的自跟踪。

在某些情况下，当系统功率容量允许时，地面站可不采用自跟踪系统。利用宽波束等待天线或中等波束宽度天线，手动或程控方式跟踪目标，连续接收遥测信号。各部分工作原理可参阅有关书籍。

(2) 遥测数据的解调处理。

数据解调处理系统一般是指完成对不含载波成分的视频信号的同步、解调、处理、通信等功能设备的统称。根据遥测传输体制的不同，数据解调处理系统的组成也有较大的区别，当前，遥测传输主要有脉冲编码调制(PCM)、脉冲幅度调制（PAM)、频分多路调制（FM)。本节只对常用的PCM系统进行介绍。

数据解调处理机箱由机箱、开关电源、总线底板、系统控制器、平面显示器、光盘驱动器、硬盘驱动器、网络收发器、计算机板和可插入总线底板的功能模块组成。

由接收机等外部设备送来的PCM信号首先送到码同步器进行基线恢复和最佳码元判决，经码型变换后产生NRZ-L信号和与其相应的同步时钟信号。NRZ-L信号和同步时钟信号送到帧同步器和副帧同步器进行帧同步检出，采用三态逻辑判定帧同步码组和副帧同步码组，完成帧格式同步工作，并产生帧同步脉冲信号和副帧同步脉冲信号，至此完成了PCM信号的同步工作。依据这些同步信号，即可判定数据字位置并进行解调。对于加密数据，在送到帧同步器之前，必须先送到解码器进行数据解码。

对于PACM信号，需先进行PACM信号整形，然后再送到码同步器。码同步器产生的同步时钟信号和外部送来的PACM信号，一起送到PACM分路编码器，选出PAM信号进行A/D变换编码，与PCM信号重新组成新格式送到帧同步器和副帧同步器进行同步解调。

PCM（或PACM）信号完成同步后，依据一定的格式经双端口缓存电路送到虚拟机环境（virtual machine enviroment，VME）总线，由系统控制器板控制存储到硬盘中，此外同步后的串行数据和同步信号送到目标跟踪系统(target tracking system，TTS）总线上。

系统控制器作为机箱的主板，完成对各功能模块的设置、加载、状态监测和故障诊断、数据存盘、显示和网络通信等功能。各部分工作原理可参阅有关书籍。

2.2.2 遥测数据处理方法

1. 随机数据处理

随机过程是研究客观世界中随机演变过程的规律性。它以概率论为基础，且是概率论的深入和发展，随着科学技术的日益发展，它已被广泛应用于物理、化学、生物、管理、工业以及航空航天和气象等领域。

客观世界中存在的物理量的任何观察数据和波形，都可以分成确定性和随机性两类，或称为规则的与不规则的。确定性数据即为能够用明确的数学公式来描述的数据。无法测得某一任意时刻的精确数值，不能用明确的数学公式来描述的数据称为随机数据，它只能用概率统计来描述其数字特征。在实践中，许多物理现象所产生的数据都是可以用明确的数学关系式来描述的，如卫星在轨道上围绕地球的运动，电容通过电阻放电时两端的电压的变化等，但同时也存在着其他许多物理现象，它们所产生的数据是随机的，如火箭上的振动、压力及噪声等参数，火车和汽车行驶时的振动等。各种物理数据究竟是确定的还是随机的，在许多场合是有争议的，但可以说，真正确定性的物理数据和真正随机性的物理数据在实践中是不存在的。

动态信号数据一般分为确定性数据和随机数据两大类。确定性数据又分为周期数据和非周期数据，周期数据分为简谐周期数据和复杂周期数据，非周期数据分为准周期数据和瞬变数据；随机数据可分为平稳随机过程和非平稳随机过程，平稳随机过程可分为各态历经过程和非各态历经过程，非平稳随机过程可分为一般非平稳随机过程和瞬态随机过程。

在各种确定性数据和随机数据处理中，可以从幅域、时域和频域 3 个领域进行完整描述。对于确定信号的数据处理可通过幅域求得各种幅值，如峰值、有效值和平均绝对值等；可通过时域求得时间差、相位差和相位关系；通过频域求得各种频谱值和频率分布关系。而随机数据的处理，它与确定信号既有相似之处又有明显差别。它主要考虑概率和统计的因素，需要通过幅值统计平均计算概率密度，再通过相关分析和频谱分析，在幅域、时域和频域内进行数据处理。例如，幅域的均值、均方值或均方根值、方差、概率密度函数、概率分布函数；时域中的自相关函数和互相关函数；频域中的自功率谱密度函数（自谱）、互谱密度函数（互谱）、相干函数（谱相关函数）及一些传递函数或频率响应函数。

2. 数值插值计算方法

在进行科学试验时，可以得到某一对象的许多试验观测值，由于并不了解描述这些对象的数学函数$f(x)$的解析表达式，或者函数本身构造十分复杂而难以计算，这时可以通过函数插值的方法来得到函数在一些特定离散点上的值。

函数插值的基本思路是，设法构造某一结构简单且易于运算的函数，如表示为$p(x)$，用以近似表示函数$f(x)$，然后用$p(x)$的值近似表示$f(x)$的值，用对于$p(x)$的处理或计算近似代替对函数$f(x)$的处理和计算。

近似函数的选择可以通过不同途径和多种方法得到，由于代数多项式具有形式简单、便于计算、在某些条件下与给定的函数有较好的逼近特性，故有很大实用价值，常用的方法有拉格朗日（Lagrange）插值法。

3. 曲线拟合方法

曲线拟合是指从一组数据（x_i, y_i）（$i=1,2,\cdots,n$）中寻找变量x与y间函数关系的某种近似表达式，也即由给定的点（x_i,y_i）去求一条近似通过这些点的曲线。通常通过这些点的曲线不止一条，而是一个函数类，曲线拟合就是在这样的函数类中求解一个“最佳”函数来近似原函数。

判定“最佳”的标准随判定所采用准则不同可得到不同的方法。通常使用的最小二乘法是根据拟合曲线$f(x)$与近似曲线$\varphi(x)$的偏差的平方和为最小的原则来进行曲线拟合的。

2.2.3 误差基础知识

1. 基本概念

1）误差及其分类

误差指观测值与真值之差，偏差指观测值与平均值之差，但习惯上两者往往未加区分。误差有各种分类方法，根据误差的基本性质及其产生原因，误差可分为以下3类。

（1）系统误差。

在同一物理量的测量中为一定值或按确定规律变化的误差，称为系统误差或确定性误差。误差值不变的又称为系统恒差，误差值按确定规律变化的又叫变值系统误差或系统变差。它产生的原因多为测量仪器不准或测量环境变化所造成。

（2）随机误差。

随机误差是指除去系统误差外，因偶然原因产生的大小、正负不定的误差。要消除其影响可用概率理论来处理。

（3）过失误差。

过失误差是因人为原因造成的明显误差。此外，误差还可分成绝对误差和相对误差等，此处不再详述。

2）真值与均值

（1）真值。

因多种客观原因，物理量的真值实际上无法测得，所以将真值定义为在观测次数无限多时求得的算术平均值。

（2）均值。

均值有算术平均值、均方根值、加权平均值、中位值、几何平均值等。

3）误差的表示法

（1）范围误差L。

一组测量数据中，最大值与最小值之差为误差范围。常用最大误差系数K_L来表示，令L为范围误差，$\bar{x}$为算术平均值，则$k_L=L/\bar{x}$。

（2）算术平均误差δ，即

$$\delta = \frac{\sum_{i=1}^{n} |d_i|}{n} \tag{2-102}$$

式中：n 为观测次数；d_i 为观测值与算术平均值的偏差。

（3）标准偏差σ。

标准偏差又称为均方根误差，其定义式为

$$\sigma = \sqrt{\frac{\sum_{i=1}^{n} (x_i - \mu)^2}{n}} \quad (n \to \infty) \tag{2-103}$$

式中：μ 为真值；x_i 为观测值。

在有限观测次数中，常用下式表示σ的估值，即

$$\hat{\sigma} = \sqrt{\frac{\sum_{i=1}^{n} d_i^2}{n-1}} \tag{2-104}$$

式中：d_i 为观测值 x_i 与平均值$\bar{x}$的偏差；n 为观测次数。

标准偏差不仅是各观测值的函数，而且对一组测量中的较大或较小误差感觉灵敏，故标准偏差是表示精密度的较好方法。标准偏差系数 $k_a = \sigma/\bar{x}$，其中$\bar{x}$为算术平均值。

（4）概率误差γ。

概率误差γ的值定义为：在不计正、负号时，误差大于γ与误差小于γ的观测值将各占观测次数的50%。

概率误差γ、算术平均误差δ、标准偏差σ三者之间的关系为

$$\gamma = 0.6745\sigma, \quad \gamma = 0.8454\delta, \quad \delta = \sqrt{2/\pi} \cdot \sigma$$

4）精密度、准确度、精确度和不确定度

这几个有关测量的术语使用一直比较混乱，国际上也缺乏统一的定义。现将目前比较趋同的定义说明如下。

（1）精密度。

精密度表示对同一个量进行重复测量时所得结果之间的接近程度，即弥散度。因此，精密度是随机误差的反映，通常用标准偏差σ来表征。

（2）准确度。

准确度至今尚有基本概念上的分歧。一种认为准确度表示测量结果与真值的接近程度；另一种认为这种定义中，准确中隐含着精密，准确度高必然精密度高。为了将两者分开并从逻辑上能有两个恰当的术语分别与ξ（为确定

性误差）和 σ 相对应，将准确度作为系统误差的反映并以 ξ 来表征。σ 和 ξ 都小，表示既精密又准确，称为精确；反之 σ 和 ξ 都大，表示既不精密又不准确，称为不精确。

（3）精确度。

精确度反映了测量结果的精密及准确的程度。它可用不确定度来表征。

（4）不确定度。

误差 Δ 的绝对值的上限 U 称为测量结果的不确定度，在这个意义上，不确定度与误差极限相同。它可分为以下两类。

① 可测的不确定度。凡可通过等精密度测量来确定误差分布的各参数时，随着测量次数的增加，可确切获得标准偏差的估值 $\hat{\sigma}$ 和标准误差 $s(s=\sigma/\sqrt{n})$ 的值，此种情况不确定度是可测的，可通过测量结果计算出来。

② 不可测的不确定度。包括一切不可能通过测量而计算出来的不确定度，此时只能以某些依据为基础来估计一个恰当的不确定度，所以也称为估计的不确定度。关于系统误差的不确定度估计就属此种。估计常带有主观经验，其置信概率无从得知。

2. 系统误差

1）系统误差的特点及其处理原则

系统误差不可能用概率统计的办法来消除或减小，只能针对具体情况采取措施。一般的处理原则如下。

（1）尽可能预见一切可能产生系统误差的来源，在测量之前设法排除它。

（2）在实测中采用先进有效的测量方法，如零示法、微差法、代替法等。

（3）进行数据处理时，可设法检查是否有变值系统误差。

（4）设法估计出系统误差对最终测量结果的影响。

2）系统误差可忽略的准则

在测量中，要想彻底清除系统误差实际上不可能，只能把系统误差减弱到可忽略不计的程度，就认为系统误差已消除。有以下系统误差可忽略的准则，即如果某一项或几项残余系统误差的代数和的绝对值（记为 $|\delta_X|$）不超过测量总误差绝对值（记为 $|V_X|$）的最后一位有效数字的一半，就可按四舍五入的原则把 $|\delta_X|$ 舍弃。

3. 随机误差

1）随机误差的性质、特点及其正态分布

许多不能确切掌握的未知因素以各种方式影响测量结果，这些影响的总和就构成随机误差。从大量的实际统计中得知，随机误差的出现遵循正态分布规律，由此也得出随机误差的以下特性。

(1) 绝对值相等的正、负误差，其出现的概率相同。

(2) 绝对值小的误差出现的概率大，而绝对值大的误差出现的概率小。

(3) 误差值有一定极限，也即绝对值很大的误差出现的概率趋近于零。

(4) 由于正、负误差的互相抵消，一系列等精度测量的各误差的代数和，当测量次数 $N\to\infty$ 时，其值趋近零。

2) 标准偏差

如前所述，标准偏差是观测量 x 的方差的平方根，其表达式为

$$\sigma = \lim_{N\to\infty}\sqrt{\frac{1}{N}\sum_{n=1}^{N}(x_n-\mu)^2} \tag{2-105}$$

式中：x_n 为测量值；μ 为真值。

σ 的大小表征测量结果的分散程度，即精密度，σ 越小表明测量的精密度越高。

3) 算术平均与标准误差

算术平均 $\bar{x}$ 是真值 μ 的一个无偏估计，其表达式为

$$\bar{x} = \frac{1}{N}\sum_{n=1}^{N}x_n \tag{2-106}$$

真值 μ 是不可知的，可根据一系列 N 次等精度测量的结果 $x_1,x_2,\cdots,x_n$ 来对真值 μ 作出估计，而其最佳估值就是算术平均值，可证明它的数学期望恰好就是 μ。应注意，只有当测量次数 N 为无穷大时，$\bar{x}$ 才会依概率收敛于数学期望 μ。当 N 为有限时，一般无 $\bar{x}\neq\mu$，且 $\bar{x}$ 本身也是一个随机变量，而且也属于正态分布。

算术平均值 $\bar{x}$ 的标准偏差 $\sigma_{\bar{x}}$ 可用来表征 $\bar{x}$ 的精密度，一般把 $\sigma_{\bar{x}}$ 称为被测量 x 的标准误差，用符号 s 表示，以区别于标准偏差 σ，根据方差的基本运算法则可求得

$$s=\sigma_{\bar{x}}=\sqrt{\sigma^2[\bar{x}]}=\frac{\sigma}{\sqrt{N}} \tag{2-107}$$

式中：σ 为均方根误差；N 为测量次数；$\bar{x}$ 为算术平均值。

从式（2-107）中看出，N 增加时 s 值下降，也表明 $\bar{x}$ 作为 μ 的估值精密度越高。因 s 与 $\sqrt{N}$ 成反比，所以 s 的下降速度比 N 慢得多，因而实际测量中 N 一般只取 4~30。

4) 标准偏差的估计

由标准偏差 $\sigma = \lim_{N\to\infty}\sqrt{\frac{1}{N}\sum_{n=1}^{N}(x_n-\mu)^2}$ 这一基本定义式可见，它是以真误差 $\xi=x-\mu$ 以及测量次数 $N\to\infty$ 的情况下来定义的。实际上，N 不可能无穷

大，真值μ不知道，而且也不能准确知道各个ξ值，只能在有限N次等精度测量中获得μ的估值$\bar{x}$及每次测量中的剩余误差（也称残差）V_N之值，$V_N=x_n-\bar{x}\neq\xi$，根据算术平均值$\bar{x}$的基本定义式知，不论N为何值，都有

$$\sum_{n=1}^{N} V_n = \sum_{n=1}^{N}(x_n - \bar{x}) = 0 \tag{2-108}$$

可利用$\sum V = 0$的特点来检查$\bar{x}$的计算是否有错。

贝塞尔（Bessel）公式给出了标准偏差σ的估计值$\hat{\sigma}$，其表达式为

$$\hat{\sigma} = \sqrt{\frac{1}{N-1}\sum_{n=1}^{N}(x_n - \bar{x})^2} \tag{2-109}$$

式中：N为有限值，当$N\to\infty$时，贝塞尔公式与σ的原始定义式完全一致。

2.2.4 测量数据的纠错平滑方法

1. 缓变连续参数的纠错平滑方法

遥测数据的处理精度和正确性主要依赖于遥测数据的测量记录质量。但是在产品飞行过程中，由于火焰干扰、电磁波干扰以及记录过程中设备的不稳定性和磁粉脱落等原因造成误码，即出现跳点（野值）。在数据处理中要对野值进行剔除和补点。经过数据实践，采用以下方法是行之有效的。

1）利用多点平均的方法剔除跳点

$$\overline{\Delta u} = \frac{1}{n}\sum_{i=1}^{n}|u_i - \bar{u}| \tag{2-110}$$

$$\bar{u} = \frac{1}{n}\sum_{i=1}^{n}u_i \tag{2-111}$$

若$|u_i-\bar{u}|>\overline{\Delta u}$，则$u_i$为跳点，用$\bar{u}$代替$u_i$。

2）利用中点平滑的方法剔除跳点

对于测量数据$u_1,u_2,\cdots,u_{i-1},u_i,u_{i+1}$，若$u_i$为跳点，$u_{i-1}$、$u_{i+1}$为正确点，则用$u_i=\dfrac{u_{i+1}-u_{i-1}}{2}$代替$u_i$。

3）利用最大门坎$u_{\max}$及最小门坎$u_{\min}$的方法剔除跳点

根据遥测参数的变化规律，给出该参数的最大值$u_{\max}$和最小值$u_{\min}$，若$u_i<u_{\max}$与$u_i>u_{\min}$成立，则保留u_i；否则去掉u_i或用一平均值$\bar{u}$代替。

4）利用3σ的方法剔除跳点

$$\sigma = \sqrt{\frac{\sum_{i=-n}^{n}(u_i - \bar{u})^2}{2n}} \tag{2-112}$$

其中：

$$\bar{u}=\frac{\sum_{i=-n}^{n} u_i}{(2n+1)}$$

若$|u_i-\bar{u}|\leqslant 3\sigma$，则保留$u_i$；

若$|u_i-\bar{u}|\leqslant 3\sigma$，则剔除$u_i$，用$\bar{u}$代替$u_i$。

5）拉依特准则剔除跳点

$$\hat{u}_i=\frac{1}{9}(5u_{i-1}+3u_{i-2}+u_{i-3}) \tag{2-113}$$

若$|u_i-\hat{u}|\leqslant 3\sigma$，则保留$u_i$；

若$|u_i-\hat{u}|\leqslant 3\sigma$，则剔除$u_i$，用$\hat{u}_i$代替$u_i$。

其中：

$$\sigma=\sqrt{\frac{\sum_{i=-n}^{n}(u_i-\bar{u})^2}{2n}}$$

6）用三点预报方法剔除跳点

设某一组飞行观测数列为

$$Y_i=Y_1,Y_2,\cdots,Y_n$$

利用Y_1、Y_2、Y_3，通过下面的预报公式求得Y_4的预报值Y_4x（这里必须是正确数值），即

$$Y_4x=-\frac{2}{3}Y_1+\frac{1}{3}Y_2+\frac{4}{3}Y_3 \tag{2-114}$$

当$|Y_4-Y_4x|\leqslant M$时，认为Y_4是正确值；当$|Y_4-Y_4x|>M$时，认为Y_4是坏数据。这样继续下去，依次以前3点预报第四点，一直到Y_n，就能找出Y_1，$Y_2,\cdots,Y_n$中这一组数据中的跳点。

另外，还可以用中值滤波方法剔除跳点。

2. 遥测数据中值滤波方法

中值滤波器是基于次序统计完成信号滤波的一种典型的非线性滤波器。这种滤波器的特点是运算简单且速度快，在滤除噪声的同时，能很好地保护信号的细节信息。由于遥测信息都是随时间变化的序列，我们使用的滤波器都是一维的。

定义：设滤波器窗口A的长度为$n=2k+1$或$n=2k$，观测值个数为$N(N\geqslant n)$，即$U(t_1),U(t_2),\cdots,U(t_N)$。当窗口$A$在观测序列上移动时，标准中值滤波器输出为

$$\operatorname{med}[U(t_i)]=\begin{cases}U(t_{k+1}) & (n=2k+1)\\ \dfrac{1}{2}[U(t_k)+U(t_{k+1})] & (n=2k)\end{cases} \tag{2-115}$$

式中：$U(t_k)$为窗口内 $2k+1$（或 $2k$）个观测值中第 k 个最大或最小数值，即 k 次序统计。

根据上述定义，窗口 $n=2k+1$ 的一维中值滤波器的输入 $U(t_i)$ 与输出 $X(t_i)$关系为

$$X(t_i)=\operatorname{med}[U(t_{i-k}),\cdots,U(t_i),\cdots,U(t_{i+k})] \quad (i\in Z) \tag{2-116}$$

式中定义的中值滤波器也称为滑动中值滤波器或游动中值滤波器。

中值滤波器的性质：全中值滤波器窗口长度 $n=2k+1$，如果脉冲信号宽度不小于 $k+1$，滤波后该脉冲将得到保留。如果脉冲信号宽度不大于 k，滤波后该脉冲将被去除。这就是中值滤波器去除脉冲噪声而保护信号细节的性质。

经中值滤波器多次滤波后始终不变化的信号称为中值滤波的根信号。很显然，经中值滤波后的信号形状是否改变，取决于滤波窗口 $n=2k+1$。窗口长度为 n 的中值滤波的根信号不一定是窗口长度大于 n 的中值滤波的根信号。因此，根信号与中值滤波器窗口长度 n 有关。

如果信号序列$\{U(t_i)\}$是单调的，那么它是任意窗口长度中值滤波器的根信号。

将改进的中值滤波器，称为递归中值滤波器，即

$$X(t_i)=\operatorname{med}X[(t_{i-k}),\cdots,X(t_{i-1}),U(t_i),\cdots,U(t_{i+k})] \tag{2-117}$$

显然，递归中值滤波器输出量之间是彼此相关的，而前面介绍的常规中值滤波器的输出量相关性不那么直接。

任何一个一维信号只需一次递归中值滤波后就可以收敛其根信号，然而，通过常规或递归中值滤波后的信号不一定收敛于同一个根信号。

第3章

外测数据处理

本章对外测系统，包含光学、脉冲雷达、连续波雷达、GNSS等设备数据测量与处理方法、外测弹道计算方法进行说明，对故障情况下的数据处理给出了依据，同时给出了现阶段外测数据新技术方法的研究。通过本章的内容，可以使外测岗位处理人员快速掌握外测设备数据处理方法。

3.1 光学数据测量与处理方法

航天发射场光学测量设备是为完成航天发射中目标飞行轨迹参数测量和飞行实况图像测量，以光学成像和光电子探测原理为基础，综合运用光学、精密机械、电控与计算机技术研制的各种各类仪器和装置的总称。

3.1.1 光学系统组成及处理意义

光学测量设备作为航天发射场测控系统的重要组成部分，按照职能不同，可分为漂移量姿态角测量系统、高速电视测量系统、光电经纬仪、实况记录及测量系统，这些系统以不同的参试模式在航天发射中发挥了重要作用，特别是在飞行中目标事件分析和异常故障分析中作用明显。根据光学测量系统在航天发射中的功能和作用，可分为以下四大类设备。

1. 轨迹测量设备

光学测量系统中用于轨迹测量的设备有光电经纬仪、轨迹像机、宽角像机、激光雷达等，其中光电经纬仪兼有实况记录功能。这类设备是光学测量系统的主体，一般具有组成复杂、测量精度高、作用距离较远等特点。

2. 飞行实况记录设备

飞行实况记录设备主要有电影跟踪望远镜、电视跟踪望远镜、光学跟踪架、高速摄影仪、高速摄像机等。跟踪望远镜除用于飞行实况记录外，还可以测量遭遇参数和姿态参数。这种设备一般具有摄影频率高、焦距长等特点，适用于中、远距离使用。光学跟踪架、高速摄影仪和高速摄像机具有机动性强、布站灵活等特点，适用于近距离拍摄。

3. 特性参数测量设备

目标的特性参数测量设备主要有光度计、光谱仪和红外辐射测量仪。

4. 事后数据处理设备

事后数据处理时，图像判读能获取图像上目标像点相对十字丝的偏移量，并读取图像中的信息（时间、距离、角度、状态）。

3.1.2 光学数据预处理

光电经纬仪跟踪目标所获取的观测数据，经过拆分、合成等过程汇集到事后数据处理中心进行处理，其主要流程如图 3-1 所示。

1. 图像检查与判读

对光学设备进行可见光、红外、彩色图像的跟踪段落检查，包括设备跟踪段落、可判读段落、拍摄帧频、有无丢重帧、设备是否存在入云现象、是否获取完整的测量数据等。主要对可见光、彩色、红外图像的成像质量进行评价，可以通过截图、关键特征事件图片等进行辅助判决。

2. 量纲复原（含脱靶量修正）

从画幅读出的原始测量数据按照对应的转换关系，将其变换成所需要的物理量（通常为方位角 A、高低角 E 和斜距 R）。同时根据几何关系对目标点的脱靶量进行修正。

1）原始数据对应的转换关系（量纲复原公式）

若方位角（或高低角）点阵为 $a_0, a_{-1}, a_{-2}, a_{-3}, a_{-4}, a_{-5}, a_{-6}$形式，则有

$$A_k = c \cdot \left(\sum_{i=0}^{-5} 8^i \cdot a_i + 2^{-17} \cdot a_{-6} \right), \quad c = \frac{\pi}{2} \tag{3-1}$$

2）脱靶量修正

光电经纬仪在跟踪飞行目标的过程中，由于随动系统动态滞后及操作等原因，使视轴（主光轴）偏离目标一定角度，称为脱靶量，或称为跟踪误差。

光电经纬仪跟踪目标时，在记录光轴码盘读数（角值）的瞬时，将目标像点和光轴（用十字丝中心表示）同时拍摄在图片上，利用判读软件可读出像点偏离十字丝的线量 X、Y，利用以下公式，即

$$\begin{cases} Y = Y_m + \Delta Y_0 \\ X = X_m + \Delta X_0 \end{cases} \tag{3-2}$$

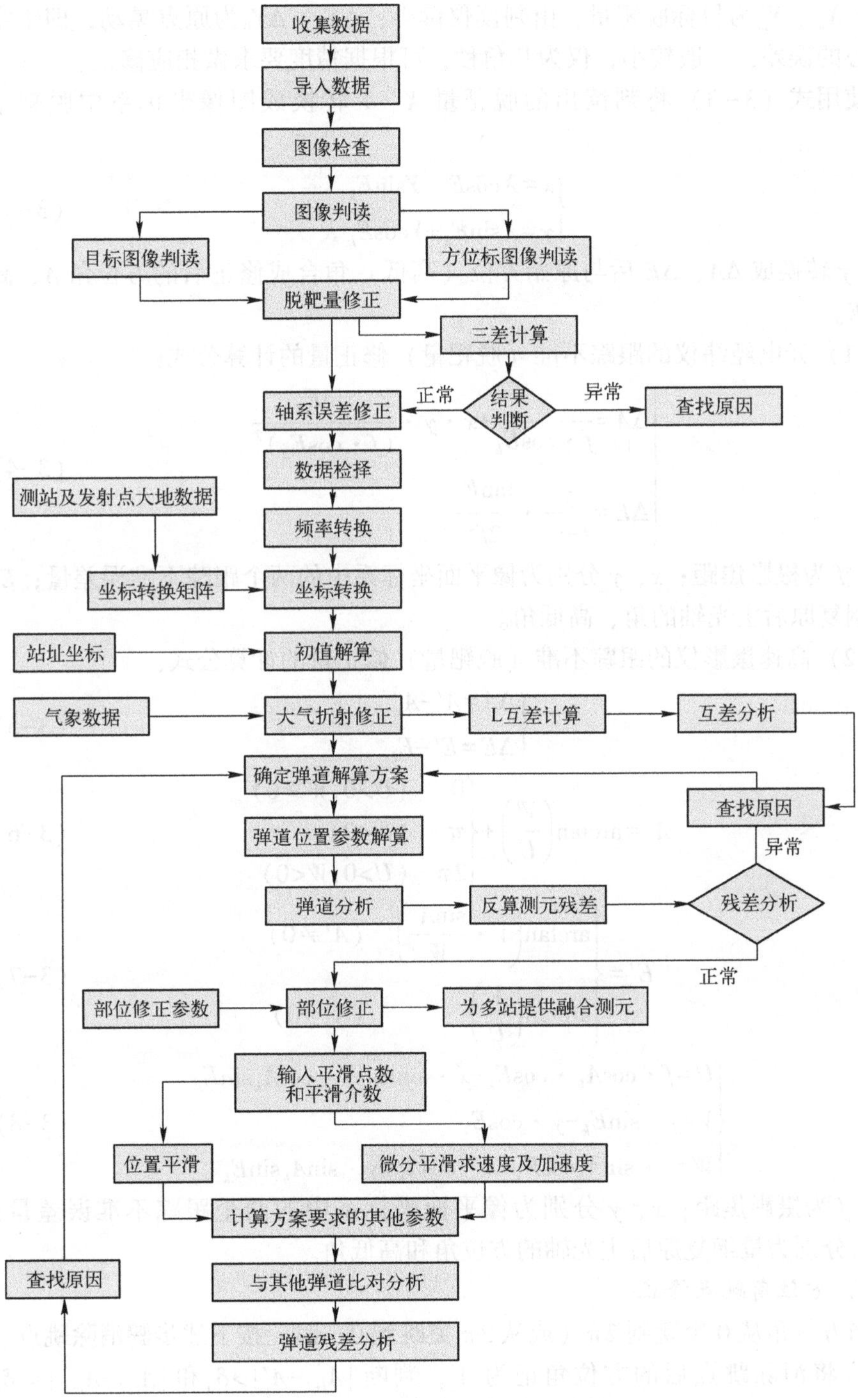

图 3-1 光学事后处理流程框图

式中：X_m、Y_m为目标脱靶量，由判读仪读得；ΔX_0、ΔY_0为原点晃动，即十字丝中心的误差，一般较小，仅为几角秒，可根据精度要求做相应修正。

使用式（3-3）将判读出的脱靶量 X、Y 转换成图像坐标系中脱靶量 x、y。

$$\begin{cases} x = X\cos E_k - Y\sin E_k \\ y = X\sin E_k + Y\cos E_k \end{cases} \tag{3-3}$$

将 x、y 转换成 ΔA、ΔE 后与原始方位（高低）角合成修正后的方位角 A、高低角 E。

（1）光电经纬仪的跟踪不准（脱靶量）修正量的计算公式：

$$\begin{cases} \Delta A = \dfrac{x}{f \cdot \cos E_k} + x \cdot y \cdot \dfrac{\sin E_k}{(f \cdot \cos E_k)^2} \\ \Delta E = \dfrac{y}{f - x^2} \cdot \dfrac{\tan E_k}{2f^2} \end{cases} \tag{3-4}$$

式中：f 为摄影焦距；x、y 分别为像平面坐标系中的两个跟踪不准误差量；E_k 为量纲复原后主光轴的角、高低角。

（2）高速摄影仪的跟踪不准（脱靶量）修正量的计算公式：

$$\begin{cases} \Delta A = A' - A_k \\ \Delta E = E' - E_k \end{cases} \tag{3-5}$$

$$A' = \arctan\left(\frac{W}{U}\right) + \begin{cases} 0 & (U>0, W\geqslant 0) \\ \pi & (U<0) \\ 2\pi & (U>0, W<0) \end{cases} \tag{3-6}$$

$$E' = \begin{cases} \arctan\left(V \cdot \dfrac{\sin A'}{W}\right) & (A' \neq 0) \\ \arctan\left(\dfrac{V}{U}\right) & (A' = 0) \end{cases} \tag{3-7}$$

$$\begin{cases} U = f \cdot \cos A_k \cdot \cos E_k - x \cdot \sin A_k + y \cdot \cos A_k \sin E_k \\ V = f \cdot \sin E_k - y \cdot \cos E_k \\ W = f \cdot \sin A_k \cos E_k + x \cdot \cos A_k + y \cdot \sin A_k \sin E_k \end{cases} \tag{3-8}$$

式中：f 为摄影焦距；x、y 分别为像平面坐标系中的两个跟踪不准误差量；A_k、E_k分别为量纲复原后主光轴的方位角和高低角。

3）*方位角跳点修正*

当方位角从 0 突跳到 2π（或从 2π 突跳到 0）时，按下述步骤消除跳点。

① 将消除跳点后的方位角记为 A'_j，判断 $|A_{j+1} - A'_j| > \delta_0$ 和 $|A_{j+2} - A_{j+1}| \leqslant \delta_0$（$\delta_0$为阈值，$A'_j$为消除跳点的方位角）是否成立。若成立，则认为 A_{j+1} 为跳点。

② 当$|A_{j+1}-A'_j|>\delta_0$且$A_{j+1}-A'_j>0$时，令$A'_{j+1}=A_{j+1}-2\pi$。

③ 当$|A_{j+1}-A'_j|>\delta_0$且$A_{j+1}-A'_j<0$时，令$A'_{j+1}=A_{j+1}+2\pi$。否则，认为A_{j+1}不是跳点，并令$A'_{j+1}=A_{j+1}$。

④ 令$j=j+1$，重复上述各步，直至$j=N-1$为止。

在实际测量过程中，方位、俯仰均会出现该现象，俯仰出现一般在起飞初始段，站点较高，发射点较低，导致镜头产生俯视情况，俯仰角度会产生过零，此时必须对过零点进行处理。

3. 异常值的检验与剔除

在外弹道测量中，即使是高精度的测量设备，由于多种偶然因素的综合影响或作用，观测数据中往往包含1%~2%甚至多达10%~20%的数据点严重偏离目标真值，将这部分数据称为异常值，或简称为野值。

测量数据中的这些异常值对数据处理结果的准确性是非常有害的，因此对异常值的检验与剔除必须给予足够重视。应该特别指出：在光测数据处理中，一方面目标的飞行速度参数是通过对位置量进行数值微分平滑得到的，所以测量数据中的异常值对速度参数的影响更是“既深又远”；另一方面在航天发射中由于受诸多因素的影响，常常使目标在图像上成像过大或成像不清，从而造成判读过程中判读部位的不一致或判读部位的不准确，进而在判读数据中引入分布十分复杂的异常值，如果不能非常有效地净化测量数据中的这些异常值，就可能使通过数值微分平滑得到的速度参数严重失真甚至完全失真。因此，对光测数据处理来说，异常值的检验与剔除就显得尤为重要。

在异常值的检验与剔除方面已经积累了很多的方法与算法，下面分别介绍3种算法。

1）外推类算法

测量数据中，除了包含有效信息外，还包含有误差和差错。应先将测量数据中的差错去掉，这个过程就是纠错。差错的特点如下：

① 在一段数据中差错数量很少，通常不超过2%；

② 差错一般不连续发生，即差错点是孤立点；

③ 差错发生很偶然，没有规律。

下面介绍多点外推预报判定校正算法。

利用$x_{i+1},x_{i+2},\cdots,x_{i+n}$平滑预报$x_{i+n+\alpha}$的公式为

$$\hat{x}_{i+n+\alpha}=\frac{1}{n}\cdot\sum_{j=1}^{n}\left[\frac{12\cdot\left(j-\frac{n+1}{2}\right)\cdot\left(\alpha+\frac{n-1}{2}\right)}{n^2-1}+1\right]\cdot x_{i+j}\tag{3-9}$$

当$|\hat{x}_{i+n+\alpha}-x_{i+n+\alpha}|>k\cdot\sigma$时，认为$x_{i+n+\alpha}$是异常值（野值），可以用最小二乘

拟合法将其代替或用$\hat{x}_{i+n+\alpha}$取代，其中 k 为常数，一般取 3（也可取 3τ，其中 τ 为错点的百分数，即此数据序列有 τ %的错点）。σ 为观测数据在时序上的观测误差均方差值。

取 $n=5$、$a=1$，上面的平滑预报公式即化为常用的 5 点外推公式，即

$$\hat{x}_{i+6}=\frac{1}{5}\sum_{j=1}^{5}\left(\frac{3}{2}\cdot j-\frac{7}{2}\right)\cdot x_{i+j} \tag{3-10}$$

外推类数据检择方法用于外测数据处理多年。实践证明，当测量序列中野值个数较少且基本呈单个孤立点分布时，检择效果较好，但上述方法有下述不足：一是外推类方法属于实时型检择方法，对事后处理而言，整条测量数据已经获得，只用前面的数据，而放弃后面的可能含有大量好点的数据，实属可惜；二是外推算法的预报精度低于内插型算法，特别是当数据量较小而野值是连续多点分布时，出现误判或漏判的可能性较高。

2）*内插类算法*

为了克服外推类方法的不足，引进一种内插型数据检择方法，其基本思路如下：对测量值序列$\{y_1,y_2,\cdots,y_n\}$，计算其 3 阶差分，有

$$\Delta^3 y_i=y_i-3y_{i+1}+3y_{i+2}-y_{i+3}\quad(i=1,2,\cdots,n-3) \tag{3-11}$$

构造判断后，确认$\{y_1,y_2,\cdots,y_n\}$中的好点，并记录好点的始末序号及好点的连续点数。假设第 j 点为好点，从第 j 点开始有连续 m_j个好点，且下一组好点序号为 j_1，并有 m_{j1}个好点，则

$$j+m_j,j+m_j+1,\cdots,j_1-1 \tag{3-12}$$

为可疑点子序列。对式（3-12）所标识的可疑点子序列，在其前后各用 N_j和 N_{j1}个好点，连同中间的 j_1-j+m_j个可疑点，进行加权 2 阶最小二乘拟合，有

$$\hat{\boldsymbol{Y}}=\boldsymbol{B}(\boldsymbol{A}^{\mathrm{T}}\boldsymbol{W}\boldsymbol{A})^{-1}\boldsymbol{A}^{\mathrm{T}}\boldsymbol{W}\boldsymbol{Y} \tag{3-13}$$

式中，权序列 $\boldsymbol{W}$ 确定为

$$W_{k,k}=\begin{cases}0 & （该点为可疑点）\\ 1 & （该点为好点）\end{cases}$$

从而求得可疑点（式（3-12））的拟合值，并用该拟合值取代可疑点。

内插类算法预报精度优于外推类算法，该方法在事后数据处理应用较多。

3）*新型检择方法*

对测量序列$\{y_1,y_2,\cdots,y_n\}$，设其可表示为

$$y_i=\overline{y_i}+\varepsilon_i \tag{3-14}$$

式中：ε_i为均值为 0，方差为 σ 的白噪声；$\overline{y_i}$为真值。

（1）计算$\{y_1,y_2,\cdots,y_n\}$中的标准均方根差$\hat{\sigma}$。

可使用变量差分法或最小二乘拟合法。此处采用 2 阶 15 点拟合方法得到

测量序列中各子段 σ 的估值 $\{\hat{\sigma}_j, j=1,2,\cdots,L\}$，并做下述判断。

对第 j 个子段得到的 $\hat{\sigma}_j$，判断

$$|\hat{\varepsilon}_j(i)| < K\hat{\sigma}_j \quad (i=1,2,\cdots,15) \tag{3-15}$$

式中：$\hat{\varepsilon}_j(i)$ 为该子段上各采样点上的拟合残差；K 为判别因子，一般可取 3~5。若式（3-15）满足，则保留相应的 $\hat{\sigma}_j$；否则舍弃 $\hat{\sigma}_j$。对最后得到的 M 个满足式（3-15）的 $\hat{\sigma}_j$，有

$$\hat{\sigma} = \sqrt{\sum_{j=1}^{M} \frac{\hat{\sigma}_j^2}{M}} \tag{3-16}$$

（2）判断 $\{y_1, y_2, \cdots, y_n\}$ 中的各好点子段及子段长度。

对测量值序列 $\{y_1, y_2, \cdots, y_n\}$ 计算 3 阶差分 $\Delta^3 y_i (i=1,2,\cdots,15)$；对 $\Delta^3 y_i$ 进行构造判断，有

$$|\Delta^3 y_i| < \delta\hat{\sigma} \quad (i=1,2,\cdots,n-3) \tag{3-17}$$

若式（3-17）成立，则继续判别：若 $\mathrm{MB}(j)=-1$，将 $1\rightarrow\mathrm{MB}(j)$；若 $\mathrm{MB}(j)=0$，将 $-1\rightarrow\mathrm{MB}(j)$。这里 $j=i$、$i+1$、$i+2$、$i+3$。

若式（3-17）不成立，则继续判别：若 $\mathrm{MB}(j)=-1$，将 $0\rightarrow\mathrm{MB}(j)$；若 $\mathrm{MB}(j)=1$，将 $-1\rightarrow\mathrm{MB}(j)$。这里 $j=i+2$、$i+3$。从而得到 $\{\mathrm{MB}(j), j=1,2,\cdots,N\}$。

在实施式（3-17）的判别前，令 $\mathrm{MB}(j)=0 (j=1,2,\cdots,N)$。$\delta$ 为判别因子，δ 一般取值为 4~6。

遍历 $\{\mathrm{MB}(j), j=1,2,\cdots,N\}$，找出 $\mathrm{MB}(j)=1$ 的点，并分别构造 NNP 和 NNB 数组。这两个数组中各元素定义如下：

$\mathrm{NNP}(K)$——第 K 个连续好点子段中好点的个数；

$\mathrm{NNB}(K)$——第 K 个连续好点子段中最后一个好点的序号。

从而可知，$\mathrm{NNB}(K)$、$\mathrm{NNB}(K+1)$ 中夹有 LC 个可疑点或可疑点与孤立好点的组合。

$$\mathrm{LC} = \mathrm{NNB}(K+1) - \mathrm{NNB}(K) - \mathrm{LK1} \tag{3-18}$$

式中：LK1 为第 $K+1$ 个好点子段中好点的个数，不难看出 $\mathrm{LK1}=\mathrm{NNP}(K+1)$。

（3）对各可疑点组采用加权最小二乘拟合，得到各可疑点的拟合值，并用拟合值替换原始测量值。

通过步骤（2）判断 $\{y_1, y_2, \cdots, y_n\}$ 中的各好点子段及子段长度，可得

$$\begin{cases} \mathrm{NNP}(K) \\ \mathrm{NNB}(K) \end{cases} \quad (K=1,2,\cdots,N_{\mathrm{G}}) \tag{3-19}$$

由 $(\mathrm{NNP}(K), \mathrm{NNB}(K))$ 和 $(\mathrm{NNP}(K+1), \mathrm{NNB}(K+1))$ 可得：

NCB——在第 K 个可疑点组中的第一个可疑点的序号；

LC——第 K 个可疑点组中的可疑点个数；

LK——第 K 个好点组中好点的个数；

LK1——第 $K+1$ 个好点组中好点的个数。

在可疑点组两边各取 LG1 和 LG2 个好点进行 2 次加权最小二乘拟合。LG1 和 LG2 按下述算法得到，即

$$\begin{cases} 1.5\mathrm{LC} & \mathrm{LC} \leqslant 4 \cap \mathrm{LC}\ 为偶数 \\ 1.5(\mathrm{LC}+1) & \mathrm{LC} \leqslant 4 \cap \mathrm{LC}\ 为奇数 \\ \mathrm{LC} & \mathrm{LC} > 4 \end{cases} \tag{3-20}$$

$$\begin{cases} \mathrm{LG1} = \begin{cases} \mathrm{LG};\ \mathrm{LG} \leqslant \mathrm{LK} \\ \mathrm{LK};\ \mathrm{LG} > \mathrm{LK} \end{cases} \\ \mathrm{LG2} = \begin{cases} \mathrm{LG};\ \mathrm{LG} \leqslant \mathrm{LK1} \\ \mathrm{LK1};\ \mathrm{LG} > \mathrm{LK1} \end{cases} \end{cases} \tag{3-21}$$

在得到上述各参数后，即可采用以下 2 次加权最小二乘拟合公式，得到所需的各拟合值为

$$\hat{\boldsymbol{Y}} = \boldsymbol{B}(\boldsymbol{A}^{\mathrm{T}}\boldsymbol{W}\boldsymbol{A})^{-1}\boldsymbol{A}^{\mathrm{T}}\boldsymbol{W}\boldsymbol{Y} \tag{3-22}$$

式中：

$\hat{\boldsymbol{Y}} = (y_{\mathrm{NCB}}, y_{\mathrm{NCB+1}}, \cdots, y_{\mathrm{NCB+LC-1}})^{\tau}$ 为 LC×1 矩阵；

$\boldsymbol{Y} = (y_{\mathrm{NNB}(K+1)-\mathrm{LG2}+1}, \cdots, y_{\mathrm{NNB}(K)-\mathrm{LG1}+1})$ 为 (LC+LG1+LG2)×1 矩阵；

$$\boldsymbol{A} = \begin{bmatrix} 1 & \mathrm{LC+LC2} & (\mathrm{LC+LC2})^2 \\ 1 & \mathrm{LC+LC2}-1 & (\mathrm{LC+LC2}-1)^2 \\ \vdots & \vdots & \vdots \\ 1 & \mathrm{LC}+1 & (\mathrm{LC}+1)^2 \\ \vdots & \vdots & \vdots \\ 1 & 0 & 0 \\ \vdots & \vdots & \vdots \\ 1 & -(\mathrm{LC1}-1) & [-(\mathrm{LC1}-1)]^2 \end{bmatrix}$$ 为 (LC+LG1+LG2)×3 矩阵；

$$\boldsymbol{W} = \begin{bmatrix} \left.\begin{matrix} 1 & & \\ & \vdots & \\ & & 1 \end{matrix}\right\}\mathrm{LG2}\ 个 & & \\ & \left.\begin{matrix} 0 & & \\ & \vdots & \\ & & 0 \end{matrix}\right\}\mathrm{LC}\ 个 & \\ & & \mathrm{LG2}\ 个\left\{\begin{matrix} 1 & & \\ & \vdots & \\ & & 1 \end{matrix}\right. \end{bmatrix}$$ 为 (LC +

LG1+LG2)×(LC+LG1+LG2) 矩阵；

$$\boldsymbol{B}=\begin{bmatrix}1 & LC & LC^2\\1 & LC-1 & (LC-1)^2\\\vdots & \vdots & \vdots\\1 & 1 & 1\end{bmatrix}$$为 LC×3 矩阵。

该新型算法是一种以样条拟合为基础的算法，预报精度优于单纯的内推算法，该方法在光学事后数据处理应用效果好。

4. 系统误差修正

光电经纬仪测量与任何一种测量手段一样，都含有测量系统误差，其中主要有轴系、零值（定向和零位）、大气折射、部位修正等系统误差项。此外，在测角信息中出现的规律性跳跃虽不属于系统误差，但若不予以合理处理，也将影响测量数据的连续计算。

1）轴系误差

光电经纬仪有 3 个轴，即垂直轴、照准轴和水平轴，这 3 个轴相互垂直，它们的交点即是测站坐标系的原点，照准轴就是当仪器水平时方位零刻线对准大地北的测系 X_c 轴，垂直轴与铅垂线重合，即是测系 Y_c 轴，水平轴即是 Z_c 轴。

由 3 轴互不垂直而带来的误差称为轴系倾斜差。轴系倾斜差含有垂直轴倾斜差、水平轴倾斜差和照准轴倾斜差，其倾斜角度分别记为 i、b、c。

由于 3 个轴系误差都比较小，可以分别独立地讨论它们对方位角和高低角观测数据的影响。

（1）照准差造成的测量误差 ΔA_c 为

$$\Delta A_c = c\sec E_k \tag{3-23}$$

可见，ΔA_c 随高低角 E 的增大而递增。当 $E=0$ 时，$\Delta A_c=c$。

（2）水平轴倾斜误差 b 引起的测量误差 ΔA_b 为

$$\Delta A_b = b\cdot\tan E_k \tag{3-24}$$

（3）垂直轴倾斜误差 i 引起的观测误差其方位角误差 ΔA_i、高低角误差 ΔE_i 为

$$\begin{cases}\Delta A_i = i\sin(A_H - A_k)\tan E_k\\\Delta E_i = -i\cos(A_H - A_k)\end{cases} \tag{3-25}$$

式中：A_H 为垂直轴倾斜的方位角；A_k、E_k 为对图像判读得到的目标观测量。

2）定向差与零位差的计算

从理论上说，测站坐标系的 X_c 轴均指向大地北，即均以大地北定向，也就是说，测站测到的目标方位角统一以大地北为零。但事实上，仪器在定向

时由于操作手视差和仪器本身误差，光电经纬仪的水平度盘零刻线没有真正对准大地北，产生了定向误差 ΔA_{op}，高低度盘的零位线没有对准零角度，产生了零位差 ΔE_{op}。

为了计算各站的 i、c、A_H、ΔA_{op}、ΔE_{op}，在每个站附近都安置了 1~6 个方位标，这些方位标与测站的夹角通过大地测量确定，因而定向误差的修正公式是很容易推得的。假设某测站的实际定向与理论定向如图 3-2 所示，则

$$\Delta A_{op} = \angle LON - \angle LOM \tag{3-26}$$

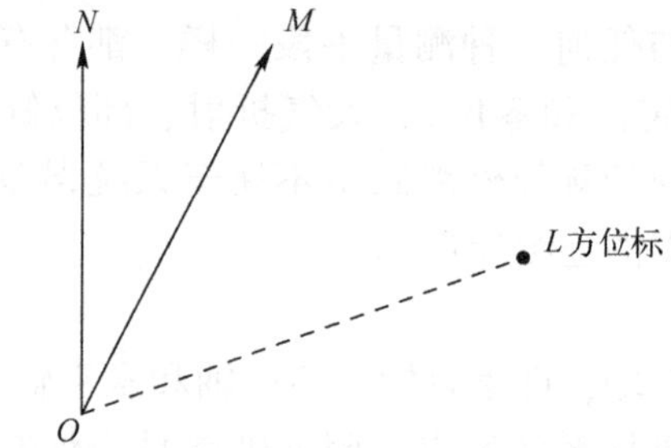

图 3-2　定向差计算

定向误差对高低角的影响是通过对方位标进行高低角的正镜和倒镜测量计算的。现设方位标真仰角 E，其正镜测量值为 $E_{正}$，倒镜测量值为 $E_{倒}$，由于正镜测量和倒镜测量均含有零位差 ΔE_{op}，于是有

$$(E_{正}+\Delta E_{op})+(E_{倒}+\Delta E_{op}) = 180° \tag{3-27}$$

即

$$\Delta E_{op} = (180° - (E_{正}+E_{倒}))/2 \tag{3-28}$$

由于定向误差和零位误差均是由零位不准而产生的，在每次发射中它不随测量时间而改变，即是一个固定误差，因而在指定测站坐标系下所测到的方位角、高低角均应加上这个固定偏差。

3）*光波折射误差修正*

通常假设大气结构为水平均匀的，因此，忽略大气折射对光电经纬仪方位角数据的影响，只对高低角和斜距观测数据进行大气折射修正。现按光电经纬仪的测量体制分 3 种情况来推导大气折射修正公式。

通过综合弹道反算出各测元值与实测值进行比对，统计平均值、均方差、总误差的具体数值，即为系统误差估计。

5. 部位修正

光测数据处理过程中，经常遇到这种现象：测量记录信息所指示的目标部位与数据处理所要求的目标部位不一致。通常这种现象可以出现在以下情

况中：

在处理光学多台交汇测量体制得到的测量信息时，判读部位一般选择在飞行器火焰喷口（火焰前端），而研制单位提供的外弹道参数则往往需要以平台中心为准，这两者之间的距离可达几米、十几米甚至几十米不等，如不加以修正，势必带来相当可观的误差。即使可以以喷口为准交出数据，但是考虑到某些火箭目标级间分离时，喷口位置将产生突变，不宜施行平滑计算，也非修正不可。

在讨论时鉴于光测数据精度本身不甚高（一般可达米级），为了简化修正公式，只考虑目标的纵向线度而忽略其径向线度，将目标抽象为纵向上的一条线段。

对于上述所述情况，比较方便的修正方法是：首先用未进行部位修正的角度信息通过交汇计算出目标判读部位在发射系中的位置分量，然后对该位置分量进行修正。修正公式为

$$\begin{cases}X(t)=X'(t)+L\cos\varphi_{cx}(t)\\Y(t)=Y'(t)+L\sin\varphi_{cx}(t)\\Z(t)=Z'(t)\end{cases}\tag{3-29}$$

式中：X'、Y'、Z'为修正前的部位A'在发射系的坐标分量；X、Y、Z为修正后的部位A'在发射系的坐标分量；φ_{cx}为目标飞行的程序角，是已知数据；$\varphi_{cx}(t)$可通过插值求得；L为一有向长度$A'A$，它是与目标有关的已知数据。以箭体为准，规定A在A'前端其值为正，反之则为负；t为各参数所对应的时刻，以起飞零秒起算。

简化后的公式为

$$\begin{cases}X(t)-X'(t)=L\cos\varphi(t)\\Y(t)-Y'(t)=L\sin\varphi(t)\end{cases}\tag{3-30}$$

式中：$\varphi(t)$为目标飞行的俯仰角。

6. 时间误差修正

以空间时延修正方法为例，假设$\{x(t_i)\}$为等间隔采样观测数据，$\{x(t_i)\}$实际上表示t_i'时刻的目标空间状态$\{x^\circ(t_i')\}$，同时有$|t_i'-t_i|\leqslant h/2$。

现需要t_i时刻所对应的目标空间状态$x^\circ(t_i)$，假若时刻t_{i-1}、t_i和t_{i+1}的观测数据分别为$x(t_{i-1})$、$x(t_i)$和$x(t_{i+1})$，由拉格朗日三点插值法可以得到t_i时刻的目标空间状态为

$$x^\circ(t_i)=c_{-1}x^\circ(t_{i-1}')+c_0x^\circ(t_i')+c_1x^\circ(t_{i+1}')=c_{-1}x(t_{i-1})+c_0x(t_i)+c_1x(t_{i+1})\tag{3-31}$$

而

$$
\begin{cases}
c_{-1}=-\dfrac{\tau-\tau^2}{2} \\
c_0=1-\tau^2 \\
c_1=\dfrac{\tau+\tau^2}{2} \\
|\tau|=|t_i'-t_i|\approx\dfrac{R(t_i)}{c}
\end{cases}
\tag{3-32}
$$

当 $t_i'-t_i\leqslant 0$ 时，τ 取负号；反之，τ 取正号。

从式（3-31）可知，拉格朗日三点插值方法修正观测数据 $x(t_i)$ 时间误差时，仅需要增加前后两采样时刻观测数据 $x(t_{i-1})$ 和 $x(t_{i+1})$，便于应用。该方法已经成为外测数据时间误差修正的主要方法。

7. 大气折射误差修正

1）*光测站均有激光测距数据*

当各光测站均有激光测距数据时，各站可独立地对自己的观测数据进行大气折射修正，其步骤大致如下。

（1）计算目标的积分高度初值。

由图 3-3 可知，目标位置 M 的积分高度初值为 $\bar{r}_M$，即

$$
\bar{r}_M=(R^2+r_0^2+2Rr_0\sin E)^{\frac{1}{2}}
\tag{3-33}
$$

式中：$r_0=R_0+h$（R_0 为地球半径，h 为观测站大地高）；E 为高低角观测数据；R 为斜距观测数据。

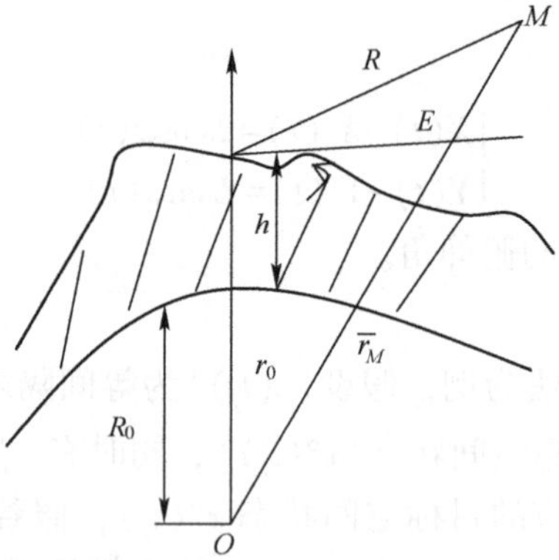

图 3-3　目标位置和地心距关系

（2）视在距离由下述公式给出，即

$$
\bar{R}_e=\int_{r_0}^{r_M}\frac{rn^2(r)\,\mathrm{d}r}{\sqrt{n^2(r)r^2-n_0^2r_0^2\cos^2E}}
\tag{3-34}
$$

式中：$n(r)$为随地心距 r 变化的折射率，由 r 处的温度、压力和湿度计算得到。

积分式（3-34）利用球面分层的数值经迭代计算可得到$\bar{R}_e$，将它与实测的视在距离相比较，假若$|\bar{R}_e - R_e|$小于某规定的δ，则可得目标地心距 $r_M = \bar{r}_M$；否则再判断，即

$$\begin{cases} 当\bar{R}_e - R_e > 0 时，令\bar{r}_M = \dfrac{\bar{r}_M - \varepsilon^{(l)}}{2} \\ 当\bar{R}_e - R_e < 0 时，令\bar{r}_M = \dfrac{\bar{r}_M + \varepsilon^{(l)}}{2} \end{cases} \tag{3-35}$$

对式（3-34）继续运算，直到$|R_e - \bar{R}_e| < \delta$为止。在做第一次判断时，取$\varepsilon^{(l)} = \dfrac{\varepsilon^{(l-1)}}{2}$，其中$\varepsilon^{(l)}$为第一次分层积分计算$\bar{r}_M$所在层距离。

（3）计算地心角φ。

有了目标的地心距 r_M后，就可对地心角φ进行球面分层数值积分计算，积分公式为

$$\varphi = \int_{r_0}^{r_M} \frac{n_0 r_0 \cos E \mathrm{d}r}{r\sqrt{n^2 r^2 - n_0^2 r_0^2 \cos^2 E}} \tag{3-36}$$

（4）计算真实高低角 $E^{(1)}$ 和真实距离 $R^{(1)}$。

根据式（3-36）计算的地心夹角φ和式（3-33）迭代计算的目标地心距 r_M，可得到真实高低角 $E^{(1)}$为

$$E^{(1)} = \arctan \frac{r_M \cos\varphi - r_0}{r_M \sin\varphi} \tag{3-37}$$

真实距离 $R^{(1)}$为

$$R^{(1)} = \frac{r_M \sin\varphi}{\cos E^{(1)}} \tag{3-38}$$

（5）折射修正量计算。

计算出光电经纬仪真实高低角和真实距离后，对应视在观测量 E_e与 R_e的折射修正量分别为

$$\Delta E = E_e - E^{(1)} \tag{3-39}$$

$$\Delta R = R_e - R^{(1)} \tag{3-40}$$

2）光测站不全有激光测距数据

假设有 k 台经纬仪，其中 k'（$1 \leqslant k' \leqslant k$）台经纬仪有激光测距数据，此时可按照式（3-37）~式（3-40）先计算出带有激光测距数据 k'台光电经纬仪的真实仰角、真实斜距及对应的修正量。然后，取 k'台光电经纬仪各自计算的目标地心距的平均值作为目标地心距 r_M，并且利用式（3-37）、式（3-39）和式（3-40）依次计算出剩下的 $k-k'$台不带激光测距的经纬仪的真实高低角 $E^{(1)}$以及对应的折射修正量 ΔE。

（1）光测站均无激光测距数据。

假如所有经纬仪仅有测角数据，都没有激光测距数据，则可按照下述步骤和计算公式对方位角观测数据进行大气折射修正。

两台测量精度较高和数据质量较好的经纬仪的方位角 A_i 和俯仰角 E_i（$i=1,2\cdots$）的观测值，计算各自的观测点与目标间向量在发射坐标系中的方向余弦 l_i、m_i、n_i，得到

$$\begin{bmatrix} l_i \\ m_i \\ n_i \end{bmatrix} = [A_T]\cdot[\varphi_a]\cdot[\lambda_a]^T\cdot[\lambda_i]\cdot[\varphi_i]\cdot\begin{bmatrix} \cos E_i \cos A_i \\ \sin E_i \\ \cos E_i \sin A_i \end{bmatrix} \quad (i=1,2\cdots) \tag{3-41}$$

式中：A_T 为天文射击方位角；λ_i、φ_i 为测站的天文经度和天文纬度；λ_a、φ_a 为发射坐标系原点的天文经度和天文纬度。

由式（3-41）得到两台经纬仪的方向余弦 l_i、m_i、n_i（$i=1$、2），分别计算这两台经纬仪到目标的连线之间夹角的余弦，见图 3-4，即为

$$\cos\varphi_{1,2} = l_1\cdot l_2 + m_1\cdot m_2 + n_1\cdot n_2 \tag{3-42}$$

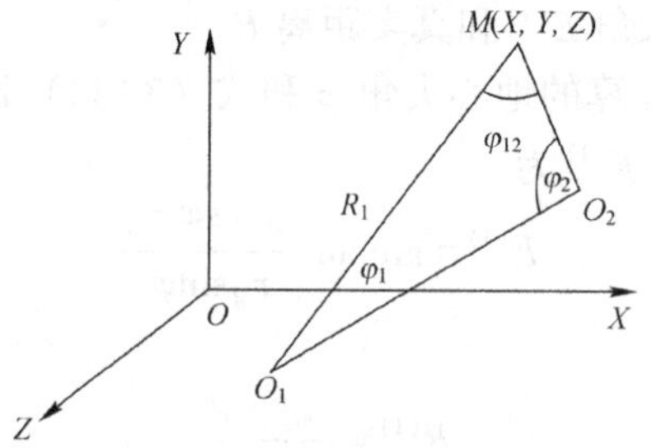

图 3-4　目标和测站关系

（2）计算目标到测站的连线与两观测站连线间夹角 φ_1、φ_2 的余弦，则有

$$\begin{cases} \cos\varphi_1 = l_1\cdot l_{1,2} + m_1\cdot m_{1,2} + n_1\cdot n_{1,2} \\ \cos\varphi_2 = l_2\cdot l_{1,2} + m_2\cdot m_{1,2} + n_2\cdot n_{1,2} \end{cases} \tag{3-43}$$

式中：$l_{1,2} = \dfrac{X_{0,1}-X_{0,2}}{D_{1,2}}$；$m_{1,2} = \dfrac{Y_{0,1}-Y_{0,2}}{D_{1,2}}$；$n_{1,2} = \dfrac{Z_{0,1}-Z_{0,2}}{D_{1,2}}$；$D_{1,2} = [(X_{0,1}-X_{0,2})^2 + (Y_{0,1}-Y_{0,2})^2 + (Z_{0,1}-Z_{0,2})^2]^{\frac{1}{2}}$；$X_{0,i}$、$Y_{0,i}$、$Z_{0,i}(i=1,2)$ 为第 i 个观测站在发射坐标系中的站址坐标。

（3）有了 φ_1、φ_2 和 $\varphi_{1,2}$ 的余弦，再根据正弦定理计算出这两台经纬仪到目标的斜距，即

$$R_1 = \frac{D_{1,2}}{\sin\varphi_{1,2}}\sin\varphi_2 \tag{3-44}$$

$$R_2=\frac{D_{1,2}}{\sin\varphi_{1,2}}\sin\varphi_1 \tag{3-45}$$

（4）求出目标发射坐标系中的两坐标 X_i、Y_i、Z_i，即

$$\begin{cases}X_i=R_il_i+X_{0,i}\\Y_i=R_im_i+Y_{0,i}\\Z_i=R_in_i+Z_{0,i}\end{cases} \tag{3-46}$$

对 X_i、Y_i、Z_i（$i=1,2$）取平均值，得到目标在发射坐标系中的坐标 X、Y、Z。

（5）计算地心 d 到发射坐标系原点 a 的距离 r_a（图3-5）。

$$r_a=[(N_a+h_a)^2-2N_a(N_a+h_a)e_G^2\sin B_a+N_a^2e_G^4\sin^2B_a]^{\frac{1}{2}} \tag{3-47}$$

式中：$N_a=a_G/(1-e_G^2\sin^2B_a)^{\frac{1}{2}}$；$a_G$ 为地心一号（DX-1）椭球的长半轴；e_G^2 为地心一号椭球的第一偏心率；h_a 为发射坐标系原点 a 的大地高程。

为了简化，也可以应用近似公式计算，即

$$r_a=R_0+h_a \tag{3-48}$$

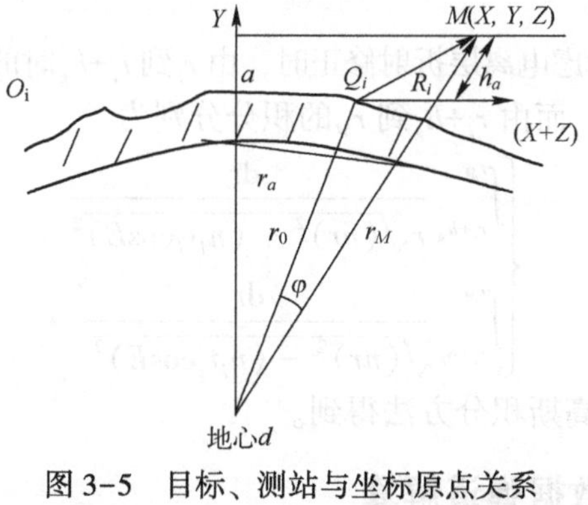

图3-5　目标、测站与坐标原点关系

（6）由式（3-47）以及 X、Y、Z，可得目标到地心 d 的距离 r_M 为

$$r_M=[X^2+Y^2+Z^2]^{\frac{1}{2}} \tag{3-49}$$

（7）再利用式（3-37）、式（3-39）和式（3-40）计算所有光电经纬仪的真实高低角及对应的折射修正量。

（8）地心角和视在距离积分方法。

当 $r_M\leqslant r_i+h_g$ 时，有

$$\begin{cases}\varphi_i=\sum\limits_{j=1}^{L}\Delta r_j\sum\limits_{k=1}^{4}\dfrac{C_kn_ir_i\cos E}{\sqrt{(n_{kj}r_{kj})^2-(n_ir_i\cos E)^2}}\\R_i=\sum\limits_{j=1}^{L}\Delta r_j\sum\limits_{k=1}^{4}\dfrac{C_kn_{kj}^2r_{kj}}{\sqrt{(n_{kj}r_{kj})^2-(n_ir_i\cos E)^2}}\end{cases} \tag{3-50}$$

其中：$r_j=100j\ (j=1,2,\cdots,L-1)$ 且 $50L(L-1)\leqslant h_g$。

$$\begin{cases}\Delta r_L=h_g-50L(L-1)\\ r_{kj}=r_j+U_k\quad(k=1,2,3,4)\\ r_j=r_a+50j(j+1)\end{cases}\tag{3-51}$$

式中：r_i为测站 O_i地心距；r_M为目标地心距；h_g为电离层起始高度；C_k、U_k为高斯积分常数。

当$r_M>r_i+h_g$且不考虑电离层折射修正时，由r_i到r_i+h_g时的积分仍由式（3-50）和式（3-51）表示；而由 r_i+h_g到 r_M的积分，因$N(r)=0$ 或$n(r)=1$，则

$$\int_{r_i+h_g}^{r_M}\frac{n_ir_i\cos E\mathrm{d}r}{r\sqrt{(nr)^2-(n_ir_i\cos E)^2}}=\arccos\frac{n_ir_i\cos E}{r_M}-\arccos\frac{n_ir_i\cos E}{r_i+h_g}\tag{3-52}$$

$$\int_{r_i+h_g}^{r_M}\frac{nr\mathrm{d}r}{\sqrt{(nr)^2-(n_ir_i\cos E)^2}}=\sqrt{r_M^2-(n_ir_i\cos E)^2}-\sqrt{(h_g+r_i)^2-(n_ir_i\cos E)^2}\tag{3-53}$$

当$r>r_i+h_g$且要考虑电离层折射修正时，由r_i到r_i+h_g时的积分仍由式（3-50）和式（3-51）表示；而由 r_i+h_g到 r_M的积分分别为

$$\begin{cases}\displaystyle\int_{r_i+h_g}^{r_M}\frac{\mathrm{d}r}{r\sqrt{(nr)^2-(n_ir_i\cos E)^2}}\\ \displaystyle\int_{r_i+h_g}^{r_M}\frac{r\mathrm{d}r}{\sqrt{(nr)^2-(n_ir_i\cos E)^2}}\end{cases}\tag{3-54}$$

并应用一层 40 点的高斯积分方法得到。

3.1.3　光学数据弹道解算

弹道参数主要是指目标瞬时位置分量、速度分量、加速度分量、切向速度、弹道倾角、弹道偏角、切向加速度、法向加速度和侧向加速度这些参数。

1. 角坐标转换

每台光电经纬仪测量的方位角 A 和高低角 E 都定义在测站的垂线坐标系中，当多台经纬仪交会时，它们的观测量应该统一到同一坐标系中，然后才能解算弹道参数。下面计算目标在测站发射坐标系中的角坐标，有

$$A'=\arctan\frac{n}{l}+\begin{cases}0 & l>0,n>0\\ \pi & l<0\\ 2\pi & l>0,n<0\end{cases}$$

$$A'=\begin{cases}0 & l>0,n=0\\ \pi/2 & l=0,n>0\\ \pi & l<0,n=0\\ 3\pi/2 & l=0,n<0\end{cases}\tag{3-55}$$
$$E'=\arcsin m$$

2. 单站定位

设在 t 时刻某测站测得目标在测站坐标系的方位角、高低角、斜距分别为 A、E、R，则目标 M 在测站坐标系的坐标（x，y，z）为

$$\begin{cases}x=R\cos A\cos E\\ y=R\sin E\\ z=R\sin A\cos E\end{cases}\tag{3-56}$$

则目标 M 在发射系的坐标（X，Y，Z）为

$$\begin{pmatrix}X\\Y\\Z\end{pmatrix}=\boldsymbol{\varphi}_{c\to t}\cdot\begin{pmatrix}x\\y\\z\end{pmatrix}+\begin{pmatrix}X_{0i}\\Y_{0i}\\Z_{0i}\end{pmatrix}\tag{3-57}$$

式中：$\boldsymbol{\varphi}_{c\to t}$为测量系到发射系的转换系数矩阵；$X_{0i}$、$Y_{0i}$、$Z_{0i}$为测站坐标原点在发射系的坐标。

3. 坐标初值计算

坐标初值是指用目标在发射坐标系中的粗略位置，为后面的多台交汇计算提供支持。如果有带有测距信息的测量站，则运用单站定位进行坐标初值计算，无测距信息的坐标初值计算需要两个站的测量数据方可进行。

选取两台测角数据较好的光电经纬仪，按下述步骤进行操作。

（1）计算两测站与目标矢量在发射坐标系中的方向余弦 l_i、m_i、n_i，即

$$\begin{pmatrix}l_i\\m_i\\n_i\end{pmatrix}=[\boldsymbol{\Omega}_i]\begin{bmatrix}\cos A_i\cos E_i\\ \sin E_i\\ \sin A_i\cos E_i\end{bmatrix}\tag{3-58}$$

式中：A_i、E_i分别为第 i 台经纬仪的方位角和高低角；$[\boldsymbol{\Omega}_i]$ 为第 i 个测站由垂线测量坐标系到测站发射坐标系的转换矩阵。

（2）计算两测站到目标间夹角 φ 的余弦，即

$$\cos\varphi=l_1l_2+m_1m_2+n_1n_2\tag{3-59}$$

（3）计算目标到测站连线与两测站连线间夹角 ϕ_1、ϕ_2的余弦，即

$$\begin{cases}\cos\phi_1=\dfrac{[l_1(X_{02}-X_{01})+m_1(Y_{02}-Y_{01})+n_1(Z_{02}-Z_{01})]}{D_{12}}\\ \cos\phi_2=\dfrac{[l_2(X_{01}-X_{02})+m_2(Y_{01}-Y_{02})+n_2(Z_{01}-Z_{02})]}{D_{12}}\end{cases}\tag{3-60}$$

式中：$D_{12}=[(X_{02}-X_{01})^2+(Y_{02}-Y_{01})^2+(Z_{02}-Z_{01})^2]^{1/2}$；$X_{0i}$、$Y_{0i}$、$Z_{0i}$为第 i 个测站的站址坐标。

（4）计算目标到测站的斜距 R_i'，即

$$\begin{cases}R_1'=\dfrac{D_{12}\sin\phi_2}{(1-\cos^2\varphi)^{1/2}}\\R_2'=\dfrac{D_{12}\sin\phi_1}{(1-\cos^2\varphi)^{1/2}}\end{cases}\tag{3-61}$$

（5）计算目标位置参数初值。

①“L”公式。“L”公式有两组表达式，分别为

$$\begin{cases}X^0=X_{01}+\Delta X_1\\Y^0=Y_{01}+\Delta Y_1=Y_{01}+\dfrac{\Delta X_1}{\cos A_1}\tan E_1\\Z^0=Z_{01}+\Delta X_1\tan A_1\end{cases}\tag{3-62}$$

$$\begin{cases}X^0=X_{02}+\Delta X_2\\Y^0=Y_{02}+\Delta Y_2=Y_{02}+\dfrac{\Delta X_2}{\cos A_2}\tan E_2\\Z^0=Z_{02}+\Delta X_2\tan A_2\end{cases}\tag{3-63}$$

式中：A_i、E_i分别为观测站目标 M 点的方位角和高低角；X_{0i}、Y_{0i}、Z_{0i}为两观测站原点在发射坐标系中的站址坐标。

式（3-62）和式（3-63）联解，得

$$\begin{cases}\Delta X_1=\dfrac{(X_{01}-X_{02})\tan A_2-(Z_{01}-Z_{02})}{\tan A_1-\tan A_2}\\\Delta X_2=\dfrac{(X_{01}-X_{02})\tan A_1-(Z_{01}-Z_{02})}{\tan A_1-\tan A_2}\end{cases}\tag{3-64}$$

②“R”公式

$$\begin{cases}X^0=\dfrac{1}{2}\sum\limits_{i=1}^{2}(R_i\cdot l_i+X_{0i})\\Y^0=\dfrac{1}{2}\sum\limits_{i=1}^{2}(R_i\cdot m_i+Y_{0i})\\Z^0=\dfrac{1}{2}\sum\limits_{i=1}^{2}(R_i\cdot n_i+Z_{0i})\end{cases}\tag{3-65}$$

（6）计算目标到无激光测距数据经纬仪的斜距，有

$$R_i' = [(X^0 - X_{0i})^2 + (Y^0 - Y_{0i})^2 + (Z^0 - Z_{0i})^2]^{\frac{1}{2}} \tag{3-66}$$

4. 多台交汇计算

若有两台以上光电经纬仪同时跟踪目标，每个观测时刻至少可以获取 4 个测量数据，而待求目标位置参数为 3 个，则有多余信息。多台经纬仪交汇计算目标位置参数就是应用多余测量信息提高定位数据的精度。

由于观测方程是非线性方程，需用泰勒级数展开成线性方程后再使用最小二乘估计，得到目标的精确弹道位置参数，运用下式进行计算，即

$$\hat{\boldsymbol{X}} = \boldsymbol{X}^0 + (\boldsymbol{A}^{\mathrm{T}}\boldsymbol{P}\boldsymbol{A})^{-1}\boldsymbol{A}^{\mathrm{T}}\boldsymbol{P}\Delta\boldsymbol{L} \tag{3-67}$$

其中：

$$\boldsymbol{A} = \begin{bmatrix} a_{11} & a_{12} & a_{13} \\ b_{11} & b_{12} & b_{13} \\ c_{11} & c_{12} & c_{13} \\ \vdots & \vdots & \vdots \\ a_{M1} & a_{M2} & a_{M3} \\ b_{M1} & b_{M2} & b_{M3} \\ c_{M1} & c_{M2} & c_{M3} \end{bmatrix};\quad \Delta\boldsymbol{L} = \begin{bmatrix} R_1 - R_1^0 \\ A_1 - A_1^0 \\ E_1 - E_1^0 \\ \vdots \\ R_M - R_M^0 \\ A_M - A_M^0 \\ E_M - E_M^0 \end{bmatrix}; \tag{3-68}$$

$$\boldsymbol{P} = \begin{bmatrix} \frac{1}{\sigma_{R1}^2} & & & & & 0 \\ & \frac{1}{\sigma_{A1}^2} & & & & \\ & & \frac{1}{\sigma_{E1}^2} & & & \\ & & & \frac{1}{\sigma_{RM}^2} & & \\ & & & & \frac{1}{\sigma_{AM}^2} & \\ 0 & & & & & \frac{1}{\sigma_{EM}^2} \end{bmatrix}$$

$$\hat{\boldsymbol{X}} = \begin{bmatrix} \hat{X} \\ \hat{Y} \\ \hat{Z} \end{bmatrix};\quad \boldsymbol{X}^0 = \begin{bmatrix} X^0 \\ Y^0 \\ Z^0 \end{bmatrix}$$

$$
\begin{cases}
a_{i1}=\dfrac{(X^0-X_{0i})}{R_i^0},a_{i2}=\dfrac{(Y^0-Y_{0i})}{R_i^0},a_{i3}=\dfrac{(Z^0-Z_{0i})}{R_i^0}\\
b_{i1}=\dfrac{-(Z^0-Z_{0i})}{D_i^0},b_{i2}=0,b_{i3}=\dfrac{(X^0-X_{0i})}{D_i^0}\\
c_{i1}=\dfrac{-(X^0-X_{0i})(Y^0-Y_{0i})}{((R_i^0)^2D_i^0)},c_{i2}=\dfrac{D_i^0}{(R_i^0)^2}\\
c_{i3}=\dfrac{-(Z^0-Z_{0i})(Y^0-Y_{0i})}{((R_i^0)^2D_i^0)}\\
D_i^0=[(X^0-X_{0i})^2+(Z^0-Z_{0i})^2]^{\frac{1}{2}}\\
R_i^0=[(X^0-X_{0i})^2+(Y^0-Y_{0i})^2+(Z^0-Z_{0i})^2]^{\frac{1}{2}}\\
A_i^0=\arctan\dfrac{(Z^0-Z_{0i})}{(X^0-X_{0i})}+\begin{cases}0 & X^0-X_{0i}>0,Z^0-Z_{0i}\geqslant 0\\ \pi & X^0-X_{0i}<0\\ 2\pi & X^0-X_{0i}>0,Z^0-Z_{0i}<0\end{cases}\\
A_i^0=\begin{cases}0 & X^0-X_{0i}=0,Z^0-Z_{0i}=0\\ \dfrac{\pi}{2} & X^0-X_{0i}=0,Z^0-Z_{0i}>0\\ \dfrac{3\pi}{2} & X^0-X_{0i}=0,Z^0-Z_{0i}<0\end{cases}\\
E_i^0=\arcsin\left[\dfrac{(Y^0-Y_{0i})}{R_i^0}\right]
\end{cases}
$$

式中：矩阵 $\boldsymbol{A}$ 为光电经纬仪观测数据对目标参数 X、Y、Z 偏导数的雅可比矩阵；X_0、Y_0、Z_0为目标位置参数初值；X_{0i}、Y_{0i}、Z_{0i}为第 i 个测站在发射坐标系中的站址坐标；$\boldsymbol{P}$ 为方程加权矩阵；σ_{Ri}、σ_{Ai}、σ_{Ei}为测量元素测量精度的均方差。若某些观测数据未参加交汇计算目标位置参数，则令矩阵 $\boldsymbol{P}$ 中对应的元素为零。

进行迭代计算时，即由估值$\hat{X}$、$\hat{Y}$、$\hat{Z}$为位置参数初值，重新代入式（3-67）计算。

5. 其他参数计算

光电经纬仪一般无速度测量元素，故不能直接测量目标速度参数，只能通过数据处理经微分中心平滑获取目标的飞行速度和加速度。对于非跳跃性弹道，常使用速度 2 阶中心平滑和加速度 3 阶中心平滑公式处理数据。

（1）计算速度分量、加速度分量，即

$$
\begin{cases}
\dot{\alpha}_i=\sum\limits_{j=n_1}^{n_1}\dfrac{3j}{hn_1(n_1+1)(2n_1+1)}\alpha_{i+j}\\
\ddot{\alpha}_i=\sum\limits_{j=n_2}^{n_2}\dfrac{120[3j^2-n_2(n_2+1)]}{h^2(2n_2-1)2n_2(2n_2+1)(2n_2+2)(2n_2+3)}\alpha_{i+j}\quad(\alpha=X,Y,Z)
\end{cases}
\tag{3-69}
$$

式中：n_1为速度平滑半点数；n_2为加速度平滑半点数；h 为数据采样时间间隔。

（2）计算合成速度、倾角、偏角，即

$$\begin{cases} V=(\dot{X}^2+\dot{Y}^2+\dot{Z}^2)^{1/2} \\ \theta=\arctan\dfrac{\dot{Y}}{\dot{X}}+\begin{cases}0 & (\dot{X}\geqslant 0)\\ \pi & (\dot{X}<0)\end{cases} \\ \sigma=\arcsin\left(\dfrac{-\dot{Z}}{V}\right) \end{cases} \tag{3-70}$$

（3）计算切向加速度、法向加速度、侧向加速度，即

$$\begin{cases} \dot{V}=\dfrac{(\dot{X}\ddot{X}+\dot{Y}\ddot{Y}+\dot{Z}\ddot{Z})}{V} \\ V\dot{\theta}=\ddot{Y}\cos\theta-\ddot{X}\sin\theta \\ v\dot{\sigma}=-\ddot{Z}-\dot{V}\sigma \end{cases} \tag{3-71}$$

（4）位置参数精度估算。

位置误差方程为

$$\Delta X_c=(\boldsymbol{A}^{\mathrm{T}}\boldsymbol{PA})^{-1}\boldsymbol{A}^{\mathrm{T}}\boldsymbol{P}\Delta\boldsymbol{L} \tag{3-72}$$

写成协方差形式，即

$$[\Sigma X_c]=(\boldsymbol{A}^{\mathrm{T}}\boldsymbol{PA})^{-1}\boldsymbol{A}^{\mathrm{T}}\boldsymbol{P}(\Delta\boldsymbol{L}\Delta\boldsymbol{L}^{\mathrm{T}})((\boldsymbol{A}^{\mathrm{T}}\boldsymbol{PA})^{-1}\boldsymbol{A}^{\mathrm{T}}\boldsymbol{P})^{\mathrm{T}} \tag{3-73}$$

式中：$\Delta\boldsymbol{L}\Delta\boldsymbol{L}^{\mathrm{T}}$ 为各种误差的合成。令 $\boldsymbol{K}=\Delta\boldsymbol{L}\Delta\boldsymbol{L}^{\mathrm{T}}$，则 $\boldsymbol{K}$ 可表示为

$$\boldsymbol{K}=\begin{bmatrix} \sigma_{R1}^2 & & & & & & \\ & \sigma_{A1}^2 & & & & & \\ & & \sigma_{E1}^2 & & & & \\ & & & \vdots & & & \\ & & & & \sigma_{RM}^2 & & \\ & & & & & \sigma_{AM}^2 & \\ & & & & & & \sigma_{EM}^2 \end{bmatrix} \tag{3-74}$$

式中：σ_{Ri}^2、σ_{Ai}^2、σ_{Ei}^2 分别为设备各测量元素方差，由系统误差和随机误差组成，即

$$\begin{cases} \sigma_{Ri}^2=\sigma_{Ri_s}^2+\sigma_{Ri_r}^2 \\ \sigma_{Ai}^2=\sigma_{Ai_s}^2+\sigma_{Ai_r}^2 \\ \sigma_{Ei}^2=\sigma_{Ei_s}^2+\sigma_{Ei_r}^2 \end{cases} \tag{3-75}$$

将 $\boldsymbol{K}$ 代入式（3-73）得

$$[\Sigma X_c]=(\boldsymbol{A}^{\mathrm{T}}\boldsymbol{PA})^{-1}\boldsymbol{A}^{\mathrm{T}}\boldsymbol{PK}((\boldsymbol{A}^{\mathrm{T}}\boldsymbol{PA})^{-1}\boldsymbol{A}^{\mathrm{T}}\boldsymbol{P})^{\mathrm{T}} \tag{3-76}$$

(5) 分速度、分加速度精度估算。

已知 $\Delta \boldsymbol{X}_c=(\boldsymbol{A}^{\mathrm{T}}\boldsymbol{PA})^{-1}\boldsymbol{A}^{\mathrm{T}}\boldsymbol{P}\Delta \boldsymbol{L}$，令 $\boldsymbol{M}=(\boldsymbol{A}^{\mathrm{T}}\boldsymbol{PA})^{-1}\boldsymbol{A}^{\mathrm{T}}\boldsymbol{P}$，则 $\Delta \boldsymbol{X}=\boldsymbol{M}\Delta \boldsymbol{L}$，对 $\Delta \boldsymbol{X}$ 求导 $\Delta \dot{\boldsymbol{X}}=\dot{\boldsymbol{M}}\Delta \boldsymbol{L}$，则

$$\sigma_{\dot{X}}^2=\begin{pmatrix}\sigma_{\dot{X}}^2 & \sigma_{\dot{X}\dot{Y}} & \sigma_{\dot{X}\dot{Z}}\\ \sigma_{\dot{Y}\dot{X}} & \sigma_{\dot{Y}}^2 & \sigma_{\dot{Y}\dot{Z}}\\ \sigma_{\dot{Z}\dot{X}} & \sigma_{\dot{Z}\dot{Y}} & \sigma_{\dot{Z}}^2\end{pmatrix}=\boldsymbol{E}(\dot{\boldsymbol{M}}\Delta \boldsymbol{L}\cdot \Delta \boldsymbol{L}^{\mathrm{T}}\dot{\boldsymbol{M}}^{\mathrm{T}})=\dot{\boldsymbol{M}}\boldsymbol{P}^{-1}\dot{\boldsymbol{M}}^{\mathrm{T}} \tag{3-77}$$

同理，$\Delta \ddot{\boldsymbol{X}}=\ddot{\boldsymbol{M}}\Delta \boldsymbol{L}$，则

$$\boldsymbol{\sigma}_{\ddot{X}}^2=\ddot{\boldsymbol{M}}\boldsymbol{P}^{-1}\ddot{\boldsymbol{M}}^{\mathrm{T}} \tag{3-78}$$

式中：$\dot{\boldsymbol{M}}=\dfrac{\boldsymbol{M}_{t+1}-\boldsymbol{M}_t}{h}$；$\ddot{\boldsymbol{M}}=\dfrac{\dot{\boldsymbol{M}}_{t+1}-\dot{\boldsymbol{M}}_t}{h}$；$h$ 为采样间隔；t 为时间序列。

(6) 合速度 v 的精度估算，即

$$\sigma_v^2=\frac{1}{v^2}(\dot{X}^2\sigma_{\dot{X}}^2+\dot{Y}^2\sigma_{\dot{Y}}^2+\dot{Z}^2\sigma_{\dot{Z}}^2+2\dot{X}\dot{Y}\sigma_{\dot{X}\dot{Y}}+2\dot{X}\dot{Z}\sigma_{\dot{X}\dot{Z}}+2\dot{Y}\dot{Z}\sigma_{\dot{Y}\dot{Z}}) \tag{3-79}$$

(7) 弹道倾角 θ 和弹道偏角 σ 的精度估算，即

$$\begin{cases}\sigma_\theta^2=\dfrac{1}{v^2\cos^2\theta}\left\{(1-2\sin^2\theta)\sigma_{\dot{Y}}^2+\sigma_v^2\sin^2\theta-2\dfrac{\dot{X}}{v}\sigma_{\dot{X}\dot{Y}}\sin\theta-2\dfrac{\dot{Z}}{v}\sigma_{\dot{Y}\dot{Z}}\sin\theta\right\}\\ \sigma_\sigma^2=\dfrac{1}{v^2\cos^2\sigma}\left\{(1-2\sin^2\sigma)\sigma_{\dot{Z}}^2+\sigma_v^2\sin^2\sigma-2\dfrac{\dot{X}}{v}\sigma_{\dot{X}\dot{Z}}\sin\sigma-2\dfrac{\dot{Y}}{v}\sigma_{\dot{Y}\dot{Z}}\sin\sigma\right\}\end{cases} \tag{3-80}$$

(8) 切向加速度 $\dot{v}$、法向加速度 $v\dot{\theta}$ 和侧向加速度 $v\dot{\sigma}$ 的精度估算，公式为

$$\begin{cases}\sigma_{\dot{v}}^2=\dfrac{\dot{X}^2}{v^2}\sigma_{\ddot{X}}^2+\dfrac{\dot{Y}^2}{v^2}\sigma_{\ddot{Y}}^2\\ \sigma_{v\dot{\theta}}^2=\cos^2\theta\sigma_{\ddot{Y}}^2+\sin^2\theta\sigma_{\ddot{X}}^2+(\ddot{Y}\sin\theta+\ddot{X}\cos\theta)^2\sigma_\theta^2\\ \sigma_{v\dot{\sigma}}^2=\sigma_{\ddot{Z}}^2+\sigma^2\sigma_{\dot{v}}^2+2\sigma\sigma_{\ddot{Z}\dot{v}}\end{cases} \tag{3-81}$$

其中：

$$\sigma_{\ddot{Z}\dot{v}}=\frac{1}{v}(\dot{X}\sigma_{\ddot{X}\ddot{Y}}+\dot{Y}\sigma_{\ddot{Y}\ddot{Z}})$$

3.1.4 漂移量解算

1. 测量系统的组成

塔架测量系统一般由两台或两台以上的高速电视测量仪组成。高速电视

测量仪一般由高速摄像机、定向定位调平系统、数据合成记录系统、时统终端、远（近）端控制台和供电分系统组成。

布站原则：设备布站遵循尽量多的测量飞行过程和获取高精度的数据，同时尽量减轻烟雾遮挡对测量的影响。

2. 测量参数定义

摄像机内部参数包括焦距、光轴屏幕中心、横（向）纵（向）比例以及镜头畸变系数等，外部参数主要是摄像机安装位置的测量原点坐标、旋转角等。由于采用发射时安装、发射后撤离的工作方式，为灵活、方便地使用摄像机，降低对设备安装的要求，在每次安装后必须对摄像机进行现场标定或复核验证，最终确定摄像机的光学参数与精确位置，以便后续数据的准确处理。

3. 凝视设备的标校方法

对于变焦高速景象属于凝视外定标测量系统，设备只能提供大地坐标、调平、频率和靶面坐标，由于没有回转转台、高精度测角系统和变焦镜头，必须利用视场内方位标确定光轴指向和焦距。其标校示意图如图 3-6 所示，测量示意图如图 3-7 所示。

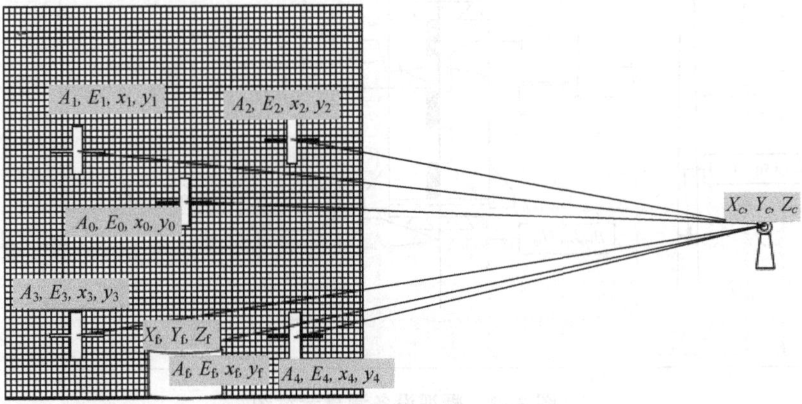

图 3-6　凝视测量标校示意图

已知方位标的在测站靶面上投影角度值 A_1、E_1、A_2、E_2、A_3、E_3、A_4、E_4（最少 3 个）和各方位标相对于靶面中心（x_0,y_0）的脱靶量 x_1、y_1、x_2、y_2、x_3、y_3、x_4、y_4，测站的大地坐标（X_c,Y_c,Z_c）和目标头尖端坐标（X_T，Y_T,Z_T），可以计算出目标头尖端的 A_f、$E_f(x_f,y_f)$ 值。

1）利用方位标计算出测量焦距

$$f=\frac{\rho}{8}\left(\frac{x_1}{\tan A_1}+\frac{x_2}{\tan A_2}+\frac{x_3}{\tan A_3}+\frac{x_4}{\tan A_4}+\frac{y_1}{\tan E_1}+\frac{y_2}{\tan E_2}+\frac{y_3}{\tan E_3}+\frac{y_4}{\tan E_4}\right)\quad(3-82)$$

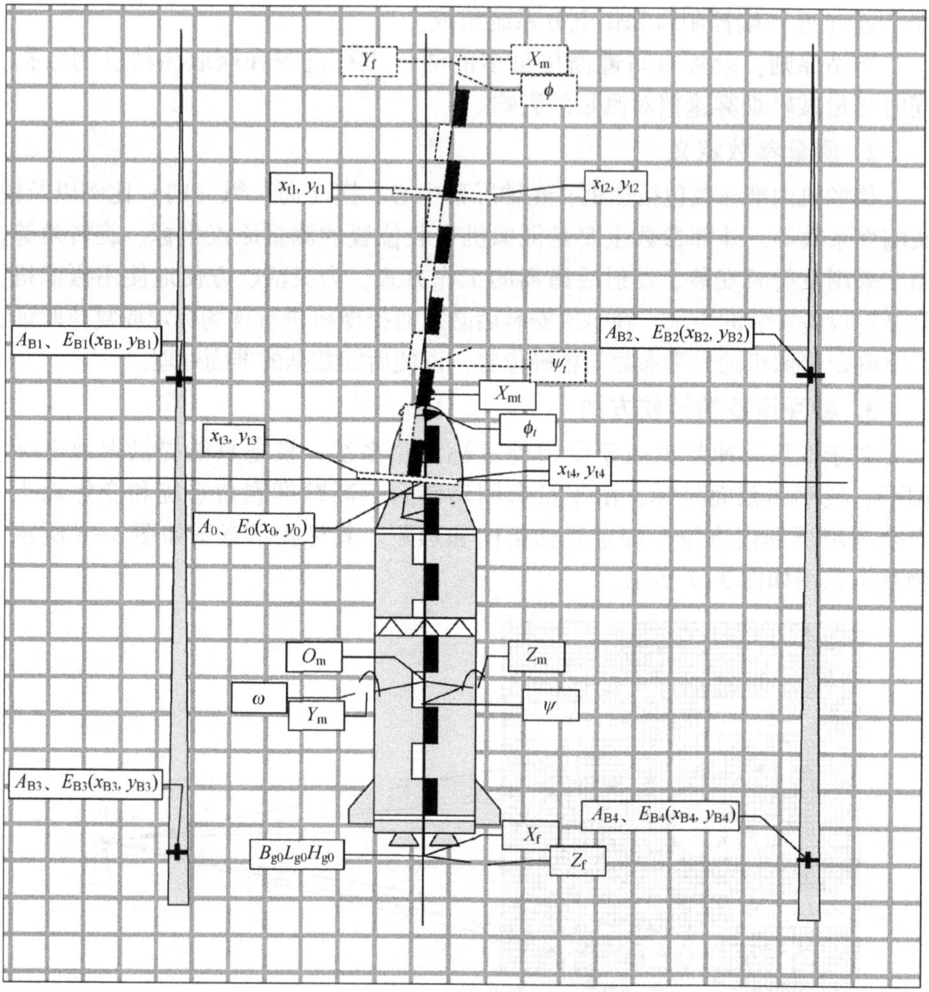

图 3-7　凝视设备测量示意图

2）利用脱靶量计算公式计算靶面中心（光轴指向值 A_0、$E_0(x_0, y_0)$）

$$A_0=\frac{1}{n}\left(A_1+A_2+\cdots+A_n-\left(\begin{array}{l}\dfrac{x_1}{f\cos E_1}+\dfrac{x_1 y_1 \sin E_1}{f^2\cos^2 E_1}+\dfrac{x_2}{f\cos E_2}+\dfrac{x_2 y_2 \sin E_2}{f^2\cos^2 E_2}+\\ \cdots+\dfrac{x_n}{f\cos E_n}+\dfrac{x_n y_n \sin E_n}{f^2\cos^2 E_n}\end{array}\right)\right) \tag{3-83}$$

$$E_0=\frac{1}{n}\left(E_1+E_2+\cdots+E_n-\left(\frac{y_1}{f}-\frac{x_1^2\tan E_1}{2f^2}+\frac{y_2}{f}-\frac{x_2^2\tan E_2}{2f^2}+\cdots+\frac{y_n}{f}-\frac{x_n^2\tan E_n}{2f^2}\right)\right) \tag{3-84}$$

当建标完毕后，可以求出：焦距，靶面中心的 A_0、E_0值，判读出市场内各目标的脱靶量 x、y。其他的处理方法同光电经纬仪事后数据处理方法。

由于在发射工位内建标比较困难，根据测量要求，需要利用视场内的固定设施选点署名后作为方位俯仰坐标，测量精度尽发射场设备的极限测量，测量后给出测量随机误差即可。

4. 起飞漂移量解算参数及方法

1）处理步骤

起飞漂移量解算包括参数输入、图像标定、图像判读、图像处理等步骤。

（1）参数输入模块是判读软件的用户输入接口，通过它输入摄像机的各种内外标定参数、测量站参数、发射站和发射方向等信息。

（2）图像标如本节前文所示。

（3）图像判读模块对单帧图像进行图像标志识别定位处理，为后续数据处理输出标志的二维屏幕坐标数据。

（4）图像处理模块即通过利用判读信息计算目标在 X 方向、Z 方向的漂移位移以及相关角度。

2）判读方法

为了提高测量精度，首选边缘线判读方法。该方法是以十字丝的垂线为参照，以十字丝的中心为选取点，将十字丝水平线尽量压与画面中心重合，垂线压在标志或箭体边缘，如图 3-8 所示。

当箭体倾斜而成像模糊时，判读点不容易确定，尽量使垂线与倾斜面上下左右对称，如图 3-9 所示。

3）解算参数

（1）箭体漂移量。

以静止状态为原点，起飞过程中箭体中轴线上参照零点偏离原点垂直向上坐标轴的大小。箭体坐标原点 $O_{\mathrm{ft}}(X_{\mathrm{ft}}$、$Y_{\mathrm{ft}}$、$Z_{\mathrm{ft}})$：

$$\begin{bmatrix}X_{\mathrm{ft}}\\Y_{\mathrm{ft}}\\Z_{\mathrm{ft}}\end{bmatrix}=\begin{bmatrix}X_{cj0}\\Y_{cj0}\\Z_{cj0}\end{bmatrix}+\begin{bmatrix}\Delta X_{cjt}\\\Delta Y_{cjt}\\\Delta Z_{cjt}\end{bmatrix}=\begin{bmatrix}X_{cj0}\\Y_{cj0}\\Z_{cj0}\end{bmatrix}+\begin{bmatrix}\Delta h_{jt}\cos\varphi_t\cos\psi_t\\\Delta h_{jt}\cos\varphi_t\sin\psi_t\\-\Delta h_{jt}\sin\varphi_t\end{bmatrix} \tag{3-85}$$

“L”公式表达式为

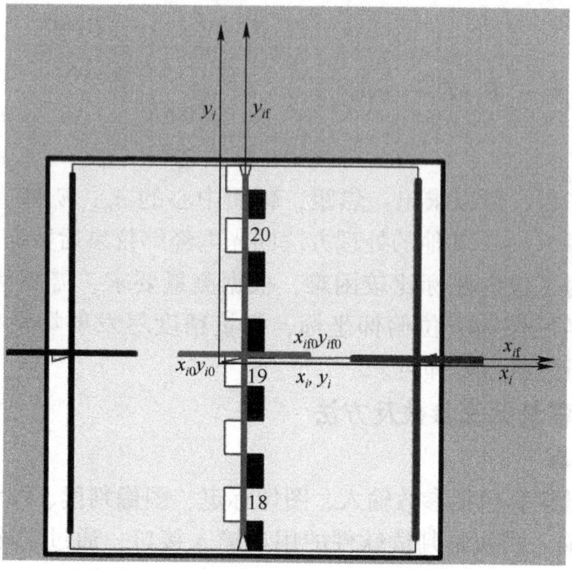

图 3-8　判读方法及中心修正示意图

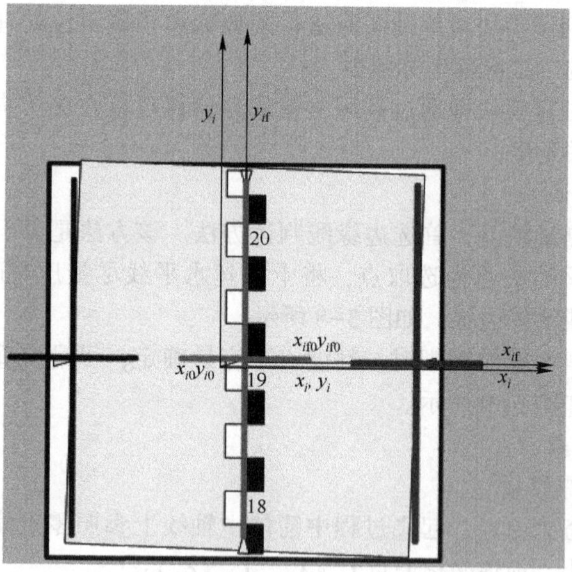

图 3-9　箭体倾斜时的判读方法示意图

$$\begin{cases} X = X_{01} + \Delta x_1 \cos A_1 \\ Y = Y_{01} + \Delta x_1 \tan E_1 \\ Z = Z_{01} + \Delta x_1 \sin A_1 \end{cases} \tag{3-86}$$

其中：

$$\Delta x_1=\frac{(X_{01}-X_{02})\sin A_2-(Z_{01}-Z_{02})\cos A_2}{\sin(A_1-A_2)}$$

使用“L”公式条件为

$$\begin{cases}\sin(A_1-A_2)\neq 0\\ \cos E_1\neq 0\\ \cos E_2\neq 0\end{cases}$$

“K”公式表达式为

$$\begin{cases}X=X_{01}+\Delta y_1\cos A_1\\ Y=Y_{01}+\Delta y_1\tan E_1\\ Z=Z_{01}+\Delta y_1\sin A_1\end{cases}\tag{3-87}$$

其中：

$$\Delta y_1=\frac{(Z_{01}-Z_{02})\tan E_2-(Y_{01}-Y_{02})\sin A_2}{\tan E_1\sin A_2-\tan E_2\sin A_1}$$

使用“K”公式条件为

$$\begin{cases}\tan E_1\sin A_2-\tan E_2\sin A_1\neq 0\\ \cos E_1\neq 0\\ \cos E_2\neq 0\end{cases}$$

箭体坐标原点漂移量 r_p 和漂移方向角 γ_p 分别为

$$r_p=\sqrt{(X_{f0t}-X_{cj0})^2+(Z_{f0t}-Z_{cj0})^2}\tag{3-88}$$

$$\gamma_p=\arctan((Z_{f0t}-Z_{cj0})/(X_{f0t}-X_{cj0}))\tag{3-89}$$

（2）俯仰角。

俯仰角 ψ 为箭体坐标系的 X_m 轴在发射坐标系 X_f-Y_f 平面上的投影与 X_f 轴的夹角，投影在 X_f 轴上方为正；反之为负，如图 3-10 所示。

$$\psi_t=\arctan\frac{\Delta y}{\sqrt{\Delta x^2+\Delta z^2}}\tag{3-90}$$

（3）偏航角。

偏航角 ω 为箭体坐标系的 X_m 轴在发射坐标系 Y_f-Z_f 平面上的投影与 Y_f 轴的夹角，从 Y_f 轴旋转到投影，顺时针方向为正，反之为负。

（4）滚动角。

滚动角 ϕ 为箭体坐标系的 X_m 轴的旋转角度，从头部看，逆时针旋转为正，反之为负。

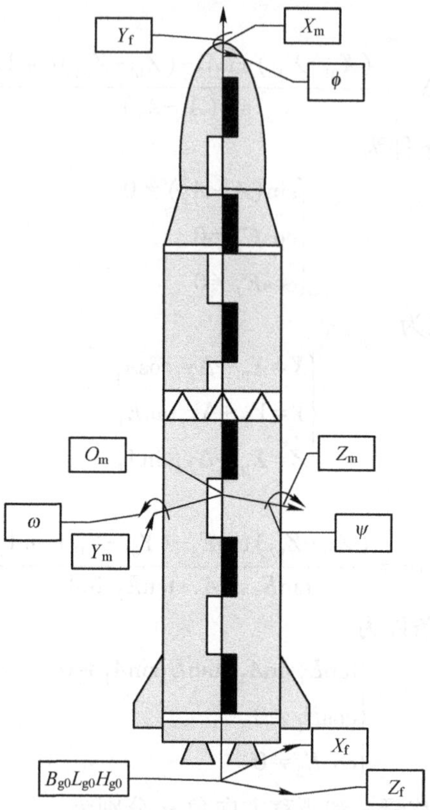

图 3-10　发射坐标系与箭体坐标系示意图

3.2　脉冲雷达数据测量与处理方法

脉冲雷达常用于运载火箭的弹道测量，因其可单站使用且机动性强，故在测控领域应用十分广泛。在运载火箭飞行段，脉冲雷达利用目标对电磁波的反射现象发现目标，地面测控系统从目标回波中提取信息，测定目标相对于雷达的距离、角度和距离变化率，以及其他一些目标特征信息，并测定其位置。

利用上述跟踪测量信息，结合适当的数学模型、数据分析方法和数据处理技术，可以确定目标在三维空间中的位置、速度、加速度以及弹道倾角、弹道偏角等弹道重要参数。

3.2.1　脉冲雷达系统组成及处理意义

脉冲雷达跟踪测量系统主要由两部分组成：一是雷达系统，主要由发射机、天线、接收机、显示器和电源等部分组成；二是合作目标，如安装在被跟踪目标上的反射面、应答机等。雷达跟踪测量过程是发射机产生高频电磁能，由高度集向的天线集成波束间歇地发射出去，天线不断旋转，波束扫过空间进行搜索，无线电波碰到物体后一部分反射回来或转发，并被雷达天线接收机放大后显示目标物体的距离和方向。雷达跟踪测量过程实质上是无线电波的发送与检测过程。

脉冲雷达跟踪测量获取的目标运动信息，主要包括测距、测角、测速(距离变化率)。

3.2.2 脉冲雷达数据预处理

脉冲雷达测量数据预处理内容主要包括原始数据复原、数据段落统计、零值和轴系误差修正、数据合理性检验、随机误差统计、方位角跳点消除、时间误差修正、电波折射误差修正、跟踪部位修正、测元时间对齐。

1. 原始数据复原

数据复原是根据测量数据格式约定，将原始二进制流数据复原成十进制方便处理的数据格式。格式约定中，除测量元素外，还包含设备标定数据，但该标定数据为发射前设备标定结果，不够精确。在事后数据处理中采用发射实施过程中的标定结果，使结果更精确。

2. 数据段落统计

对测量设备记录的信息，判别时间码的进位情况，了解数据记录是否正常，有无丢帧现象；判别跟踪状态，了解跟踪丢失情况；判别跟踪方式，进一步了解跟踪情况。综合分析这些判别结果，视情况确定要处理的段落。

3. 零值和轴系误差修正

单脉冲雷达的测角数据，一般需要修正的系统误差有天线座水平误差、俯仰角轴和方位角轴的正交误差、光机轴匹配误差、动态滞后误差。

单脉冲雷达测角系统误差的修正公式如下：

$$\begin{cases}A'=A-\Delta A\\E'=E-\Delta E\\\Delta A=(A_{\mathrm{m}}+A_{\mathrm{e}})\sec E+K_A\sec E+\theta_{\mathrm{m}}\sin(A-A_\theta)\tan E+\delta_M\tan E\\\Delta E=E_{\mathrm{e}}+E_{\mathrm{g}}\cos E+K_E+\theta_{\mathrm{m}}\cos(A-A_\theta)\end{cases}\tag{3-91}$$

式中：θ_{m}为天线座水平度（°）；A_θ为天线座下倾最大方位（°）；A_{m}为光机轴平行度方位分量（°）；A_{e}为光电轴平行度方位分量（°）；E_{e}为光电轴平行度俯仰分量（°）；δ_M为俯仰轴和方位轴垂直度（°）；E_{g}为天线重力变形（°）；K_A为方位角动态滞后量（°）；K_E为俯仰角动态滞后量（°）。

对于系统误差的修正，脉冲雷达测元分为测距和测角分别处理。其中测距主要是零值误差，但根据不同的跟踪方式，其修正量并不相同。测角则包含大盘不水平、方位俯仰不正交、重力下垂、光机差、光电差以及测角零值等项。

4. 数据合理性检验

在目标或火箭的外弹道测量中，由于多种偶然因素的综合影响或作用，观测数据中有的数据严重偏离目标真值，通常称这些数据为野值。

观测数据中的野值对数据处理结果的精确性是非常有害的，它们可能导致处理结果严重失真甚至完全失真。对于单脉冲雷达测量数据的野值问题，利用仿真数据对各种经典的数据合理性检验算法进行了一系列的试算与分析，并形成下述认识。

（1）多项式外推类算法比较适合异常值呈离群点或孤立（isolated）分布的情况，且相邻的两处异常值之间的距离应足够远。对不符合上述分布的野值类型，效果较差。

（2）利用差分（通常用的是 3 阶或 4 阶）构造判断检测野值、用分段加权多项式拟合值校准野值的内插类算法对野值的适用性和效果要明显优于外推类算法，这已被近几年来数据处理的实践证明。

（3）对片内野值数目较多的成片野值（或称野值斑点），内插类算法的适用性和效果虽优于外推类算法，但仍然不够理想。

（4）各种经典检验算法之所以对成片野值的适用性和效果不佳，通常认为与这些算法的局部性密切相关。外推类算法仅靠有限的几个点外推，其局部性显而易见。即便是内插类算法受截断误差的影响其拟合区间也不可能太长，故仍有很大的局部性。利用局部性很强的一段含有成片野值的测量数据进行自身的净化，效果不佳是必然的。而且，对分段拟合的内插类算法来说，相邻段间的合理连接也存在很多问题。

（5）基于 3 次样条拟合的数据合理性检验算法，能够较好地解决受到“成片野值污染”的测量数据的净化问题。

实际应用中采用等间距 3 次样条对数据进行拟合，节点距一般选 3s，拟合残差超过阈值 3~5 倍即为野值。

5. 随机误差统计

脉冲雷达测量数据随机误差的统计方法通常有两种：一种是变量差分法；另一种是最小二乘拟合残差法。实际应用中一般两者择其一。

对变量差分法，其差分阶数 P、相关步长 l、数据分组的点数 N 和误差合理性检验阈值 M 的取值不同，对随机误差的统计结果影响很大。为了能够准确地反映雷达测量数据随机误差的真实情况，需要分别选取不同的 N 值、P 值及 l 值进行计算，看在什么统计条件下，统计结果趋于稳定，从而确保统计结果真实、可信。

1）变量差分法

变量差分法是用逐次差分的方法消除观测数据中的趋势项和系统误差成分，从而分离出观测数据中的随机成分（偶然成分），但在分离过程中会将随机误差中的相关噪声（色噪声）部分也滤掉了，实际上分离出的只是白噪声部分。

2）最小二乘拟合残差法

最小二乘拟合残差法是利用多项式拟合出真实信号，最后的拟合残差即认为是随机成分，其中包括相关噪声和白噪声，最小二乘拟合残差法能较好地反映出观测数据中的随机误差部分。

设 $\{x_i,i=1,2,\cdots,N\}$ 为观测数据，可以用 m 阶正交多项式来拟合这 N 个观测数据，即

$$\bar{x}_i = \sum_{j=0}^{m} a_j \cdot p_{h,j}(t_i) \quad (i = 1,2,\cdots,N) \tag{3-92}$$

其中，正交多项式 $p_{h,j}(t_i)$ 的公式为

$$\begin{cases} p_{h,0}(t_i)=1 \\ p_{h,1}(t_i)=t_i-\bar{t}_i,\bar{t}_i=\dfrac{N+1}{2}\cdot h \\ p_{h,2}(t_i)=(t_i-\bar{t}_i)^2-\dfrac{N^2-1}{12}\cdot h^2 \\ \vdots \\ p_{h,j+1}(t_i)=p_{h,1}(t_i)\cdot p_{h,j}(t_i)-\dfrac{j^2\cdot(N^2-j^2)}{4\cdot(4j^2-1)}\cdot h^2\cdot p_{h,j-1}(t_i) \end{cases} \tag{3-93}$$

令

$$S(N,j,h) = \frac{(j!)^4 \cdot \prod_{r=-j}^{j}(N-r)}{(2j!)\cdot(2j+1)!} \tag{3-94}$$

利用观测数据 $\{x_i,i=1,2,\cdots,N\}$ 估计正交多项式系数 $\{a_j,j=1,2,\cdots,m\}$ 的估计值为

$$\hat{a}_j = \sum_{i=1}^{N} \frac{x_i \cdot p_j(i)}{S(N,j,h)} \tag{3-95}$$

观测数据 $\{x_i,i=1,2,\cdots,N\}$ 中的真实信号 $\{\bar{x}_i,i=1,2,\cdots,N\}$ 的最小二乘估计为

$$\hat{x}_i = \sum_{j=0}^{m} \hat{a}_j \cdot p_j(i) \tag{3-96}$$

利用观测数据$\{x_i, i=1,2,\cdots,N\}$与其估计值$\{\hat{x}_i,\ i=1,2,\cdots,N\}$作差，得到残差序列为

$$\omega_i = x_i - \hat{x}_i$$

均方差估计（即观测数据的随机误差）为

$$\hat{\sigma}_X = \sqrt{\frac{\sum_{i=1}^{N} \omega_i^2}{N}} \tag{3-97}$$

6. 方位角跳点消除

当雷达所测量的目标过北时，方位角会产生跳点。即方位角从 0 突跳到 2π，或者从 2π 突跳到 0。跳点可按下述步骤消除。

将消除跳点后的方位角记为 A'_J，其中 $A'_1 = A_1$。判断 $|A_{J+1} - A'_J| > \delta_0$ 和 $|A_{J+2} - A'_{J+1}| \leqslant \delta_0$是否成立。若成立，则认为 A_{J+1}为跳点。

当 $A_{J+1} - A'_J < -\delta_0$时，令 $A'_{J+1} = A_{J+1} + 2\pi$。

当 $A_{J+1} - A'_J > \delta_0$时，令 $A'_{J+1} = A_{J+1} - 2\pi$。

否则，认为 A_{J+1}不是跳点，并令 $A'_{J+1} = A_{J+1}$。令 $J = J+1$，重复上述步骤，直到 $J = N-1$ 为止。其中，δ_0为阈值。

由于设备对目标进行跟踪测量时方位角是连续变化的，因此，在目标不过北时，设备测量的两个相邻时刻的方位角变化很小，设相邻时刻方位角变化为 ΔA，则在目标过北时，$2\pi - |\Delta A| < |A_{J+1} - A'_J| < 2\pi + |\Delta A|$，因此，跳点阈值 δ_0可以取小于 $2\pi - |\Delta A|$的值。

7. 时间误差修正

由于电（光）波在空间传播的时间延迟，在离散采样时刻接收并记录的观测数据，并不反映采样时刻的目标状态，而是比采样时刻提前某时刻的状态，因此必须对时间误差进行修正。

1）时间误差来源

脉冲雷达测量数据的时间误差主要包含以下两项误差。

（1）信号传播的空间时延。

假设运动目标 M 在 $t_{k'}$时刻发射或转发电波信号，此时目标到测站的距离为 $R(t_{k'})$；而测站在 $t_{k'}$时刻接收到信号，此时目标到测站的距离为 $R(t_k)$，如图 3-11 所示。

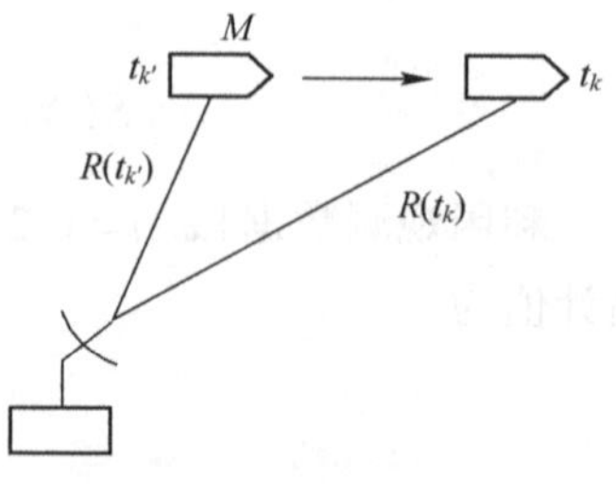

图 3-11　电波信号空间传播示意图

由图可知，测站在 t_k 时刻接收到来自目标的电波信号，并记录测量数据。显然，该测量数据反映的是目标在 $t_{k'}$ 时刻的运动状态，而不是目标在 t_k 时刻的运动状态。时间 t_k 与 $t_{k'}$ 有以下关系，即

$$t_k = t_{k'} + \frac{R(t_{k'})}{c} \tag{3-98}$$

式中：c 为光速。

那么，电波信号在空间的传播时延为

$$\Delta t_k = t_k - t_{k'} = \frac{R(t_{k'})}{c} \tag{3-99}$$

（2）设备数据采样生成机制所造成的时间误差。

对于测速数据，设备输出的是当前采样周期内的平均结果，并不是当前采样时刻的瞬时值。

假设雷达设备测量数据输出的采样频率为 F（即每秒输出数据为 F 个），即每隔 $1/F$ 秒输出一帧数据。根据最小二乘估计理论，这一平均结果不是 t_0+1/F 秒（t_0 为前一采样时刻）处的测速数据，而是 $t_0+1/2F$ 秒附近的线性最优估计。由此可知，雷达数据采样生成机使测量数据存在 $1/2F$ 秒的时间误差。

2）时间误差修正方法

时间误差的修正方法，早期外测数据处理中经常使用的是泰勒展开法。目前一般采用的是拉格朗日三点插值方法。

设 t_i 为采样时刻、t_i' 为时间误差修正后的时刻，则两者之间的关系如下。

测距数据和测角数据时间误差修正公式为

$$t_i' = t_i - \frac{R(t_i')}{c} \tag{3-100}$$

测速数据时间误差修正公式为

$$t_i' = t_i - \frac{R(t_i')}{c} - \frac{1}{2F} \tag{3-101}$$

式中：c 为光速；$R(t_i')$ 为 t_i' 时刻目标到测站的距离。

8. 电波折射误差修正

地球周围空间并不都是真空的，而是被氧、二氧化碳和氮等混合气体所包围。包围地球的大气是一种不均匀介质，通常分为 3 层。20km 以下的大气层为对流层；对流层以上到 60km 的大气层为同温层；60km 以上到 2000～3000km 的星际气体为电离层。3 层虽无明显的边界，但对无线电波传播的影响却存在差异。对流层与同温层和电离层不同，除含有其他气体外，还含有大量水汽。通常所说的对流层一般泛指非电离层。由于折射的 80% 发生在对

流层（包括对流层、同温层），所以通常叫做对流层折射。

大气的状态是由压力、温度、湿度3个气象要素决定。这3个要素均随时间、地点的不同而变化。电波在这种不均匀大气层中传播，会使电波射线发生弯曲，传播速度不等于光速，并使观测的空中目标的仰角抬高，而且还随时随地变化着。当忽略大气水平不均匀性后，可以定量地计算出大气折射对斜距和仰角的影响。单脉冲雷达测量数据电波传播误差的计算步骤具体如下。

步骤1 折射率的计算。

对大气中折射率的剖面计算，往往采用大气的温度、气压、水气压实测值，直接计算对流层折射率。而对电离层的折射剖面，是通过电离层站垂直测高仪及法拉第旋转效应获取电离层电子浓度，而后计算折射率。在对流层与电离层之间，折射率计算采用指数函数逼近。

不论在对流层还是电离层，实测的气象参数仅能保证在有限的节点计算出折射率。对于对流层及电离层内任意高处的折射率计算，可利用各层实测计算出的节点折射率进行三点插值得到。

已知：

① 各测站各剖面的相对高度 $H_i(i=1,2,\cdots,m)$；

② 目标到地心的距离 r_{qm}；

③ 采样点处的气压 p_i、相对温度 T_i、相对湿度 μ_i；

④ 电离层的电子浓度 N_{ek}、雷达接收频率 f。

对应高度 h_j 的折射率经验计算公式如下。

（1）当 $r_{qm}\leqslant r_q+H_m$，即在给出气象数据的相关剖面上，用下面的公式计算折射率、折射指数，即

$$N_i=77.6\left[\frac{P_i}{T_i+273.15}+\frac{4810E_i}{(T_i+273.15)^2}\right] \tag{3-102}$$

其中，

$$E_i=\begin{cases}6.11\times10^{\frac{7.5T_i}{T_i+237.5}}\cdot\mu_i & (T_i\geqslant0)\\ 6.11\times10^{\frac{7.5T_i}{T_i+266.5}}\cdot\mu_i & (T_i\leqslant0)\end{cases} \tag{3-103}$$

折射率和折射指数的换算公式为

$$n_i=1+N_i\cdot10^{-6} \tag{3-104}$$

（2）当 $r_q+H_m\leqslant r_{qm}\leqslant r_q+60\text{km}$ 时，有

$$n=1+(n_{\max}-1)\mathrm{e}^{-0.0001424\cdot(r_{qm}-H_m-r_q)} \tag{3-105}$$

（3）当 $r_{qm}>r_q+60\text{km}$ 时，有

$$n_k = 1-\frac{N_{ek}}{f^2}\times 40.346\times 10^{-6} \tag{3-106}$$

步骤 2 计算目标的积分高度初值。

$$\bar{r}_m = \sqrt{R^2+r_0^2+2Rr_0\sin E} \tag{3-107}$$

式中：$r_0=R_0+h$（R_0为地球半径）；h 为观测站大地高；E 为高低角观测数据；R 为斜距观测量。

步骤 3 由视在距离$\bar{R}_e$ 计算目标地心距$\bar{r}_m$。

视在距离由下述公式计算，即

$$\bar{R}_e = \int_{r_0}^{\bar{r}_m} \frac{rn^2(r)\,dr}{\sqrt{n^2(r)r^2 - n_0^2 r_0^2\cos^2 E}} \tag{3-108}$$

式中：$n(r)$为随地心距 r 变化的折射率。积分式（3-108）利用球面分层的数值经迭代计算可得$\bar{R}_e$，将它与实测的视在距离相比较，若$|\bar{R}_e-R|<\delta$，则可得目标地心距 $r_m=\bar{r}_m$；否则再判断：

当$\bar{R}_e-R>0$ 时，令$\bar{r}_m \equiv \bar{r}_m-\dfrac{\varepsilon^{(l)}}{2}$。

当$\bar{R}_e-R<0$ 时，令$\bar{r}_m \equiv \bar{r}_m+\dfrac{\varepsilon^{(l)}}{2}$（$l=1,2,\cdots$）。

对式（3-108）继续运算，直到$|\bar{R}_e-R|<\delta$ 为止。在做第 l 次判断时，取 $\varepsilon^{(l)}=\dfrac{\varepsilon^{(l-1)}}{2}$，其中 $\varepsilon^{(1)}$为第一次分层积分计算$\bar{r}_m$ 所在层的层距。

步骤 4 计算地心角 φ。

有了目标的地心距 r_m后，可对地心角 φ 进行球面分层数值积分计算，积分公式为

$$\varphi = \int_{r_0}^{r_m} \frac{r_0 n_0 \cos E\,dr}{r\sqrt{n^2r^2 - n_0^2 r_0^2\cos^2 e}} \tag{3-109}$$

步骤 5 计算真实的高低角 $E^{(1)}$和真实距离 $R^{(1)}$。

由地心角 φ 和目标地心距 r_m，可得到真实的高低角 $E^{(1)}$和真实距离 $R^{(1)}$为

$$E^{(1)} = \arctan\frac{r_m\cos\varphi-r_0}{r_m\sin\varphi} \tag{3-110}$$

$$R^{(1)} = \frac{r_m\sin\varphi}{\cos E^{(1)}} \tag{3-111}$$

步骤 6 折射修正量计算。

目标的距离 R、俯仰角 E 的折射修正量分别为

$$\Delta E = E-E^{(1)}$$

$$\Delta R=R-R^{(1)} \tag{3-112}$$

9. 跟踪部位修正

当雷达用于对目标跟踪测量时，需对目标做跟踪点不一致修正。修正公式为

$$\begin{bmatrix} x_1 \\ y_1 \\ z_1 \end{bmatrix}=\begin{bmatrix} x \\ y \\ z \end{bmatrix}+\begin{bmatrix} \cos\varphi & -\sin\varphi & 0 \\ \sin\varphi & \cos\varphi & 0 \\ 0 & 0 & 1 \end{bmatrix}\begin{bmatrix} \cos\psi & 0 & \sin\psi \\ 0 & 1 & 0 \\ -\sin\psi & 0 & \cos\psi \end{bmatrix}\begin{bmatrix} l \\ r\cos A_0 \\ r\sin A_0 \end{bmatrix} \tag{3-113}$$

式中：(x,y,z) 为雷达跟踪点在发射坐标系中的位置；(x_1,y_1,z_1) 为目标平台中心在发射坐标系中的位置；φ 为箭体的俯仰角；ψ 为箭体的偏航角；l、r、A_0为跟踪点在箭体上的位置参数。

3.2.3 脉冲雷达数据弹道解算

1. 单站 *R*、*A*、*E* 测元弹道解算方法

1）单站弹道参数计算

将脉冲雷达在测站坐标系中的观测量 R、A、E 转换成测站发射坐标系中的观测量 R'、A'、E'后，根据几何关系，目标在发射坐标系中的位置参数为

$$\begin{cases} x=R'\cos A'\cos E'+x_0 \\ y=R'\sin E'+y_0 \\ z=R'\sin A'\cos E'+z_0 \end{cases} \tag{3-114}$$

式中：(x_0,y_0,z_0) 为测站在发射坐标系中的站址坐标。

目标速度的计算是通过选取不同的微分点数和多项式阶数，使用最小二乘中心微分平滑算法分别对位置参数进行 1 阶微分和 2 阶微分求得的。

$$\begin{cases} \dot{\alpha}=\sum\limits_{j=-n_1}^{n_1}\dfrac{3j}{hn_1(n_1+1)(2n_1+1)}\cdot\alpha_{i+j} \\ \ddot{\alpha}=\sum\limits_{j=-n_1}^{n_1}\dfrac{120[3j^2-n_2(n_2+1)]}{h^2(2n_2-1)2n_2(2n_2+1)(2n_2+2)(2n_2+3)}\cdot\alpha_{i+j} \end{cases} \tag{3-115}$$

在进行精度估计时，原始测量参数 R、A、E 各自存在着随机误差和系统误差。对于随机误差，假设其满足零均值、等方差和相互独立。

2）单站弹道精度估计

（1）单站位置精度估计。

在测量坐标系中，雷达的原始测量值与目标在测量坐标系的坐标有以下关系，即

$$\begin{bmatrix} x_i' \\ y_i' \\ z_i' \end{bmatrix} = \begin{bmatrix} R_i\cos A_i\cos E_i \\ R_i\sin E_i \\ R_i\sin A_i\cos E_i \end{bmatrix} \tag{3-116}$$

单站坐标精度的估计公式为

$$\begin{bmatrix} \sigma_{x'}^2 & \sigma_{x'y'} & \sigma_{x'z'} \\ \sigma_{y'x'} & \sigma_{y'}^2 & \sigma_{y'z'} \\ \sigma_{z'x'} & \sigma_{z'y'} & \sigma_{z'}^2 \end{bmatrix} = \boldsymbol{B} \begin{bmatrix} \sigma_R^2 & 0 & 0 \\ 0 & \sigma_A^2 & 0 \\ 0 & 0 & \sigma_E^2 \end{bmatrix} \boldsymbol{B}^{\mathrm{T}} \tag{3-117}$$

其中：

$$\boldsymbol{B} = \begin{bmatrix} \dfrac{\partial x'}{\partial R} & \dfrac{\partial x'}{\partial A} & \dfrac{\partial x'}{\partial E} \\ \dfrac{\partial y'}{\partial R} & \dfrac{\partial y'}{\partial A} & \dfrac{\partial y'}{\partial E} \\ \dfrac{\partial z'}{\partial R} & \dfrac{\partial z'}{\partial A} & \dfrac{\partial z'}{\partial E} \end{bmatrix} \tag{3-118}$$

$$\begin{bmatrix} x \\ y \\ z \end{bmatrix} = \boldsymbol{\Phi} \begin{bmatrix} x' \\ y' \\ z' \end{bmatrix} + \begin{bmatrix} x_0 \\ y_0 \\ z_0 \end{bmatrix} \tag{3-119}$$

式中：$\boldsymbol{\Phi}$ 为从测站坐标系到发射坐标系的转换矩阵；(x_0, y_0, z_0) 为测站在发射坐标系中的位置。在不考虑站址误差影响的情况下，目标在发射坐标系的坐标精度估计公式为

$$\begin{bmatrix} \sigma_x^2 & \sigma_{xy} & \sigma_{xz} \\ \sigma_{yx} & \sigma_y^2 & \sigma_{yz} \\ \sigma_{zx} & \sigma_{zy} & \sigma_z^2 \end{bmatrix} = \boldsymbol{\Phi B} \begin{bmatrix} \sigma_R^2 & 0 & 0 \\ 0 & \sigma_A^2 & 0 \\ 0 & 0 & \sigma_E^2 \end{bmatrix} \boldsymbol{B}^{\mathrm{T}} \boldsymbol{\Phi}^{\mathrm{T}} \tag{3-120}$$

当上面的 σ_R、σ_A、σ_E 取定随机误差时，则估计了坐标的随机误差；当上面的 σ_R、σ_A、σ_E 取定系统误差时，式（3-120）估计了坐标的系统误差。为了给出弹道坐标精确度的一个完整估计，通常将 σ_R^2、σ_A^2、σ_E^2 分别定义为观测元素 R、A、E 总误差的方差。

（2）单站分速度、分加速度的精度估计。

在发射坐标系下考虑目标定位时，测量坐标系到发射坐标系的转换矩阵 $\boldsymbol{\Phi}$ 是一个常值矩阵。因此，测量误差对分速度的影响为

$$\begin{bmatrix} \sigma_{\dot{x}}^2 & \sigma_{\dot{x}\dot{y}} & \sigma_{\dot{x}\dot{z}} \\ \sigma_{\dot{y}\dot{x}} & \sigma_{\dot{y}}^2 & \sigma_{\dot{y}\dot{z}} \\ \sigma_{\dot{z}\dot{x}} & \sigma_{\dot{z}\dot{y}} & \sigma_{\dot{z}}^2 \end{bmatrix} = \boldsymbol{\Phi}\dot{\boldsymbol{B}} \begin{bmatrix} \sigma_R^2 & 0 & 0 \\ 0 & \sigma_A^2 & 0 \\ 0 & 0 & \sigma_E^2 \end{bmatrix} \dot{\boldsymbol{B}}^{\mathrm{T}} \boldsymbol{\Phi}^{\mathrm{T}} \tag{3-121}$$

测量误差对分加速度的影响为

$$\begin{bmatrix}\sigma_{\ddot{x}}^2 & \sigma_{\ddot{x}\ddot{y}} & \sigma_{\ddot{x}\ddot{z}}\\ \sigma_{\ddot{y}\ddot{x}} & \sigma_{\ddot{y}}^2 & \sigma_{\ddot{y}\ddot{z}}\\ \sigma_{\ddot{z}\ddot{x}} & \sigma_{\ddot{z}\ddot{y}} & \sigma_{\ddot{z}}^2\end{bmatrix}=\boldsymbol{\Phi}\ddot{\boldsymbol{B}}\begin{bmatrix}\sigma_R^2 & 0 & 0\\ 0 & \sigma_A^2 & 0\\ 0 & 0 & \sigma_E^2\end{bmatrix}\ddot{\boldsymbol{B}}^{\mathrm{T}}\boldsymbol{\Phi}^{\mathrm{T}} \tag{3-122}$$

上面的 $\boldsymbol{B}$ 矩阵、$\dot{\boldsymbol{B}}$矩阵、$\ddot{\boldsymbol{B}}$矩阵可分别表示如下。

$\boldsymbol{B}$ 矩阵为

$$\boldsymbol{B}=\begin{bmatrix}\dfrac{\partial x}{\partial R} & \dfrac{\partial x}{\partial A} & \dfrac{\partial x}{\partial E}\\ \dfrac{\partial y}{\partial R} & \dfrac{\partial y}{\partial A} & \dfrac{\partial y}{\partial E}\\ \dfrac{\partial z}{\partial R} & \dfrac{\partial z}{\partial A} & \dfrac{\partial z}{\partial E}\end{bmatrix} \tag{3-123}$$

其中：

$$\begin{cases}\dfrac{\partial x}{\partial R}=\cos A\cos E, & \dfrac{\partial y}{\partial R}=\sin E, \quad \dfrac{\partial z}{\partial R}=\sin A\cos E\\ \dfrac{\partial x}{\partial A}=-R\sin A\cos E, & \dfrac{\partial y}{\partial A}=0, \quad \dfrac{\partial z}{\partial A}=R\cos A\sin E\\ \dfrac{\partial x}{\partial E}=-R\cos A\sin E, & \dfrac{\partial y}{\partial E}=R\cos E, \quad \dfrac{\partial z}{\partial E}=-R\sin A\sin E\end{cases} \tag{3-124}$$

$\dot{\boldsymbol{B}}$矩阵的 9 个元素分别为

$$\begin{cases}b_{11}=-\dot{A}\sin A\sin E-\dot{E}\cos A\sin E\\ b_{12}=-\dot{R}\sin A\cos E-R\dot{A}\cos A\cos E+R\dot{E}\sin A\cos E\\ b_{13}=-\dot{R}\cos A\sin E-R\dot{A}\sin A\sin E-R\dot{E}\cos A\cos E\\ b_{21}=\dot{E}\cos E\\ b_{22}=0\\ b_{23}=\dot{R}\cos E-R\dot{E}\sin E\\ b_{31}=\dot{A}\cos A\cos E-\dot{E}\sin A\sin E\\ b_{32}=\dot{R}\cos A\cos E-R\dot{A}\sin A\cos E-R\dot{E}\cos A\sin E\\ b_{33}=-\dot{R}\sin A\sin E-R\dot{A}\cos A\sin E-R\dot{E}\sin A\cos E\end{cases} \tag{3-125}$$

$\ddot{\boldsymbol{B}}$ 的 9 个元素分别为

$$
\begin{cases}
b_{11}=-\ddot{A}\cos A\cos E-\ddot{E}\cos A\sin E-(\dot{A}^2+\dot{E}^2)\cos A\cos E+2\dot{A}\dot{E}\sin A\sin E\\
b_{12}=[R(\dot{A}^2+\dot{E}^2)-\ddot{R}]\sin A\cos E-(R\ddot{A}+2\dot{R}\dot{A})\cos A\cos E+\\
\qquad(R\dot{E}+2\dot{R}\dot{E})\sin A\sin E+R\dot{A}\dot{E}\cos A\sin E\\
b_{13}=[R(\dot{A}^2+\dot{E}^2)-\ddot{R}]\cos A\sin E+(R\ddot{A}+2\dot{R}\dot{A})\sin A\sin E-\\
\qquad(R\ddot{E}+2\dot{R}\dot{E})\cos A\cos E+2R\dot{A}\dot{E}\sin A\cos E\\
b_{21}=\ddot{E}\cos E-\dot{E}^2\sin E\\
b_{22}=0\\
b_{23}=(\ddot{R}-R\dot{E}^2)\cos E-(R\ddot{E}+2\dot{R}\dot{E})\sin E\\
b_{31}=\ddot{A}\cos A\cos E-\ddot{E}\sin A\sin E-(\dot{A}^2+\dot{E}^2)\sin A\cos E-2\dot{A}\dot{E}\cos A\sin E\\
b_{32}=-[R(\dot{A}^2+\dot{E}^2)-\ddot{R}]\cos A\cos E-(R\ddot{A}+2\dot{R}\dot{A})\sin A\cos E-\\
\qquad(R\dot{E}+2\dot{R}\dot{E})\cos A\sin E+2R\dot{A}\dot{E}\sin A\sin E\\
b_{33}=-[R(\dot{A}^2+\dot{E}^2)-\ddot{R}]\sin A\sin E-(R\ddot{A}+2\dot{R}\dot{A})\cos A\sin E-\\
\qquad(R\dot{E}+2\dot{R}\dot{E})\sin A\cos E+2R\dot{A}\dot{E}\cos A\cos E
\end{cases}
\tag{3-126}
$$

2. *R*、*A*、*E* 测元与测速元综合求速弹道解算方法

其主要用于实时融合脉冲雷达与测速雷达测量数据进行弹道解算。实时发射中，脉冲雷达定位综合求速和干涉综合求速使用该方法，主要分为应答模式与干涉模式两种。

1）应答模式

首先，利用脉冲雷达数据计算弹道位置分量，方法同脉冲雷达弹道解算，然后利用测速雷达数据计算速度。具体方法如下。

在应答模式下，测量量为上行站与测站距离变化率之和。首先由脉冲雷达数据计算位置分量，利用当前弹道位置坐标（x,y,z）和已知测站坐标（x_{0i},y_{0i},z_{0i}），可知 i 测站指向目标的距离变化率$\dot{R}_i$，即

$$
\dot{R}_i=l_i\dot{x}+m_i\dot{y}+n_i\dot{z}\quad(i=1,2,\cdots,N)
\tag{3-127}
$$

式中：l_i、m_i、n_i为目标到地面测站接收机天线的方向余弦，分别为

$$
\begin{cases}
l_i=\dfrac{x-x_{0i}}{R_i}\\
m_i=\dfrac{y-y_{0i}}{R_i}\\
n_i=\dfrac{z-z_{0i}}{R_i}
\end{cases}
\tag{3-128}
$$

式中：R_i 为目标到接收机天线的距离，即

$$R_i=\sqrt{(x-x_{0i})^2+(y-y_{0i})^2+(z-z_{0i})^2} \tag{3-129}$$

假设 $i=1$ 为上行站，目标到上行站距离变化率为$\dot{R}_1$，则各测站距离和变化率$\dot{S}_i$ 为

$$\begin{cases}\dot{S}_1=l_1\dot{x}+m_1\dot{y}+n_1\dot{z}+l_1\dot{x}+m_1\dot{y}+n_1\dot{z}\\ \dot{S}_2=l_1\dot{x}+m_1\dot{y}+n_1\dot{z}+l_2\dot{x}+m_2\dot{y}+n_2\dot{z}\\ \vdots\\ \dot{S}_N=l_1\dot{x}+m_1\dot{y}+n_1\dot{z}+l_N\dot{x}+m_N\dot{y}+n_N\dot{z}\end{cases} \tag{3-130}$$

当 $N\geqslant 3$ 时，可以利用最小二乘法求得目标速度参数，首先计算雅可比矩阵，即

$$\boldsymbol{J}=\begin{bmatrix}l_1+l_1 & m_1+m_1 & n_1+n_1\\ l_1+l_2 & m_1+m_2 & n_1+n_2\\ \vdots & \vdots & \vdots\\ l_1+l_N & m_1+m_N & n_1+n_N\end{bmatrix}_{N\times 3} \tag{3-131}$$

记 $\boldsymbol{Y}=(\dot{S}_1,\dot{S}_2,\cdots,\dot{S}_N)^{\mathrm{T}}$，$\boldsymbol{V}=(\dot{x},\dot{y},\dot{z})^{\mathrm{T}}$，则有

$$\boldsymbol{V}=(\boldsymbol{J}'\cdot\boldsymbol{J})^{-1}\boldsymbol{J}'\cdot\boldsymbol{Y} \tag{3-132}$$

2）干涉模式

首先，利用脉冲雷达数据计算弹道位置分量，方法同脉冲雷达弹道解算；然后利用测速雷达数据计算速度。具体方法如下。

在信标模式下，各测站测量值为目标到测站距离变化率，即有

$$\begin{cases}\dot{S}_1=l_1\dot{x}+m_1\dot{y}+n_1\dot{z}\\ \dot{S}_2=l_2\dot{x}+m_2\dot{y}+n_2\dot{z}\\ \vdots\\ \dot{S}_N=l_N\dot{x}+m_N\dot{y}+n_N\dot{z}\end{cases} \tag{3-133}$$

在实时发射中，由于应答与信标两种模式均可能存在，无法有效区分，为解决这个问题，可采用干涉模式综合求速方法。假设$\dot{S}_1$ 为上行站测量值，各站测元与上行站作差可将应答与信标两种模式统一写为

$$\begin{cases}\dot{S}_2-\dot{S}_1=l_2\dot{x}+m_2\dot{y}+n_2\dot{z}-(l_1\dot{x}+m_1\dot{y}+n_1\dot{z})\\ \dot{S}_3-\dot{S}_1=l_3\dot{x}+m_3\dot{y}+n_3\dot{z}-(l_1\dot{x}+m_1\dot{y}+n_1\dot{z})\\ \vdots\\ \dot{S}_N-\dot{S}_1=l_N\dot{x}+m_N\dot{y}+n_N\dot{z}-(l_1\dot{x}+m_1\dot{y}+n_1\dot{z})\end{cases} \tag{3-134}$$

当$N \geqslant 4$时，可以利用最小二乘法求得目标速度参数，计算雅可比矩阵，即

$$\boldsymbol{J}_S=\begin{bmatrix} l_2-l_1 & m_2-m_1 & n_2-n_1 \\ l_3-l_1 & m_3-m_1 & n_3-n_1 \\ \vdots & \vdots & \vdots \\ l_N-l_1 & m_N-m_1 & n_N-n_1 \end{bmatrix}_{(N-1)\times 3} \tag{3-135}$$

记$\boldsymbol{Y}_S=(\dot{S}_2-\dot{S}_1,\dot{S}_3-\dot{S}_1,\cdots,\dot{S}_N-\dot{S}_1)^{\mathrm{T}}$，$\boldsymbol{V}=(\dot{x},\dot{y},\dot{z})^{\mathrm{T}}$，则有

$$\boldsymbol{V}=(\boldsymbol{J}_S'\cdot\boldsymbol{J}_S)^{-1}\boldsymbol{J}_S'\cdot\boldsymbol{Y}_S \tag{3-136}$$

应答模式算法适用于有单站脉冲雷达数据以及3站以上测速应答数据的情况；干涉模式算法适用于有单站脉冲雷达数据以及4站以上测速应答或信标数据的情况。

3. 多站融合弹道计算

1）误差模型的参数估计EMBET

为了提高弹道解算的精度，除了采用合理的弹道估计方法估计弹道参数外，还要准确估计测量设备的系统误差。通常将同时估计弹道参数和误差系数的方法称为误差模型最佳弹道估计，缩写为EMBET。现用矩阵形式表示N个时刻的测量方程组，即

$$Z_{ij}=F(x_j,y_j,z_j,\dot{x}_j,\dot{y}_j,\dot{z}_j)+\alpha_j+\zeta_{ij} \tag{3-137}$$

式中：Z_{ij}为第i台测量设备在t_j时刻的观测方程；$i=1\sim m$；$j=1\sim N$；α_j为系统误差；ζ_{ij}为随机误差。可以得到$m\times N$个观测方程，而未知固定参数为$(6N+m)$。在$m>6$且N充分大时，总可以使$m\times N>6N+m$，此时利用高斯—马尔可夫估计可以解算出$6N$个弹道参数和m个系统误差。

可以看出，仅使用EMBET有很多条件约束：需要有较多的测量设备同时交汇测量，使观测数据有足够的冗余度；要有较长的观测弧段以增加冗余度；需要有较佳的观测几何，测量设备分布在弹道两侧，而且站间距离较远，以减小误差模型系数间的相关性；观测随机误差较小；需要具有与实际测量较为符合的、有效的、相对稳定的误差模型；需要优良而实用的估计方法。

2）弹道模型

弹道模型是EMBET方法的基础，建立准确的弹道模型，并将模型的先验信息用于参数估计，可以有效提高估计精度。弹道模型的建立需要利用弹道的先验特性，一般通过物理机理分析和历史数据分析两条途径，并采用动力学建模、运动学建模和参数回归建模3种方式来实现。

弹道参数回归模型的优点主要有两个方面：一是利用状态匹配原理，将一段时间测量数据集中处理，可以减少待估参数，减轻模型病态；二是这种

方法实际上是在时间域和变换域上均作了平滑处理，达到了提高数据冗余和抑制随机误差的目的。

一般情况下，在目标飞行过程中，它的运动参数是连续变化的，其运动弹道是满足一定光滑特性的空间曲线，也就是对应于一个随时间变化的连续函数，记为 $X(t)$。$X(t)$ 通常比较复杂，甚至没有解析表达式。利用函数逼近的观点，可以用一族形式简单且容易计算的函数来逼近 $X(t)$，使它满足精度要求且计算量尽可能小。若目标的运动状态 $X(t)$ 可以表示为

$$X(t)=\sum_i \alpha_i g_i(t;c_1,c_2,\cdots,c_n) \tag{3-138}$$

式中：$g_i(\cdot)$ 为形式已知的函数；c_i 为未知参数。

则在测量方程 $Y(t)=f(X(t))$ 下有

$$Y(t)=f\left[\sum_i \alpha_i g_i(t;c_1,c_2,\cdots,c_n)\right] \tag{3-139}$$

由此，对状态 $X(t)$ 的估计问题转化为由测量 $Y(t)$ 估计 c_i 的参数估计问题。常用于弹道跟踪的函数模型有滑动多项式模型、样条模型等，都能通过给弹道参数增加约束条件，使解算的弹道参数的数量大大减少，增加观测数据的冗余度，减小高斯—马尔可夫估计矩阵的病态程度，提高 EMBET 方法弹道精度。

3）样条函数模型

飞行弹道在一小段时间弧段上可以用时间多项式逼近弹道位置参数。但多项式函数表示弹道是局部的，而且用不同弧段的观测数据来估计对应段的弹道参数会出现各段间弹道参数不连续的问题，在一条较长时间内不断变化的弹道上很难用常用的多项式来表示，但可以用样条函数十分精确地表示它。

样条函数与多项式相比，其最大的优点是用样条函数逼近任意函数，降低了连续性条件，具有更大的、转折自如的灵活性，并具有更好地适应数据或函数变化能力。样条函数为满足一定条件的分段多项式，其中 k 次分段多项式，相邻的子段在边界处要满足 $k-1$ 阶导数连续这一约束条件，这一特性更符合实际弹道的飞行特性，有效减少了逼近方法误差。同时采用样条函数表示弹道，可以充分考虑目标位置和速度之间的微分关系，用很少的参数即可表示一段弹道。

基于样条表示的弹道测量模型的基本思想是：利用样条表示弹道，将多个时刻的所有测量数据串联起来，建立一个关于待估样条系数的非线性回归模型，从而将多个时刻的大量弹道参数估计问题转化为一个关于少量样条系数的估计问题。这一转换大大增加了数据冗余量，提高了参数估计的精度和稳定性。

根据飞行动力特征，可以将弹道分成两类。第一类是平稳弹道，如起飞

段、平稳飞行段等，这类弹道的加速度大小和方向变化都比较小；第二类是非平稳弹道，如包含关机点、程序转弯段、级间分离等特征事件的弹道，它们的飞行动力特性变化较复杂，在某些段落加速度改变较大。对于第一类弹道，选取适当的样条基函数，如等距节点分布的3次B样条函数，就可以高精度地表示弹道；对于第二类弹道，由于含有一些特征点，如果采用等距节点分布的3次B样条函数表示弹道，逼近精度一般不理想。针对这类弹道，采用最优节点样条函数表示，通过合理分布样条节点，使样条函数的连续性特征更符合实际弹道的飞行特性，较大程度地减小了逼近方法误差，有效提高了弹道表示精度。下面分别介绍这两种弹道表示方法。

(1) 等距节点样条。

首先给出样条函数的定义，对区间$[a,b]$，作分划Δ：$a=T_0<T_1<\cdots<T_N=b$，Δ将$[a,b]$分解为N个子区间$[T_{i-1},T_i]$ $(i=1,2,\cdots,N)$。如果函数$s_n(t)$满足下列条件：

① 在每个子区间$[T_{i-1},T_i]$ $(i=1,2,\cdots,N)$上，函数$s_n(t)$是次数不高于n的多项式，但至少在一个子区间上为n次多项式；

② $s_n(t)\in C^{n-1}[a,b]$（$n-1$次连续可导函数的集合），则称$s_n(t)$为关于分划Δ的n次样条函数，点$T_i(i=0,1,2,\cdots,N)$称为样条函数$s_n(t)$的节点，点$T_i(i=1,2,\cdots,N-1)$称为样条函数$s_n(t)$内节点。

如果满足以上定义的样条函数$s_n(t)$的n阶导数是连续的，则此n次样条函数就成为区间$[a,b]$上的n次多项式函数了。样条函数$s_n(t)$的全体构成一个$n+N$维的线性空间。

在实数轴上取节点序列$\cdots<T_{-n}<\cdots<T_0<\cdots<T_N<\cdots<T_{N+n}<\cdots$，在$(x-t)_+^n=\begin{cases}(x-t)^n & x\geqslant t\\ 0 & x<t\end{cases}$中，将$t$看作参数，关于$x=T_i,T_{i+1},\cdots,T_{i+n+1}$作函数$(x-t)_+^n$的$n+1$阶差商$[T_i,T_{i+1},\cdots,T_{i+n+1}](x-t)_+^n$，称此差商为以$t$为变量的B样条函数，并称

$$B_{i,n+1}(t)=(T_{i+n+1}-T_i)[T_i,T_{i+1},\cdots,T_{i+n+1}](x-t)_+^n \tag{3-140}$$

为第i个$n+1$阶规范（标准）B样条函数，以下所指的B样条函数都是指规范B样条函数。

根据差商与在各节点处函数值的关系式，可得

$$B_{i,n+1}(t)=(T_{i+n+1}-T_i)\sum_{k=i}^{k=i+n+1}\frac{(T_k-t)_+^n}{\dot{\omega}_{i,n+1}(T_k)} \tag{3-141}$$

其中：

$$\omega_{i,n+1}(T_k)=\prod_{k=i}^{i+n+1}(t-T_i)\overset{\Delta}{=}(t-T_i)(t-T_{i+1})\cdots(t-T_{i+n+1}) \tag{3-142}$$

假设各节点等距分布，则可得到以下3次等距节点样条函数的表达式为

$$B_4(t)=\begin{cases}0, & |t|\geqslant 2\\ \dfrac{|t|^3}{2}-t^2+\dfrac{2}{3}, & |t|<1\\ -\dfrac{|t|^3}{6}+t^2-2|t|+\dfrac{4}{3}, & 其他\end{cases} \tag{3-143}$$

设在时间段$[a,b]$内，弹道参数表示为$\boldsymbol{X}(t)=(x(t),y(t),z(t),\dot{x}(t),\dot{y}(t),\dot{z}(t))$。根据弹道的运动特性，考虑空间3个方向上的等距分划，有

$$\pi_x: a=\tau_{x,0}<\tau_{x,1}<\cdots<\tau_{x,N_x}=b, \tau_{x,i+1}-\tau_{x,i}=h_x$$
$$\tau_{x,-1}=\tau_{x,0}-h_x, , \tau_{x,N_x+1}=\tau_{x,N_x}+h_x$$
$$\pi_y: a=\tau_{y,0}<\tau_{y,1}<\cdots<\tau_{y,N_y}=b, \tau_{y,i+1}-\tau_{y,i}=h_y$$
$$\tau_{y,-1}=\tau_{y,0}-h_y, , \tau_{y,N_y+1}=\tau_{y,N_y}+h_y$$
$$\pi_z: a=\tau_{z,0}<\tau_{z,1}<\cdots<\tau_{z,N_z}=b, \tau_{z,i+1}-\tau_{z,i}=h_z$$
$$\tau_{z,-1}=\tau_{z,0}-h_z, , \tau_{z,N_z+1}=\tau_{z,N_z}+h_z$$

对于平稳弹道，应用以下一组3次B样条基来表示$\boldsymbol{X}(t)$，可表示为

$$\begin{cases}x(t)=\sum\limits_{j=-1}^{N_x+1}\beta_{x,j}B_4\left(\dfrac{t-\tau_{x,j}}{h_x}\right) & \dot{x}(t)=\dfrac{1}{h_x}\sum\limits_{j=-1}^{N_x+1}\beta_{x,j}\dot{B}_4\left(\dfrac{t-\tau_{x,j}}{h_x}\right)\\ y(t)=\sum\limits_{j=-1}^{N_y+1}\beta_{y,j}B_4\left(\dfrac{t-\tau_{y,j}}{h_y}\right) & \dot{y}(t)=\dfrac{1}{h_y}\sum\limits_{j=-1}^{N_y+1}\beta_{y,j}\dot{B}_4\left(\dfrac{t-\tau_{y,j}}{h_y}\right)\\ z(t)=\sum\limits_{j=-1}^{N_z+1}\beta_{z,j}B_4\left(\dfrac{t-\tau_{z,j}}{h_z}\right) & \dot{z}(t)=\dfrac{1}{h_z}\sum\limits_{j=-1}^{N_z+1}\beta_{z,j}\dot{B}_4\left(\dfrac{t-\tau_{z,j}}{h_z}\right)\end{cases} \tag{3-144}$$

式中：N_x、N_y、N_z分别为3个坐标分量上的内节点个数，具体数值可根据弹道特征确定；$\{\beta_{x,j}\}_{-1}^{N_x+1}$、$\{\beta_{y,j}\}_{-1}^{N_y+1}$、$\{\beta_{z,j}\}_{-1}^{N_z+1}$为待估的样条系数。

式（3-144）是一个线性回归模型，当方程式系数多于待估的样条系数个数时，利用最小二乘法即可得到样条系数$\{\beta_{x,j}\}_{-1}^{N_x+1}$、$\{\beta_{y,j}\}_{-1}^{N_y+1}$、$\{\beta_{z,j}\}_{-1}^{N_z+1}$的估值。

（2）自由节点样条。

自由节点样条函数可以根据目标运动规律，调整样条节点的分布，在目标运动变化比较剧烈的时间段布置较密的节点，而在目标运动变化比较缓慢的时间段布置较疏的节点，这样既能减少逼近的方法误差，又能节省待估参数数目。而上述思想的实现，可以在最小二乘法准则下，采用最优化方法，搜寻样条的最优节点分布，使逼近过程能够实时地自适应目标的运动规律，提高逼近精度。下面叙述其表示模型。

根据定义可推导出第i个2次B样条函数为

$$B_{i,3}(t)=\begin{cases}0 & t\notin[T_i,T_{i+3})\\ \dfrac{(t-T_i)^2}{(T_{i+1}-T_i)(T_{i+2}-T_i)} & t\in[T_i,T_{i+1})\\ \dfrac{(t-T_i)^2}{(T_{i+1}-T_i)(T_{i+2}-T_i)}-\dfrac{(T_{i+3}-T_i)(t-T_{i+1})^2}{(T_{i+1}-T_i)(T_{i+2}-T_{i+1})(T_{i+3}-T_{i+1})} & t\in[T_{i+1},T_{i+2})\\ \dfrac{(T_{i+3}-t)^2}{(T_{i+3}-T_{i+1})(T_{i+3}-T_{i+2})} & t\in[T_{i+2},T_{i+3})\end{cases}\tag{3-145}$$

可推导出第 i 个 3 次 B 样条函数为

$$B_{i,4}(t)=\begin{cases}0 & t\notin[T_i,T_{i+4})\\ \dfrac{(t-T_i)^3}{\dot{\omega}_{i,4}(T_i)}(T_{i+4}-T_i) & t\in[T_i,T_{i+1})\\ \left[\dfrac{(t-T_i)^3}{\dot{\omega}_{i,4}(T_i)}+\dfrac{(t-T_{i+1})^3}{\dot{\omega}_{i,4}(T_{i+1})}\right](T_{i+4}-T) & t\in[T_{i+1},T_{i+2})\\ \left[\dfrac{(T_{i+3}-t)^3}{\dot{\omega}_{i,4}(T_{i+3})}+\dfrac{(T_{i+4}-t)^3}{\dot{\omega}_{i,4}(T_{i+4})}\right](T_{i+4}-T) & t\in[T_{i+2},T_{i+3})\\ \dfrac{(T_{i+4}-t)^3}{\dot{\omega}_{i,4}(T_{i+4})}(T_{i+4}-T_i) & t\in[T_{i+3},T_{i+4})\end{cases}\tag{3-146}$$

如果上式中的节点分布不是等距的，则称为自由节点的样条函数。自由节点 B 样条函数 $B_{i,n+1}(t)$ 具有以下性质。

① 递推关系式，即

$$B_{i,k+1}(t)=\frac{t-T_i}{T_{i+k}-T_i}B_{i,k}(t)+\frac{T_{i+k+1}-t}{T_{i+k+1}-T_{i+1}}B_{i+1,k}(t)\quad(k=1,2,\cdots,n)\tag{3-147}$$

② 微分性质，即

$$\dot{B}_{i,n+1}(t)=\frac{n}{T_{i+n}-T_i}B_{i,n}(t)-\frac{n}{T_{i+n+1}-T_{i+1}}B_{i+1,n}(t)\tag{3-148}$$

③ 函数组 $B_{i,n+1}(t)\,(i=-n,-n+1,\cdots,N-1)$ 在区间 $[a,b]$ 上，构成 n 次样条函数空间的一组基。通过递推关系式，可以得到各阶 B 样条函数的具体形式；由微分性质，可得各阶 B 样条的导数。

考虑 $t_1,t_2,\cdots,t_m$ 时刻机动弹道的表示问题。仿真结果表明，机动弹道一般可用 3 次 B 样条函数逼近，设

$$T^x: \tau_{x,-3}<\tau_{x,-2}<\tau_{x,-1}<a=\tau_{x,0}<\tau_{x,1}<\cdots<\tau_{x,N_x}<b=\tau_{x,N_x+1}<\tau_{x,N_x+2}<\tau_{x,N_x+3}<\tau_{x,N_x+4}$$

$$T^y: \tau_{y,-3}<\tau_{y,-2}<\tau_{y,-1}<a=\tau_{y,0}<\tau_{y,1}<\cdots<\tau_{y,N_y}<b=\tau_{y,N_y+1}<\tau_{y,N_y+2}<\tau_{y,N_y+3}<\tau_{y,N_y+4}$$

$$T^x: \tau_{z,-3}<\tau_{z,-2}<\tau_{z,-1}<a=\tau_{z,0}<\tau_{z,1}<\cdots<\tau_{z,N_z}<b=\tau_{z,N_z+1}<\tau_{z,N_z+2}<\tau_{z,N_z+3}<\tau_{z,N_z+4}$$

分别表示弹道参数 $x(t)$、$y(t)$、$z(t)$ 样条函数节点。

下面以 x 方向为例进行说明。由以上讨论知道，x 方向需要用 N_x+4 个 3 次 B 样条函数基确定，分别记为 $B_{4,1}^x(t)$，$B_{4,2}^x(t)$，…，$B_{4,N_x+4}^x(t)$，令以下一组 3 次 B 样条基来表示 $X(t)$，即

$$\begin{cases} B_x(t)=(B_{4,1}^x(t),B_{4,2}^x(t),\cdots,B_{4,N_x+4}^x(t)) \\ B_y(t)=(B_{4,1}^y(t),B_{4,2}^y(t),\cdots,B_{4,N_y+4}^y(t)) \\ B_z(t)=(B_{4,1}^z(t),B_{4,2}^z(t),\cdots,B_{4,N_z+4}^z(t)) \\ b_x=(\beta_1^x,\beta_2^x,\cdots,\beta_{N_x+4}^x)^{\mathrm{T}} \\ b_y=(\beta_1^y,\beta_2^y,\cdots,\beta_{N_y+4}^y)^{\mathrm{T}} \\ b_z=(\beta_1^z,\beta_2^z,\cdots,\beta_{N_z+4}^z)^{\mathrm{T}} \end{cases} \tag{3-149}$$

则对于 $a\leqslant t\leqslant b$，有弹道的样条函数表示为

$$\begin{cases} x(t)=B_x(t)b_x,\dot{x}(t)=\dot{B}_x(t)b_x \\ y(t)=B_y(t)b_y,\dot{y}(t)=\dot{B}_y(t)b_y \\ z(t)=B_z(t)b_z,\dot{z}(t)=\dot{B}_z(t)b_z \end{cases} \tag{3-150}$$

由样条函数的推导公式可知，样条基 $B_{4,N}^x(t)$ 由样条节点的分布 T^x 确定，因此机动弹道由样条节点 T^x、T^y、T^z 和系数 b_x、b_y、b_z 确定。样条节点的数量、内节点的分布及样条系数是机动弹道表示精度的决定性因素。如果已知一组弹道参数的观测值，将样条内节点的数量、内节点的分布及样条系数都作为待估参数，则可建立一个非线性回归模型。

下面以弹道 x 分量为例，记 x 分量的内节点数为 N，其分布为 $\boldsymbol{T}^x$，有以下模型，即

$$y(t)=P(t)+\varepsilon(t) \tag{3-151}$$

式中：$y(t)$ 为弹道数据；$P(t)$ 为真实弹道数据；$\varepsilon(t)$ 为误差。$Y(t)$ 在 M 个时刻有观测数据 $\{y(t_i),i=1,2,\cdots,M\}$，$a\leqslant t_i\leqslant b$，由此可得离散数据模型为

$$y(t_i)=f_3^N(t_i,T^x)+\varepsilon_i \quad (i=1,2,\cdots,M) \tag{3-152}$$

式中：$f_3^N(t_i,T^x)$ 为用 N 个内节点的 3 次样条函数对信号 $P(t)$ 的逼近。

为完成上述逐步逼近过程，必须建立一个可以实现的算法。令：

$$\begin{cases}\boldsymbol{b}=(b_1,b_2,\cdots,b_{N+4})^{\mathrm{T}}\\ \boldsymbol{Y}=(y_1,y_2,\cdots,y_M)^{\mathrm{T}}\\ \boldsymbol{\varepsilon}=(\varepsilon_1,\varepsilon_2,\cdots,\varepsilon_M)^{\mathrm{T}}\\ \boldsymbol{X}(\boldsymbol{T}^x)=\begin{bmatrix}B_{4,1}(t_1) & B_{4,2}(t_1) & \cdots & B_{4,N+4}(t_1)\\ B_{4,1}(t_2) & B_{4,2}(t_2) & \cdots & B_{4,N+4}(t_2)\\ \vdots & \vdots & \ddots & \vdots\\ B_{4,1}(t_M) & B_{4,2}(t_M) & \cdots & B_{4,N+4}(t_M)\end{bmatrix}\end{cases} \tag{3-153}$$

则式（3-152）可写成以下矩阵形式，即

$$\boldsymbol{Y}=\boldsymbol{X}(\boldsymbol{T}^x)\boldsymbol{b}+\boldsymbol{\varepsilon} \tag{3-154}$$

建立以下目标函数，即

$$\boldsymbol{Q}(\beta,K^N)=\|\boldsymbol{Y}-\boldsymbol{X}(\boldsymbol{T}^x)\boldsymbol{b}\|^2=(\boldsymbol{Y}-\boldsymbol{X}(\boldsymbol{T}^x)\boldsymbol{b})^{\mathrm{T}}(\boldsymbol{Y}-\boldsymbol{X}(\boldsymbol{T}^x)\boldsymbol{b}) \tag{3-155}$$

式（3-154）的最优化问题可归结为以下非线性参数回归问题：求参数 $\boldsymbol{b}$ 和内节点分布 $\boldsymbol{T}^x$ 的最优估计 $\hat{\boldsymbol{b}}$、$\hat{\boldsymbol{T}}^x$，使得

$$\boldsymbol{Q}(\hat{\boldsymbol{b}},\hat{\boldsymbol{T}}^x)=\min_{\boldsymbol{b},\boldsymbol{T}^x}\boldsymbol{Q}(\boldsymbol{b},\boldsymbol{T}^x) \tag{3-156}$$

式（3-156）即为机动弹道的自由节点样条模型，是一个线性与非线性叠合的回归问题，它关于参数 $\boldsymbol{b}$ 是线性的，而关于 $\boldsymbol{T}^x$ 则是非线性的。

（3）弹道解算方法。

在充分了解 EMBET 和样条函数模型后，下面介绍应用该方法和模型进行弹道解算的过程。

首先建立飞行弹道的自由节点 B 样条表示。对于一般的飞行器运动目标，可选择 3 次 B 样条函数作为基。设在时间段 $[a,b]$ 区间选定 n 个内节点 K^n，将 $\{t_j\}_{j=1}^n$ 向左、右各扩充 4 个点，成为

$$t_{-3}\leqslant t_{-2}\leqslant t_{-1}\leqslant t_0<t_1<\cdots<t_n<t_{n+1}\leqslant t_{n+2}\leqslant t_{n+3}\leqslant t_{n+4}$$

一般地，扩充节点可选为边界的重节点，这样，以 $\{B_{4,j}(t)\}_{j=-3}^n$ 为基的 3 次样条函数可表示为

$$S(t,K^n)=\sum_{j=-3}^{n}\beta_j B_{4,j}(t)\quad(t_1\leqslant t\leqslant t_n) \tag{3-157}$$

采用 $S(t,K^n)$ 的形式分别表示弹道的 6 个分量为

$$\begin{cases}x(t)=\sum_{j=-3}^{N_x}\beta_j^x B_{4,j}^x(t) & \dot{x}(t)=\sum_{j=-3}^{N_x}\beta_j^x\dot{B}_{4,j}^x(t)\\ y(t)=\sum_{j=-3}^{N_y}\beta_j^y B_{4,j}^y(t) & \dot{y}(t)=\sum_{j=-3}^{N_y}\beta_j^y\dot{B}_{4,j}^y(t)\\ z(t)=\sum_{j=-3}^{N_z}\beta_j^z B_{4,j}^z(t) & \dot{z}(t)=\sum_{j=-3}^{N_z}\beta_j^z\dot{B}_{4,j}^z(t)\end{cases} \tag{3-158}$$

式中：N_x、N_y、N_z分别为 3 个分量上的内节点个数。由于弹道 3 个分量的动力特性不一样，因此，它们的最优节点个数以及最优节点分布也不一样。式（3-158）的实际意义就是用样条函数系数$\{\beta_j^x\}_{j=-3}^{N_x}$、$\{\beta_j^y\}_{j=-3}^{N_y}$、$\{\beta_j^z\}_{j=-3}^{N_z}$来代表时间段$[a,b]$内的一条弹道，它大大减少了弹道表示的参数，在$[a,b]$时间段内，有 1000 个采样点，那么，逐点表示弹道需要 6000 个参数，而用 3 次 B 样条函数表示只需要 $N_x+N_y+N_z+12$ 个参数就可以足够精确地表示，这一优点在通过测量方程解算弹道时已充分体现出来。

一般地，弹道参数都有非线性的测量方程，即

$$Y_i(t)=F_i(\boldsymbol{X},t)+U_i(t)+e_i(t)\quad (i=1,2,\cdots,M)\tag{3-159}$$

式中：$\boldsymbol{X}(t)=(x,y,z,\dot{x},\dot{y},\dot{z})$为弹道参数；$F_i(\boldsymbol{X},t)$依据不同的测元有不同的表达式，$U_i(t)$为第 i 个测量元素的系统误差模型，一般的系统误差有固定误差、漂移误差、电波折射修正残差、站址误差等。将式（3-158）代入测量方程式（3-159）中，为了使表达更简洁，首先引入以下记号。

在式（3-158）中，令

$$\begin{cases}B_x(t)=(B_{4,1}^x(t),B_{4,2}^x(t),\cdots,B_{4,N_x+4}^x(t))\\ B_y(t)=(B_{4,1}^y(t),B_{4,2}^y(t),\cdots,B_{4,N_y+4}^y(t))\\ B_z(t)=(B_{4,1}^z(t),B_{4,2}^z(t),\cdots,B_{4,N_z+4}^z(t))\\ \boldsymbol{b}_x=(\beta_1^x,\beta_2^x,\cdots,\beta_{N_x+4}^x)^{\mathrm{T}}\\ \boldsymbol{b}_y=(\beta_1^y,\beta_2^y,\cdots,\beta_{N_y+4}^y)^{\mathrm{T}}\\ \boldsymbol{b}_z=(\beta_1^z,\beta_2^z,\cdots,\beta_{N_z+4}^z)^{\mathrm{T}}\end{cases}\tag{3-160}$$

则式（3-158）可用向量表示为

$$\begin{cases}\boldsymbol{x}(t)=B_x(t)b_x,\quad \dot{\boldsymbol{x}}(t)=\dot{B}_x(t)b_x\\ \boldsymbol{y}(t)=B_y(t)b_y,\quad \dot{\boldsymbol{y}}(t)=\dot{B}_y(t)b_y\\ \boldsymbol{z}(t)=B_z(t)b_z,\quad \dot{\boldsymbol{z}}(t)=\dot{B}_z(t)b_z\end{cases}\tag{3-161}$$

记

$$\boldsymbol{b}=(\boldsymbol{b}_x^{\mathrm{T}},\boldsymbol{b}_y^{\mathrm{T}},\boldsymbol{b}_z^{\mathrm{T}})^{\mathrm{T}},\boldsymbol{B}=\begin{pmatrix}B_x&0&0\\0&B_y&0\\0&0&B_z\\ \dot{B}_x&0&0\\0&\dot{B}_y&0\\0&0&\dot{B}_z\end{pmatrix}\tag{3-162}$$

则有

$$X(t)^{\mathrm{T}}=(x,y,z,\dot{x},\dot{y},\dot{z})^{\mathrm{T}}=\boldsymbol{Bb} \tag{3-163}$$

将式（3-163）代入式（3-159），得

$$Y_i(t)=F_i(\boldsymbol{b},t)+U_i(t)+e_i(t)\quad(i=1,2,\cdots,M) \tag{3-164}$$

式（3-164）建立了关于测量数据与样条系数 $\boldsymbol{b}$ 和系统误差系数的方程。注意到，在整个时间段$[a,b]$内，$\boldsymbol{b}$ 是一个常向量，不随时间 t 而变化，因此，可以将$[a,b]$内所有采样点的测量方程联立求解样条系数 $\boldsymbol{b}$，然后再利用式（3-163）求出每个时刻的弹道参数 $\boldsymbol{X}(t)=(x,y,z,\dot{x},\dot{y},\dot{z})$。

令

$$\begin{cases}\boldsymbol{Y}(t)=(Y_1(t),Y_2(t),\cdots,Y_M(t))^{\mathrm{T}}\\ \boldsymbol{F}(\boldsymbol{b},t)=(F_1(\boldsymbol{b},t),F_2(\boldsymbol{b},t),\cdots,F_M(\boldsymbol{b},t))^{\mathrm{T}}\\ \boldsymbol{F}(\boldsymbol{b})=(\boldsymbol{F}(b,t_1)^{\mathrm{T}},\boldsymbol{F}(b,t_2)^{\mathrm{T}},\cdots,\boldsymbol{F}(b,t_N)^{\mathrm{T}})^{\mathrm{T}}\\ \boldsymbol{Y}=(\boldsymbol{Y}(t_1)^{\mathrm{T}},\boldsymbol{Y}(t_2)^{\mathrm{T}},\cdots,\boldsymbol{Y}(t_N)^{\mathrm{T}})^{\mathrm{T}}\\ \boldsymbol{e}(t)=(e_1(t),e_2(t),\cdots,e_M(t))^{\mathrm{T}}\\ \boldsymbol{U}(t)=(U_1(t),U_2(t),\cdots,U_M(t))^{\mathrm{T}}\\ \boldsymbol{U}=(\boldsymbol{U}(t_1)^{\mathrm{T}},\boldsymbol{U}(t_2)^{\mathrm{T}},\cdots,\boldsymbol{U}(t_N)^{\mathrm{T}})^{\mathrm{T}}\\ \boldsymbol{e}=(\boldsymbol{e}(t_1)^{\mathrm{T}},\boldsymbol{e}(t_2)^{\mathrm{T}},\cdots,\boldsymbol{e}(t_N)^{\mathrm{T}})^{\mathrm{T}}\end{cases} \tag{3-165}$$

由此，在时间段$[a,b]$内 N 个采样点 $t\in\{t_1,t_2,\cdots,t_N\}$，形成 $N\times M$ 个测量方程，将其联立可写成以下矩阵形式，即

$$\boldsymbol{Y}=\boldsymbol{F}(\boldsymbol{b},\boldsymbol{U})+\boldsymbol{e} \tag{3-166}$$

目标状态向量为 6×1 列阵，$\boldsymbol{b}$ 为待估的样条系数，为 $l\times1$ 列阵，$l=N_x+N_y+N_z+12$。基样条函数矩阵为 6×1 矩阵。对整个弹道解算时段，有 $\boldsymbol{Y}$ 为整个观测数据的集合，为$(N\times M)\times1$ 列阵。$\boldsymbol{X}$ 为整个状态量的集合，为$(N\times6)\times1$ 列阵。$\boldsymbol{U}$ 为整个测量噪声的集合，为$(N\times M)\times1$ 列阵。

通过样条表示弹道，它压缩了待估参数，很大程度增加了观测数据冗余量。因此，它可以较大幅度地提高弹道估算的精度和算法本身的稳定性。另外，样条拟合弹道还明显降低了弹道参数的随机误差。

关于 $\boldsymbol{b}$ 与 $\boldsymbol{U}$ 的解，可由以下非线性最小二乘法估计得到。

令

$$\boldsymbol{Q}(\boldsymbol{b},\boldsymbol{U})=\|\boldsymbol{Y}-\boldsymbol{F}(\boldsymbol{b},\boldsymbol{U})\|_2^2 \tag{3-167}$$

则 $\boldsymbol{b}$ 与 $\boldsymbol{U}$ 的最小二乘估计为$\hat{\boldsymbol{b}}$与$\hat{\boldsymbol{U}}$，有

$$\boldsymbol{Q}(\hat{\boldsymbol{b}},\hat{\boldsymbol{U}})=\min_{\boldsymbol{b}\in R^{n_1+n_2+n_3+12}}\boldsymbol{Q}(\boldsymbol{b},\boldsymbol{U}) \tag{3-168}$$

非线性回归模型式（3-166）的最小二乘估计与线性回归模型的最小二乘估计不一样。非线性回归模型的最小二乘估计是有偏估计；非线性回归模型的最小二乘估计没有显式表达式，计算要采用最优化算法。针对非线性最小二乘问题不能直接求解，一般采用迭代解法，如高斯-牛顿算法、麦夸特算法以及其他改进算法等。这里介绍改进的高斯-牛顿算法。

式（3-166）是非线性方程组，其求解过程是一个非线性回归模型的参数估计问题。为了便于计算，将其化为以下无约束最优化问题，即

$$\|\boldsymbol{Y}-\boldsymbol{F}(\boldsymbol{b})\|^2=(\boldsymbol{Y}-\boldsymbol{F}(\boldsymbol{b}))^{\mathrm{T}}(\boldsymbol{Y}-\boldsymbol{F}(\boldsymbol{b}))=\min \tag{3-169}$$

将 $\boldsymbol{Q}(\boldsymbol{b})\triangleq((\boldsymbol{Y}-\boldsymbol{F}(\boldsymbol{b}))^{\mathrm{T}}(\boldsymbol{Y}-\boldsymbol{F}(\boldsymbol{b})))$ 称为指标函数，满足式（3-169）的解 $\boldsymbol{b}^*$ 称为最优解。

对指标函数 $\boldsymbol{Q}(\boldsymbol{b})$，由极值原理，其极小点满足方程

$$\nabla\boldsymbol{Q}(\boldsymbol{b})=2\boldsymbol{A}^{\mathrm{T}}(\boldsymbol{Y}-\boldsymbol{F}(\boldsymbol{b}))=0 \tag{3-170}$$

其中：

$$\boldsymbol{A}=[a_{i,j}],\quad a_{i,j}=\frac{\partial(y_i-f_i(b))}{\partial b_j}\quad(i=1,2,\cdots,M\times N;j=1,2,\cdots,l) \tag{3-171}$$

对于参数 b_1，有

$$\frac{\partial F}{\partial b_1}=\frac{\partial F}{\partial x}\cdot\frac{\partial x}{\partial b_1}+\frac{\partial F}{\partial y}\cdot\frac{\partial y}{\partial b_1}+\frac{\partial F}{\partial z}\cdot\frac{\partial z}{\partial b_1}+\frac{\partial F}{\partial \dot{x}}\cdot\frac{\partial \dot{x}}{\partial b_1}+\frac{\partial F}{\partial \dot{y}}\cdot\frac{\partial \dot{y}}{\partial b_1}+\frac{\partial F}{\partial \dot{z}}\cdot\frac{\partial \dot{z}}{\partial b_1} \tag{3-172}$$

令 $J_i=\begin{pmatrix}\frac{\partial F(t_i)}{\partial x} & \frac{\partial F(t_i)}{\partial y} & \frac{\partial F(t_i)}{\partial z} & \frac{\partial F(t_i)}{\partial \dot{x}} & \frac{\partial F(t_i)}{\partial \dot{y}} & \frac{\partial F(t_i)}{\partial \dot{z}}\end{pmatrix}$，则

$$\boldsymbol{A}=-\begin{pmatrix}\boldsymbol{J}_1\\ \boldsymbol{J}_2\\ \vdots\\ \boldsymbol{J}_{M\times N}\end{pmatrix}\cdot\begin{pmatrix}\frac{\partial x}{\partial b_1} & \frac{\partial x}{\partial b_2} & \cdots & \frac{\partial x}{\partial b_l}\\ \frac{\partial y}{\partial b_1} & \frac{\partial y}{\partial b_2} & \cdots & \frac{\partial y}{\partial b_l}\\ \frac{\partial z}{\partial b_1} & \frac{\partial z}{\partial b_2} & \cdots & \frac{\partial z}{\partial b_l}\\ \frac{\partial \dot{x}}{\partial b_1} & \frac{\partial \dot{x}}{\partial b_2} & \cdots & \frac{\partial \dot{x}}{\partial b_l}\\ \frac{\partial \dot{y}}{\partial b_1} & \frac{\partial \dot{y}}{\partial b_2} & \cdots & \frac{\partial \dot{y}}{\partial b_l}\\ \frac{\partial \dot{z}}{\partial b_1} & \frac{\partial \dot{z}}{\partial b_2} & \cdots & \frac{\partial \dot{z}}{\partial b_l}\end{pmatrix}=-\begin{pmatrix}\boldsymbol{J}_1\\ \boldsymbol{J}_2\\ \vdots\\ \boldsymbol{J}_{M\times N}\end{pmatrix}\cdot\begin{pmatrix}B_x & 0 & 0\\ 0 & B_y & 0\\ 0 & 0 & B_z\\ \dot{B}_x & 0 & 0\\ 0 & \dot{B}_y & 0\\ 0 & 0 & \dot{B}_z\end{pmatrix}=-\begin{pmatrix}\boldsymbol{J}_1\\ \boldsymbol{J}_2\\ \vdots\\ \boldsymbol{J}_{M\times N}\end{pmatrix}\cdot\boldsymbol{B} \tag{3-173}$$

矩阵 $\boldsymbol{A}$ 称为雅可比矩阵。设 $\boldsymbol{b}^{(0)}$ 为解的初始近似，取各 $(y_i-f_i(\boldsymbol{b}))$ 的线性近似式，即

$$(y_i-f_i(\boldsymbol{b}))\approx(y_i-f_i(\boldsymbol{b}^{(0)}))+\nabla(y_i-f_i(\boldsymbol{b}^{(0)}))^{\mathrm{T}}\Delta b\quad(i=1,2,\cdots,M)\tag{3-174}$$

其中：

$$\Delta b=\boldsymbol{b}-\boldsymbol{b}^{(0)}$$

于是有

$$\boldsymbol{Y}-\boldsymbol{F}(\boldsymbol{b})\approx(\boldsymbol{Y}-\boldsymbol{F}(\boldsymbol{b}^{(0)}))+\boldsymbol{A}^{(0)}\Delta b\tag{3-175}$$

从而问题就近似化为求超定方程 $(\boldsymbol{Y}-\boldsymbol{F}(\boldsymbol{b}^{(0)}))+\boldsymbol{A}^{(0)}\Delta b=0$ 的最小二乘解，即求 Δb 使

$$\|(\boldsymbol{Y}-\boldsymbol{F}(\boldsymbol{b}^{(0)}))+\boldsymbol{A}^{(0)}\Delta b\|^2=\min\tag{3-176}$$

因为

$$\|(\boldsymbol{Y}-\boldsymbol{F}(\boldsymbol{b}^{(0)}))+\boldsymbol{A}^{(0)}\Delta b\|^2=(\boldsymbol{Y}-\boldsymbol{F}(\boldsymbol{b}^{(0)}))^2+2(\boldsymbol{Y}-\boldsymbol{F}(\boldsymbol{b}^{(0)}))^{\mathrm{T}}\boldsymbol{A}^{(0)}\Delta b+(\boldsymbol{A}^{(0)}\Delta b)^{\mathrm{T}}\boldsymbol{A}^{(0)}\Delta b$$

所以，式（3-176）就化为

$$(\boldsymbol{A}^{(0)})^{\mathrm{T}}\boldsymbol{A}^{(0)}\Delta b+(\boldsymbol{A}^{(0)})^{\mathrm{T}}(\boldsymbol{Y}-\boldsymbol{F}(\boldsymbol{b}^{(0)}))=0\tag{3-177}$$

式（3-177）是一个线性方程组。如果矩阵 $\boldsymbol{A}^{(0)}$ 是满秩的，则逆矩阵 $((\boldsymbol{A}^{(0)})^{\mathrm{T}}\boldsymbol{A}^{(0)})^{-1}$ 存在，这时方程组有唯一解，即

$$\Delta b=-((\boldsymbol{A}^{(0)})^{\mathrm{T}}\boldsymbol{A}^{(0)})^{-1}(\boldsymbol{A}^{(0)})^{\mathrm{T}}(\boldsymbol{Y}-\boldsymbol{F}(\boldsymbol{b}^{(0)}))\tag{3-178}$$

解出 Δb 后，令

$$\boldsymbol{b}^{(1)}=\boldsymbol{b}^{(0)}+\Delta b\tag{3-179}$$

这就是解的首次近似，且使用式（3-178）和式（3-179）构成的迭代算法即称为高斯—牛顿迭代。

当前使用的高斯—牛顿迭代算法如下。

第一步：给定初值 $\boldsymbol{b}^{(0)}$ 及常数 $\lambda>0$，$\delta>0$；计算 $\boldsymbol{Q}(\boldsymbol{b}^{(0)})$ 并令 $l=1$。

第二步：计算 $\boldsymbol{b}^{(k+1)}=\boldsymbol{b}^{(k)}+\lambda(\boldsymbol{A}(\boldsymbol{b}^{(k)})^{\mathrm{T}}\boldsymbol{A}(\boldsymbol{b}^{(k)}))^{-1}\boldsymbol{A}(\boldsymbol{b}^{(k)})^{\mathrm{T}}(\boldsymbol{Y}-\boldsymbol{F}(\boldsymbol{b}^{(k)}))$。

第三步：计算 $\boldsymbol{Q}(\boldsymbol{b}^{(k+1)})$，若 $\boldsymbol{Q}(\boldsymbol{b}^{(k+1)})\leqslant\boldsymbol{Q}(\boldsymbol{b}^{(k)})$，则转向第四步；若 $\boldsymbol{Q}(\boldsymbol{b}^{(k+1)})>\boldsymbol{Q}(\boldsymbol{b}^{(k)})$，则令 $\lambda=\lambda/2$，$l=l+1$，当缩小一半 λ 的次数不大于 10 时转第二步；否则转第五步。

第四步：对给定的 δ，若 $\boldsymbol{Q}(\boldsymbol{b}^{(k+1)})-\boldsymbol{Q}(\boldsymbol{b}^{(k)})\leqslant\delta$，则 $\boldsymbol{b}^*=\boldsymbol{b}^{(k)}$，否则令 $\boldsymbol{b}^{(k)}=\boldsymbol{b}^{(k+1)}$，并将 λ、l 恢复到第一步中所给的值，返回第二步。

第五步：把 $\boldsymbol{b}^*$ 代入式（3-163），计算出弹道参数 $\boldsymbol{X}(t)=(x,y,z,\dot{x},\dot{y},\dot{z})$。

算法中的 δ 称为容许误差，在弹道计算中一般可设为 $\delta=10^{-5}$ 量级的常数；

λ 称为收敛因子，一般设为初值 $\lambda=1$。

3.3 连续波雷达数据测量与处理方法

这里的连续波雷达主要是指测速雷达，它采用的是测量瞬时多普勒频率的多普勒求速法，即测速雷达的直接测量量是多普勒频率，在对测量数据进行处理前，要先将多普勒频率转换成相应的测速数据。

3.3.1 系统组成及处理意义

测速雷达系统一般包括一个主站和多个副站。主站发射信号同时也接收目标转发下来的信号，多个副站接收目标转发下来的信号。其设备主要分为地面设备和天上设备两部分。地面设备有信号发射机、天线、接收机、测距终端机、测速终端机、角度伺服等；天上设备主要有应答机或信标机、天线等。

测速雷达系统数据处理是对设备上交的测量数据进行详细处理与分析，并利用处理后的测量数据进行弹道参数及精度参数计算，向火箭研制部门提供完整而精确的外弹道数据处理结果，供火箭研制部门评定分析运载火箭的性能和精度、进行误差系数分离与分析故障、改进设计和定型使用。同时对飞行发射中测量设备的跟踪与数据质量情况进行综合分析，为上级机关讲评设备完成工作情况提供依据，也为测量设备使用人员了解设备性能和查找问题提供信息和依据。

3.3.2 测速雷达数据预处理

测速雷达数据预处理过程一般包括数据检查与判断、测速数据复原、数据合理性检验、随机误差统计、时间误差修正、电波折射误差修正。

1. 数据检查与判断

对测量数据进行时间序列检查，判断数据是否存在丢帧、重帧、错帧的现象，判断设备的跟踪状态并确定可以处理的有效跟踪段落。

2. 测速数据复原

测速雷达的测速理论基础是多普勒效应，多普勒效应是指相对于发射源运动的测量设备测到的频率并不是发射源发射的频率，而是在发射频率上叠加了一个频率，这种现象称为多普勒效应。

测速雷达跟踪测量得到的多普勒频率为接收频率与发射频率之差，即

$$f_d=f_R-f_K \tag{3-180}$$

式中：f_d为测速雷达测量的瞬时多普勒频率；f_K为发射频率（即下行信号频率）；f_R为接收频率。

如图 3-12 所示，假设测速雷达主站在$t-\tau_T$时刻发射上行信号，发射频率为f_T，目标 M 在 t 时刻接收到信号并按转发比 n 进行转发($n=f_K/f_T$)，测速雷达接收站在$t+\tau_R$时刻接收到信号。

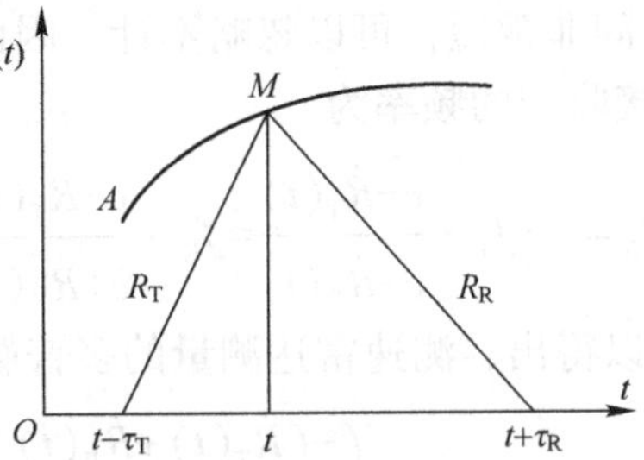

图 3-12　测速雷达测速原理示意图

下面以测速雷达应答测量方式为例，给出测速数据复原方法。

假设应答机在t_{MR}时刻接收到上行信号，此时目标 M 到发射站的距离为 $R_T(t_{MR})$；应答机在t_{MF}时刻进行转发，此时目标 M 到接收站的距离记为 $R_R(t_{MF})$，则有以下相位关系，即

$$\Phi_T(t_{MR}-\tau_T)=\Phi_M(t_{MR}) \tag{3-181}$$

$$\Phi_M(t_{MF})=\Phi_R(t_{MF}+\tau_R) \tag{3-182}$$

式中：$\tau_T=R_T(t_{MR})/c$；$\tau_R=R_R(t_{MF})/c$；c 为光速。

将式（3-181）、式（3-182）两端分别对时间t_{MR}、t_{MF}求导，并记$\dot{\Phi}(t)=\omega(t)$，于是有

$$\left(1-\frac{\dot{R}_T(t_{MR})}{c}\right)\cdot\omega_T(t_{MR}-\tau_T)=\omega_M(t_{MR}) \tag{3-183}$$

$$\omega_M(t_{MF})=\left(1+\frac{\dot{R}_R(t_{MF})}{c}\right)\cdot\omega_R(t_{MF}+\tau_R) \tag{3-184}$$

又因为$f(t)=\omega(t)/2\pi$，所以式（3-183）、式（3-184）两边同时除以 2π 得

$$\left(1-\frac{\dot{R}_T(t_{MR})}{c}\right)\cdot f_T(t_{MR}-\tau_T)=f_M(t_{MR}) \tag{3-185}$$

$$f_M(t_{MF})=\left(1+\frac{\dot{R}_R(t_{MF})}{c}\right)\cdot f_R(t_{MF}+\tau_R) \tag{3-186}$$

式中：$f_M(t_{MR})$为应答机接收频率；$f_M(t_{MF})$为应答机发射频率。

由于应答机将接收频率按转发比 n 进行转发，因此有

$$f_M(t_{MF})=n\cdot f_M(t_{MR}) \tag{3-187}$$

由式（3-185）、式（3-186）和式（3-187），可以得出

$$f_R(t_{MF}+\tau_R)=n\cdot f_T(t_{MR}-\tau_T)\cdot\frac{c-\dot{R}_T(t_{MR})}{c+\dot{R}_R(t_{MF})} \tag{3-188}$$

由于应答机转发时间非常短，可以忽略不计。因此，将 t_{MR} 与 t_{MF} 看作同一时刻 t，则接收站实际接收到的频率为

$$f_R=n\cdot f_T\cdot\frac{c-\dot{R}_T(t)}{c+\dot{R}_R(t)}=f_K\cdot\frac{c-\dot{R}_T(t)}{c+\dot{R}_R(t)} \tag{3-189}$$

由式（3-189）可以得出，测速雷达测量的多普勒频率为

$$f_d=f_R-f_K=f_K\cdot\left(\frac{-(\dot{R}_T(t)+\dot{R}_R(t))}{c+\dot{R}_R(t)}\right) \tag{3-190}$$

由于距离和变化率 $\dot{S}(t)=\dot{R}_T(t)+\dot{R}_R(t)$，$f_K$ 为发射频率，其值一般是稳定的。因此，测速雷达的测速数据复原公式为

$$\dot{S}=\dot{R}_T+\dot{R}_R=-\frac{c+\dot{R}_R}{f_K}f_d \tag{3-191}$$

假设 $c\gg\dot{R}_R$，则可以认为 $c+\dot{R}_R\approx c$，那么式（3-191）就可简化为

$$\dot{S}\approx-\frac{c}{f_K}f_d \tag{3-192}$$

称式（3-192）为信息复原的简化公式。

式（3-192）建立在 $c\gg\dot{R}_R$ 的假设之上，忽略了 $\dot{R}_R$ 对测元精度的影响。但实际上，当 $|\dot{R}_R|>10^3$m/s 时，这一假设会带来较大的系统误差。以某次航天发射为例，当火箭飞行到约 600s 时，某测速雷达站的 $\dot{R}_R\approx6750$m/s、$f_d\approx$ 239.5kHz，此时式（3-191）与式（3-192）之差为 $\Delta\dot{S}\approx(f_d/f_K)\cdot\dot{R}_R\approx$ 0.3m/s，而 0.3m/s 的误差远大于测速雷达的精度指标要求，是完全不能忽视的。因此，在实际工程应用中，应使用式（3-191）对测速雷达的测速数据进行复原。

这里需要考虑的是，在复原公式（3-191）中需要用到 $\dot{R}_R$，而在信息复原时，$\dot{R}_R$ 是未知的。通过理论分析表明，当 $\dot{R}_R$ 的误差 $|\Delta\dot{R}_R|<10^2$m/s 时，由 $\Delta\dot{R}_R$ 带来的误差是非常小的，可以忽略不计。因此，既可以用高精度的干涉仪弹道，也可以用中精度的单脉冲雷达弹道或其他测量系统的弹道求得 $\dot{R}_R$，

然后使用复原公式（3-191）对测速雷达测速数据进行信息复原。

3. 数据合理性检验

测速雷达数据处理通常采用五点外推法对异常值进行判定和校正。采用五点外推法对数据进行拟合，将实际测量值与拟合值作差，若两者的差值大于给定的检验阈值，则认为该测量值为异常值（野值），可以用拟合值将其替代；否则，认为其为真值。检验阈值一般取设备精度指标的3~5倍。在测量数据异常值检验过程中，通常正序加反序为一次检验，一般检验3次。如果有连续3个数据点被替代，则需要跳过五点，重新选择连续正常的5个数据点进行外推；否则，数据可能失真。

五点外推法推导过程及异常值判定方法如下。

采用最小二乘法对连续的 n 个点 $x_{i+1},x_{i+2},\cdots,x_{i+n}(i=0,1,2,\cdots,l-n-1)$ 进行合理性检验。利用 $x_{i+1},x_{i+2},\cdots,x_{i+n}$ 平滑预报 $x_{i+n+\alpha}$ 的公式为

$$\hat{x}_{i+n+\alpha}=\frac{1}{n}\cdot\sum_{j=1}^{n}\left[\frac{12\cdot\left(j-\frac{n+1}{2}\right)\cdot\left(\alpha+\frac{n-1}{2}\right)}{n^2-1}+1\right]\cdot x_{i+j} \quad (3-193)$$

当 $|\hat{x}_{i+n+\alpha}-x_{i+n+\alpha}|>k\cdot\sigma$ 时，认为 $x_{i+n+\alpha}$ 是异常值（野值），可以用最小二乘拟合法将其代替或用 $\hat{x}_{i+n+\alpha}$ 取代；否则认为是正常值。其中 k 为常数，σ 为观测数据在时序上的观测误差均方差值。

在上述公式中，取 $n=5$、$\alpha=1$，即为五点外推公式，有

$$\hat{x}_{i+6}=\frac{1}{5}\sum_{j=1}^{5}\left(\frac{3}{2}\cdot j-\frac{7}{2}\right)\cdot x_{i+j} \quad (3-194)$$

4. 随机误差统计

测速雷达测量数据的随机误差统计采用最小二乘拟合残差法。由于测量时间较长，测量数据点数较多，通常对测量数据分段（一般1s为一段）估计测量随机误差，然后取所有段落估计结果的平均值作为测量数据随机误差的统计结果。通常对连续跟踪时间大于5s的数据段落进行统计，其余连续时间较短的段落不进行统计。

采用最小二乘拟合残差法进行随机误差统计时，首先需要对测量数据进行50ms积分（即将连续的4个数据点取平均值，测速雷达采样频率为80c/s），然后再进行拟合。一般选用3阶多项式对测量数据进行拟合，然后将测量数据与拟合值作差，得到残差序列。将残差序列看作测量数据中的随机成分，统计残差序列的均方差。

最小二乘拟合残差法方法如下。

设 $\{x_i,i=1,2,\cdots,N\}$ 为观测数据，可以用 m 阶正交多项式来拟合这 N 个

观测数据，即

$$\bar{x}_i = \sum_{j=0}^{m} a_j \cdot p_j(i) \quad (i = 1,2,\cdots,N) \tag{3-195}$$

其中，$p_j(i)$为正交多项式。

$$\begin{cases} p_0(i)=1 \\ p_1(i)=i-\dfrac{N+1}{2} \\ p_2(i)=\left(i-\dfrac{N+1}{2}\right)^2-\dfrac{N^2-1}{12} \\ \vdots \\ p_{j+1}(i)=p_1(i)\cdot p_j(i)-\dfrac{j^2\cdot(N^2-j^2)}{4\cdot(4j^2-1)}\cdot p_{j-1}(i) \end{cases} \tag{3-196}$$

令

$$S(N,j) = \frac{(j!)^4 \cdot \prod_{r=-j}^{j}(N-r)}{(2j)!\cdot(2j+1)!} \tag{3-197}$$

则利用观测数据$\{x_i,i=1,2,\cdots,N\}$估计正交多项式系数$\{a_j,j=0,1,\cdots,m\}$的估计值为

$$\hat{a}_j = \sum_{i=1}^{N} \frac{x_i \cdot p_j(i)}{S(N,j)} \quad (j = 0,1,\cdots,m) \tag{3-198}$$

观测数据$\{x_i,i=1,2,\cdots,N\}$中的真实信号$\{\bar{x}_i,i=1,2,\cdots,N\}$的最小二乘估计为

$$\hat{\bar{x}}_i = \sum_{j=0}^{m} \hat{a}_j \cdot p_j(i) \quad (i = 1,2,\cdots,N) \tag{3-199}$$

将观测数据$\{x_i,i=1,2,\cdots,N\}$与其估计值$\{\hat{\bar{x}}_i,i=1,2,\cdots,N\}$作差，得到残差序列为

$$w_i = x_i - \hat{\bar{x}}_i \quad (i=1,2,\cdots,N) \tag{3-200}$$

则残差序列均方差估计（即观测数据$\{x_i,i=1,2,\cdots,N\}$的随机误差）为

$$\hat{\sigma}_x = \sqrt{\frac{\sum_{i=1}^{N} w_i^2}{N-m-1}} \tag{3-201}$$

5. 时间误差修正

由于高精度测速雷达测量原理和体制的原因，以及电波信号在空间的传播，设备测量的测速数据实际上并不是采样时刻的数据，即设备采样时刻（测量数据记录时间）和测量时刻（测量数据所反映的目标运动状态的真实时

间）不一致，因此必须对其进行相应的修正。

1）测速时间误差来源

对于高精度测速雷达，其测量数据的时间误差包括以下两项内容。

（1）设备数据采样生成机制造成的时间误差。

由于高精度测速雷达是高采样率设备，其测量数据原始采样频率远远大于测量数据的输出频率，根据其测量数据采样生成机制，测速雷达在某一时刻输出的采样数据实际为采样数据输出周期时间段内原始采样数据量的平均结果。

以某测速雷达设备为例，测速雷达机内原始多普勒频率的采样频率为 N（即每秒记录数据为 N 个），测量多普勒频率的输出频率为 F（即每秒输出数据为 F 个），因此，测速雷达在某一时刻输出的多普勒频率实际为 $1/F$ 秒时间段内 N/F 个原始测量多普勒频率的平均结果。根据最小二乘估计理论，这一平均结果不是 t_0+1/F 秒（t_0 为前一采样时刻）处的多普勒频率，而是 $t_0+1/2F$ 秒附近的多普勒频率的线性最优估计。实际上，在 $1/F$ 秒内，由线性逼近带来的截断误差可以忽略不计，因此这一算术平均值近似等于 $t_0+1/2F$ 秒处多普勒频率的最优估计。

由此可知，由测速雷达的数据采样生成机制造成了测量数据存在 $1/2F$ 秒的时间误差，需要对此项误差进行修正。

（2）信号的空间传播时延造成的误差。

假设 M_{tk1} 表示目标运动在时间为 t_{k1} 的位置，距离为 $R_{(tk1)}$，M_{tk} 表示目标运动在时间为 t_k 的位置，距离为 $R(t_k)$，如图 3-13 所示。

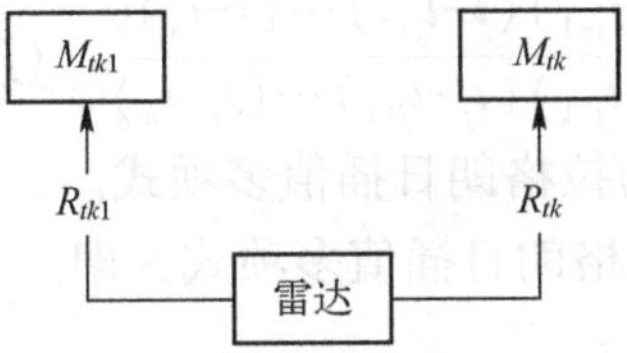

图 3-13 电波信号空间传播示意图

由图可知，测站在 t_k 时刻接收到来自目标的电波信号，并记录测量数据。显然，该测量数据反映的是目标在 $t_{k'}$ 时刻的运动状态，而不是目标在时刻 t_k 的运动状态。

此时，时间 t_k 与 $t_{k'}$ 有以下关系，即

$$t_k = t_{k'} + \frac{R(t_{k'})}{c} \tag{3-202}$$

式中：c 为光速。

那么，电波信号在空间的传播时延为

$$\Delta t_k = t_k - t_{k'} = \frac{R(t_{k'})}{c} \tag{3-203}$$

在实际工程应用中，一般需要的是设备采样时刻（即 t_k时刻）的测量数据，因此，要得到 t_k时刻反映目标运动状态的测量数据，必须对设备获取的测量数据进行时间误差修正。

2）拉格朗日差值多项式

在对外测测量数据进行时间误差修正时，目前主要使用拉格朗日插值方法。下面介绍拉格朗日插值多项式。

设$\{t_i, i=0,1,2,\cdots,n\}$为等间隔的采样时间序列，对应的观测数据为$\{y_i, i=0,1,2,\cdots,n\}$，假定 n 次插值多项式 $L_n(t)$满足以下条件，即

$$L_n(t_i) = y_i \quad (i=0,1,\cdots,n) \tag{3-204}$$

那么，$L_n(t)$可以表示为

$$L_n(t) = \sum_{j=0}^{n} y_i \cdot l_j(t) \tag{3-205}$$

式中：$l_j(t)$为 n 次插值基函数，满足以下条件，即

$$l_j(t) = \begin{cases} 1, i=j \\ 0, i \neq j \end{cases} \quad (i、j=0,1,\cdots,n) \tag{3-206}$$

则

$$l_j(t) = \frac{(t-t_0)\cdots(t-t_{j-1})(t-t_{j+1})\cdots(t-t_n)}{(t_j-t_0)\cdots(t_j-t_{j-1})(t_j-t_{j+1})\cdots(t_j-t_n)} \quad (j=0,1,2,\cdots,n) \tag{3-207}$$

称 n 次插值多项式 $L_n(t)$为拉格朗日插值多项式。

当 $n=1$ 时，为两点拉格朗日插值多项式，即

$$L_1(t) = \frac{t-t_1}{t_0-t_1} \cdot y_0 + \frac{t-t_0}{t_1-t_0} \cdot y_1 \tag{3-208}$$

当 $n=2$ 时，为三点拉格朗日插值多项式，即

$$L_2(t) = \frac{(t-t_1)(t-t_2)}{(t_0-t_1)(t_0-t_2)} \cdot y_0 + \frac{(t-t_0)(t-t_2)}{(t_1-t_0)(t_1-t_2)} \cdot y_1 + \frac{(t-t_0)(t-t_1)}{(t_2-t_0)(t_2-t_1)} \cdot y_2 \tag{3-209}$$

3）测速时间误差修正

假设高精度测速雷达测量数据的输出频率为 F，则连续相邻的两个采样

时刻的时间间隔为 $1/F$ 秒。以应答测量方式为例，设测速雷达记录的连续 3 个采样时刻 t_i、t_{i+1}、t_{i+2} 的测速数据分别为 $\dot{S}_i$、$\dot{S}_{i+1}$、$\dot{S}_{i+2}$。对采样时刻进行时间误差修正后的时间点分别为 t'_i、t'_{i+1}、t'_{i+2}，实际上测速数据 $\dot{S}_i$、$\dot{S}_{i+1}$、$\dot{S}_{i+2}$ 分别为真实时刻 t'_i、t'_{i+1}、t'_{i+2} 的测速数据。

那么，采样时刻 t_i、t_{i+1}、t_{i+2} 与修正后的时刻 t'_i、t'_{i+1}、t'_{i+2} 之间有以下关系式，即

$$\begin{cases} t'_i = t_i - \dfrac{R(t'_i)}{c} - \dfrac{1}{2F} \\ t'_{i+1} = t_{i+1} - \dfrac{R(t'_{i+1})}{c} - \dfrac{1}{2F} \quad (i=1,2,\cdots,n) \\ t'_{i+2} = t_{i+2} - \dfrac{R(t'_{i+2})}{c} - \dfrac{1}{2F} \end{cases}$$

式中：c 为光速；$R(t'_i)$、$R(t'_{i+1})$、$R(t'_{i+2})$ 分别为 t'_i、t'_{i+1}、t'_{i+2} 时刻目标到测速雷达站的距离。

对于高精度测速雷达，一般使用三点拉格朗日插值方法进行时间误差修正，因此，测速雷达在 t_{i+1} 时刻的测速数据可以由 $\dot{S}_i$、$\dot{S}_{i+1}$、$\dot{S}_{i+2}$ 采用三点拉格朗日插值公式（3-209）计算得到。

6. 电波折射误差修正

由于地球的周围充满着大气，且空间各处大气成分、密度、温度和电离程度都不相同，介质特性也很复杂。因此，无线电波在大气中传播时，传播路径发生弯曲、传播速度异于在真空中的速度，这就引起电波信号的大气折射误差。

在高精度测速雷达的各种误差源中，电波折射误差是系统误差的一个主要方面。传统体制下的测速数据电波折射修正方法完全依赖高精度测距数据(连续波干涉仪定位)，在多测速定轨体制下，没有定位信息可供使用。因此，研究一种不采用高精度测距数据情况下的测速电波折射修正方法具有重要意义，这里将给出一种全测速条件下的测速电波折射修正方法。

1) 电波折射修正基本概念

地球周围大气层的结构非常复杂，除了受时间、季节和气候的影响外，还随着周围环境及地形、地貌而变化。因此，要准确得到电波和光波的真实传播路径是极其困难的，只能在精度允许的条件下，采取某种近似，获取与真实路径较接近的结果。

在进行电波折射误差修正时，需要对大气作某种假设。为此，对大气作球面分层假设，即假设：

① 地球为圆球，地球平均半径为 a；

② 大气结构在水平方向是均匀的。

在此假设下，有以下结论。

（1）与地球同心的任一大气薄层内大气物理参数相同（如气压、气温、湿度、电离程度），在此薄层内，电波波速相同，大气折射率也相同，电波波速和大气折射率仅是高度的函数。

（2）大气水平方向均匀，波速相同，则水平方向无折射。测站到目标的波线的折射仅在地心、目标和测站 3 点所在的平面内发生，即波线的真实传播路径为该平面内的曲线。

球面分层的大气折射几何图形见图 3-14。

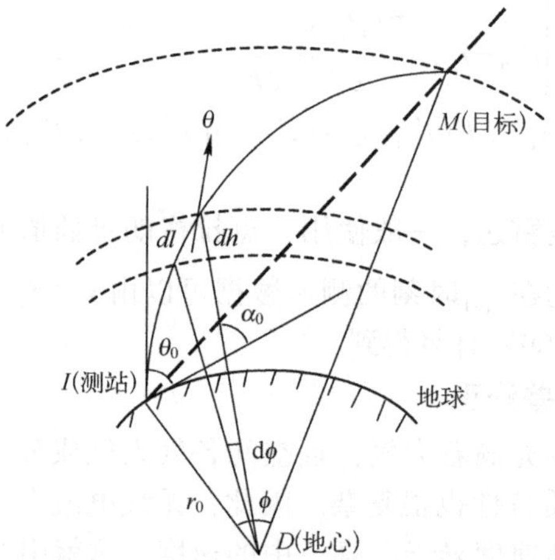

图 3-14　大气折射的几何图形

在大气球面分层假设下，电波在大气中的传播满足斯涅尔（Snell）定理。

2）大气折射率的计算方法

电波折射修正涉及的一个关键量是大气折射率 $n(r)$，在对测量数据进行电波折射误差修正时，必须使用随高度变化的大气折射率。在对流层，大气折射率 $n(r)$ 可根据地心距 r 处的大气层的温度、湿度和气压等参数计算得到；而在电离层，大气折射率 $n(r)$ 应根据电子浓度剖面计算得到。计算大气折射率有多种方法，下面给出几种计算大气折射率的模型方法。

（1）实测探空模型。

利用气象探空仪（释放探空气球）获得从地面起空中各高度的气象参数（高度 h，温度 t，压强 p，湿度 u），在对流层，利用测量得到的气象参数计算不同高度上的大气折射率。

对流层折射率计算公式为

$$\begin{cases}n(r)=1+N(r)\times10^{-6}\\ r=r_i+h\end{cases}\tag{3-210}$$

其中：

$$N(r)=\frac{77.6}{T}\left(p+\frac{4810e}{T}\right)$$

式中：r_i为测站的地心距；$N(r)$为大气折射指数；p为大气压强；$T=t+273.15$；e为水汽分压（mb），由下式计算，即

$$e=\begin{cases}6.11\times10^{\frac{7.5t}{t+237.5}}\cdot\mu & (t\geqslant0)\\ 6.11\times10^{\frac{7.5t}{t+266.5}}\cdot\mu & (t<0)\end{cases}$$

式中：μ为相对湿度（%）；t为温度（℃）。

由于气象探空仪获得的气象参数是随高度变化的离散数据，因此，计算得到的大气折射指数和大气折射率也是离散数据。其他高度上的大气折射指数和大气折射率可以按照以下几种情况进行计算。

记气象探空仪测量的最大高度为h_M，h_E为电离层起始高度。

当$h\leqslant h_M$时，由三点拉格朗日插值方法计算得到。

当$h_M<h\leqslant h_E$时，由以下经验公式计算得到，即

$$n=1+(n_M-1)e^{-0.0001424(h-h_M)}\tag{3-211}$$

式中：n_M为最大高度h_M处的大气折射率。

电离层折射率计算公式为

$$n=1-\frac{40.3N_e}{f^2}\tag{3-212}$$

式中：N_e为电离层的电子浓度（$1/m^3$）；f为电波信号频率（Hz）。

（2）Hopfield 模型。

Hopfield 将折射指数分为干、湿两项，并表示为高度的4次方函数。统计分析表明，这种剖面与世界各地的平均折射指数剖面吻合较好。该模型的形式为

$$\begin{cases}N(h)=N_d(h)+N_w(h)\\ N_i(h)=\dfrac{N_{i0}}{(H_i-h_0)^4}(H_i-h)^4 & (i=d,w,h\leqslant H_i)\\ N_i(h)=0 & (i=d,w,h>H_i)\end{cases}\tag{3-213}$$

式中：N_d、N_w分别为干项和湿项折射指数；H_d、H_w分别为干项和湿项的等效高度；h_0为测站地面海拔高度；N_{d0}、N_{w0}分别为测站地面的干项和湿项折射

指数。

通常情况下，取

$$\begin{cases} N_{d0}=77.6\dfrac{p_0}{T_0} \\ N_{w0}=3.73\times10^5\dfrac{e_0}{T_0^2} \\ H_d=11(\text{km}) \\ H_w=40.136+0.14872\quad(T_0-273.15)(\text{km}) \end{cases} \tag{3-214}$$

式中：T_0、p_0、e_0分别为测站地面温度、压强、水汽压强。

（3）分段模型。

在分段模型中对低空（离地 1km 以下）采用线性模型；离地 1km 至海拔 9km 区段则用指数模型；海拔 9km 以上区域用另一种指数模型。分段模型形式为

$$N(h)=\begin{cases} N_0-\Delta N_1(h-h_0) & h_0\leqslant h\leqslant h_0+1\text{km} \\ N_1\exp[-c_1(h-h_0-1)] & h_0+1\text{km}<h\leqslant 9\text{km} \\ N_9\exp[-c_9(h-9)] & 9\text{km}<h\leqslant 60\text{km} \end{cases} \tag{3-215}$$

式中：h_0为测站地面海拔高度；N_0为测站地面折射指数；N_1、N_9分别为离地 1km 和海拔 9km 处的折射指数；ΔN_1为近地 1km 内的折射指数梯度；c_1为离地 1km 至海拔 9km 之间的指数衰减率；c_9为海拔 9~60km 之间的指数衰减率。

3）*电波折射误差修正方法*

在大气球面分层假设条件下，以高精度测速雷达为例，推导并给出测速雷达测速数据的电波折射误差修正方法及公式。

设某时刻目标 M 在发射坐标系中的位置和速度为$(x,y,z,\dot{x},\dot{y},\dot{z})$，测站在测量坐标系中的坐标为$(x_i,y_i,z_i)$，地心在测量坐标系中的坐标为$(x_q,y_q,z_q)$。测站当地气象数据为：高度 h，温度 t，压强 p，相对湿度 u。

那么，测速雷达测速数据的电波折射误差修正方法及一般步骤如下。

（1）利用坐标系之间的转换关系，将目标在发射坐标系中的位置和速度转化为测量系中的位置和速度$(x,y,z,\dot{x},\dot{y},\dot{z})$。

（2）利用各测站测量的气象参数计算测站当地的大气折射率。

（3）计算目标到地心的距离及方向余弦，有

$$\begin{gathered} r_{mq}=[(x-x_q)^2+(y-y_q)^2+(z-z_q)^2]^{1/2} \\ l_{mq}=\frac{x-x_q}{r_{mq}},m_{mq}=\frac{y-y_q}{r_{mq}},n_{mq}=\frac{z-z_q}{r_{mq}} \end{gathered} \tag{3-216}$$

（4）计算测站到地心的距离及方向余弦，有

$$r_{qi}=[(x_i-x_q)^2+(y_i-y_q)^2+(z_i-z_q)^2]^{1/2}$$
$$l_{qi}=\frac{x_i-x_q}{r_{qi}},m_{qi}=\frac{y_i-y_q}{r_{qi}},n_{qi}=\frac{z_i-z_q}{r_{qi}} \tag{3-217}$$

（5）计算目标到测站的距离及方向余弦，有

$$r_{mi}=[(x-x_i)^2+(y-y_i)^2+(z-z_i)^2]^{1/2}$$
$$l_{mi}=\frac{x-x_i}{r_{mi}},m_{mi}=\frac{y-y_i}{r_{mi}},n_{mi}=\frac{z-z_i}{r_{mi}} \tag{3-218}$$

（6）计算目标相对于测站的真实仰角，即

$$\alpha_{0i}=\arcsin(l_{mi}l_{qi}+m_{mi}m_{qi}+n_{mi}n_{qi}) \tag{3-219}$$

（7）迭代求视在仰角。

① 高斯积分计算地心夹角，有

$$\varphi_i^{(j)}=n_{0i}r_{qi}\cos\theta_{0i}^{(j)}\int_{r_i}^{r_{mq}}\frac{\mathrm{d}r}{r\sqrt{n_i^2r^2-n_{0i}^2r_{qi}^2\cos^2\theta_{0i}^{(j)}}} \tag{3-220}$$

式中：n_{0i}为测站地面折射率。

② 计算测站仰角，有

$$\alpha_{ei}^{(j)}=\arctan\frac{r_{mq}\cos\varphi_i^{(j)}-r_{qi}}{r_{mq}\sin\varphi_i^{(j)}} \tag{3-221}$$

③ 求仰角误差，有

$$E_i^{(j)}=\theta_{0i}^{(j)}-\alpha_{ei}^{(j)} \tag{3-222}$$

④ 计算视在仰角，有

$$\theta_{0i}^{(j+1)}=\alpha_{0i}+E_i^{(j)} \tag{3-223}$$

迭代初值 $\theta_{0i}^{(1)}=\alpha_{0i}$，当$|E_i^{(j+1)}-E_i^{(j)}|\leqslant 10^{-6}$时，迭代结束，否则返回①继续迭代。

（8）目标相对于测站的地心夹角，即

$$\varphi_i=\arccos(l_{mq}l_{qi}+m_{mq}m_{qi}+n_{mq}n_{qi}) \tag{3-224}$$

（9）目标处当地真实仰角，即

$$\alpha_{mi}=\alpha_{0i}+\varphi_i \tag{3-225}$$

（10）目标处当地视在仰角，即

$$\theta_{mi}=\arccos\left(\frac{n_{0i}r_{qi}\cos\theta_{0i}}{n_ir_{mq}}\right) \tag{3-226}$$

（11）目标处当地仰角误差，即

$$E_{mi}=\theta_{mi}-\alpha_{mi} \tag{3-227}$$

（12）目标到测站的视在距离切线方向余弦，即

$$\begin{cases}l_{ei}=n_i\cdot\dfrac{\sin E_{mi}\cdot l_{mq}+\cos\theta_{mi}\cdot l_{mi}}{\cos\alpha_{mi}}\\m_{ei}=n_i\cdot\dfrac{\sin E_{mi}\cdot m_{mq}+\cos\theta_{mi}\cdot m_{mi}}{\cos\alpha_{mi}}\\n_{ei}=n_i\cdot\dfrac{\sin E_{mi}\cdot n_{mq}+\cos\theta_{mi}\cdot n_{mi}}{\cos\alpha_{mi}}\end{cases} \tag{3-228}$$

（13）距离变化率修正量，即

$$\Delta\dot{R}=\dot{R}_{e}-\dot{R} \tag{3-229}$$

式中：$\dot{R}_{e}$ 为视在距离变化率；$\dot{R}$为真实距离变化率。分别由下式计算，即

$$\begin{cases}\dot{R}_{e}=l_{ei}\dot{x}+m_{ei}\dot{y}+n_{ei}\dot{z}\\\dot{R}=l_{mi}\dot{x}+m_{mi}\dot{y}+n_{mi}\dot{z}\end{cases}$$

（14）距离和变化率修正量，即

$$\Delta\dot{S}=\Delta\dot{R}_{T}+\Delta\dot{R}_{R} \tag{3-230}$$

式中：$\Delta\dot{R}_{T}$ 为目标到上行信号站（发射站）的距离变化率修正量；$\Delta\dot{R}_{R}$ 为目标到接收站的距离变化率修正量。

（15）电波折射修正后距离变化率，即

$$\dot{R}=\dot{R}_{M}-\Delta\dot{R} \tag{3-231}$$

式中：$\dot{R}_{M}$ 为由测速雷达测量的未做电波折射修正的距离变化率。

（16）电波折射修正后距离和变化率，即

$$\dot{S}=\dot{S}_{M}-\Delta\dot{S} \tag{3-232}$$

式中：$\dot{S}_{M}$ 为由测速雷达测量的未做电波折射修正的距离和变化率。

4）气象数据使用及折射率计算模型选取

对设备测量数据进行电波折射误差修正时，需要利用测站当地气象参数（包括高度、压强、温度、相对湿度）计算大气折射率。由于测量设备类型多、数量大、分布广，而且很大一部分设备需要机动布站，目前气象测量保障没有对测量站点进行全面覆盖，只有少数几个测量站点具备气象测量条件，而且其中部分测站只能进行地面气象观测。

目前，在电波折射误差修正中，气象数据使用及折射率计算模型选取采

用以下原则：在能够提供气象数据的测站，使用测站当地实测气象数据对设备测量数据进行电波折射误差修正，而无法提供实测气象数据的测站利用其邻近测站的气象数据进行代替，然后根据气象数据类型，选取不同的模型计算大气折射率。大气折射率计算模型选取原则见表 3-1。

表 3-1 大气折射率计算模型选取原则

气象数据类型	大气折射率计算模型
高空	实测探空模型
地面	Hopfield 模型

3.3.3 测速雷达数据弹道解算

综合处理是指将预处理后的多台设备的测量数据汇集起来，利用数理统计方法进一步估计和校准系统误差，解算出目标的飞行弹道参数，并给出其弹道精度。目前采用多测速体制样条 EMBET 弹道解算方法完成弹道的解算。基于样条表示的多测速雷达弹道测量模型的基本思想是：利用样条表示弹道，将多个时刻的所有测量数据串联起来，建立一个关于待估样条系数的非线性回归模型，从而将多个时刻的大量弹道参数估计问题转化为一个关于少量样条系数的估计问题。这一转换大大增加了数据冗余量，提高了参数估计的精度和稳定性。基于样条约束的 EMBET 方法可以有效抑制测量元素随机误差对弹道解算精度的影响，在工程实践中应用效果较好。

弹道既可以用多项式表示，也可以用样条函数表示，而样条函数可以逼近任意函数，降低了连续性条件，灵活适应性强，具有很好的适应数据或函数变化的能力，一条在较长时间内不断变化的弹道很难用多项式来表示，但可以用样条函数十分精确地表示，同时采用样条函数表示弹道，可以充分考虑目标位置和速度之间的微分关系，用很少的参数表示一段弹道。

测速雷达能够提供距离和变化率$\dot{S}_k(t)\,(k=1,2,\cdots,N)$，距离和变化率的测量量称为测速元，一般测速元的精度较高，在同一时间段可获得十几个测量数据，利用测速数据可以求解出高精度的弹道参数。

能够确定 6 个弹道参数的关键是必须有 6 个以上的不相关测量方程，如果测量方程由 6 个或 6 个以上测速元素组成，即

$$\dot{S}_i(t)=\dot{R}_i(t)+\dot{R}_0(t)+e_i(t)\quad (i=1,2,\cdots,6) \tag{3-233}$$

式中：$i=0$ 表示主站发射天线，$i=1,2,\cdots,6$ 表示 6 个副站（接收信号）接收天线。此时，方程个数仍为 6 个，可以证明，只要下式的 Jacobi 矩阵，即

$$A(t)=\begin{pmatrix} \frac{\partial \dot{S}_1(t)}{\partial x} & \frac{\partial \dot{S}_1(t)}{\partial y} & \frac{\partial \dot{S}_1(t)}{\partial z} & \frac{\partial \dot{S}_1(t)}{\partial \dot{x}} & \frac{\partial \dot{S}_1(t)}{\partial \dot{y}} & \frac{\partial \dot{S}_1(t)}{\partial \dot{z}} \\ \frac{\partial \dot{S}_2(t)}{\partial x} & \frac{\partial \dot{S}_2(t)}{\partial y} & \frac{\partial \dot{S}_2(t)}{\partial z} & \frac{\partial \dot{S}_2(t)}{\partial \dot{x}} & \frac{\partial \dot{S}_2(t)}{\partial \dot{y}} & \frac{\partial \dot{S}_2(t)}{\partial \dot{z}} \\ \vdots & \vdots & \vdots & \vdots & \vdots & \vdots \\ \frac{\partial \dot{S}_6(t)}{\partial x} & \frac{\partial \dot{S}_6(t)}{\partial y} & \frac{\partial \dot{S}_6(t)}{\partial z} & \frac{\partial \dot{S}_6(t)}{\partial \dot{x}} & \frac{\partial \dot{S}_6(t)}{\partial \dot{y}} & \frac{\partial \dot{S}_6(t)}{\partial \dot{z}} \end{pmatrix} \tag{3-234}$$

是列满秩矩阵（一般的合理布站都可以使这个条件满足），那么，根据反函数存在性定理，由式（3-235）可以唯一确定6个弹道参数，即

$$\begin{cases} x(t)=G_1(\dot{S}_1(t),\dot{S}_2(t),\cdots,\dot{S}_6(t)) \\ y(t)=G_2(\dot{S}_1(t),\dot{S}_2(t),\cdots,\dot{S}_6(t)) \\ z(t)=G_3(\dot{S}_1(t),\dot{S}_2(t),\cdots,\dot{S}_6(t)) \\ \dot{x}(t)=g_1(\dot{S}_1(t),\dot{S}_2(t),\cdots,\dot{S}_6(t)) \\ \dot{y}(t)=g_2(\dot{S}_1(t),\dot{S}_2(t),\cdots,\dot{S}_6(t)) \\ \dot{z}(t)=g_3(\dot{S}_1(t),\dot{S}_2(t),\cdots,\dot{S}_6(t)) \end{cases} \tag{3-235}$$

式（3-235）表示的是一种解的存在性，其中的函数关系并不一定是显式的，但总可以通过数值迭代法得到。前面考虑的是解的存在性，更重要的是解的精度，即测量元素与弹道参数之间的误差传播关系。

首先建立飞行弹道的自由节点B样条表示。对于一般的飞行器运动目标，可选择3次B样条作为基。设在时间段$[a,b]$区间选定n个内节点K^n，即

$$a<t_1<t_2<\cdots<t_n<b \tag{3-236}$$

将$\{t_j\}_{j=1}^n$向左右各扩充3个点，成为

$$t_{-2}\leqslant t_{-1}\leqslant t_0<t_1<t_2<\cdots<t_n<t_{n+1}\leqslant t_{n+2}\leqslant t_{n+3}$$

一般地，扩充节点可选为边界的重节点，这样，以$\{B_{3,j}(t)\}_{j=-2}^{n-1}$为基的3次样条函数可表示为

$$S(t,K^n)=\sum_{j=-2}^{n-1}\beta_j B_{3,j}(t)\quad (t_1\leqslant t\leqslant t_n) \tag{3-237}$$

采用$S(t,K^n)$的形式分别表示弹道的6个分量为

$$
\begin{cases}
x(t)=\sum_{j=-2}^{n_1-1}\beta_j^x B_{3,j}^x(t), & \dot{x}(t)=\sum_{j=-2}^{n_1-1}\beta_j^x \dot{B}_{3,j}^x(t) \\
y(t)=\sum_{j=-2}^{n_2-1}\beta_j^y B_{3,j}^y(t), & \dot{y}(t)=\sum_{j=-2}^{n_2-1}\beta_j^y \dot{B}_{3,j}^y(t) \\
z(t)=\sum_{j=-2}^{n_3-1}\beta_j^z B_{3,j}^z(t), & \dot{z}(t)=\sum_{j=-2}^{n_3-1}\beta_j^z \dot{B}_{3,j}^z(t)
\end{cases}
\tag{3-238}
$$

式中：n_1、n_2、n_3分别为3个分量上的内节点个数。由于弹道3个分量的动力特性不一样，因此，它们的最优节点个数以及最优节点分布也不一样。式（3-238）的实际意义就是用样条函数系数$\{\beta_j^x\}_{j=-2}^{n_1-1}$、$\{\beta_j^y\}_{j=-2}^{n_2-1}$、$\{\beta_j^z\}_{j=-2}^{n_3-1}$代表时间段$[a,b]$上的一条弹道，它大大减少了弹道表示的参数，$[a,b]$上有1000个采样点，那么逐点表示弹道需要6000个参数，而用样条函数表示只需要150个参数就可以足够精确地表示出来了，这一优点在通过测量方程解算弹道时已充分体现出来。

实际测量可能含有系统误差，因此将式（3-233）改写成

$$
\dot{S}_i(t)=\dot{R}_i(t)+\dot{R}_0(t)+U_i(t)+e_i(t)\quad (i=1,2,\cdots,M) \tag{3-239}
$$

式中：$U_i(t)$为第i个测量元素的系统误差模型，一般的系统误差有固定误差、漂移误差、电波折射修正残差、站址误差等。将式（3-239）代入测量方程式（3-238）中，就构成了多测速元素定轨体制的测量方程。为了使表达更简洁，首先引入以下记号，在式（3-239）中，令

$$
\begin{cases}
B_x(t)=(B_{3,-2}^x(t),B_{3,-1}^x(t),\cdots,B_{3,n_1-1}^x(t)) \\
B_y(t)=(B_{3,-2}^y(t),B_{3,-1}^y(t),\cdots,B_{3,n_2-1}^y(t)) \\
B_z(t)=(B_{3,-2}^z(t),B_{3,-1}^z(t),\cdots,B_{3,n_3-1}^z(t)) \\
\boldsymbol{b}_x=(\beta_{-2}^x,\beta_{-1}^x,\cdots,\beta_{n_1-1}^x)^{\mathrm{T}} \\
\boldsymbol{b}_y=(\beta_{-2}^y,\beta_{-1}^y,\cdots,\beta_{n_1-1}^y)^{\mathrm{T}} \\
\boldsymbol{b}_z=(\beta_{-2}^z,\beta_{-1}^z,\cdots,\beta_{n_1-1}^z)^{\mathrm{T}}
\end{cases}
\tag{3-240}
$$

则式（3-239）可表示为

$$
\begin{cases}
x(t)=B_x(t)\boldsymbol{b}_x, & \dot{x}(t)=\dot{B}_x(t)\boldsymbol{b}_x \\
y(t)=B_y(t)\boldsymbol{b}_y, & \dot{y}(t)=\dot{B}_y(t)\boldsymbol{b}_y \\
z(t)=B_z(t)\boldsymbol{b}_z, & \dot{z}(t)=\dot{B}_z(t)\boldsymbol{b}_z
\end{cases}
\tag{3-241}
$$

记

$$
\boldsymbol{b}=(\boldsymbol{b}_x^{\mathrm{T}},\boldsymbol{b}_y^{\mathrm{T}},\boldsymbol{b}_z^{\mathrm{T}})^{\mathrm{T}}
$$

将式（3-241）代入式（3-239），得

$$
\dot{S}_i(\boldsymbol{b},t)=\dot{R}_i(\boldsymbol{b},t)+\dot{R}_0(\boldsymbol{b},t)+U_i(t)+e_i(t)\quad (i=1,2,\cdots,M)
$$

其中：

$$\dot{R}_i(\boldsymbol{b},t)=\frac{\dot{B}_x(t)\boldsymbol{b}_x(B_x(t)\boldsymbol{b}_x-x_i)+\dot{B}_y(t)\boldsymbol{b}_y(B_y(t)\boldsymbol{b}_y-y_i)+\dot{B}_z(t)\boldsymbol{b}_z(B_z(t)\boldsymbol{b}_z-z_i)}{R_i(\boldsymbol{b},t)} \tag{3-242}$$

$$R_i(\boldsymbol{b},t)=\sqrt{(B_x(t)\boldsymbol{b}_x-x_i)^2+(B_y(t)\boldsymbol{b}_y-y_i)^2+(B_z(t)\boldsymbol{b}_z-z_i)^2}\quad (i=0,1,\cdots,M)$$

式（3-242）建立了关于测量数据与样条系数 $\boldsymbol{b}$ 和系统误差系数的方程，注意到，在整个时间段$[a,b]$上，$\boldsymbol{b}$ 是一个常向量，不随时间 t 变化，因此，可以将$[a,b]$上所有采样点的测量方程联立求解样条系数 $\boldsymbol{b}$，然后利用式（3-241）求出每个时刻的弹道参数 $X(t)=(x,y,z,\dot{x},\dot{y},\dot{z})$。

由此，在时间段$[a,b]$内 N 个采样点的 $N\times M$ 个测量方程的联立可写成以下矩阵形式，即

$$\boldsymbol{Y}=\boldsymbol{F}(\boldsymbol{b},\boldsymbol{U})+\boldsymbol{e} \tag{3-243}$$

式（3-243）即为多测速元素定轨体制的测量方程，它简洁地表示出在时间段$[a,b]$内所有测量数据和样条函数系数 $\boldsymbol{b}$ 与系统误差系数 $\boldsymbol{U}$ 的关系，亦即与弹道参数的关系，它是一个关于样条函数系数 $\boldsymbol{b}$ 与系统误差系数 $\boldsymbol{U}$ 的庞大的非线性方程组。

关于 $\boldsymbol{b}$ 与 $\boldsymbol{U}$ 的解，可由以下非线性最小二乘法估计得到。

令

$$\boldsymbol{Q}(\boldsymbol{b},\boldsymbol{U})=\|\boldsymbol{Y}-\boldsymbol{F}(\boldsymbol{b},\boldsymbol{U})\|_2^2 \tag{3-244}$$

则 $\boldsymbol{b}$ 与 $\boldsymbol{U}$ 的最小二乘估计为$\hat{\boldsymbol{b}}$与$\hat{\boldsymbol{U}}$关系为

$$\boldsymbol{Q}(\hat{\boldsymbol{b}},\hat{\boldsymbol{U}})=\min_{\boldsymbol{b}\in R^{n_1+n_2+n_3+6}}\boldsymbol{Q}(\boldsymbol{b},\boldsymbol{U}) \tag{3-245}$$

非线性最小二乘问题式（3-245）不能直接求解，可用高斯-牛顿算法、哈特利算法、麦夸特算法、Fletcher 算法等。

采用 6 个测速元素逐点定轨方法确定弹道，其误差传播关系较差，求解弹道与真值之间有差别，不能用于高精度弹道的数据处理。考虑用样条表示弹道，结合前面建立的非线性模型，利用样条函数表示弹道，将多个采样时刻的测量方程联立，建立关于样条函数参数和测量数据的新的测量方程组，从而在弹道估算中可以大量减少待估参数，提高弹道估算的精度和稳定性。

经典的样条约束 EMBET 方法求解弹道参数。首先给出样条函数的定义，对区间$[a,b]$，作分划 $\Delta: a=T_0<T_1<\cdots<T_N=b$，$\Delta$ 将$[a,b]$分解为 N 个子区间$[T_{i-1},T_i]$（$i=1,2,\cdots,N$）。如果函数 $s_n(t)$ 满足下列条件：

① 在每个子区间$[T_{i-1},T_i]$$(i=1,2,\cdots,N)$上，函数 $s_n(t)$ 是次数不高于 n 的多项式，但至少在一个子区间上为 n 次多项式；

② $s_n(t)\in C^{n-1}[a,b]$（$n-1$ 次连续可导函数的集合），则称 $s_n(t)$ 为关于分划 Δ 的 n 次样条函数，点 $T_i(i=0,1,2,\cdots,N)$ 称为样条函数 $s_n(t)$ 的节点，点 $T_i(i=1,2,\cdots,N-1)$ 称为样条函数 $s_n(t)$ 的内节点。

如果满足以上定义的样条函数 $s_n(t)$ 的 n 阶导数是连续的，则此 n 次样条函数就成为区间 $[a,b]$ 上的 n 次多项式函数了。样条函数 $s_n(t)$ 的全体构成一个 $n+N$ 维的线性空间。

在实数轴上取节点序列 $\cdots<T_{-n}<\cdots<T_0<\cdots<T_N<\cdots<T_{N+n}<\cdots$，在 $(x-t)_+^n=\begin{cases}(x-t)^n, & x\geqslant t,\\ 0, & x<t\end{cases}$ 中，将 t 看作参数，关于 $x=T_i,T_{i+1},\cdots,T_{i+n+1}$ 作函数 $(x-t)_+^n$ 的 $n+1$ 阶差商 $[T_i,T_{i+1},\cdots,T_{i+n+1}](x-t)_+^n$，称此差商为以 t 为变量的 B 样条函数，并称

$$B_{i,n+1}(t)=(T_{i+n+1}-T_i)[T_i,T_{i+1},\cdots,T_{i+n+1}](x-t)_+^n$$

为第 i 个 $n+1$ 阶规范（标准）B 样条函数，以下所指的 B 样条函数都是指规范 B 样条函数。

根据差商与在各节点处函数值的关系式，可得

$$B_{i,n+1}(t)=(T_{i+n+1}-T_i)\sum_{k=i}^{k=i+n+1}\frac{(T_k-t)_+^n}{w'_{i,n+1}(T_k)}$$

其中：

$$w_{i,n+1}(T_k)=\prod_{k=i}^{i+n+1}(t-T_i)\triangleq(t-T_i)(t-T_{i+1})\cdots(t-T_{i+n+1})$$

假设各节点等距分布，则可得以下 3 次等距节点样条函数的表达式为

$$B_4(t)=\begin{cases}0, & |t|\geqslant 2\\ \dfrac{|t|^3}{2}-t^2+\dfrac{2}{3}, & |t|<1\\ -\dfrac{|t|^3}{6}+t^2-2|t|+\dfrac{4}{3}, & \text{其他}\end{cases}\tag{3-246}$$

根据定义可推导出第 i 个 3 阶 B 样条函数为

$$B_{i,3}(t)=\begin{cases}0, & t\notin[T_i,T_{i+3})\\ \dfrac{(t-T_i)^2}{(T_{i+1}-T_i)(T_{i+2}-T_i)}, & t\in[T_i,T_{i+1})\\ \dfrac{(t-T_i)^2}{(T_{i+1}-T_i)(T_{i+2}-T_i)}-\dfrac{(T_{i+3}-T_i)(t-T_{i+1})^2}{(T_{i+1}-T_i)(T_{i+2}-T_{i+1})(T_{i+3}-T_{i+1})}, & t\in[T_{i+1},T_{i+2})\\ \dfrac{(T_{i+3}-t)^2}{(T_{i+3}-T_{i+1})(T_{i+3}-T_{i+2})}, & t\in[T_{i+2},T_{i+3})\end{cases}\tag{3-247}$$

如果式（3-247）中的节点分布不是等距的，则称为自由节点的样条函数。自由节点 B 样条函数 $B_{i,n+1}(t)$ 具有以下性质。

① 递推关系式，即

$$B_{i,k+1}(t)=\frac{t-T_i}{T_{i+k}-T_i}B_{i,k}(t)+\frac{T_{i+k+1}-t}{T_{i+k+1}-T_{i+1}}B_{i+1,k}(t)\quad(k=1,2,\cdots,n)$$

② 微分性质，即

$$\dot{B}_{i,n+1}(t)=\frac{n}{T_{i+n}-T_i}B_{i,n}(t)-\frac{n}{T_{i+n+1}-T_{i+1}}B_{i+1,n}(t)$$

③ 函数组 $B_{i,n+1}(t)$ $(i=-n,-n+1,\cdots,N-1)$ 在区间$[a,b]$上，构成 n 次样条函数空间的一组基。

设时间段$[a,b]$上弹道参数为 $\boldsymbol{X}(t)=(x(t),y(t),z(t),\dot{x}(t),\dot{y}(t),\dot{z}(t))$，应用以下一组 3 次 B 样条基来表示 $\boldsymbol{X}(t)$。根据弹道的运动特性，考虑 3 个分量上的等距分划

$$\pi_x:a=\tau_{x,0}<\tau_{x,1}<\cdots<\tau_{x,N_x}=b,\tau_{x,i+1}-\tau_{x,i}=h_x$$

$$\tau_{x,-1}=\tau_{x,0}-h_x,\ ,\tau_{x,N_x+1}=\tau_{x,N_x}+h_x$$

$$\pi_y:a=\tau_{y,0}<\tau_{y,1}<\cdots<\tau_{y,N_y}=b,\tau_{y,i+1}-\tau_{y,i}=h_y$$

$$\tau_{y,-1}=\tau_{y,0}-h_y,\ ,\tau_{y,N_y+1}=\tau_{y,N_y}+h_y$$

$$\pi_z:a=\tau_{z,0}<\tau_{z,1}<\cdots<\tau_{z,N_z}=b,\tau_{z,i+1}-\tau_{z,i}=h_z$$

$$\tau_{z,-1}=\tau_{z,0}-h_z,\ ,\tau_{z,N_z+1}=\tau_{z,N_z}+h_z$$

那么 $\boldsymbol{X}(t)$ 可表示为

$$\begin{cases}x(t)=\sum\limits_{j=-1}^{N_x+1}\beta_{x,j}B_4\left(\dfrac{t-\tau_{x,j}}{h_x}\right) & \dot{x}(t)=\dfrac{1}{h_x}\sum\limits_{j=-1}^{N_x+1}\beta_{x,j}\dot{B}_4\left(\dfrac{t-\tau_{x,j}}{h_x}\right)\\ y(t)=\sum\limits_{j=-1}^{N_y+1}\beta_{y,j}B_4\left(\dfrac{t-\tau_{y,j}}{h_y}\right) & \dot{y}(t)=\dfrac{1}{h_y}\sum\limits_{j=-1}^{N_y+1}\beta_{y,j}\dot{B}_4\left(\dfrac{t-\tau_{y,j}}{h_y}\right)\\ z(t)=\sum\limits_{j=-1}^{N_z+1}\beta_{z,j}B_4\left(\dfrac{t-\tau_{z,j}}{h_z}\right) & \dot{z}(t)=\dfrac{1}{h_z}\sum\limits_{j=-1}^{N_z+1}\beta_{z,j}\dot{B}_4\left(\dfrac{t-\tau_{z,j}}{h_z}\right)\end{cases}\tag{3-248}$$

式中：N_x、N_y、N_z分别为 3 个坐标分量上的内节点个数，具体数值可根据弹道特征确定；$\{\beta_{x,j}\}_{-1}^{N_x+1}$、$\{\beta_{y,j}\}_{-1}^{N_y+1}$、$\{\beta_{z,j}\}_{-1}^{N_z+1}$为待估的样条系数。

考虑多传感器测量系统，为了叙述方便，将各种测量元素用统一的变量 $l_i(t)$ 表示，即 $l_i(t)$ 表示测量组合中的第 i 个测量元素在 t 时刻的值。同样，系统误差项也都采用统一的变量 $u_i(t)$ 表示。假设在目标飞行过程中有 M 个对

目标的测量元素，得到以下观测方程组，即

$$l_i(t)=f_i(x,y,z,t)+u_i(t)+\varepsilon_i(t)\quad (i=1,2,\cdots,M) \tag{3-249}$$

式中：$f_i(x,y,z,t)$为t时刻观测量$l_i(t)$与弹道参数之间的函数关系；$u_i(t)$为第i个测量元素的系统误差；$\varepsilon_i(t)$为第i个测量元素的随机误差序列。这里假设随机误差为高斯白噪声过程。

当测量系统等间隔采样时，观测方程组可写为矩阵形式，即

$$\boldsymbol{L}_k=\boldsymbol{F}(\boldsymbol{X}_k)+\boldsymbol{U}_k+\boldsymbol{e}_k\quad (k=1,2,\cdots,N) \tag{3-250}$$

其中：

$$\begin{aligned}\boldsymbol{L}_k&=[l_1(t_k)\quad l_2(t_k)\quad \cdots\quad l_M(t_k)]^{\mathrm{T}},\\ \boldsymbol{U}_k&=[u_1(t_k)\quad u_2(t_k)\quad \cdots\quad u_M(t_k)]^{\mathrm{T}},\\ \boldsymbol{e}_k&=[\varepsilon_1(t_k)\quad \varepsilon_2(t_k)\quad \cdots\quad \varepsilon_M(t_k)]^{\mathrm{T}}\\ \boldsymbol{X}_k&=[x_k\quad y_k\quad z_k\quad \dot{x}_k\quad \dot{y}_k\quad \dot{z}_k]^{\mathrm{T}},\\ \boldsymbol{F}(x_k)&=[f_1(\boldsymbol{X}_k,t_k)\quad f_2(\boldsymbol{X}_k,t_k)\cdots\quad f_M(\boldsymbol{X}_k,t_k)]^{\mathrm{T}}\end{aligned} \tag{3-251}$$

为了使表达更简洁，引入以下记号，即

$$\begin{cases}B_x(t_k)=\left[B_4\left(\dfrac{t_k-\tau_{x,-1}}{h_x}\right),B_4\left(\dfrac{t_k-\tau_{x,0}}{h_x}\right),\cdots,B_4\left(\dfrac{t_k-\tau_{x,N_x+1}}{h_x}\right)\right]\\ B_y(t_k)=\left[B_4\left(\dfrac{t_k-\tau_{y,-1}}{h_y}\right),B_4\left(\dfrac{t_k-\tau_{y,0}}{h_y}\right),\cdots,B_4\left(\dfrac{t_k-\tau_{y,N_y+1}}{h_y}\right)\right]\\ B_z(t_k)=\left[B_4\left(\dfrac{t_k-\tau_{z,-1}}{h_z}\right),B_4\left(\dfrac{t_k-\tau_{z,0}}{h_z}\right),\cdots,B_4\left(\dfrac{t_k-\tau_{z,N_z+1}}{h_z}\right)\right]\\ \boldsymbol{b}_x=(\beta_{x,-1},\cdots,\beta_{x,N_x+1})^{\mathrm{T}}\\ \boldsymbol{b}_y=(\beta_{y,-1},\cdots,\beta_{y,N_y+1})^{\mathrm{T}}\\ \boldsymbol{b}_z=(\beta_{z,-1},\cdots,\beta_{z,N_z+1})^{\mathrm{T}}\end{cases} \tag{3-252}$$

于是，有

$$\begin{cases}x(t_k)=B_x(t_k)\boldsymbol{b}_x,\quad \dot{x}(t_k)=\dot{B}_x(t_k)\boldsymbol{b}_x\\ y(t_k)=B_y(t_k)\boldsymbol{b}_y,\quad \dot{y}(t_k)=\dot{B}_y(t_k)\boldsymbol{b}_y\\ z(t_k)=B_z(t_k)\boldsymbol{b}_z,\quad \dot{z}(t_k)=\dot{B}_z(t_k)\boldsymbol{b}_z\end{cases} \tag{3-253}$$

更进一步，将系统误差建模为

$$\boldsymbol{U}_k=\boldsymbol{S}(\boldsymbol{u})\big|_k \tag{3-254}$$

式中：模型$\boldsymbol{S}(\cdot)$通常为常值、线性等简单模型；$\boldsymbol{u}$为模型系数。

记$\boldsymbol{b}=(\boldsymbol{b}_x^{\mathrm{T}},\boldsymbol{b}_y^{\mathrm{T}},\boldsymbol{b}_z^{\mathrm{T}})^{\mathrm{T}}$，综上可得

$$L_k = F(b)\big|_k + S(u)\big|_k + e_k \tag{3-255}$$

式（3-255）建立了关于测量数据与样条系数 $\boldsymbol{b}$ 和系统误差系数 $\boldsymbol{u}$ 之间的方程。

令 $L=[L_1\ L_2\ \cdots\ L_N]^{\mathrm{T}}$，$\boldsymbol{e}=[e_1\ e_2\ \cdots\ e_N]^{\mathrm{T}}$，在时间段内 N 个采样点的 $N\times M$ 个测量方程的联立可写成以下矩阵形式，即

$$\boldsymbol{L}=\boldsymbol{F}(\boldsymbol{b},\boldsymbol{u})+\boldsymbol{e} \tag{3-256}$$

式（3-256）即为基于样条约束的弹道测量数据融合模型，它简洁地表示出在整个时间段内所有测量数据和样条函数系数 $\boldsymbol{b}$ 与系统误差系数 $\boldsymbol{u}$ 的关系，即与弹道参数的关系，它是一个关于样条函数系数 $\boldsymbol{b}$ 与系统误差系数 $\boldsymbol{u}$ 的非线性方程组。

关于 $\boldsymbol{b}$ 与 $\boldsymbol{u}$ 的解，可由以下非线性最小二乘法估计得到。在样条约束 EMBET 方法中，采用的是步长试探的高斯-牛顿算法，即在每次迭代中，引入收敛因子 λ 对步长进行试探性的优化，其基本迭代流程如下：

（1）$k=0$，给定初始样条参数 $\boldsymbol{b}^{(0)}$ 和控制因子 δ，令收敛因子 $\lambda=1$；

（2）迭代公式为 $\boldsymbol{b}^{(k)}=\boldsymbol{b}^{(k-1)}+\lambda\ (\boldsymbol{D}^{\mathrm{T}}\boldsymbol{D})^{-1}\boldsymbol{D}^{\mathrm{T}}(\boldsymbol{L}-\boldsymbol{F}(\boldsymbol{b}^{(k-1)}))$，其 $\boldsymbol{D}=\nabla\boldsymbol{F}(\boldsymbol{b})$ 为 $\boldsymbol{F}(\boldsymbol{b})$ 的梯度阵；

（3）计算测元残差 $\mathrm{Rss}(\boldsymbol{b}^{(k)})$；

（4）若 $|\mathrm{Rss}(\boldsymbol{b}^{(k)})-\mathrm{Rss}(\boldsymbol{b}^{(k-1)})|<\delta$，转（5）；

若 $\mathrm{Rss}(\boldsymbol{b}^{(k)})<\mathrm{Rss}(\boldsymbol{b}^{(k-1)})$，$k=k+1$，转（2）；

若 $\mathrm{Rss}(\boldsymbol{b}^{(k)})>\mathrm{Rss}(\boldsymbol{b}^{(k-1)})$，$\lambda=\lambda/2$，转（2）；

（5）弹道样条系数的估计值 $\hat{\boldsymbol{b}}=\boldsymbol{b}^{(k)}$。

在得到样条系数 $\boldsymbol{b}$ 估计后，即可根据样条表示模型，计算 $t_i(i=1,2,\cdots,n)$ 时刻的弹道。

3.4 GNSS 导航数据测量与处理方法

GNSS（Global Navigation Satellite System，全球导航卫星系统）应用于航天发射场外弹道测量，具有重要的意义。它既可以实时地测定目标的位置和速度，又可以经过事后数据处理得到精确的弹道参数，还可以获得准确的时间信息。更重要的是，它可以克服目前无线电测量系统在跟踪方面的许多不利条件，是一种有生命力的外弹道测量手段，比现有航天发射场外测技术成本低、技术先进。

目前试发射场所应用的 GNSS 主要指 GPS、GLONASS 和我国的北斗卫星导航系统。3 个卫星导航系统在数据处理中存在较大差别。在具体数据处理

中，不但涉及单个系统的数据处理，同时也要进行 3 个系统的组合定位解算，以满足实际发射中高精度定位、测速的需求。

目前，GNSS 外测系统有两种基本类型，也可以说是两种测量模式：一是箭载接收机 GNSS 外测系统；二是箭载转发器 GNSS 外测系统。

早期执行的发射中都是采用的箭载转发器测量模式，该模式箭上转发器功能简单、成本低，主要在地面设备上完成对 GNSS 信号的测量和数据处理。随着 GNSS 测量技术的迅猛发展，GNSS 接收机性能大幅提高，成本不断降低。因此，近年来，新型火箭逐步采用了箭载接收机模式，该模式箭载接收机自身实时对 GNSS 数据进行处理，同时将原始测量数据通过遥测通道下传至地面进行精细处理分析。箭载接收机直接处理的结果可以作为高精度数据源参与飞行器自身的制导，同时地面处理的结果可以作为航天发射场测控的重要信息源，该模式具有一举两得的效果。

在事后数据处理分析中，可以作为光学、脉冲雷达等测量数据的精度鉴定基准，为运载火箭等系统工具误差分离、性能和精度评定等提供依据。对飞行中获取的大量外测数据，经系统处理分析后将结果提供给运载火箭研制部门，为系统工具误差、评定飞行器性能和精度等提供依据。

3.4.1 卫星导航定位基本原理

目前 GPS、GLONASS 和北斗 3 种全球卫星导航系统定位原理基本相同，都是采用提供测距码方式，供用户端采用距离交汇法定位。其中 GPS 和北斗都是采用码分多址，即各卫星的发射信号频率一致。GLONASS 采用频分多址技术，各卫星的发射信号频率不一致。但是从定位原理角度来讲，3 个系统一致。

1. 概述

测量学中有测距交会确定点位的方法。与其相似，无线电导航定位系统、卫星激光测距定位系统，其定位原理也是利用测距交会的原理确定点位。

就无线电导航定位来说，假设在地面上有 3 个无线电信号发射台，其坐标为已知，用户接收机在某一时刻采用无线电测距的方法分别测得接收机至 3 个发射台的距离 d_1、d_2和 d_3。那么只需以 3 个发射台为球心，以 d_1、d_2、d_3 为半径作出 3 个定位球面，即可交会出用户接收机的空间位置。如果只有两个无线电发射台，则可以根据用户接收机的空间位置交会出接收机的平面位置。这种无线电导航定位是迄今为止仍使用在飞机、轮船上的一种导航定位方法。

近代卫星大地测量中的卫星激光测距定位也是应用了测距交会定位的原

理和方法。虽然用于激光测距的卫星（表面上安装有激光反射镜）是在不停地运动中，但是总可以利用固定于地面上 3 个已知点上的卫星激光测距仪同时测定某一时刻至卫星的空间距离 d_1、d_2、d_3，应用测距交会原理便可以测定该时刻卫星的空间位置。如此，可以确定 3 个以上卫星的空间位置。如果在第四个地面点上（坐标未知）也有一台卫星激光测距仪同时参与测定该点至 3 个卫星点的空间距离，则利用所测定的 3 个空间距离可以交会出该地面点的位置。

将无线电信号发射台从地面点搬到卫星上，组成一个卫星导航定位系统，应用无线电测距交会的原理，便可以由 3 个以上地面已知点（控制站）交会出卫星的位置，反之利用 3 个以上卫星的已知空间位置又可以交会出地面未知点（用户接收机）的位置。这便是 GNSS 卫星定位的基本原理，如图 3-15 所示。

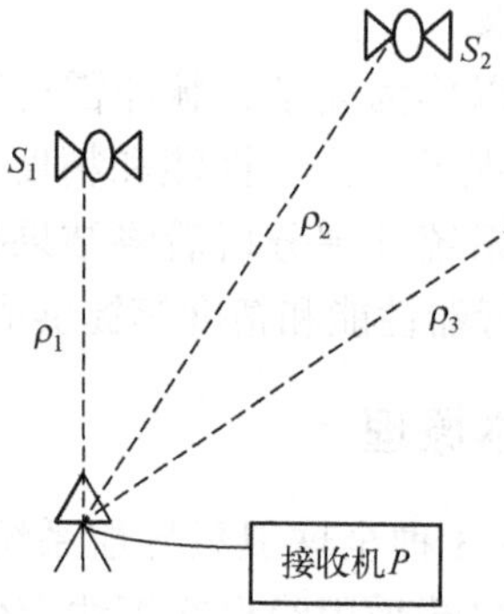

图 3-15　GNSS 卫星定位原理

GNSS 卫星发射测距信号和导航电文信息，导航电文中含有卫星的位置信息。用户用 GNSS 接收机在某一时刻同时接收 3 颗以上的 GNSS 卫星信号，测量出测站点（接收机天线中心）P 至 3 颗以上 GNSS 卫星的距离并解算出该时刻 GNSS 卫星的空间坐标，由此就可以利用距离交会法解算出测站 P 的位置。

2. 伪距测量

伪距法定位是利用全球定位系统进行低精度测量及导航的最基本方法。它是由 GNSS 接收机在某一时刻测出的到 4 颗以上 GNSS 卫星的伪距以及已知的卫星位置，采用距离交会的方法求解固定接收机天线所在点的三维坐标。伪距法定位的优点是速度快、无多值性问题，利用增加观测时间可以提高定位精度，足以满足部分用户的需要。所测伪距就是由卫星发射的测距码信号到达 GNSS 接收机的传播时间乘以光速所得出的测量距离。由于卫星钟、接收机钟的误差以及无线电信号经过电离层和对流层中的延迟，实际测出的距离 ρ' 与卫星到接收机的几何距离 ρ 有一定差值，因此一般称测量出的距离为伪距。用 C/A 码进行测量的伪距为 C/A 码伪距，用 P 码测量的伪距为 P 码伪距。伪距法定位虽然一次定位精度不高（P 码定位误差约为 10m，C/A 码定位误差为 20~30m），但是因为其具有定位速度快、无多值性问题等优点，仍然是 GNSS 定位系统进行导航的最基本方法。同时，所测伪距又可以作为载波相位测量中解决整周数不确定问题（模糊度）的辅助资料。因此，有必要了解伪距测量以及伪距法定位的基本原理和方法。

1）伪距测量

GNSS 卫星依据自己的时钟发出某一结构的测距码，该测距码经过 τ 时间的传播后到达接收机。接收机在自己的时钟控制下产生一组结构完全相同的测距码——复制码，并通过时延器控制其延迟时间 τ'。将这两组测距码进行相关处理，若自相关系数 $R(\tau') \neq 1$，则继续调整延迟时间 τ' 直至自相关系数 $R(\tau') = 1$ 为止。使接收机所产生的复制码与接收到的 GNSS 卫星测距码完全对齐，那么其延迟时间 τ' 即为 GNSS 卫星信号传播到接收机所用的时间 τ'。GNSS 卫星信号的传播是一种无线电信号的传播，其速度等于光速 c，卫星至接收机的距离即为 τ' 与 c 的乘积。

之所以采用码相关技术来确定伪距，原因是：GNSS 卫星发射出的测距码是按照某一规律排列的，在一个周期内每个码对应着某一特定的时间。应该说识别出每个码的形状特征，即用每个码的某一标志即可推算出延迟时间 τ 进行伪距测量。但是实际上每个码在产生过程中都带有随机误差，并且信号经过长距离传送后也会产生变形。所以，根据码的某一标志来推算延迟时间 τ 就会产生比较大的误差。因此，采用码相关技术在自相关系数 $R(\tau') = \mathrm{MAX}$ 的情况下来确定信号的传播时间 τ。这样就排除了随机误差的影响，实质上就是采用了多个码特征来确定 τ 的方法。由于测距码在传播过程中还会由于各种外界干扰而产生变形，因而自相关系数往往不可避免地带有误差，因此自相关系数往往不可能达到“1”，只能在自相关系数为最大的情况下确定伪距。也就是说，本地码与接收码基本上对齐了。这样就可以最大限度地消除各种随机误差的影响，以达到提高精度的目的。

测定自相关系数 $R(\tau')$ 的工作由接收机锁相环路中的相关器与积分器来完成，如图 3-16 所示。

由卫星钟控制的测距码 $a(t)$ 在 GNSS 时间 t 时刻自卫星天线发出，经过传播延迟时间 τ 到达 GNSS 接收机，接收机所接收到的信号为 $a(t-\tau)$。由接收机时钟控制的本地码发生器产生一个与卫星发播相同的本地码 $a'(t+\Delta t)$，Δt 为接收机时钟与卫星时钟的钟差。经过码移位电路将本地码延迟 τ'，送至相关器与所接收到的卫星发播信号进行相关运算，经过积分器后，即可得到自

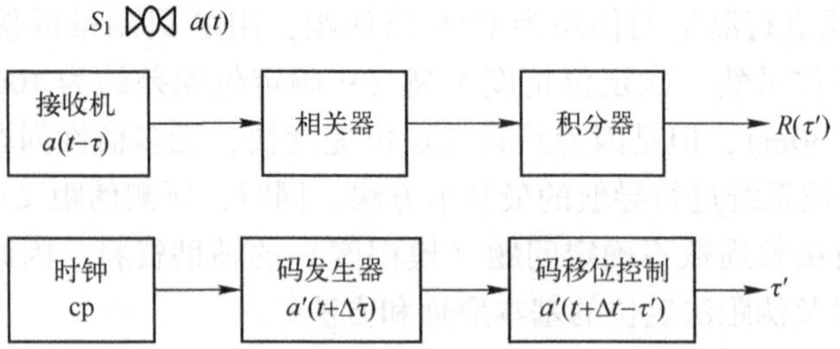

图 3-16　伪距测量原理

相关系数 $R(\tau')$ 输出，即

$$R(\tau')=\frac{1}{T}\int_T a(t-\tau)a'(t+\Delta t-\tau')\mathrm{d}t \tag{3-257}$$

调整本地码延迟 τ'，可以使相关输出达到最大值，即

$$\begin{aligned}R(t)&=R_{\max}(t)\\ t-\tau&=t+\Delta t-\tau'\end{aligned} \tag{3-258}$$

可以得到

$$\begin{cases}\tau'=\tau+\Delta t+nT\\ \rho'=\rho+c\Delta t+n\lambda\end{cases} \tag{3-259}$$

式中：ρ' 为伪距测量值；ρ 为卫星至接收机的几何距离；T 为测距码的周期；$\lambda=cT$ 为相应测距码的波长；$n=0,1,2,\cdots$ 为正整数；c 为信号传播速度。

式（3-259）即为伪距测量的基本方程。式中 $n\lambda$ 称为测距模糊度。如果已知待测距离小于测距码的波长（如用 P 码测距），则 $n=0$，有

$$\rho'=\rho+c\Delta t \tag{3-260}$$

称之为无模糊度测距。

由式（3-260）可知，伪距观测值 ρ' 是待测距离与钟差等效距离之和。钟差 Δt 包含接收机钟差 δt_k 与卫星钟差 δt^j，即 $\Delta t=\delta t_k+\delta t^j$，若再考虑到信号传播经过电离层的延迟和大气对流层的延迟，则式（3-260）可改写成

$$\rho=\rho'+\delta\rho_1+\delta\rho_2+c\delta t_k-c\delta t^j \tag{3-261}$$

式中：$\delta\rho_1$、$\delta\rho_2$ 分别为电离层和对流层的改正项；δt_k 的下标 k 表示接收机号；δt^j 的上标 j 表示卫星号。式（3-261）即为所测伪距与真正的几何距离之间的关系式。

2）伪距定位观测方程

从式（3-261）可以看出，电离层和对流层改正可以按照一定的模型进行计算，卫星钟差 δt^j 可以从导航电文中取得。而几何距离 ρ 与卫星坐标 (X_s,Y_s,Z_s) 与接收机坐标 (X,Y,Z) 之间有以下关系，即

$$\rho^2=(X_s-X)^2+(Y_s-Y)^2+(Z_s-Z)^2 \tag{3-262}$$

式中，卫星坐标可根据卫星导航电文求得，所以式（3-262）中只包含接收机坐标3个未知数。

如果将接收机钟差δt_k也作为未知数，则共有4个未知数，这样接收机必须同时至少测定4颗卫星的距离才能解算出接收机的三维坐标值。为此，将式（3-262）代入式（3-261），有

$$[(X_s^j-X)^2+(Y_s^j-Y)^2+(Z_s^j-Z)^2]^{1/2}-c\delta t_k=\rho'+\delta\rho_1^j+\delta\rho_2^j-c\delta t^j \tag{3-263}$$

式中：j为卫星数，$j=1,2,3,\cdots$。

式（3-263）即为伪距定位的观测方程组。

3. 绝对定位与相对定位

GNSS绝对定位也叫单点定位，即利用GNSS卫星和用户接收机之间的距离观测值直接确定用户接收机天线相对于坐标系原点——地球质心的绝对位置。绝对定位又分为静态绝对定位和动态绝对定位。因为受到卫星轨道误差、钟差以及信号传播误差等因素的影响，静态绝对定位的精度约为米级，而动态绝对定位的精度为10~40m。这一精度只能用于一般导航定位中，远不能满足精密定位的要求。

GNSS相对定位也叫差分GNSS定位，是至少用两台GNSS接收机，同步观测相同的GNSS卫星，确定两台接收机天线之间的相对位置（坐标差）。它是目前GNSS定位中精度最高的一种定位方法，广泛应用于大地测量、精密工程测量、地球动力学研究和精密导航中。

本节将分别介绍绝对定位和相对定位的原理和方法。

1）静态绝对定位

接收机天线处于静止状态下，确定观测站坐标的方法称为静态绝对定位。这时，可以连续地在不同历元同步观测不同的卫星，测定卫星至观测站的伪距，获得充分的多余观测量。测后通过数据处理求得观测站的绝对坐标。

（1）伪距观测方程的线性化。

不同历元对不同卫星同步观测的伪距观测方程式（3-263）中，有观测站坐标和接收机钟差4个未知数。令$(X_0\,Y_0\,Z_0)^{\mathrm{T}}$，$(\delta x\,\delta y\,\delta z)^{\mathrm{T}}$分别为观测站坐标的近似值与改正数，将式（3-263）展开为泰勒级数，并令

$$\begin{cases}\left(\dfrac{\mathrm{d}\rho}{\mathrm{d}x}\right)_{x_0}=\dfrac{X_s^j-X_0}{\rho_0^j}=l^j\\\left(\dfrac{\mathrm{d}\rho}{\mathrm{d}y}\right)_{y_0}=\dfrac{Y_s^j-Y_0}{\rho_0^j}=m^j\\\left(\dfrac{\mathrm{d}\rho}{\mathrm{d}z}\right)_{z_0}=\dfrac{Z_s^j-Z_0}{\rho_0^j}=n^j\end{cases} \tag{3-264}$$

式中：$\rho_0^j=[(X_s^j-X_0)^2+(Y_s^j-Y_0)^2+(Z_s^j-Z_0)^2]^{1/2}$。取至一次微小项的情况下，伪距观测方程的线性化形式为

$$\rho_0^j+(l^j \quad m^j \quad n^j)\begin{bmatrix}\delta x\\ \delta y\\ \delta z\end{bmatrix}-c\delta t_k=\rho'^j+\delta\rho_1^j+\delta\rho_2^j-c\delta t^j \tag{3-265}$$

(2) 伪距法绝对定位的解算。

对于任一历元 t_i，由观测站同步观测 4 颗卫星，则 $j=1、2、3、4$，式 (3-265) 为一方程组，令 $c\delta t_k=\delta\rho$，则方程组形式为（为书写方便，省略 t_i）

$$\begin{bmatrix}\rho_0^1\\ \rho_0^2\\ \rho_0^3\\ \rho_0^4\end{bmatrix}+\begin{bmatrix}l^1 & m^1 & n^1 & -1\\ l^2 & m^2 & n^2 & -1\\ l^3 & m^3 & n^3 & -1\\ l^4 & m^4 & n^4 & -1\end{bmatrix}\begin{bmatrix}\delta x\\ \delta y\\ \delta z\\ \delta\rho\end{bmatrix}=\begin{bmatrix}\rho'^1+\delta\rho_1^1+\delta\rho_2^1-c\delta t^1\\ \rho'^2+\delta\rho_1^2+\delta\rho_2^2-c\delta t^2\\ \rho'^3+\delta\rho_1^3+\delta\rho_2^3-c\delta t^3\\ \rho'^4+\delta\rho_1^4+\delta\rho_2^4-c\delta t^4\end{bmatrix} \tag{3-266}$$

令

$$\boldsymbol{A}_i=\begin{bmatrix}l^1 & m^1 & n^1 & -1\\ l^2 & m^2 & n^2 & -1\\ l^3 & m^3 & n^3 & -1\\ l^4 & m^4 & n^4 & -1\end{bmatrix}$$

$$\delta\boldsymbol{X}=(\delta x \quad \delta y \quad \delta z \quad \delta\rho)^{\mathrm{T}}$$

$$\boldsymbol{L}^j=(\rho'^j+\delta\rho_1^j+\delta\rho_2^j-c\delta t^j-\rho_0^j)^{\mathrm{T}}$$

$$\boldsymbol{L}_i=(L^1 \quad L^2 \quad L^3 \quad L^4)^{\mathrm{T}}$$

式 (3-266) 可以简写为

$$\boldsymbol{A}_i\delta\boldsymbol{X}+\boldsymbol{L}_i=0 \tag{3-267}$$

当同步观测的卫星数多于 4 颗时，则须通过最小二乘平差求解，此时式 (3-267) 可以写为误差方程组的形式，即

$$\boldsymbol{V}_i=\boldsymbol{A}_i\delta\boldsymbol{X}+\boldsymbol{L}_i \tag{3-268}$$

根据最小二乘平差求解未知数，即

$$\delta\boldsymbol{X}=-(\boldsymbol{A}_i^{\mathrm{T}}\boldsymbol{A}_i)^{-1}(\boldsymbol{A}_i^{\mathrm{T}}\boldsymbol{L}_i) \tag{3-269}$$

未知数中误差为

$$M_x=\sigma_0\sqrt{q_{ii}} \tag{3-270}$$

式中：M_x 为未知数中误差；σ_0 为伪距测量中误差；q_{ii} 为权系数阵 $\boldsymbol{Q}_x$ 主对角线的相应元素，有

$$\boldsymbol{Q}_x=(\boldsymbol{A}_i^{\mathrm{T}}\boldsymbol{A}_i)^{-1} \tag{3-271}$$

在静态绝对定位的情况下，由于观测站固定不动，可以于不同历元同步

观测不同的卫星，以 n 表示观测的历元数，忽略接收机钟差随时间变化的情况，由式（3-268）可以得到相应的误差方程式组，即

$$\boldsymbol{V}=\boldsymbol{A}\delta\boldsymbol{X}+\boldsymbol{L}$$

其中：

$$\boldsymbol{V}=(V_1V_2\cdots V_n)^{\mathrm{T}}$$

$$\boldsymbol{A}=(A_1A_2\cdots A_n)^{\mathrm{T}}$$

$$\boldsymbol{L}=(L_1L_2\cdots L_n)^{\mathrm{T}}$$

$$\delta\boldsymbol{X}=(\delta x\ \delta y\ \delta z\ \delta\rho)^{\mathrm{T}}$$

按最小二乘法求解得

$$\delta\boldsymbol{X}=-(\boldsymbol{A}^{\mathrm{T}}\boldsymbol{A})^{-1}\boldsymbol{A}^{\mathrm{T}}\boldsymbol{L} \tag{3-272}$$

未知数的中误差仍按式（3-270）估算。

如果观测的时间较长，接收机钟差的变化往往不能忽略。这时可将钟差表示为多项式的形式，把多项式的系数作为未知数在平差计算中一并求解。也可以对不同观测历元引入不同的独立钟差参数，在平差计算中一并解算。

在用户接收机安置在运动的载体上并处于动态情况下，确定载体瞬时绝对位置的定位方法，称为动态绝对定位。此时，一般同步观测 4 颗以上的卫星，利用式（3-272）即可求解出任一瞬间的实时解。

2）应用载波相位观测值进行静态绝对定位

应用载波相位观测值进行静态绝对定位，其精度高于伪距法静态绝对定位。在载波相位静态绝对定位中，应注意对观测值加入电离层、对流层等各项改正，防止和修复整周跳变，以提高定位精度。整周未知数解算后，不再为整数，可将其调整为整数，解算出的观测站坐标称为固定解；否则称为实数解。载波相位静态绝对定位解算的结果可以为相对定位的参考站（或基准站）提供较为精密的起始坐标。

3）绝对定位精度的评价

利用 GNSS 进行绝对定位，其精度主要决定于以下两个因素：一是所测卫星在空间的几何分布，通常称为卫星的几何图形；二是观测量的精度。

为了评价精度，在导航学中一般均采用精度因子（dilution of precision，DOP）的概念。几何精度因子（geometric DOP，GDOP）一直是用来表示测点误差随定位几何图形变化的关系。在 GNSS 定位系统中，仍采用这一概念来表示点位精度随卫星几何位置变化的相关因子。简言之，GDOP 是定位误差系数。

如果观测的卫星超过 4 颗，在求解时，需按最小二乘法求解 $\delta\boldsymbol{X}$ ：s

$$\delta\boldsymbol{X}=-(\boldsymbol{A}_i^{\mathrm{T}}\boldsymbol{A}_i)^{-1}(\boldsymbol{A}_i^{\mathrm{T}}\boldsymbol{L}_i) \tag{3-273}$$

当 $n=4$、$\boldsymbol{A}_i$为非奇异矩阵时，有

$$\begin{cases}\delta\boldsymbol{X}=-\boldsymbol{A}_i^{\mathrm{T}}\boldsymbol{L}_i\\ \mathrm{cov}(\delta\boldsymbol{X})=(\boldsymbol{A}_i^{\mathrm{T}}\boldsymbol{A}_i)^{-1}\mathrm{cov}(\delta\boldsymbol{L}_i)=\boldsymbol{Q}_x\mathrm{cov}(\delta\boldsymbol{L}_i)\end{cases} \tag{3-274}$$

式中：$\boldsymbol{Q}_x$通常为几何精度因子矩阵；$\boldsymbol{A}_i$为测点和卫星位置的几何关系；$\mathrm{cov}(\delta\boldsymbol{L}_i)$为测距协方差。

如果每个卫星的测距误差是互相独立的，并等于 σ_0，则有

$$\mathrm{cov}(\delta\boldsymbol{L}_i)=\boldsymbol{I}\sigma_0^2 \tag{3-275}$$

式中：$\boldsymbol{I}$ 为单位矩阵。

$$\mathrm{cov}(\delta\boldsymbol{X})=\boldsymbol{Q}_x\sigma_0^2 \tag{3-276}$$

引入符号表示法，有

$$\mathrm{cov}(\delta\boldsymbol{X})=\begin{bmatrix}\sigma_{11}^2 & \sigma_{12}^2 & \sigma_{31}^2 & \sigma_{14}^2\\ \sigma_{21}^2 & \sigma_{22}^2 & \sigma_{32}^2 & \sigma_{24}^2\\ \sigma_{31}^2 & \sigma_{32}^2 & \sigma_{33}^2 & \sigma_{34}^2\\ \sigma_{41}^2 & \sigma_{42}^2 & \sigma_{34}^2 & \sigma_{44}^2\end{bmatrix}$$

由伪距绝对定位的权系数阵 $\boldsymbol{Q}_x$ 可知，$\boldsymbol{Q}_x$ 在空间直角坐标系中的一般形式为

$$\boldsymbol{Q}_x=\begin{bmatrix}q_{11} & q_{12} & q_{13} & q_{14}\\ q_{21} & q_{22} & q_{23} & q_{24}\\ q_{31} & q_{32} & q_{33} & q_{34}\\ q_{41} & q_{42} & q_{43} & q_{44}\end{bmatrix} \tag{3-277}$$

三维坐标分量方差为

$$\begin{cases}\sigma_{11}^2=q_{11}\sigma_\rho^2\\ \sigma_{22}^2=q_{22}\sigma_\rho^2\\ \sigma_{33}^2=q_{33}\sigma_\rho^2\end{cases}$$

时钟偏差方差为

$$\sigma_{44}^2=q_{44}\sigma_\rho^2$$

实际应用中，为了估算测站点的位置精度，常采用其在大地坐标系中的表达形式。假设在大地坐标系中相应点位坐标的权系数阵为

$$\boldsymbol{Q}_B=\begin{bmatrix}q'_{11} & q'_{12} & q'_{13}\\ q'_{21} & q'_{22} & q'_{23}\\ q'_{31} & q'_{32} & q'_{33}\end{bmatrix} \tag{3-278}$$

根据方差与协方差传播定律，可得

$$Q_B = R Q_x R$$

其中：

$$\begin{cases} R = \begin{bmatrix} -\sin B\cos L & -\sin B\sin L & \cos B \\ -\sin L & \cos L & 0 \\ \cos B\cos L & \cos B\sin L & \sin B \end{bmatrix} \\ Q_x = \begin{bmatrix} q_{11} & q_{12} & q_{13} \\ q_{21} & q_{22} & q_{23} \\ q_{31} & q_{32} & q_{33} \end{bmatrix} \end{cases} \tag{3-279}$$

式中：B 为大地坐标系中的纬度；L 为大地坐标系中的经度。

由权系数阵式（3-278）主对角线元素定义精度因子 DOP 后，则相应精度可以表示为

$$M_x = \mathrm{DOP} \cdot \sigma_0 \tag{3-280}$$

根据 GDOP 的定义，可知

$$\mathrm{GDOP} = \sqrt{\mathrm{tr}\,(\boldsymbol{A}_i^{\mathrm{T}}\boldsymbol{A}_i^{\mathrm{T}})^{-1}} = \sqrt{q_{11}+q_{22}+q_{33}+q_{44}} \tag{3-281}$$

那么三维位置和时间误差综合影响的中误差 M_{G} 为

$$M_{\mathrm{G}} = \mathrm{GDOP} \cdot \sigma_0 \tag{3-282}$$

GDOP 是衡量星座结构的总指标，还有一些指标：空间位置 DOP（position DOP，PDOP）、平面位置 DOP（horizontal DOP，HDOP）、高程 DOP（vertical DOP，VDOP）、接收机钟差 DOP（time DOP，TDOP）等。

（1）平面位置精度因子 HDOP 及其相应的平面位置精度为

$$\begin{cases} \mathrm{HDOP} = \sqrt{q_{11}+q_{22}} \\ M_{\mathrm{H}} = \mathrm{HDOP} \cdot \sigma_0 \end{cases} \tag{3-283}$$

（2）高程精度因子 VDOP 及其相应的高程精度为

$$\begin{cases} \mathrm{VDOP} = \sqrt{q_{33}} \\ M_{\mathrm{V}} = \mathrm{VDOP} \cdot \sigma_0 \end{cases} \tag{3-284}$$

（3）空间位置精度因子 PDOP 及其相应的三维定位精度为

$$\begin{cases} \mathrm{PDOP} = \sqrt{q_{11}+q_{22}+q_{33}} \\ M_{\mathrm{P}} = \mathrm{PDOP} \cdot \sigma_0 \end{cases} \tag{3-285}$$

（4）接收机钟差精度因子 TDOP 及其钟差精度为

$$\begin{cases} M_{\mathrm{T}} = \mathrm{TDOP} \cdot \sigma_0 \\ \mathrm{TDOP} = \sqrt{q_{44}} \end{cases} \tag{3-286}$$

精度因子的数值与所测卫星的几何分布图形有关。假设由观测站与 4 颗观测卫星所构成的六面体体积为 V，则分析表明，精度因子 GDOP 与该六面体

体积 V 的倒数成正比，即

$$\text{GDOP} \propto \frac{1}{V} \tag{3-287}$$

一般来说，六面体的体积越大，所测卫星在空间的分布范围也越大，GDOP 值越小；反之，六面体的体积越小，所测卫星的分布范围越小，则 GDOP 值越大。实际观测中，为了减弱大气折射影响，卫星高度角不能过低，所以必须在这一条件下尽可能使所测卫星与观测站所构成的六面体的体积接近最大。

4. 差分定位原理

差分技术很早就被人们所应用。比如相对定位中，在一个测站上对两个观测目标进行观测，将观测值求差；或在两个测站上对同一个目标进行观测，将观测值求差；或在一个测站上对一个目标进行两次观测求差。其目的是消除公共误差，提高定位精度。利用求差后的观测值解算两观测站之间的基线向量，这种差分技术已经用于静态相对定位。本节讲述的差分 GNSS 定位技术，是将一台 GNSS 接收机安置在基准站上进行观测。根据基准站已知的精密坐标，计算出基准站到卫星的距离改正数，并由基准站实时地将这一改正数发送出去。用户接收机在进行 GNSS 观测的同时，也接收到基准站的改正数，并对其定位结果进行改正，从而提高定位精度。

GNSS 定位中，存在着三部分误差：第一部分是多台接收机公有的误差，如卫星钟误差、星历误差、电离层误差、对流层误差；第二部分是传播延迟误差；第三部分是接收机固有的误差，如内部噪声、通道延迟、多路径效应。采用差分定位，可完全消除第一部分误差，并且可以消除第二部分大部分误差（消除程度与基准站至用户的距离有关）。

差分 GNSS 可分为单基准站差分、具有多个基准站的局部区域差分和广域差分 3 种类型。

1）单站 GNSS 的差分

单站差分按基准站发送的信息方式来划分，可分为位置差分、伪距差分和载波相位差分 3 种，其工作原理大致相同。

（1）位置差分原理。

设基准站的精密坐标已知，为(X_0, Y_0, Z_0)，在基准站上的 GNSS 接收机测出的坐标为$(X、Y、Z)$，其中坐标参数包含着轨道误差、时钟误差、SA 影响、大气影响、多路径效应及其他误差，这样就可以按下式求出其坐标改正数为

$$\begin{cases}\Delta X = X - X_0 \\ \Delta Y = Y - Y_0 \\ \Delta Z = Z - Z_0\end{cases} \tag{3-288}$$

基准站利用数据链，将这些改正数发送出去，用户接收机在解算时加入以上改正数，即

$$\begin{cases}X_p = X'_p + \Delta X \\ Y_p = Y'_p + \Delta Y \\ Z_p = Z'_p + \Delta Z\end{cases} \tag{3-289}$$

式中：X'_p、Y'_p、Z'_p 为用户接收机自身观测结果；X_p、Y_p、Z_p 为经过改正后的坐标。

顾及用户接收机位置改正值的瞬时变化，式（3-289）可进一步写成

$$\begin{cases}X_p = \dfrac{X'_p + \Delta X + \mathrm{d}(\Delta X - X'_p)}{\mathrm{d}t(t-t_0)} \\ Y_p = \dfrac{Y'_p + \Delta Y + \mathrm{d}(\Delta Y - Y'_p)}{\mathrm{d}t(t-t_0)} \\ Z_p = \dfrac{Z'_p + \Delta Z + \mathrm{d}(\Delta Z - Z'_p)}{\mathrm{d}t(t-t_0)}\end{cases} \tag{3-290}$$

式中：t_0为校正的有效时刻。

这样，经过改正后的用户坐标就消去了基准站与用户站共同的误差。

这种方法的优点是：计算简单，适用于各种类型的 GNSS 接收机；缺点是：基准站与用户必须观测同一组卫星，这在近距离可以做到，但距离较远时很难满足。故位置差分只适用于在 100km 以内使用。

（2）伪距差分原理。

这是应用最广泛的一种差分。在基准站上，观测所有的卫星，根据基准站已知坐标(X_0, Y_0, Z_0)和测出的各卫星的地心坐标(X_j, Y_j, Z_j)，按下式求出每颗卫星每一时刻到基准站的真正距离 R_j，即

$$R^j = [(X^j - X_0)^2 + (Y^j - Y_0)^2 + (Z^j - Z_0)^2]^{1/2} \tag{3-291}$$

其伪距为 ρ^j，则伪距改正数为

$$\Delta\rho^j = R^j - \rho^j \tag{3-292}$$

其变化率为

$$d\rho^j = \frac{\Delta\rho^j}{\Delta t} \tag{3-293}$$

基准站将 $\Delta\rho^j$ 和 $d\rho^j$ 发送给用户，用户在测出的伪距 ρ^j 上加以改正，求出经改

正后的伪距，即

$$\rho_{p}^{j}(t)=\rho^{j}(t)+\Delta\rho^{j}(t)+d\rho^{j}(t-t_{0}) \tag{3-294}$$

并按下式计算坐标，即

$$\rho_{p}^{j}=[(X^{j}-X_{p})^{2}+(Y^{j}-Y_{p})^{2}+(Z^{j}-Z_{p})^{2}]^{1/2}+c\cdot\delta t+V_{1} \tag{3-295}$$

式中：δt 为钟差；V_1为接收机噪声。

伪距差分的优点是：基准站提供所有卫星的改正数，用户接收机观测任意4颗卫星，就可完成定位。因提供的是 $\Delta\rho^j$ 和 $d\rho^j$ 改正数，可满足《国际海事无线电委员会标准》（RTCMSC-104）。缺点是：差分精度随基准站到用户的距离增加而降低。

（3）载波相位差分原理。

位置差分和伪距差分，能满足米级定位精度，已广泛应用于导航、水下测量等。而载波相位差分可使实时三维定位精度达到厘米级。

载波相位差分技术又称为实时动态（real time kinematic，RTK）技术，是实时处理两个测站载波相位观测量的差分方法。载波相位差分方法分为两类：一类是修正法；另一类是差分法。修正法就是将基准站的载波相位修正值发送给用户，改正用户接收到的载波相位，再求解坐标。差分法即是将基准站采集的载波相位发送给用户，进行求差解算坐标。可见修正法属准 RTK，差分法为真正 RTK。以载波相位观测量形式即可得出相应的方程式，即

$$\begin{aligned}&R_{0}^{j}+\lambda(N_{p0}^{j}-N_{0}^{j})+\lambda(N_{p}^{j}-N^{j})+\varphi_{p}^{j}-\varphi_{0}^{j}\\&=[(X^{j}-X_{p})^{2}+(Y^{j}-Y_{p})^{2}+(Z^{j}-Z_{p})^{2}]^{1/2}+\Delta d\rho\end{aligned} \tag{3-296}$$

式中：N_{p0}^{j}为用户接收机起始相位模糊度；N_0^j 为基准点接收机起始相位模糊度；N_p^j 为用户接收机起始历元至观测历元相位整周数；N^j 为基准点接收机起始历元至观测历元相位整周数；φ_p^j 为用户接收机测量相位的小数部分；φ_0^j 为基准点接收机测量相位的小数部分；$\Delta d\rho$ 为同一观测历元各项残差；其他符号含义同前。

这里关键是求解起始相位模糊度。求解起始相位模糊度通常用以下几种方法，即删除法、模糊度函数法、FABA 法、消去法。用某种方法时式（3-296）应做相应的改变。

RTK 技术可应用于海上精密定位，地形测图和地籍测绘。RTK 技术也同样受到基准站至用户距离的限制，为解决此问题，发展成局部区域差分和广域差分定位技术。通常把一般差分定位系统叫 DGNSS，局部区域差分定位系统叫 LADGNSS，广域差分系统叫 WADGNSS。

差分定位的关键技术是高波特率数据传输的可靠性和抗干扰问题。单站差分 GNSS 系统结构和算法简单，技术上较为成熟，主要用于小范围的差分定

位工作。对于较大范围的区域，则应用局部区域差分技术，对于一国或几个国家范围的广大区域，应用广域差分技术。

2）局部区域GNSS差分系统

在局部区域中应用差分GNSS技术，应该在区域中布设一个差分GNSS网，该网由若干个差分GNSS基准站组成，通常还包含一个或数个监控站。位于该局部区域中的用户根据多个基准站所提供的改正信息，经平差后求得自己的改正数。这种差分GNSS定位系统称为局部区域差分GNSS系统，简称LADGNSS。

局部区域差分GNSS技术通常采用加权平均法或最小方差法对来自多个基准站的改正信息（坐标改正数或距离改正数）进行平差计算，以求得自己的坐标改正数或距离改正数。其系统构成为：有多个基准站，每个基准站与用户之间均有无线电数据通信链。用户与基准站之间的距离一般在500km以内才能获得较好的精度。

3.4.2　GNSS数据处理内容

GNSS测量数据处理工作包括二进制原始测量数据解码恢复、测量数据星钟误差改正、相对论效应误差修正、大气延迟误差修正、测量数据随机误差统计和测量数据平滑滤波、WGS-84坐标系计算弹道参数、弹道参数转换到发射坐标系、发射坐标系下弹道参数精度估算等。

1. 数据解码方法

箭载GNSS接收机下传的原始测量帧中，一般包含伪距帧、电文帧、自定位帧、辅助帧、卫星跟踪状态帧等。在定位解算中主要用到电文帧和伪距帧。对于其他帧，可以将其恢复成十进制格式数据便于事后比对分析，其中自定位帧既可作为定位结果也可作为测控信息源。

在原始测量数据的解码过程中，除了要正确掌握有关参数在测量帧中的位置、量纲之外，还必须清楚字节记录的先后顺序、有效位的高低顺序以及参数有无符号位。

1）数据格式

箭载GNSS接收机型号多样，不同接收机原始数据格式并不相同，即使同一个单位研制的接收机，也存在多种格式，目前还没能进行统一。

2）伪距帧解码

伪距帧一般包括GPS（BDS）时间、时间有效标识、各通道的卫星号、通道状态、伪距、载波多普勒值、载波相位测量值、信噪比等。由于伪距中包含多个通道，可接收到GPS/GLONASS/BDS这3种导航卫星。因此，在解码过程中需要对3种卫星进行区分。目前GPS卫星号为1~32，GLONASS卫星号为1~24，BDS卫星号为1~35，为了在程序中便于区分3种导航星，可以采用表3-2的形式，对3种导航星统一编号。对于事后处理，将文件输出时可以采用表3-3的形式。另外，因GPS和BDS卫星有多个频率信号，在处理时还需要区分不同的频率，常见方法如表3-4所列。

表3-2　GPS/GLONASS/BD2卫星星号（PRN）定义

卫　星　号	卫星系统	与卫星系统自带编号关系
1~100	GPS	GPS卫星编号=卫星号
101~200	GLONASS	GLONASS卫星编号=卫星号-100
201~300	BDS	BDS卫星编号=卫星号-200

表3-3　不同导航星的区分方式

GPS	G+PRN号
GLONASS	R+Slot号
BD	C +卫星号

表3-4　不同点频的区分方法

位	值（二进制）	定　义
b0~ b3		通道状态
b4~b5	00	频点为：GPS L1/GLONASS G1/BDS B1
	01	频点为：GPS L2/GLONASS G2/BDS B2
	10	频点为：GPS L5/GLONASS G3/BDS B3
b6	0	粗码（C码）
	1	精码（P码）

3）卫星发出信号时刻的周内时间计算方法

在原始测量数据的伪距测量帧解码中，通常只能得到GNSS卫星发出信号时刻1s以内的时间ΔT_{GPS}，为了计算GNSS卫星发出信号时刻的周内时间，需要利用伪距帧的帧计数TIC、GPS卫星导航电文帧的帧记数DATA_TIC和电文帧的Z记数Z_{count}来计算周内整秒时间，然后才能计算出周内时间，公式为

$$T_{\mathrm{GPSI}}=Z_{\mathrm{count}}+\mathrm{int}\left(\frac{(\mathrm{TIC-DATA\_TIC})}{f}\right)+\Delta T_{\mathrm{GPSI}} \tag{3-297}$$

式中：f为测量频率；int(·)为取整函数。

4）接收机收到GNSS卫星信号的时间计算方法

在伪距测量中，卫星和用户接收机之间的距离是通过比较卫星时钟和用

户时钟之间的时间差来实现的。在实际测量过程中，尽管GPS接收机能够按照固定的采样频率接收来自GPS卫星的信号实现实时定位、测速计算，但是在原始记录的伪距帧测量数据中通常没有收到卫星信号的时间，所以在事后数据处理过程中首先需要解决这一问题。估算接收机收到卫星信号时间的方法通常是迭代法。

（1）地面基准接收机收到卫星信号的时间估算方法。

假设地面基准接收机在WGS-84地心坐标系的精确位置为$(x_0、y_0、z_0)$，基准接收机同时收到$m(m\geqslant 4)$颗来自GPS卫星的信号，每颗卫星发射出信号时刻的时间为$T_i, i=1,2,\cdots,m$，已知卫星导航电文数据和卫星发出信号的时间可以计算出每颗卫星发射出信号时刻的位置$(x_i、y_i、z_i)(i=1,2,\cdots,m)$，令

$$T_i'=T_i+\frac{\sqrt{(x_i-x_0)^2+(y_i-y_0)^2+(z_i-z_0)^2}}{c} \tag{3-298}$$

式中：c为光速，以下相同。

$$T=\frac{\left(\sum_{i=1}^{m}T_i'\right)}{m} \tag{3-299}$$

则可以把T作为地面基准接收机收到卫星信号的GPS时间粗略估算结果。

（2）箭载接收机收到卫星信号的GPS时间估算方法。

因为箭载接收机收到卫星信号时刻的位置是未知的，首先假设箭载接收机在WGS-84地心坐标系的位置近似为$(x_{t0}、y_{t0}、z_{t0})$，箭载接收机同时收到$m(m\geqslant 4)$颗来自GPS卫星的信号，每颗卫星发射出信号时刻的时间为$T_i(i=1,2,\cdots,m)$，已知卫星导航电文数据和卫星发出信号的时间可以计算出每颗卫星发射出信号时刻的位置$(x_i、y_i、z_i)(i=1,2,\cdots,m)$。令

$$T_i'=T_i+\frac{\sqrt{(x_i-x_{t0})^2+(y_i-y_{t0})^2+(z_i-z_{t0})^2}}{c} \tag{3-300}$$

$$T=\frac{\left(\sum_{i=1}^{m}T_i'\right)}{m} \tag{3-301}$$

$$S_i=(T-T_i)\cdot c \tag{3-302}$$

在观测方程式（3-302）中，把距离S_i看成箭载接收机位置的非线性函数，在箭载接收机位置的近似值$(x_{t0}、y_{t0}、z_{t0})$处进行线性化，然后建立测元

残差方程，通过测元残差方程可以计算出位置修正量(δx_{t0}、δy_{t0}、δz_{t0})和通道公有偏差 P。令

$$T=T-\frac{P}{c} \tag{3-303}$$

$$\begin{cases} x_{t0}=x_{t0}+\delta x_{t0} \\ y_{t0}=y_{t0}+\delta y_{t0} \\ z_{t0}=z_{t0}+\delta z_{t0} \end{cases} \tag{3-304}$$

返回（3-304），重新计算箭载接收机位置的修正量(δx_{t0}、δy_{t0}、δz_{t0})，直到 MAX($|\delta x_{t0}|$、$|\delta y_{t0}|$、$|\delta z_{t0}|$)小于某一个给定的正数为止。最后令

$$T'_i = T_i + \frac{\sqrt{(x_i - x_{t0})^2 + (y_i - y_{t0})^2 + (z_i - z_{t0})^2}}{c} \tag{3-305}$$

$$T = \frac{\left(\sum_{i=1}^{m} T'_i\right)}{m} \tag{3-306}$$

则可以把 T 作为箭载接收机收到卫星信号的 GPS 时间粗略估算结果。对于箭载转发器 GPS 外测系统来说，通常转发接收设备与基准接收设备在时标上是同源的，不需要估算转发测量收到信号的 GPS 时间。

2. GNSS 弹道解算

目前新的箭载接收机都已经逐渐更新为 GPS/GLONASS/BDS 三合一卫星导航接收机，接收机通过遥测通道将每系统的电文数据和原始测量数据及时下传至地面，以便实时定位解算和事后分析。因此，在具体应用中，针对 3 种系统的测量数据，可以采用多种导航模式的组合。尤其在目标高速、大幅调姿飞行情况下，接收机天线可能只能接收到部分卫星信号，此时根据测量数据情况进行合理组合，可以避免单系统无法定位情况，提高数据冗余，有利于提高定位精度。

在多系统组合定位中，主要需要解决时空对准问题，即把各系统测量数据的时间统一，把各系统的坐标系转换到统一坐标系。另外，由于不同系统信号在天线端传输时延不一致，因此还需要估算不同系统偏差。

1）单系统单点定位及速度解算

单系统定位是最基本的定位模式，在实际处理中，一般以 GPS 和“北斗”两种单系统定位为主。只要单系统具有 4 颗以上的有效卫星数据即可进行定位。

（1）计算接收机位置。

单一卫星系统在本系统的时间和坐标系内，以改正后最终伪距$\hat{R}$为观测量，以接收机位置和钟差概略值的增量为未知参数，采用加权最小二乘法计算接收机位置和钟差。

给定以下已知参数和未知参数的符号表示：

m——接收机观测的卫星个数，且$m\geqslant 4$；

上标i——观测卫星索引；

$\hat{R}^i$——第i颗卫星的改正后最终伪距；

(X_s^i,Y_s^i,Z_s^i)——第i颗卫星的轨道位置；

(X_0,Y_0,Z_0)——接收机初始概略位置；

ε^i——第i颗卫星伪距经各项误差改正后的残差；

(X,Y,Z)——待求的接收机坐标未知参数；

δt_r——待求的接收机钟差未知参数。

则伪距增量观测方程可表示为

$$\delta\hat{R}^i=\hat{R}^i-\sqrt{(X_s^i-X_0)^2+(Y_s^i-Y_0)^2+(Z_s^i-Z_0)^2}=\delta\rho^i+\delta t_r+\varepsilon^i \tag{3-307}$$

式中：$\delta\hat{R}^i$为最终伪距相对星地概略距离的增量，是方程观测量；$\delta\rho^i$为接收机到卫星i的距离与概略距离的差在星地视线方向上的增量，围绕接收机概略位置进行泰勒展开和线性化，可得

$$\begin{cases}\delta X=X-X_0\\ \delta Y=Y-Y_0\\ \delta Z=Z-Z_0\\ \delta\rho^i=l^i\cdot\delta X+m^i\cdot\delta Y+n^i\cdot\delta Z\end{cases} \tag{3-308}$$

将式（3-308）代入式（3-307），则(X,Y,Z)的求解转化为位置增量$(\delta X,\delta Y,\delta Z)$的求解，方程为

$$\delta\hat{R}^i=l^i\cdot\delta X+m^i\cdot\delta Y+n^i\cdot\delta Z+\delta t_r+\varepsilon^i \tag{3-309}$$

m个观测量组成以下的观测方程组，即

$$\begin{bmatrix}\delta\hat{R}^1\\ \delta\hat{R}^2\\ \vdots\\ \delta\hat{R}^m\end{bmatrix}=\begin{bmatrix}l^1 & m^1 & n^1 & 1\\ l^2 & m^2 & n^2 & 1\\ \vdots & \vdots & \vdots & 1\\ l^m & m^m & n^m & 1\end{bmatrix}\begin{bmatrix}\delta X\\ \delta Y\\ \delta Z\\ \delta t_r\end{bmatrix}+\begin{bmatrix}\varepsilon^1\\ \varepsilon^2\\ \vdots\\ \varepsilon^m\end{bmatrix} \tag{3-310}$$

式中：l^i、m^i和n^i分别为接收机到卫星i的方向余弦在地心直角坐标系三轴方向分量的概算值，即

$$\begin{cases} l^i=-\dfrac{X_{sv}^i-X_0}{\rho_0^i} \\ m^i=-\dfrac{Y_{sv}^i-Y_0}{\rho_0^i} \\ n^i=-\dfrac{Z_{sv}^i-Z_0}{\rho_0^i} \end{cases} \tag{3-311}$$

式中：ρ_0^i 为星地概略距离，$\rho_0^i=\sqrt{(X_s^i-X_0)^2+(Y_s^i-Y_0)^2+(Z_s^i-Z_0)^2}$；$(\delta X, \delta Y, \delta Z)$为待求的接收机坐标相对概略坐标的增量；

为表示方便，令：

$$\boldsymbol{L}=\begin{bmatrix} \delta\hat{R}^1 \\ \delta\hat{R}^2 \\ \vdots \\ \delta\hat{R}^m \end{bmatrix},\quad \boldsymbol{A}=\begin{bmatrix} l^1 & m^1 & n^1 & 1 \\ l^2 & m^2 & n^2 & 1 \\ \vdots & \vdots & \vdots & 1 \\ l^m & m^m & n^m & 1 \end{bmatrix},\quad \boldsymbol{X}=\begin{bmatrix} \delta X \\ \delta Y \\ \delta Z \\ \delta t_r \end{bmatrix},\quad \boldsymbol{V}=\begin{bmatrix} \varepsilon^1 \\ \varepsilon^2 \\ \vdots \\ \varepsilon^m \end{bmatrix} \tag{3-312}$$

式中：$\boldsymbol{L}$、$\boldsymbol{A}$、$\boldsymbol{X}$ 和 $\boldsymbol{V}$ 分别为观测向量、几何矩阵、待求参数和残差向量，式（3-310）可表示为

$$\boldsymbol{L}=\boldsymbol{AX}+\boldsymbol{V} \tag{3-313}$$

采用加权最小二乘平差，可得以下计算结果，即

$$\boldsymbol{X}=\boldsymbol{Q_X A}^{\mathrm{T}}\boldsymbol{PL}=(\boldsymbol{A}^{\mathrm{T}}\boldsymbol{PA})^{-1}\boldsymbol{A}^{\mathrm{T}}\boldsymbol{PL} \tag{3-314}$$

式中：$\boldsymbol{Q_X}=(\boldsymbol{A}^{\mathrm{T}}\boldsymbol{PA})^{-1}$为方差传递矩阵，也称法矩阵；$\boldsymbol{P}$ 为观测权矩阵，若参与计算的卫星 i 伪距的先验方差为 σ^i，则可设

$$\boldsymbol{P}=\begin{bmatrix} \dfrac{1}{(\sigma^1)^2} & 0 & 0 & 0 \\ 0 & \dfrac{1}{(\sigma^2)^2} & 0 & 0 \\ \vdots & \vdots & \vdots & \vdots \\ 0 & 0 & 0 & \dfrac{1}{(\sigma^m)^2} \end{bmatrix} \tag{3-315}$$

通常也可设为各伪距等权。

当只有 4 颗星时，$\boldsymbol{A}$ 为方阵，式（3-315）退化为高斯方程的解形式，即

$$\boldsymbol{X}=\boldsymbol{A}^{-1}\boldsymbol{L} \tag{3-316}$$

最后，对概略坐标进行增量修正后可得接收机解算位置为

$$\begin{cases}X=X_0+\delta X\\Y=Y_0+\delta Y\\Z=Z_0+\delta Z\end{cases}\tag{3-317}$$

由于包含了线性化误差，因此解算应该采用迭代：每次循环计算得到的更精确的接收机坐标和钟差，重新计算几何矩阵、改正接收机观测时刻、重新进行伪距改正和进行最小二乘解算，直至两次迭代结果之差小于给定阈值。这个迭代过程收敛很快，通常只需2~4次，迭代阈值一般可取10^{-3}m。

(2) 计算接收机速度。

单一卫星系统在本系统的时间和坐标系内，以距离率观测量$\boldsymbol{R}$采用等权最小二乘法计算接收机速度，这里的距离率观测量既可以是原始多普勒乘以波长λ，也可以是伪距或载波相位的平滑值。

非增量伪距线性化观测方程为

$$\hat{R}^i=l^i\cdot X+m^i\cdot Y+n^i\cdot Z+\delta t_r+\varepsilon^i\tag{3-318}$$

对式（3-318）两边求导，并忽略高阶误差项，可得接收机速度观测方程为

$$\dot{R}^i=l^i\cdot \dot{X}+m^i\cdot \dot{Y}+n^i\cdot \dot{Z}+\delta \dot{t}_r+\dot{\varepsilon}^i\tag{3-319}$$

与计算接收机位置解算类似，联立各星上述方程，可构建以下观测方程组，即

$$\begin{bmatrix}\dot{R}^1\\\dot{R}^2\\\vdots\\\dot{R}^m\end{bmatrix}=\begin{bmatrix}l^1&m^1&n^1&1\\l^2&m^2&n^2&1\\\vdots&\vdots&\vdots&1\\l^m&m^n&n^m&1\end{bmatrix}\begin{bmatrix}\dot{X}\\\dot{Y}\\\dot{Z}\\\Delta\dot{t}_r\end{bmatrix}+\begin{bmatrix}\dot{\varepsilon}^1\\\dot{\varepsilon}^2\\\vdots\\\dot{\varepsilon}^m\end{bmatrix}\tag{3-320}$$

令

$$\dot{\boldsymbol{L}}=\begin{bmatrix}\dot{R}^1\\\dot{R}^2\\\vdots\\\dot{R}^m\end{bmatrix},\boldsymbol{A}=\begin{bmatrix}l^1&m^1&n^1&1\\l^2&m^2&n^2&1\\\vdots&\vdots&\vdots&1\\l^m&m^m&n^m&1\end{bmatrix},\dot{\boldsymbol{X}}=\begin{bmatrix}\dot{X}\\\dot{Y}\\\dot{Z}\\\Delta\dot{t}_r\end{bmatrix},\boldsymbol{\varepsilon}=\begin{bmatrix}\dot{\varepsilon}^1\\\dot{\varepsilon}^2\\\vdots\\\dot{\varepsilon}^m\end{bmatrix},$$

则$\boldsymbol{L}$、$\boldsymbol{A}$、$\boldsymbol{X}$和$\boldsymbol{\varepsilon}$分别为观测向量、几何矩阵、待求参数和残差向量，上式可表示为

$$\boldsymbol{L}=\boldsymbol{A}\dot{\boldsymbol{X}}+\boldsymbol{\varepsilon}\tag{3-321}$$

采用等权最小二乘法，可得

$$\dot{\boldsymbol{X}}=(\boldsymbol{A}^{\mathrm{T}}\boldsymbol{A})^{-1}\boldsymbol{A}^{\mathrm{T}}\dot{\boldsymbol{L}}\tag{3-322}$$

式中：$\Delta \dot{t}_r$ 为归算为速度的接收机钟漂项（m/s）。

（3）计算精度衰减因子 DOP。

等权条件下的方差传递阵为 $\boldsymbol{Q}_X=(\boldsymbol{A}^{\mathrm{T}}\boldsymbol{A})^{-1}$，具体形式可表示为

$$\boldsymbol{Q}_X=\begin{bmatrix} q_{XX} & q_{XY} & q_{XZ} & q_{Xt} \\ q_{YX} & q_{YY} & q_{YZ} & q_{Yt} \\ q_{ZX} & q_{ZY} & q_{ZZ} & q_{Zt} \\ q_{tX} & q_{tY} & q_{tZ} & q_{tt} \end{bmatrix} \tag{3-323}$$

该矩阵对角线元素是地心直角坐标系三维位置和接收机钟差参数的方差，只取决于卫星与接收机的几何图形。在忽略位置和接收机钟差之间相关性的情况下，可以计算一组误差传递因子，用于近似评估定位精度。这样得到的传递因子称为精度衰减因子，简称 DOP，是一组参数。

① 几何精度衰减因子 GDOP，即

$$\mathrm{GDOP}=\sqrt{q_{XX}+q_{YY}+q_{ZZ}+q_{tt}} \tag{3-324}$$

GDOP 用于概略评估在可视卫星与接收机构建的星地几何条件下，测量误差向解算结果误差的传递关系。因此，位置解算结果的整体精度可近似估算为

$$\sigma_G=\mathrm{GDOP}\cdot\sigma_L \tag{3-325}$$

式中：σ_L 为单位权中误差 σ_0，或是人为设定的观测量先验中误差。

② 位置精度衰减因子 PDOP，即

$$\mathrm{PDOP}=\sqrt{q_{XX}+q_{YY}+q_{ZZ}} \tag{3-326}$$

PDOP 用于评估三维位置精度，接收机三维位置精度 σ_{p} 可近似估算为

$$\sigma_{\mathrm{p}}=\mathrm{PDOP}\cdot\sigma_L \tag{3-327}$$

PDOP 描述的是三维几何位置的整体精度。

③ 接收机钟差精度衰减因子 TDOP，即

$$\mathrm{TDOP}=\sqrt{q_{tt}} \tag{3-328}$$

TDOP 用于评估接收机钟差精度，接收机钟差精度 σ_t 可近似估算为

$$\sigma_t=\mathrm{TDOP}\cdot\sigma_L \tag{3-329}$$

为进一步分解描述水平和高程方向定位精度，可将 $\boldsymbol{Q}_X$ 中的位置部分转换到当地水平坐标系 ENU（东北天）中，从而直接得到 ENU 中的 3 个位置分量方差系数。设 $\boldsymbol{Q}_X$ 中的位置部分为 $\boldsymbol{Q}_{XYZ}$，$\boldsymbol{R}$ 表示从 ECEF 直角坐标系向 ENU 坐标系转换的旋转矩阵；转换后的系数阵为 $\boldsymbol{Q}_{\mathrm{ENU}}$，则有

$$\boldsymbol{Q}_{\mathrm{ENU}}=\boldsymbol{R}\boldsymbol{Q}_{XYZ}\boldsymbol{R}^{\mathrm{T}}=\begin{bmatrix} q_{EE} & q_{EN} & q_{EU} \\ q_{NE} & q_{NN} & q_{NU} \\ q_{UE} & q_{UN} & q_{UU} \end{bmatrix} \tag{3-330}$$

其中，旋转矩阵 $\boldsymbol{R}$ 可由接收机大地纬度 ϕ 和大地经度 λ 计算，即

$$\boldsymbol{R}=\begin{bmatrix} -\sin\lambda & \cos\lambda & 0 \\ -\sin\phi\cos\lambda & -\sin\phi\sin\lambda & \cos\phi \\ \cos\phi\cos\lambda & \cos\phi\sin\lambda & \sin\phi \end{bmatrix} \tag{3-331}$$

④ 水平位置精度衰减因子 HDOP，即

$$\mathrm{HDOP}=\sqrt{q_{EE}+q_{NN}} \tag{3-332}$$

HDOP 用于评估水平位置精度，接收机水平位置精度 σ_{H} 可近似估算为

$$\sigma_{\mathrm{H}}=\mathrm{HDOP}\cdot\sigma_L \tag{3-333}$$

⑤ 高程精度衰减因子 VDOP，即

$$\mathrm{VDOP}=\sqrt{q_{UU}} \tag{3-334}$$

VDOP 用于评估高程精度，接收机高程精度 σ_U 可近似估算为

$$\sigma_U=\mathrm{HDOP}\cdot\sigma_L \tag{3-335}$$

2）双系统单点定位及速度解算

当单系统观测卫星不足 4 颗无法定位时，双系统组合定位可以有效解决这一问题。双系统定位需要 5 颗以上的卫星，参与组合定位的每一系统卫星数都不得少于 2 颗，其中一系统要大于 2 颗。

（1）时间和坐标统一。

双系统融合定位测速之前，应先进行转换统一时间和坐标，主要包括：

① 统一原始观测量采样历元至相同时间系统；

② 统一卫星位置速度计算时刻至相同时间系统；

③ 统一卫星位置速度至相同坐标系统。

双系统融合解算要根据接收机性能，采用以下两种不同的处理方式：

① 如果接收机不同系统之间的采样严格同步，系统之间采样不一致造成的测距互差不超过一定的阈值（如 0.1~1m），则可以忽略不同系统的接收机钟差不一致，直接按照单系统算法解算。

② 如果接收机不同系统之间的采样同步性能较差，则需在位置解算时分别计算两个系统的接收机钟差（即增加一个接收机钟差未知数）；解算速度时则无须增加新的钟漂未知数。

（2）双钟差参数的位置解算。

以下标 g1 和 g2 区分两个系统，若卫星个数分别为 $m_{\mathrm{g1}}\geqslant 2$、$m_{\mathrm{g2}}\geqslant 2$，且 $m=m_{\mathrm{g1}}+m_{\mathrm{g2}}\geqslant 5$，则可进行双钟差参数的融合位置解算。其他参数表示同上，则两个系统的观测方程变为

$$\begin{cases} \delta\hat{R}^i_{\mathrm{g1}}=l^i_{\mathrm{g1}}\cdot\delta X+m^i_{\mathrm{g1}}\cdot\delta Y+n^i_{\mathrm{g1}}\cdot\delta Z+\delta t_{\mathrm{r,g1}}+\varepsilon^i_{\mathrm{g1}} \\ \delta\hat{R}^i_{\mathrm{g2}}=l^i_{\mathrm{g2}}\cdot\delta X+m^i_{\mathrm{g2}}\cdot\delta Y+n^i_{\mathrm{g2}}\cdot\delta Z+\delta t_{\mathrm{r,g2}}+\varepsilon^i_{\mathrm{g2}} \end{cases} \tag{3-336}$$

各星观测方程可组成以下观测方程组，即

$$\begin{bmatrix} \delta\hat{R}_{g1}^{1} \\ \delta\hat{R}_{g1}^{1} \\ \vdots \\ \delta\hat{R}_{g1}^{m_{g1}} \\ \delta\hat{R}_{g2}^{1} \\ \delta\hat{R}_{g2}^{2} \\ \vdots \\ \delta\hat{R}_{g2}^{m_{g2}} \end{bmatrix} = \begin{bmatrix} l_{g1}^{1} & m_{g1}^{1} & n_{g1}^{1} & 1 & 0 \\ l_{g1}^{2} & m_{g1}^{2} & n_{g1}^{2} & 1 & 0 \\ \vdots & \vdots & \vdots & 1 & 0 \\ l_{g1}^{m_{g1}} & m_{g1}^{m_{g1}} & n_{g1}^{m_{g1}} & 1 & 0 \\ l_{g2}^{1} & m_{g2}^{1} & n_{g2}^{1} & 0 & 1 \\ l_{g2}^{2} & m_{g2}^{2} & n_{g2}^{2} & 0 & 1 \\ \vdots & \vdots & \vdots & 0 & 1 \\ l_{g2}^{m_{g2}} & m_{g2}^{m_{g2}} & n_{g2}^{m_{g2}} & 0 & 1 \end{bmatrix} \begin{bmatrix} \Delta X \\ \Delta Y \\ \Delta Z \\ \Delta t_{r,g1} \\ \Delta t_{r,g2} \end{bmatrix} + \begin{bmatrix} \boldsymbol{\varepsilon}_{g1}^{1} \\ \boldsymbol{\varepsilon}_{g1}^{1} \\ \vdots \\ \boldsymbol{\varepsilon}_{g1}^{m_{g1}} \\ \boldsymbol{\varepsilon}_{g2}^{1} \\ \boldsymbol{\varepsilon}_{g2}^{2} \\ \vdots \\ \boldsymbol{\varepsilon}_{g2}^{m_{g2}} \end{bmatrix} \tag{3-337}$$

分别以 $\boldsymbol{L}$、$\boldsymbol{A}$、$\boldsymbol{X}$ 和 $\boldsymbol{\varepsilon}$ 表示观测向量、几何矩阵、待求参数和残差，式（3-337）可表示为

$$\boldsymbol{L}=\boldsymbol{AX}+\boldsymbol{\varepsilon} \tag{3-338}$$

采用加权最小二乘平差，以 $\boldsymbol{P}$ 表示观测权阵，则可得以下计算结果，即

$$\boldsymbol{X}=(\boldsymbol{A}^{\mathrm{T}}\boldsymbol{PA})^{-1}\boldsymbol{A}^{\mathrm{T}}\boldsymbol{PL} \tag{3-339}$$

显然，当只有 5 颗星时 $\boldsymbol{A}$ 为方阵，则式（3-339）退化为高斯方程的解形式，即

$$\boldsymbol{X}=\boldsymbol{A}^{-1}\boldsymbol{L} \tag{3-340}$$

$\boldsymbol{X}$ 结果包括位置坐标增量和接收机钟差，对概略坐标进行增量修正后可得接收机解算位置，计算过程需迭代进行。

3）三系统单点定位及速度解算

（1）时间和坐标统一。

三系统情况下融合定位测速之前，应先完成 3 个系统的时间和坐标系的转换统一。

三系统融合解算要根据接收机性能，采用两种不同的处理方式。

① 如果接收机不同系统之间的采样严格同步，系统之间采样不一致造成的测距互差不超过一定的阈值（如 0.1～1m），则可以忽略不同系统的接收机钟差不一致，直接按照单系统解算。

② 如果接收机不同系统之间的采样一致性较差，则需在位置解算时，分别计算 3 个系统的接收机钟差（即增加了两个接收机钟差未知数）；解算速度无须增加新的钟漂未知数。

（2）三钟差参数的位置解算。

若 3 个系统卫星个数满足

$$\begin{cases} m_{\mathrm{GPS}} \geqslant 2, m_{\mathrm{GLO}} \geqslant 2, m_{\mathrm{BDS}} \geqslant 2 \\ m_{\mathrm{GPS}} + m_{\mathrm{GLO}} + m_{\mathrm{BDS}} \geqslant 6 \end{cases} \tag{3-341}$$

则可进行三钟差参数的融合位置解算。其他参数表示同上，则 3 个系统的观测方程变为

$$\begin{cases} \delta\hat{R}^i_{\mathrm{GPS}} = l^i_{\mathrm{GPS}} \cdot \delta X + m^i_{\mathrm{GPS}} \cdot \delta Y + n^i_{\mathrm{GPS}} \cdot \delta Z + \delta t_{\mathrm{r,GPS}} + \varepsilon^i_{\mathrm{GPS}}, & 1 \leqslant i \leqslant m_{\mathrm{GPS}} \\ \delta\hat{R}^i_{\mathrm{GLO}} = l^i_{\mathrm{GLO}} \cdot \delta X + m^i_{\mathrm{GLO}} \cdot \delta Y + n^i_{\mathrm{GLO}} \cdot \delta Z + \delta t_{\mathrm{r,GLO}} + \varepsilon^i_{\mathrm{GLO}}, & 1 \leqslant i \leqslant m_{\mathrm{GLO}} \\ \delta\hat{R}^i_{\mathrm{BDS}} = l^i_{\mathrm{BDS}} \cdot \delta X + m^i_{\mathrm{BDS}} \cdot \delta Y + n^i_{\mathrm{BDS}} \cdot \delta Z + \delta t_{\mathrm{r,BDS}} + \varepsilon^i_{\mathrm{BDS}}, & 1 \leqslant i \leqslant m_{\mathrm{BDS}} \end{cases} \tag{3-342}$$

各星观测方程可组成以下观测方程组，即

$$\begin{bmatrix} \delta\hat{R}^1_{\mathrm{GPS}} \\ \delta\hat{R}^2_{\mathrm{GPS}} \\ \vdots \\ \delta\hat{R}^{m_{\mathrm{GPS}}}_{\mathrm{GPS}} \\ \delta\hat{R}^1_{\mathrm{GLO}} \\ \delta\hat{R}^2_{\mathrm{GLO}} \\ \vdots \\ \delta\hat{R}^{m_{\mathrm{GLO}}}_{\mathrm{GLO}} \\ \delta\hat{R}^1_{\mathrm{BDS}} \\ \delta\hat{R}^2_{\mathrm{BDS}} \\ \vdots \\ \delta\hat{R}^{m_{\mathrm{BDS}}}_{\mathrm{BDS}} \end{bmatrix} = \begin{bmatrix} l^1_{\mathrm{GPS}} & m^1_{\mathrm{GPS}} & n^1_{\mathrm{GPS}} & 1 & 0 & 0 \\ l^2_{\mathrm{GPS}} & m^2_{\mathrm{GPS}} & n^2_{\mathrm{GPS}} & 1 & 0 & 0 \\ \vdots & \vdots & \vdots & 1 & 0 & 0 \\ l^{m_{\mathrm{GPS}}}_{\mathrm{GPS}} & m^{m_{\mathrm{GPS}}}_{\mathrm{GPS}} & n^{m_{\mathrm{GPS}}}_{\mathrm{GPS}} & 1 & 0 & 0 \\ l^1_{\mathrm{GLO}} & m^1_{\mathrm{GLO}} & n^1_{\mathrm{GLO}} & 0 & 1 & 0 \\ l^2_{\mathrm{GLO}} & m^2_{\mathrm{GLO}} & n^2_{\mathrm{GLO}} & 0 & 1 & 0 \\ \vdots & \vdots & \vdots & 0 & 1 & 0 \\ l^{m_{\mathrm{GLO}}}_{\mathrm{GLO}} & m^{m_{\mathrm{GLO}}}_{\mathrm{GLO}} & n^{m_{\mathrm{GLO}}}_{\mathrm{GLO}} & 0 & 1 & 0 \\ l^1_{\mathrm{BDS}} & m^1_{\mathrm{BDS}} & n^1_{\mathrm{BDS}} & 0 & 0 & 1 \\ l^2_{\mathrm{BDS}} & m^2_{\mathrm{BDS}} & n^2_{\mathrm{BDS}} & 0 & 0 & 1 \\ \vdots & \vdots & \vdots & 0 & 0 & 1 \\ l^{m_{\mathrm{BDS}}}_{\mathrm{BDS}} & m^{m_{\mathrm{BDS}}}_{\mathrm{BDS}} & n^{m_{\mathrm{BDS}}}_{\mathrm{BDS}} & 0 & 0 & 1 \end{bmatrix} \begin{bmatrix} \Delta X \\ \Delta Y \\ \Delta Z \\ \delta t_{\mathrm{r,GPS}} \\ \delta t_{\mathrm{r,GLO}} \\ \delta t_{\mathrm{r,BDS}} \end{bmatrix} + \begin{bmatrix} \varepsilon^1_{\mathrm{GPS}} \\ \varepsilon^2_{\mathrm{GPS}} \\ \vdots \\ \varepsilon^{m_{\mathrm{GPS}}}_{\mathrm{GPS}} \\ \varepsilon^1_{\mathrm{GLO}} \\ \varepsilon^2_{\mathrm{GLO}} \\ \vdots \\ \varepsilon^{m_{\mathrm{GLO}}}_{\mathrm{GLO}} \\ \varepsilon^1_{\mathrm{BDS}} \\ \varepsilon^2_{\mathrm{BDS}} \\ \vdots \\ \varepsilon^{m_{\mathrm{BDS}}}_{\mathrm{BDS}} \end{bmatrix} \tag{3-343}$$

分别以 $\boldsymbol{L}$、$\boldsymbol{A}$、$\boldsymbol{X}$ 和 $\boldsymbol{\varepsilon}$ 表示观测向量、几何矩阵、待求参数和残差，式（3-343）可表示为

$$\boldsymbol{L} = \boldsymbol{A}\boldsymbol{X} + \boldsymbol{\varepsilon}$$

采用加权最小二乘平差，以 $\boldsymbol{P}$ 表示观测权阵，可得

$$\boldsymbol{X} = (\boldsymbol{A}^{\mathrm{T}}\boldsymbol{P}\boldsymbol{A})^{-1}\boldsymbol{A}^{\mathrm{T}}\boldsymbol{P}\boldsymbol{L}$$

显然，当只有 6 颗星时 $\boldsymbol{A}$ 为方阵，则上式退化为高斯方程的解形式，即

$$\boldsymbol{X} = \boldsymbol{A}^{-1}\boldsymbol{L}$$

$\boldsymbol{X}$ 结果包括位置坐标增量和接收机钟差，对概略坐标进行增量修正后可得接收机解算位置，计算过程需迭代进行。

4）差分定位计算

如果处理软件可以实时得到流动站接收机和基准站接收机原始测量数据（测量元素帧或码伪距帧），以及基准站精确坐标（基准站信息帧），则可直接进行基于单差伪距的相对定位，从而计算流动站接收机位置。基于伪距率的实时测速通常不需要采用相对或者差分解算模式。

同时采用基准站和流动站原始观测量进行伪距相对定位，可以有单差法和双差法两种算法。

对于单系统解算，重写伪距增量观测方程为

$$\delta\hat{R}^i = l^i \cdot \delta X + m^i \cdot \delta Y + n^i \cdot \delta Z + \delta t_r + \varepsilon^i \tag{3-344}$$

以下标 A 和 B 区分基准站和流动站，考虑到基准站坐标（X_A，Y_A，Z_A）为精确大地测量成果，因此忽略基准站位置误差，则两者观测方程为

$$\begin{cases} \delta\hat{R}_A^i = \delta t_{r,A} + \varepsilon_A^i \\ \delta\hat{R}_B^i = l_B^i \cdot \delta X + m_B^i \cdot \delta Y + n_B^i \cdot \delta Z + \delta t_{r,B} + \varepsilon_B^i \end{cases} \tag{3-345}$$

两者做差，可得单差相对定位观测方程为

$$\Delta\hat{R}_{AB}^i = l_B^i \cdot \delta X + m_B^i \cdot \delta Y + n_B^i \cdot \delta Z + \Delta t_{r,AB} + \Delta\varepsilon_{AB}^i \tag{3-346}$$

式中：$\Delta\hat{R}_{AB}^i = \delta\hat{R}_B^i - \delta\hat{R}_A^i$，为观测方程的已知观测量，其中 $\delta\hat{R}_A^i$ 为根据精确的基准站到卫星距离计算得到的伪距差分改正项；$\Delta t_{r,AB} = \delta t_{r,B} - \delta t_{r,A}$，为流动站接收机相对基准站接收机的钟差，是待求钟差参数项；$\Delta\varepsilon_{AB}^i = \varepsilon_B^i - \varepsilon_A^i$，为观测量残差。

单差相对观测模型中位置未知参数仍为流动站接收机概略位置增量，而钟差未知数 $\Delta t_{r,AB}$ 为流动站接收机相对基准站接收机的钟差。由 m 个卫星观测方程组成观测方程组，即

$$\begin{bmatrix} \Delta\hat{R}_{AB}^1 \\ \Delta\hat{R}_{AB}^2 \\ \vdots \\ \Delta\hat{R}_{AB}^m \end{bmatrix} = \begin{bmatrix} l_B^1 & m_B^1 & n_B^1 & 1 \\ l_B^2 & m_B^2 & n_B^2 & 1 \\ \vdots & \vdots & \vdots & 1 \\ l_B^m & m_B^m & n_B^m & 1 \end{bmatrix} \begin{bmatrix} \delta X \\ \delta Y \\ \delta Z \\ \Delta t_{r,AB} \end{bmatrix} + \begin{bmatrix} \Delta\varepsilon_{AB}^1 \\ \Delta\varepsilon_{AB}^2 \\ \vdots \\ \Delta\varepsilon_{AB}^m \end{bmatrix} \tag{3-347}$$

该方程组形式与单系统单点定位方程组完全一致，因此可采用最小二乘平差算法进行解算，解算过程仍需要迭代。与单点定位解算一样，单系统单

差解算也需要观测量个数 $m \geqslant 4$。

在双系统和三系统情况下，如果忽略接收机不同卫星系统测量时刻不一致性，将各卫星系统本地钟差视为相等，则观测方程和解算方法与单系统一致。如果接收机不同卫星系统测量时刻不一致超过预设阈值（可设0.1~1m），则应将各系统本地钟差区别开，在观测方程中增加新的钟差未知数项。

（1）区分接收机钟差的双系统观测方程为

$$\begin{cases}\Delta\hat{R}^i_{g1,AB}=l^i_{g1,B}\cdot\delta X+m^i_{g1,B}\cdot\delta Y+n^i_{g1,B}\cdot\delta Z+\delta t_{r,g1,AB}+\Delta\varepsilon^i_{g1,AB}, & 1\leqslant i\leqslant m_{g1}\\ \Delta\hat{R}^i_{g2,AB}=l^i_{g2,B}\cdot\delta X+m^i_{g2,B}\cdot\delta Y+n^i_{g2,B}\cdot\delta Z+\delta t_{r,g2,AB}+\Delta\varepsilon^i_{g2,AB}, & 1\leqslant i\leqslant m_{g2}\end{cases} \tag{3-348}$$

式中：下标 g1 和 g2 区分两个系统；m_{g1} 和 m_{g2} 分别为 g1 和 g2 观测卫星数，要求观测卫星个数应满足 $m_{g1}\geqslant 2$、$m_{g2}\geqslant 2$，且 $m=m_{g1}+m_{g2}\geqslant 5$。

各星观测方程可组成以下方程组，即

$$\begin{bmatrix}\Delta\hat{R}^1_{g1,AB}\\ \Delta\hat{R}^1_{g1,AB}\\ \vdots\\ \Delta\hat{R}^{m_{g1}}_{g1,AB}\\ \Delta\hat{R}^1_{g2,AB}\\ \Delta\hat{R}^2_{g2,AB}\\ \vdots\\ \Delta\hat{R}^{m_{g2}}_{g2,AB}\end{bmatrix}=\begin{bmatrix}l^1_{g1,B} & m^1_{g1,B} & n^1_{g1,B} & 1 & 0\\ l^2_{g1,B} & m^2_{g1,B} & n^2_{g1,B} & 1 & 0\\ \vdots & \vdots & \vdots & 1 & 0\\ l^{m_{g1}}_{g1,B} & m^{m_{g1}}_{g1,B} & n^{m_{g1}}_{g1,B} & 1 & 0\\ l^1_{g2,B} & m^1_{g2,B} & n^1_{g2,B} & 0 & 1\\ l^2_{g2,B} & m^2_{g2,B} & n^2_{g2,B} & 0 & 1\\ \vdots & \vdots & \vdots & 0 & 1\\ l^{m_{g2}}_{g2,B} & m^{m_{g2}}_{g2,B} & n^{m_{g2}}_{g2,B} & 0 & 1\end{bmatrix}\begin{bmatrix}\Delta X\\ \Delta Y\\ \Delta Z\\ \Delta t_{r,g1,AB}\\ \Delta t_{r,g2,AB}\end{bmatrix}+\begin{bmatrix}\Delta\varepsilon^1_{g1,AB}\\ \Delta\varepsilon^2_{g1,AB}\\ \vdots\\ \Delta\varepsilon^{m_{g1}}_{g1,AB}\\ \Delta\varepsilon^1_{g2,AB}\\ \Delta\varepsilon^2_{g2,AB}\\ \vdots\\ \Delta\varepsilon^{m_{g2}}_{g2,AB}\end{bmatrix} \tag{3-349}$$

该方程组在形式上与单点定位方程组完全一致，因此可按照最小二乘平差进行解算。

（2）区分接收机钟差的三系统观测方程为

$$\begin{cases}\Delta\hat{R}^i_{GPS,AB}=l^i_{GPS,B}\cdot\delta X+m^i_{GPS,B}\cdot\delta Y+n^i_{GPS,B}\cdot\delta Z+\Delta t_{r,GPS,AB}+\Delta\varepsilon^i_{GPS,AB}, & 1\leqslant i\leqslant m_{GPS}\\ \Delta\hat{R}^i_{GLO,AB}=l^i_{GLO,B}\cdot\delta X+m^i_{GLO,B}\cdot\delta Y+n^i_{GLO,B}\cdot\delta Z+\Delta t_{r,GLO,AB}+\Delta\varepsilon^i_{GLO,AB}, & 1\leqslant i\leqslant m_{GLO}\\ \Delta\hat{R}^i_{BDS,AB}=l^i_{BDS,B}\cdot\delta X+m^i_{BDS,B}\cdot\delta Y+n^i_{BDS,B}\cdot\delta Z+\Delta t_{r,BDS,AB}+\Delta\varepsilon^i_{BDS,AB} & 1\leqslant i\leqslant m_{BDS}\end{cases} \tag{3-350}$$

要求观测卫星个数满足

$$\begin{cases} m_{\text{GPS}} \geqslant 2, m_{\text{GLO}} \geqslant 2, m_{\text{BDS}} \geqslant 2 \\ m_{\text{GPS}} + m_{\text{GLO}} + m_{\text{BDS}} \geqslant 6 \end{cases} \tag{3-351}$$

各星观测方程可组成以下方程组，即

$$\begin{bmatrix} \Delta\hat{R}^{1}_{\text{GPS,AB}} \\ \Delta\hat{R}^{2}_{\text{GPS,AB}} \\ \vdots \\ \Delta\hat{R}^{m_{\text{GPS}}}_{\text{GPS,AB}} \\ \Delta\hat{R}^{1}_{\text{GLO,AB}} \\ \Delta\hat{R}^{2}_{\text{GLO,AB}} \\ \vdots \\ \Delta\hat{R}^{m_{\text{GLO}}}_{\text{GLO,AB}} \\ \Delta\hat{R}^{1}_{\text{BDS,AB}} \\ \Delta\hat{R}^{2}_{\text{BDS,AB}} \\ \vdots \\ \Delta\hat{R}^{m_{\text{BDS}}}_{\text{BDS,AB}} \end{bmatrix} = \begin{bmatrix} l^{1}_{\text{GPS,B}} & m^{1}_{\text{GPS,B}} & n^{1}_{\text{GPS,B}} & 1 & 0 & 0 \\ l^{2}_{\text{GPS,B}} & m^{2}_{\text{GPS,B}} & n^{2}_{\text{GPS,B}} & 1 & 0 & 0 \\ \vdots & \vdots & \vdots & 1 & 0 & 0 \\ l^{m_{\text{GPS}}}_{\text{GPS,B}} & m^{m_{\text{GPS}}}_{\text{GPS,B}} & n^{m_{\text{GPS}}}_{\text{GPS,B}} & 1 & 0 & 0 \\ l^{1}_{\text{GLO,B}} & m^{1}_{\text{GLO,B}} & n^{1}_{\text{GLO,B}} & 0 & 1 & 0 \\ l^{2}_{\text{GLO,B}} & m^{2}_{\text{GLO,B}} & n^{2}_{\text{GLO,B}} & 0 & 1 & 0 \\ \vdots & \vdots & \vdots & 0 & 1 & 0 \\ l^{m_{\text{GLO}}}_{\text{GLO,B}} & m^{m_{\text{GLO}}}_{\text{GLO,B}} & n^{m_{\text{GLO}}}_{\text{GLO,B}} & 0 & 1 & 0 \\ l^{1}_{\text{BDS,B}} & m^{1}_{\text{BDS,B}} & n^{1}_{\text{BDS,B}} & 0 & 0 & 1 \\ l^{2}_{\text{BDS,B}} & m^{2}_{\text{BDS,B}} & n^{2}_{\text{BDS,B}} & 0 & 0 & 1 \\ \vdots & \vdots & \vdots & 0 & 0 & 1 \\ l^{m_{\text{BDS}}}_{\text{BDS,B}} & m^{m_{\text{BDS}}}_{\text{BDS,B}} & n^{m_{\text{BDS}}}_{\text{BDS,B}} & 0 & 0 & 1 \end{bmatrix} \begin{bmatrix} \Delta X \\ \Delta Y \\ \Delta Z \\ \Delta t_{\text{r,GPS,AB}} \\ \Delta t_{\text{r,GLO,AB}} \\ \Delta t_{\text{r,BDS,AB}} \end{bmatrix} + \begin{bmatrix} \Delta\varepsilon^{1}_{\text{GPS,AB}} \\ \Delta\varepsilon^{2}_{\text{GPS,AB}} \\ \vdots \\ \Delta\varepsilon^{m_{\text{GPS}}}_{\text{GPS,AB}} \\ \Delta\varepsilon^{1}_{\text{GLO,AB}} \\ \Delta\varepsilon^{2}_{\text{GLO,AB}} \\ \vdots \\ \Delta\varepsilon^{m_{\text{GLO}}}_{\text{GLO,AB}} \\ \Delta\varepsilon^{1}_{\text{BDS,AB}} \\ \Delta\varepsilon^{2}_{\text{BDS,AB}} \\ \vdots \\ \Delta\varepsilon^{m_{\text{BDS}}}_{\text{BDS,AB}} \end{bmatrix} \tag{3-352}$$

该方程组在形式上与单点定位方程组完全一致，因此可按照最小二乘平差进行解算。

5）基于基准站伪距差分改正数据的差分计算

单差相对定位观测方程为

$$\Delta\hat{R}^{i}_{\text{AB}} = l^{i}_{\text{B}} \cdot \delta X + m^{i}_{\text{B}} \cdot \delta Y + n^{i}_{\text{B}} \cdot \delta Z + \Delta t_{\text{r,AB}} + \Delta\varepsilon^{i}_{\text{AB}} \tag{3-353}$$

单差观测量为 $\Delta\hat{R}^{i}_{\text{AB}} = \delta\hat{R}^{i}_{\text{B}} - \delta\hat{R}^{i}_{\text{A}}$，其中 $\delta\hat{R}^{i}_{\text{A}}$ 为基准站伪距差分改正项；如果基准站通过数据链向处理软件实时传输伪距差分改正帧，则可直接解调和计算 $\delta\hat{R}^{i}_{\text{A}}$。

根据伪距差分改正帧定义，解调可得改正数据生成时间为 t_0，t_0时刻的伪距改正值为 PRC_0，伪距改正变化率为 RRC。设 $\delta\hat{R}^{i}_{\text{A}}$ 计算时间为 t，将 $\delta\hat{R}^{i}_{\text{A}}$ 重新写为 $\delta\hat{R}^{i}_{\text{A}}(t)$，则有

$$\delta\hat{R}^{i}_{\text{A}}(t) = \text{PRC}_0 + \text{RRC}(t - t_0) \tag{3-354}$$

采用改正伪距的后续计算。

3. 弹道精度估算方法

在 GNSS 外测事后数据处理结果中，不仅需要给出发射坐标系下的弹道参数，而且需要给出发射坐标系下的弹道参数精度。GNSS 外测系统差分定位的精度与基准站和目标的相对位置、与箭载接收机测量数据的精度、与箭载接收机观测到的卫星个数以及箭载接收机和卫星之间的跟踪几何等有关。在 GNSS 外测数据处理中，既不能使用设备的测量精度指标来评价定位精度，也不能使用校飞的结果或以往发射中 GPS 外测弹道与其他外测弹道的对比结果来评价定位精度，利用误差传递原理，根据测量精度估算弹道参数的精度是 GPS 外测弹道参数精度估算的基本方法。

1）地心坐标系下弹道参数精度估算方法

以站间差分、估算公共偏差的加权最小二乘法计算弹道参数方法为例，给出地心坐标系下弹道参数的精度估算方法以及其他解算弹道参数方法，地心坐标系下的弹道参数精度类似进行估算。

设进行各项误差修正后的伪距测量方程为

$$\rho_i = r_i + \Delta\rho_i \quad (i=1,2,\cdots,m) \tag{3-355}$$

式中：ρ_i为伪距测量值；$r_i=\sqrt{(x_i-x)^2+(y_i-y)^2+(z_i-z)^2}$；$(x_i,y_i,z_i)$为卫星位置坐标；$(x,y,z)$为箭载接收机的位置坐标；$\Delta\rho_i$为剩余测量误差；$m$ 为参加计算弹道参数的观测卫星个数。

对伪距测量方程式（3-355）进行全微分，并视微分为小增量，可得目标位置误差$(\Delta x,\Delta y,\Delta z)$与伪距测量误差 $\Delta\rho_i$之间的关系为

$$\Delta\boldsymbol{\rho} = \boldsymbol{A}\cdot\Delta\boldsymbol{X} \tag{3-356}$$

式中：$\Delta\boldsymbol{X}=(\Delta x,\Delta y,\Delta z)^{\mathrm{T}}$；$\Delta\boldsymbol{\rho}=(\Delta\rho_1-\Delta\rho_{\mathrm{g}},\Delta\rho_2-\Delta\rho_{\mathrm{g}},\cdots,\Delta\rho_m-\Delta\rho_{\mathrm{g}})^{\mathrm{T}}$；$\Delta\rho_{\mathrm{g}}$为弹道计算时伪距的通道公共偏差估算结果；$\boldsymbol{A}$ 为接收机到卫星的方向余弦组成的误差传播系数矩阵。

由式（3-356）可得

$$\Delta\boldsymbol{X} = \boldsymbol{C}\cdot\Delta\boldsymbol{\rho} \tag{3-357}$$

式中：$\boldsymbol{C}=(\boldsymbol{A}^{\mathrm{T}}\boldsymbol{P}_x\boldsymbol{A})^{-1}\cdot\boldsymbol{A}^{\mathrm{T}}\cdot\boldsymbol{P}_x$，$\boldsymbol{P}_x$为定位估算的加权系数矩阵，该矩阵除了主对角线上的元素以外，其他元素全为零。

对式（3-356）两边求导可得

$$\Delta\dot{\boldsymbol{\rho}} = \dot{\boldsymbol{A}}\cdot\Delta\boldsymbol{X}+\boldsymbol{A}\cdot\Delta\dot{\boldsymbol{X}} \tag{3-358}$$

式中：$\Delta\dot{\boldsymbol{X}}=(\Delta\dot{x},\Delta\dot{y},\Delta\dot{z})^{\mathrm{T}}$，$\Delta\dot{\boldsymbol{\rho}}=(\Delta\dot{\boldsymbol{\rho}}_1-\Delta\dot{\boldsymbol{\rho}}_{\mathrm{g}},\Delta\dot{\boldsymbol{\rho}}_2-\Delta\dot{\boldsymbol{\rho}}_{\mathrm{g}},\cdots,\Delta\dot{\boldsymbol{\rho}}_m-\Delta\dot{\boldsymbol{\rho}}_{\mathrm{g}})^{\mathrm{T}}$；$\Delta\dot{\boldsymbol{\rho}}_{\mathrm{g}}$ 为弹道计算时测速的通道公共偏差估算结果；矩阵$\dot{\boldsymbol{A}}$为矩阵 $\boldsymbol{A}$ 的相应元素对于时间的导数组成的矩阵。

由式（3-358）可得

$$\Delta\dot{\boldsymbol{X}}=\boldsymbol{D}\cdot\Delta\dot{\boldsymbol{\rho}}-\boldsymbol{D}\cdot\dot{\boldsymbol{A}}\cdot\Delta\boldsymbol{X} \tag{3-359}$$

式中：$\boldsymbol{D}=(\boldsymbol{A}^{\mathrm{T}}\dot{\boldsymbol{P}}_x\boldsymbol{A})^{-1}\cdot\boldsymbol{A}^{\mathrm{T}}\cdot\dot{\boldsymbol{P}}_x$，$\dot{\boldsymbol{P}}_x$为速度估算的权系数矩阵，该矩阵也是除了主对角线上的元素以外，其他元素全为零。

假定测距误差和测速误差相互独立，将式（3-357）、式（3-359）写成协方差矩阵形式，即

$$[\sum\boldsymbol{X}_{84}]=\boldsymbol{C}\cdot\Delta\boldsymbol{\rho}\cdot\Delta\boldsymbol{\rho}^{\mathrm{T}}\cdot\boldsymbol{C}^{\mathrm{T}}=\boldsymbol{C}\cdot[\sum\boldsymbol{\rho}]\cdot\boldsymbol{C}^{\mathrm{T}} \tag{3-360}$$

$$\begin{aligned}[\sum\dot{\boldsymbol{X}}]&=\boldsymbol{D}\cdot\Delta\dot{\boldsymbol{\rho}}\cdot\Delta\dot{\boldsymbol{\rho}}^{\mathrm{T}}\cdot\boldsymbol{D}^{\mathrm{T}}+\boldsymbol{D}\cdot\dot{\boldsymbol{A}}\cdot\Delta\boldsymbol{X}\cdot\Delta\boldsymbol{X}^{\mathrm{T}}\cdot\dot{\boldsymbol{A}}^{\mathrm{T}}\cdot\boldsymbol{D}^{\mathrm{T}}\\&=\boldsymbol{D}\cdot[\sum\dot{\boldsymbol{\rho}}]\cdot\boldsymbol{D}^{\mathrm{T}}+\boldsymbol{D}\cdot\dot{\boldsymbol{A}}\cdot[\sum\boldsymbol{X}]\cdot\dot{\boldsymbol{A}}^{\mathrm{T}}\cdot\boldsymbol{D}^{\mathrm{T}}\end{aligned} \tag{3-361}$$

式中：$[\sum\boldsymbol{X}]$为地心坐标系下的定位误差协方差矩阵；$[\sum\boldsymbol{\rho}]$为误差修正和公共偏差估算以后的测距误差协方差矩阵；$[\sum\dot{\boldsymbol{X}}]$为地心坐标系下速度解算误差协方差矩阵；$[\sum\dot{\boldsymbol{\rho}}]$为误差修正和公共偏差估算以后的测速误差协方差矩阵。

2）*发射坐标系下弹道参数精度估算方法*

发射坐标系下的弹道参数是由地心坐标系下的弹道参数通过坐标系转换和时间变换得到的，发射坐标系下弹道参数的精度可以通过坐标系转换和转换误差累加得到。

3.5 外测弹道计算方法

综合弹道解算的过程是一个典型的单目标多传感器系统的元素级、特征级的数据融合问题。在该数据融合系统中，各种外测设备就是多传感器系统，这些设备跟踪目标时得到的测量数据就是数据融合的加工对象，对这些数据进行检验、校准、关联、相关、估计等多级多方面处理是数据融合的核心，而由融合生成的弹道及设备测量误差模型中各参数的估计则成为数据融合系统的输出。

在实时、快速和事后数据处理中，由于数据处理的目的不同，所使用的方法也不同，依据综合弹道解算时使用的元素类型不同大致可分为两类解算方法，即测元级融合及弹道级融合。

3.5.1 测元选择

在联合模型中，若测元数量相对较少而待估计的误差项较多，则可能造成模型病态，从而使模型的估计能力变弱。为了减少联合模型中的待估参数，

解决病态问题，有必要对各测元的系统误差作进一步分析与诊断，确定对弹道估计影响较大的误差项，以做到有的放矢，提高估计效率。

如果某一测元存在较大的系统误差，而在联合模型中未考虑，会在其他较为精确测元的反算残差中引入明显的偏移，同时也会把弹道严重拉偏。如果用去掉该测元的联合模型估计弹道，将估算出的弹道反算到该测元的被测量，在与实际测元作差得到的反算残差中即能显示出明显的趋势项误差。因此，只有用不含问题测元估算出的弹道对问题测元进行分析和辨识才较为真实、可信。

在估计弹道参数中，增加了测元，一般来说要增加新的有效信息，但另一方面，若该测元有较大的误差，也会带来一份对信息的“污染”，在实际问题中需要衡量这两者的得失而决定取舍，为此，在应用某一测元之前要先分析一下该测量数据对数据处理模型的影响。

设 $X(t)=\{x(t)、y(t)、z(t)、\dot{x}(t)、\dot{y}(t)、\dot{z}(t)\}$ 为一弹道，$S_k(t)$ 为从通道 k 得到的数据，则

$$S_k(t)=f_k(\boldsymbol{X}(t))+\boldsymbol{e}_k(t)+\boldsymbol{\varepsilon}_k(t) \tag{3-362}$$

式中：$k=1,2,\cdots,K$；$f_k(\cdot)$ 为已知函数；$e_k(t)$ 为通道 k 系统误差；$\boldsymbol{\varepsilon}_k(t)$ 为零均值随机误差。如 $S_k(t)=\sqrt{(x(t)-x_k)^2+(y(t)-y_k)^2+(z(t)-z_k)^2}+e_k(t)+\varepsilon_k(t)$ 为距离数据，还有速度、角度等。设有采样时刻 $t_i(i=1,2,\cdots,n)$，于是由式（3-362）可得

$$\boldsymbol{S}_k=\boldsymbol{F}_k(\boldsymbol{X})+\boldsymbol{e}_k+\boldsymbol{\varepsilon}_k \tag{3-363}$$

式中：$k=1,2,\cdots,K$；$\boldsymbol{S}_k=(S_k(t_1),S_k(t_2),\cdots,S_k(t_n))$；$\boldsymbol{F}_k(\boldsymbol{X})=(f_k(\boldsymbol{X}(t_1)),f_k(\boldsymbol{X}(t_2)),\cdots,f_k(\boldsymbol{X}(t_n)))'$；$\boldsymbol{e}_k=(e_k(t_1),e_k(t_2),\cdots,e_k(t_n))^{\mathrm{T}}$；$\boldsymbol{\varepsilon}_k=(\varepsilon_k(t_1),\varepsilon_k(t_2),\cdots,\varepsilon_k(t_n))^{\mathrm{T}}$。

从式（3-363）中得到需要的信息即弹道 $\boldsymbol{X}(t)$。通常可以采用将 $\boldsymbol{X}(t)$ 参数化的手段，如采用样条函数表示 $\boldsymbol{X}(t)$，即

$$\boldsymbol{X}(t)=\boldsymbol{B}(t)\boldsymbol{\beta} \tag{3-364}$$

式中：$\boldsymbol{\beta}=(\beta_1^x,\cdots,\beta_m^x,\beta_1^y,\cdots,\beta_m^y,\beta_1^z,\cdots,\beta_m^z)'$ 为待估参数。

$$\boldsymbol{B}(t)=\begin{pmatrix} B_1(t) & \cdots & B_m(t) & 0 & & \cdots & & & 0 \\ 0 & \cdots & 0 & B_1(t) & \cdots & B_m(t) & 0 & \cdots & 0 \\ 0 & & & \cdots & & 0 & B_1(t) & \cdots & B_m(t) \\ \dot{B}_1(t) & \cdots & \dot{B}_m(t) & 0 & \cdots & & \cdots & & 0 \\ 0 & & 0 & \dot{B}_1(t) & \cdots & \dot{B}_m(t) & 0 & \cdots & 0 \\ 0 & & \cdots & & \cdots & 0 & \dot{B}_1(t) & \cdots & \dot{B}_m(t) \end{pmatrix},$$

$B_i(t)$为已知样条基。于是 $\boldsymbol{X}=\boldsymbol{B\beta}$，$\boldsymbol{B}=(B(t_1),B(t_2),\cdots,B(t_n))'$。

这样，式（3-363）可表示为

$$\boldsymbol{S}_k=\boldsymbol{G}_k(\boldsymbol{\beta})+\boldsymbol{e}_k+\boldsymbol{\varepsilon}_k(k=1,2,\cdots,K) \tag{3-365}$$

问题是如何使用 K 个通道的数据来估计参数 $\boldsymbol{\beta}$。通常，如果系统误差能事先通过工程背景的分析而扣除，即等价于 $e_k=0$，这时式（3-365）等价于

$$\boldsymbol{S}_k=\boldsymbol{G}_k(\boldsymbol{\beta})+\boldsymbol{\varepsilon}_k(k=1,2,\cdots,K) \tag{3-366}$$

则无论 $\boldsymbol{G}(\cdot)$是线性还是非线性均可用适当的算法估计 $\boldsymbol{\beta}$，工程分析方法虽能发现大部分系统误差，但往往有少数系统误差不能用完全直接的方法发现并消除，称它为具有偶发性的系统误差，这种情况可以用下式描述，即

$$\boldsymbol{S}_k=\boldsymbol{G}_k(\boldsymbol{\beta})+\boldsymbol{\delta}_k\boldsymbol{e}_k+\boldsymbol{\varepsilon}_k(k=1,2,\cdots,K) \tag{3-367}$$

式中：δ_k为一列独立随机变量，且与 $\boldsymbol{\varepsilon}_k$独立。$P\{\delta_k=1\}=p_k$，$P\{\delta_k=0\}=1-p_k$，$p_k$通常是个较小的正数。

对于模型式（3-367），存在一个如何选取测元数据以得到尽可能好的弹道估计问题。

先假设 $\boldsymbol{G}_k(\boldsymbol{\beta})$为线性函数，即 $\boldsymbol{G}_k(\boldsymbol{\beta})=\boldsymbol{G}_k\boldsymbol{\beta}$，其中 $\boldsymbol{G}_k$为 $n\times 3m$ 的矩阵，将多通道的数据联立起来，记

$$\boldsymbol{G}=(G_1',G_2',\cdots,G_K')' \qquad \boldsymbol{S}=(S_1',S_2',\cdots,S_K')'$$
$$\Delta=(\delta_1e_1',\delta_2e_2',\cdots,\delta_Ke_K')' \quad \boldsymbol{\varepsilon}=(\varepsilon_1',\varepsilon_2',\cdots,\varepsilon_K')'$$

得

$$\boldsymbol{S}=\boldsymbol{G\beta}+\Delta+\boldsymbol{\varepsilon} \tag{3-368}$$

对于式（3-368），设 $\boldsymbol{G}$ 为列满秩，易知 $\boldsymbol{\beta}$ 的最小二乘估计为

$$\hat{\boldsymbol{\beta}}=(\boldsymbol{G}'\boldsymbol{G})^{-1}\boldsymbol{G}'\boldsymbol{S}=\boldsymbol{\beta}+(\boldsymbol{G}'\boldsymbol{G})^{-1}\boldsymbol{G}'(\boldsymbol{\Delta}+\boldsymbol{\varepsilon}) \tag{3-369}$$

式（3-369）的最后一项是观测误差带来的估计误差，特别是系统误差，将影响 $\boldsymbol{\beta}$ 的期望值，即

$$\boldsymbol{E}\hat{\boldsymbol{\beta}}=\boldsymbol{\beta}+(\boldsymbol{G}'\boldsymbol{G})^{-1}\boldsymbol{G}'(p_1e_1,p_2e_2,\cdots,p_Ke_K)' \tag{3-370}$$

后一项是因系统误差引起的偏差。当 p_K很小时，可以认为后一项总体来说是接近于零的。

采用直观的方法，比较$\hat{\boldsymbol{\beta}}$与不使用某一测元 K 的估计$\hat{\boldsymbol{\beta}}(K)$，若差别明显，即可断定测元 K 确有系统误差。据此可以考虑不采用测元 K 的数据。

由于不同设备的数据产生和处理机制不同，所使用的传输信道不同，到达中心的时间也不同，要使用这些测元还需要将测元时间对齐，即将测元外推至同一延时时间，测元外推一般遵循以下原则：一是不能由于测元时延过大无法解算弹道；二是若测元数量足够，则不使用时延较大的测元；三是避

免一二平面切换，测元时延变化，无法解算弹道；四是判断测元是否丢点，丢点最多补救3点；五是判断测元是否中断，中断后不计算弹道；六是时延结果尽量不要来回变动，从而保持弹道稳定性；七是时延时间最终通过弹道外推来弥补。

1. 动态时延计算

时延时间的计算现采用动态时延计算方法：设备测元数据在接收线程中存储，在弹道计算线程中调用，该方法在各弹道解算线程中，应急测元判断后运行，经过判断是否丢帧、判断数据是否中断、计算使用测元位置，获取测元数据最优时延时间。具体方法如下。

（1）选取该弹道线程所需的测元，判断当前最新测元存储位置与已存储使用测元位置是否一致（一致则表示当前周期测元没有更新，没有接收到新的测元数据），当连续3个周期该测元没有更新，或者测元应急，则该测元不能参与弹道解算。

（2）使用接收线程中存储的各设备测元最后一点时间与当前时计算时延。

（3）统计时延最小的前M个测元时延，计算M个时延的最大值，在最大值的基础上取大于该最大值（取数计算位置时，按照存数的方法），设该时间为t时延n（$n=1,2,3$）；$n=n+1$。

（4）当$n<3$时，若t时延$n>t$时延，则本周期不计算弹道，直接外推当前时；若t时延$n<t$时延，则继续使用t时延计算弹道。

（5）当$n=3$时，判断t时延1，t时延2，t时延3是否相差不超过50ms。

若不超过100ms，则判断M个测元（解算弹道所需最少测元）时延是否在t时延（现用时延）-100ms至t时延之间，是则t时延无变化；否则取t时延$=$MAX（t时延1，t时延2，t时延3）；n（时延变化累计）清零。

若超过100ms（表示时延乱跳，保持时延，没数时外推），则t时延$1=t$时延2，t时延$2=t$时延3，$n=n-1$，同步骤（4）方法进行判断，程序进入下一个周期。

说明：

① 初始时延为50ms；

② M为解算弹道所需的最小测元个数，M的值根据解算弹道所需测元种类设置，如脉冲雷达综合求速弹道中，脉冲雷达测元必须选择，剩余测速元排序后，选择$M-1$个时延最小的；

③ n为不满足时延计数，n初始为0。

2. 测元对齐

在计算出测元动态时延时间后，要将参与弹道解算的所有有效测元外推至该时延时间（该时间一般是相对时的整 50ms 倍数，测元实际时间可能不是整 50ms 周期），具体过程如下。

（1）在计算出动态时延同时会判断出该周期是否有有效数量测元，使用动态时延计算当前读取测元位置。

（2）如果测元无效，且外推点小于 3 点，则位置、速度、外推标识置有效，外推点数计数加 1，获取当前存储测元时间，将测元插值到对应位置的整 50ms 时间。

如果测元无效，且外推点数等于 3 点，外推标识置无效。

（3）如果测元有效，外推标识置无效，获取当前存储测元时间，将测元插值（拉格朗日三点插值或者 51 点最小二乘平滑外推）到对应位置的整 50ms 时间。

（4）不同类型的对齐测元利用弹道级融合弹道解算方法解算出发射系弹道，该弹道时间为设备时间。

（5）如果配置需要进行外推，则将解算出的发射系弹道利用 51 点最小二乘平滑外推至当前北京时。

3.5.2 多站联合弹道解算

在事后综合弹道解算方面，主要围绕基于样条约束的 EMBET 弹道解算方法开展工作。此方法为在 EMBET 方法的基础上，采用样条函数表示弹道，从而大大降低弹道参数待估数量，间接大幅度增加观测数据的冗余度，从而高精度地校准观测数据的系统误差，显著提高弹道参数的估计精度。在事后数据处理发展过程中，此方法经过多次改进：为了解决等距节点样条表示动力突变（发动机关机点、程序转弯、弹道机动等）存在较大截断误差的问题，将方法改进为基于自由节点分布；为了解决样条节点参数和系统误差模型智能化问题，将方法改进为基于残差分析的自由节点距样条约束 EMBET 方法；针对自由段飞行能够建立较准确动力学方程，将方法改进为基于动力学约束的 EMBET 方法，并在该方法的基础上，通过建立多类型测量数据的加权融合模型，形成弹道级融合方法。

1. 基于样条约束的 EMBET 弹道解算方法

误差模型的参数估计 EMBET、弹道模型、样条函数模型、弹道解算方法的具体内容参见 3.3 节多站融合弹道计算。基于样条约束 EMBET 方法的数据处理体系框架如图 3-17 所示。

1）节点序列选取

在数据融合算法中，样条节点的选取对数据融合效果起着十分重要的作

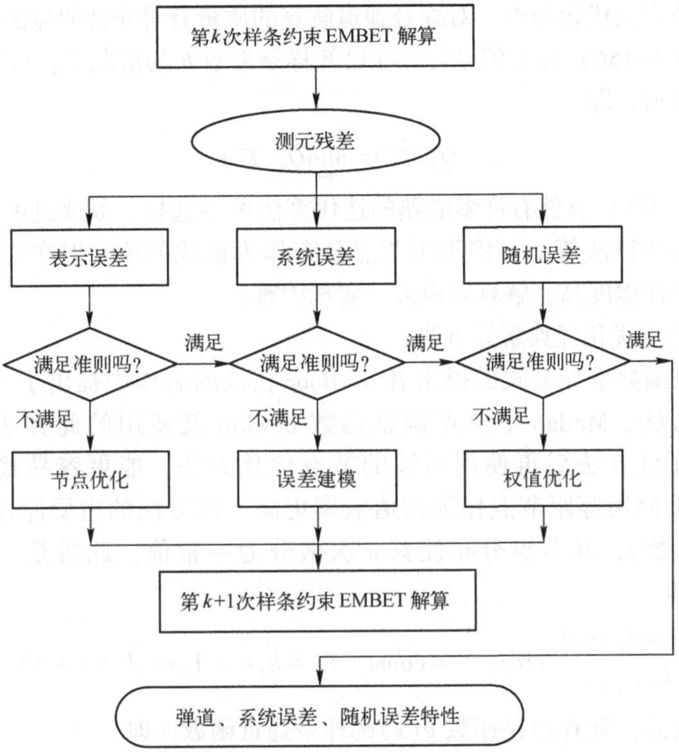

图 3-17 基于样条约束 EMBET 方法的数据处理体系框架

用。如前所述，在弹道的平稳段，虽然等距节点的样条函数可以很好地表示弹道，但存在节点距大小的选择问题。节点距过小，既不利于减少待估参数，又不能很好地抑制随机误差；节点距过大会引起较大的表示误差，同样会影响融合弹道的精度。实践经验表明，对于大多数弹道平稳段，节点距在 2~3s 时比较合适。

对弹道的非平稳段，目标在飞行过程中发生大范围的机动，或出现发动机关机、点火、级间分离等特殊事件（这些事件对应的时间称为弹道特征点），在这些特征点上目标的加速度发生跳变，即目标位置的 2 阶导数在这些时刻是不连续的。此时，再使用一般的等距样条拟合，就可能将弹道特征时刻包含在两个节点之间，导致拟合出的弹道出现严重的“过平滑效应”，从而使其严重失真。为解决这一问题，只有将所有弹道特征点纳入节点序列，并且在特征点附近分布有足够的节点个数，才能精确表示出弹道，必须对拟合节点序列进行优化，即采用经过节点优化的不等距样条拟合。理论仿真与实际试算都证明，使用节点经过优化的不等距样条拟合可以很好地逼近非平稳弹道；且节点的优化与否，对综合弹道解算的质量有着非常明显的影响。

将式（3-156）分步骤进行，在已知样条系数 $\boldsymbol{b}$ 的情况下，可得到以下非线性回归模型，即

$$Q_2(\hat{\boldsymbol{T}}^x)=\min_{T^x} Q_2(\boldsymbol{T}^x) \tag{3-371}$$

式（3-371）虽然有许多成熟的迭代算法可供选择，如改进的高斯-牛顿算法、马夸特算法等，可将等距节点分布作为迭代初值。但在实际应用中，该问题非线性程度高，解算规模大，实现困难。

（1）节点优化经典解算方法。

B 样条函数推导公式的提出者 de Boor 在他的著作中提出了一种经典的节点优化方法，Matlab 中节点调整函数 newknt 就使用的此算法。实践表明，在使用此方法后再使用后续的节点优化方法，能更容易找到最优节点，比直接使用等距节点作为初值效率更高。该方法的主要原理是：对于 k 阶样条函数 f，其节点分布使其 k 次微分为一常值，此时是一个和的节点分布，即

$$\int_{\text{newknot}(i)}^{\text{newknot}(i+1)} |D^k f|^{1/k} = \text{const} \quad (i=k,k+1,\cdots,k+l+1) \tag{3-372}$$

其解算方法为：有 $f(x)$ 是函数 $g(x)$ 的样条逼近函数，即

$$\begin{cases} f(\hat{x}) = \sum\limits_{i=j+1-k}^{j} g(\tau_i)B_i(\hat{x}) \\ g(\hat{x}) - f(\hat{x}) = \sum\limits_{i=j+1-k}^{j} g(\hat{x})B_i(\hat{x}) - \sum\limits_{i=j+1-k}^{j} g(\tau_i)B_i(\hat{x}) \\ |g(\hat{x}) - f(\hat{x})| \leqslant \sum\limits_{i=j+1-k}^{j} |g(\hat{x}) - g(\tau_i)|B_i(\hat{x}) \leqslant \max\left\{\begin{matrix} |g(\hat{x}) - g(\tau_i)|: \\ j-k<i\leqslant j \end{matrix}\right\} \\ \|g-f\| \leqslant \text{const}_k \omega(g;|t|) \leqslant \text{const}_{k,j}|t|^j \omega(D^j g;|t|) = \text{const}_k |t|^k \|D^k g\| \\ f(x) = a_{-1} + a_0 x + a_1 x^2 + \cdots + a_{k-1}x^k + \sum\limits_{j=2}^{l} a_j (x-\text{knot}_j)_+^k \\ D^{k-1}f = a_1 + \sum\limits_{j=2}^{l} a_j (x-\text{knot}_j)_+^0 \\ \text{Var}_{[a\cdots x]} D^{k-1}f = \int_a^x |D^k f|\mathrm{d}x = \sum\limits_{j=2}^{l} |a_j|(x-\text{knot}_j)_+^0 \end{cases} \tag{3-373}$$

可以构造一个 2 阶样条函数 H 来逼近 $\text{Var}_{[a\cdots x]}D^{k-1}f$，取 $h(x)=H'$，有

$$h(x)=\begin{cases}2\dfrac{|\Delta\varphi_{3/2}|}{\text{knot}_3-\text{knot}_1},\text{on}[\text{knot}_1,\text{knot}_2]\\ \dfrac{|\Delta\varphi_{i-1/2}|}{\text{knot}_{i+1}-\text{knot}_{i-1}}+\dfrac{|\Delta\varphi_{i+1/2}|}{\text{knot}_{i+2}-\text{knot}_i},\text{on}[\text{knot}_i,\text{knot}_{i+1}],\quad 1<i<l\\ 2\dfrac{|\Delta\varphi_{l-1/2}|}{\text{knot}_{l+1}-\text{knot}_{l-1}},\text{on}[\text{knot}_l,\text{knot}_{l+1}]\end{cases}\tag{3-374}$$

$$\Delta\varphi_{i+1/2}=D^{k-1}f,\text{on}[\text{knot}_i,\text{knot}_{i+1}]$$

利用等距节点分布和式（3-374）构造 $h(x)$ 的积分，求解 H 得到每个节点的 $\text{Var}_{[a\cdots x]}D^{k-1}f$，再求解总方差，除以长度得到平均值 const，再依据式（3-374）依次从起始点反算出节点。

（2）节点搜索弹道选取。

理论上，在弹道参数的真值上计算的节点才能成为最优节点，精确表示弹道，实际过程中弹道参数是需要求解的结果，因此只能使用已有的弹道解算结果进行节点的选择和优化。节点序列遴选的准则是：在弹道的平稳段，节点距在剩余误差允许的范围内尽可能大，以压缩随机误差和减少待估参数；在弹道的非平稳段，节点序列准确的描述弹道机动的起始时间与结束时间，使综合解算得到的弹道最大程度地减轻“过平滑效应”。由上可知，进行节点选择的弹道必须能准确地反映弹道机动变化，如测速元、同样具有较高精度的 GPS 弹道、遥测弹道。

（3）测速元上进行节点序列的选取。

在测元数据上进行 B 样条拟合时，雅可比矩阵是一个带状满秩矩阵，且对弹道的变化非常敏感。因此，可以应用参数分离的思想，首先在 m 个测速元数据序列上搜索不等距样条拟合的最优节点序列，得到

$$\tau^{(i)}=\{\tau_{i,K+1},\tau_{i,K+2},\cdots,\tau_{i,K+N}\}\quad(i=1,2,\cdots,m)$$

然后对这 m 个最优节点序列结合遥测得到的各个弹道特征时间进行综合分析比较，依据节点序列遴选的准则，从中选出最合适的节点序列参加数据融合模型的解算。

大量数据的试算表明，由于测速元 $\dot{S}$ 的变化率与弹道的加速度直接对应，且测速元素随机误差的量级又很小，可以在 m 个待选节点序列中精选出一条对弹道特征最敏感、相应测元数据质量最好的一个拟合节点序列，使最终融合出的弹道对实际弹道的逼近效果非常好。

（4）基于反算测元残差的样条节点调整方法。

理论分析和实际解算均表明，若节点选择不当，测元残差中会出现较大的中频振荡分量，称为样条模型表示误差。对存在这种误差特征时段进行加

密，则可有效抑制表示误差。基于上述思想，可以提出基于反算测元残差的样条节点确定方法。

其基本思想是：残差中数值较大的点一般是由样条模型表示误差造成的，找到所有（大部分）测元残差中数值均较大的时间点，将这些时间点处的节点加密，这样即可降低模型的表示误差。重复上述过程，直到表示误差小于容许的阈值。

第一步：选取一组较为稀疏的等距节点作为初值（如 2s/点），进行样条解算。

第二步：给定阈值 γ_{th}，对于各个测元，残差数值（先去除残差中系统误差和粗差的影响）大于 γ_{th} 的时刻点为表示误差过大的标识点，记为 A_i，其中 $i \in \{1,2,\cdots,M\}$ 代表第 i 个测元。

第三步：取 $a \in A = \bigcup\limits_i A_i$，若存在 $\{i_1,i_2,\cdots,i_m\} \subset \{1,2,\cdots,M\}$，使 a 同时属于 $A_{i1},A_{i2},\cdots,A_{im}$，则判定在 a 时刻弹道表示误差过大，将所有这样的 a 组成的集合记为 A'，其中 m 为预先设定的参数。

第四步：显然，A' 中的点间距非常密，直接用作样条节点不合适，一种可选的方法是取 A' 中间及附近的原节点序列，在此基础上，再加上这些点的中点进行加密。

第五步：重复第二步到第四步，如有需要可迭代多次。

关于控制参量 γ_{th} 和 m 的选取，需要考虑一致表示误差和防止测元中的野值存在等因素。

该方法的本质就是在奇异点或特征点附近根据精度不断加密，这样会导致不良的后果：在数据变化较大的地点，节点放置准则将比预期产生更多的节点，从而造成拟合迭代过程比较复杂，计算量较大，而且局部过密的节点将导致拟合结果产生伪振荡，即通常所说的 Gibbs 现象。此外，此方案对于不同数据集控制点数的估计没有一定的准则，需要事先估计一个控制点数，初始特征点的选取需要较多的人为因素，对有噪声的数据集的插值较敏感，同时较难考虑曲线逼近误差。

（5）基于遥测、外测速度差分比较的样条节点调整方法。

不妨设用于搜索最优节点的时间序列 $\boldsymbol{Y}=(y(t_1),y(t_2),\cdots,y(t_k))^{\mathrm{T}}$。根据航天发射场中遥测、外测数据的特点，可以由视加速度解算生成的遥测弹道上来搜索最优节点。其主要思想是，视加速度计敏感于非引力加速度，且对加速度变化的响应延迟很小，因而更能反映目标飞行过程中的动力特性。不过，测量所得的遥测数据不可能与真实飞行情况完全相同，所以搜索出的最优时间节点序列的最优性具有一定局限。

由于遥测数据本身总是存在误差、外测数据关键时间段部分异常点和异常数据段的存在、最优节点搜索方法并不完善等，常规融合处理方法中的最优节点并非最优的最终定义，一般应该根据实际情况对它进行局部调整。

传统的节点调整手段，如上所述是根据反算测元残差的异常和特征点来进行判定。不过，由于受测量原理和测量环境的影响，导致测元反算残差异常的因素较多，未必都与对应时间点的弹道特性相关，如测量数据中的野值或大幅值非平稳噪声等，因此通过调整节点使反算测元残差的平方和最小并不一定能够保证融合出的外测弹道最接近真实弹道。

视加速度本身含有系统误差，其主要成分为常值或慢变，这些误差项经差分后大部分得到消除，可以认为遥测速度1阶差分中的系统误差可忽略不计，它能很好地反映目标飞行中加速度的变化。因此，在调整最优节点时，选择遥测速度的1阶差分曲线作为比较，调整的基础是合理的。

下面讨论具体的处理步骤。

绘制遥测、外测速度差分曲线，即分别将遥测、外测弹道$\hat{X}$及$\dot{X}$中的速度数据进行1阶差分，然后比较、分析两条曲线的形状，寻找曲线形状差异明显的那些时间段（时间点）。

节点调整的原则是在曲线形状差异明显的时间段上，选择可控制遥测速度1阶差分曲线形状的各关键点对应时间，作为新的节点替代该时间段上的原有节点。

由遥测、外测速度1阶差分曲线，可以确定一些时间段$(a_i,b_i)(i=1,2,\cdots,m)$，在这些时间段内，遥测、外测速度差分曲线有较大差异。记遥测视速度1阶差分为$(x_1^f,x_2^f,\cdots,x_k^f)$，不妨设其中$(x_{i,1}^f,x_{i,2}^f,\cdots,x_{i,n_i}^f)$落在时间段$(a_i,b_i)$内。记

$$\begin{cases}S_{i,j,+}=x_{i,j}^f-x_{i,j-1}^f,S_{i,j,-}=x_{i,j+1}^f-x_{i,j}^f \\ C_{i,j}=S_{i,j,+}*S_{i,j,-},D_{i,j}=S_{i,j,+}-S_{i,j,-}\end{cases}\quad(j=2,3,\cdots,n_i-1)$$

① $C_{i,j}<0$，表明该点为局部极点，对应时间选入节点序列，可得节点序列$T_{i,j,c}$。

② 对$D_{i,j}$，通常选取绝对值较大点对应时间。通常做法如下：首先，对$(D_{i,1}^f,D_{i,2}^f,\cdots,D_{i,n_i}^f)$进行$2N+1$中心平滑得$(\hat{D}_{i,1}^f,\hat{D}_{i,2}^f,\cdots,\hat{D}_{i,n_i}^f)$；然后，计算残差平方和$\mathrm{RSS}=\sum_{j=1}^{n}(\hat{D}_{i,j}^f-D(t_{i,j}^f))^2$，可得阈值$\zeta=\delta^*\sqrt{\frac{\mathrm{RSS}}{n_i}}^2$，其中$\delta$由工程背景确定。当$|\hat{D}_{i,j}^f-D_{i,j}^f|>\zeta$时，则认为该点对应时刻应调入节点序列。如此，

可得节点序列 $T_{i,j,d}$。

③ 将节点序列 $T_{i,j,d}$与节点优化经典解算方法中节点（T_{ij}）按先后顺序排列，然后排列 $T_{i,j,c}$。需要指出的是，选入节点如与原有某节点对应时间间隔小于采样间隔，则剔除原有节点。

经验表明，关键点选择的优劣对最终结果有很大影响。为了提高节点调整的效率和速度，需要具有更强自适应性的智能算法。

(6) 最优节点的自适应调整。

可以看到，上述节点优化方法都存在一定的缺陷，对个别参数的判断需要经验，这样不仅带入很多人工干预因素，还会使判断时间增加。因此，引入节点自适应调整方法——弹簧振子方法。

其主要思路是：在一个给定节点数目的计算区域上对测量数据进行样条拟合，判断各处弹道参数的残差；根据残差的分布调整和优化节点的位置，利用新的节点位置进行样条拟合。该方法的节点加密与稀疏化是自动实现的。移动节点方法根据样条拟合残差分布构造定尺度函数，在尺度函数的引导下自适应调整和优化样条节点位置，使残差变化较小的区域节点间距自动变大，残差变化较大的区域节点间距自动变小，其优点是在保持总节点数目不变的前提下，节点自动调整疏密跟踪残差的变化。这样，只需增加少量的计算，即可提高样条拟合精度。在同样节点个数的情况下，理论上存在一组最优的节点样条函数可以逼近真实弹道，同时可以显著提高样条表示的精度。该方法原理清晰、结构简单，执行过程无须任何人工干预。

该方法的原理见“弹簧振子”内容，该方法使用步骤如下。

第一步：确定所使用的节点搜索弹道、节点个数、样条次数（一般为 3 次样条），初始分布节点。

第二步：依据节点分布计算样条基，利用最小二乘法计算样条系数，利用样条基和样条系数计算弹道参数的估计。

第三步：计算弹道参数的残差及其统计值。

第四步：计算节点间所有弹道参数的残差，及以残差为变量的尺度函数的值（该尺度函数可以有多种表示方法），并将尺度函数归一化到节点距离。

第五步：利用公式 $x_i^{n+1}=x_i^n+\Delta t\cdot((L_r-\delta_r)-(L_l-\delta_l))$，计算新的节点位置。

第六步：重复第二步至第五步，直到弹道参数统计值不再减小或者达到一定次数。

在实际应用过程中发现，该方法使用时应注意以下几点：①该方法的初始节点一般不使用等距节点，因为在迭代过程中可能会出现局部最优，节点不再移动的情况，可以使用节点的经典优化方法得到一组节点后，再应用该方法进行迭代计算；②在节点的经典优化方法基础上使用该方法，一般迭代 4 次就能达到优化结果。

2）权值优化

在实际测量中，不同测量设备的测元精度不同，其随机误差和系统误差往往是不等方差，甚至是相关的，即在线性回归模型 $\boldsymbol{Y}=\boldsymbol{X\beta}+\boldsymbol{\varepsilon}$ 中，$\boldsymbol{\varepsilon}\sim(0,\sigma^2\boldsymbol{G})$，其中 σ^2 已知或者未知，$\boldsymbol{G}$ 为已知的正定矩阵。

对于上述模型，由最小二乘估计得到的参数估计值 $\hat{\boldsymbol{\beta}}_{\mathrm{LS}}=(\boldsymbol{X}^{\mathrm{T}}\boldsymbol{X})^{-1}\boldsymbol{X}^{\mathrm{T}}\boldsymbol{Y}$ 不是最优线性无偏估计，利用马尔可夫提出的加权最小二乘估计，得到 $\hat{\boldsymbol{\beta}}_{\mathrm{WLS}}=(\boldsymbol{X}^{\mathrm{T}}\boldsymbol{G}^{-1}\boldsymbol{X})^{-1}\boldsymbol{X}^{\mathrm{T}}\boldsymbol{G}^{-1}\boldsymbol{Y}$ 为唯一的方差一致最小的线性无偏估计。下面以两类不等精度多元线性模型的融合估计问题为例，讨论多元线性模型的融合估计的精度问题。

设有模型

$$\boldsymbol{Y}_1=\boldsymbol{X}_1\boldsymbol{\beta}+\boldsymbol{\varepsilon}_1,\ \boldsymbol{\varepsilon}_1\sim(0,\sigma_1^2\boldsymbol{I}_{n_1}) \tag{3-375}$$

$$\boldsymbol{Y}_2=\boldsymbol{X}_2\boldsymbol{\beta}+\boldsymbol{\varepsilon}_2,\ \boldsymbol{\varepsilon}_2\sim(0,\sigma_2^2\boldsymbol{I}_{n_2}) \tag{3-376}$$

$$\boldsymbol{E}\boldsymbol{\varepsilon}_1\boldsymbol{\varepsilon}_2^{\mathrm{T}}=\boldsymbol{O}_{n_1\times n_2} \tag{3-377}$$

设 $\hat{\boldsymbol{\beta}}(1)$ 和 $\hat{\boldsymbol{\beta}}(2)$ 分别为由模型式（3-375）和式（3-376）给出的估计，$\hat{\boldsymbol{\beta}}(1,2)$，$\hat{\boldsymbol{\beta}}_{\mathrm{WLS}}$ 为由式（3-375）和式（3-376）给出的联合估计和最优融合估计，即

$$\hat{\boldsymbol{\beta}}(1,2)=(\boldsymbol{X}_1^{\mathrm{T}}\boldsymbol{X}_1+\boldsymbol{X}_2^{\mathrm{T}}\boldsymbol{X}_2)^{-1}(\boldsymbol{X}_1^{\mathrm{T}}\boldsymbol{Y}_1+\boldsymbol{X}_2^{\mathrm{T}}\boldsymbol{Y}_2) \tag{3-378}$$

$$\hat{\boldsymbol{\beta}}_{\mathrm{WLS}}=(\sigma_1^{-2}\boldsymbol{X}_1^{\mathrm{T}}\boldsymbol{X}_1+\sigma_2^{-2}\boldsymbol{X}_2^{\mathrm{T}}\boldsymbol{X}_2)^{-1}(\sigma_1^{-2}\boldsymbol{X}_1^{\mathrm{T}}\boldsymbol{Y}_1+\sigma_2^{-2}\boldsymbol{X}_2^{\mathrm{T}}\boldsymbol{Y}_2) \tag{3-379}$$

则有

$$\begin{cases}E\|\hat{\boldsymbol{\beta}}_{\mathrm{WLS}}-\boldsymbol{\beta}\|^2\leqslant\min\{E\|\hat{\boldsymbol{\beta}}(1)-\boldsymbol{\beta}\|^2,E\|\hat{\boldsymbol{\beta}}(2)-\boldsymbol{\beta}\|^2,E\|\hat{\boldsymbol{\beta}}(1,2)-\boldsymbol{\beta}\|^2\}\\E\|\hat{\boldsymbol{\beta}}(1,2)-\boldsymbol{\beta}\|^2<\max\{E\|\hat{\boldsymbol{\beta}}(1)-\boldsymbol{\beta}\|^2,E\|\hat{\boldsymbol{\beta}}(2)-\boldsymbol{\beta}\|^2\}\end{cases} \tag{3-380}$$

如果 $\dfrac{\sigma_2^2}{\sigma_1^2}\leqslant 2$，则

$$E\|\hat{\boldsymbol{\beta}}(1,2)-\boldsymbol{\beta}\|^2<\min\{E\|\hat{\boldsymbol{\beta}}(1)-\boldsymbol{\beta}\|^2,E\|\hat{\boldsymbol{\beta}}(2)-\boldsymbol{\beta}\|^2\} \tag{3-381}$$

显然，以上结论可以推广到多个（类）测元的融合估计。式（3-380）说明，多类测元的最优融合估计精度比任何单类测元的估计精度要高，而且比各类测元的任意组合的联合估计的精度要高。式（3-381）说明，单类测元的联合估计精度比最差的单类测元的精度要高，但当各类测元测量精度达到

一定条件时，单类测元组合的联合估计精度也高于最好的单类测元估计的精度。

实际使用过程中，融合估计就是寻找最优权值 ρ_i，将各测量设备的测元进行加权处理。多类线性模型的测量数据融合估计的最优权值为

$$\rho_i = \frac{\sigma_i^{-1}}{\sqrt{\sum_{i=1}^{s}\sigma_i^{-2}}} = t\sigma_i^{-1} \tag{3-382}$$

且满足 $\sum_{i=1}^{s}\rho_i^2 = 1$。这说明多类线性模型的测量数据融合估计的最优权值 ρ_i，只与各类设备测量数据的精度 σ_i^{-1} 有关。由于在实际测量中 σ_i^{-1} 一般不知道（或只知道其先验值，先验值可以选取设备测元的精度指标），这时的做法如下。

第一步：利用先验值 $\widetilde{\sigma}_i^{-1}$ 代替 σ_i^{-1} 得到估计 $\hat{\beta}$，先验值一般取设备精度指标。

第二步：利用该估计 $\hat{\beta}$，给出 σ_i^{-1} 的估计，有

$$\hat{\sigma}_i^2 = \frac{1}{n_i - 1}\sum_{i=1}^{n_i}(Y_i - X_i\hat{\beta})^2 \tag{3-383}$$

第三步：再以此 σ_1、σ_2 的估计，返回第一步进行迭代。

3）改进方法

在推导高斯-牛顿迭代算法时，认为可以对残差方程作线性逼近，但这是有条件的，即要求初值点 $\boldsymbol{b}^{(0)}$ 非常靠近极小点，此时指标函数的性态接近于二次函数，因而可以对残差方程 $\boldsymbol{Y}-\boldsymbol{F}(\boldsymbol{b})$ 作线性逼近。当 $\boldsymbol{b}^{(0)}$ 远离极小点时，$\boldsymbol{Y}-\boldsymbol{F}(\boldsymbol{b})$ 的非线性程度很高，这时用高斯-牛顿迭代算法就可能不收敛。其次如果样条节点选择不当、测站跟踪几何不好或初值不合适，都可能造成雅可比矩阵病态严重，即矩阵 $\boldsymbol{A}^{(k)\mathrm{T}}\boldsymbol{A}^{(k)}$ 的条件数很大，致使无法控制结果 Δb 的精度。再次有时高斯-牛顿迭代算法的下降方向与 $\boldsymbol{b}^{(k)}$ 点指标函数的梯度方向 $\nabla \boldsymbol{Q}(\boldsymbol{b}^{(k)})$ 接近正交，因而迭代进展缓慢或出现假收敛。

对上述理论分析中提到的高斯-牛顿迭代算法的不足之处，在解算实际弹道时深有体会。算法对初值的依赖性较强，对一些初值算法收敛的速度很快，而对另外一些初值收敛的速度就变得很慢甚至不收敛。这主要表现为即使 λ 已经非常接近零仍然不能满足 $\boldsymbol{Q}(\boldsymbol{b}^{(k+1)})<\boldsymbol{Q}(\boldsymbol{b}^{(k)})$，从而被迫终止迭代；或者每次迭代指标函数的值下降得非常少，以致迭代了几十次后仍不能终结。另外，在解算弹道时曾大量计算了矩阵（($\boldsymbol{A}^{(k)\mathrm{T}}\boldsymbol{A}^{(k)}$）的条件数，发现这个值有时还是很大的，其量级在 $10^7 \sim 10^{20}$ 之间，这说明该矩阵常常病态程度很高甚至

接近奇异。

因此，对式（3-362）求解过程可以从3个方面对传统算法进行改进。

首先，在迭代方法上引入阻尼最小二乘法作为备选算法。实践证明，如果阻尼因子选择适当，阻尼最小二乘法比一般最小二乘法有着更宽的适应性和更好的迭代效果。

加入阻尼因子，以改善矩阵 $\boldsymbol{A}^{(k)\mathrm{T}}\boldsymbol{A}^{(k)}$ 的条件数，并使下降方向朝 $\nabla\boldsymbol{Q}(\boldsymbol{b}^{(k)})$ 方向倾斜，即令

$$p^{(k)}=-((\boldsymbol{A}^{(k)})^{\mathrm{T}}\boldsymbol{A}^{(k)}+\gamma^{(k)}\boldsymbol{I})^{-1}(\boldsymbol{A}^{(k)})^{\mathrm{T}}(\boldsymbol{Y}-\boldsymbol{F}(\boldsymbol{b}^{(k)})) \tag{3-384}$$

式中：$\boldsymbol{I}$ 为单位矩阵；$\gamma^{(k)}$ 为阻尼因子。上述下降方向称为麦夸尔特方向。不难看出当 $\gamma^{(k)}=0$ 时 $p^{(k)}$ 就是高斯-牛顿方向，而当 $\gamma^{(k)}$ 充分大时，$p^{(k)}$ 趋于负梯度方向 $\nabla\boldsymbol{Q}(\boldsymbol{b}^{(k)})/\gamma^{(k)}$。

其次，使用矩阵奇异值分解（SVD）算法代替原最小二乘法中使用的矩阵求逆算法。以SVD为基础的算法在雅可比矩阵满秩时，得到的就是最小二乘解，而当因雅可比矩阵奇异最小二乘解不存在时，得到的是在解的范数意义上最优的最短范数解。这就使数据融合算法在雅可比矩阵严重病态的情况下，数据融合算法的稳定性得到明显提高，而这正是我们所期望的。

再次，由于高斯-牛顿迭代（最小二乘方法）与麦夸尔特迭代（阻尼最小二乘法）并不具备以下的下降性质，即对逐次的近似解 $\boldsymbol{b}^{(0)},\boldsymbol{b}^{(1)},\cdots,\boldsymbol{b}^{(k)},\boldsymbol{b}^{(k+1)}\cdots$ 使不等式

$$\boldsymbol{Q}(\boldsymbol{b}^{(k+1)})<\boldsymbol{Q}(\boldsymbol{b}^{(k)})\quad(k=0,1,2,\cdots) \tag{3-385}$$

始终成立。为了使改进后的算法具备此种下降性质，每次迭代时，在下降方向上加入线性搜索，即对

$$\boldsymbol{b}^{(k+1)}=\boldsymbol{b}^{(k)}+\lambda^{(k)}\boldsymbol{p}^{(k)} \tag{3-386}$$

使 $\lambda^{(k)}$ 满足

$$\boldsymbol{Q}(\boldsymbol{b}^{(k)}+\lambda^{(k)}\boldsymbol{p}^{(k)})=\min_{\lambda\in[c,d]}\boldsymbol{Q}(\boldsymbol{b}^{(k)}+\lambda\boldsymbol{p}^{(k)}) \tag{3-387}$$

在线性搜索过程中，选用“进退算法”确定搜索区间 $[c,d]$，然后使用改进的抛物线插值法在给出的区间 $[c,d]$ 上寻找 $\lambda^{(k)}$，从而确保在每次迭代的下降方向上都达到最优。改进后的具体算法如下。

第一步：给定初值 $\boldsymbol{b}^{(0)}$ 及迭代终止控制阈值 $\delta>0$、初始阻尼因子 $\gamma^{(0)}$、常数 c 和整型常数 $\omega=-1$。

第二步：计算

$$\gamma^{(k)}=\gamma^{(k-1)}c^{\omega} \tag{3-388}$$

$$\boldsymbol{b}^{(k+1)}=\boldsymbol{b}^{(k)}+\boldsymbol{p}^{(k)} \tag{3-389}$$

$$\boldsymbol{p}^{(k)}=-((\boldsymbol{A}^{(k)})^{\mathrm{T}}\boldsymbol{A}^{(k)}+\gamma^{(k)}\boldsymbol{I})^{-1}(\boldsymbol{A}^{(k)})^{\mathrm{T}}(\boldsymbol{Y}-\boldsymbol{F}(\boldsymbol{b}^{(k)})) \tag{3-390}$$

第三步：进行线性搜索过程，即在 $\boldsymbol{p}^{(k)}$ 方向上寻找 $\boldsymbol{\lambda}^{(k)}$ 使其满足 $\boldsymbol{Q}(\boldsymbol{b}^{(k)}+\boldsymbol{\lambda}^{(k)}\boldsymbol{p}^{(k)})=\min\limits_{\lambda}\boldsymbol{Q}(\boldsymbol{b}^{(k)}+\lambda\boldsymbol{p}^{(k)})$

（1）用“进退算法”确定寻查区间：设给定初始点 a、初始步长 h，求寻查区间 $[c,d]$。

前进运算：先计算 $Q(a)$ 和 $Q(a+h)$，若 $Q(a)>Q(a+h)$ 则步长加大两倍，计算 $Q(a+3h)$，若 $Q(a+h)\leqslant Q(a+3h)$，则 $c=a$、$d=a+3h$；否则，将步长再加倍，并重复前述运算。

后退运算：若 $Q(a)<Q(a+h)$，则将步长缩为原来的 1/4 并改变符号，即将步长改为 $-h/4$，若 $Q(a-h/4)>Q(a)$，则 $c=a-h/4$、$d=a+h$；否则将步长加倍，并继续后退。

（2）用改进的抛物线插值法在给出的区间 $[c,d]$ 上寻找 $\boldsymbol{\lambda}^{(k)}$。

假定指标函数在三点 $x_1<x_2<x_3$ 的函数值分别为 $Q(x_1)$、$Q(x_2)$、$Q(x_3)$，则可用对二次函数求极值的方法求出指标函数在区间 $[x_1,x_3]$ 上的极小值，公式为

$$x^*=\frac{1}{2}\frac{(x_2^2-x_3^2)Q(x_1)+(x_3^2-x_1^2)Q(x_2)+(x_1^2-x_2^2)Q(x_3)}{(x_2-x_3)Q(x_1)+(x_3-x_1)Q(x_2)+(x_1-x_2)Q(x_3)} \tag{3-391}$$

反复利用由式（3-391）得到的 x^* 和 $Q(x^*)$ 不断缩小区间 $[x_1, x_3]$，直到 $x_3-x_1<\varepsilon$（$\varepsilon>0$，为一给定的阈值）为止，此时的 x^* 即为所需要的 $\boldsymbol{\lambda}^{(k)}$。

第四步：计算

$$\boldsymbol{b}^{(k+1)}=\boldsymbol{b}^{(k)}+\boldsymbol{\lambda}^{(k)}\boldsymbol{p}^{(k)} \tag{3-392}$$

如果 $Q(\boldsymbol{b}^{(k+1)})<Q(\boldsymbol{b}^{(k)})$ 成立，则转第五步；否则令 $\omega=\omega+1$，再由式（3-390）、计算得 $\boldsymbol{b}^{(k+1)}$，并重新判断 $Q(\boldsymbol{b}^{(k+1)})<Q(\boldsymbol{b}^{(k)})$ 是否成立，若不等式成立，则转第五步；否则依此类推至找到一个合适的 ω，使不等式满足为止。

第五步：对给定的 δ，若 $Q(\boldsymbol{b}^{(k+1)})-Q(\boldsymbol{b}^{(k)})\leqslant\delta$，则 $\boldsymbol{b}^*=\boldsymbol{b}^{(k+1)}$，否则令 $\omega=-1$，返回第二步。

第六步：把 $\boldsymbol{b}^*$ 代入 $X(t)=\{x(t)、y(t)、z(t)、\dot{x}(t)、\dot{y}(t)、\dot{z}(t)\}$ 计算出弹道 $X(t)=(x,y,z,\dot{x},\dot{y},\dot{z})$。

为了验证改进算法的效果，分别采用最小二乘法、最小二乘加一维搜索、阻尼最小二乘加一维搜索 3 种算法对某次测量的 4 段实测数据进行试算，计算结果如表 3-5 所示。

表 3-5 反算测元与实际测元的残差平方和（指标函数值）

估计算法	第一组	第二组	第三组	第四组
	$Q(\boldsymbol{\beta}^*)/N_D$	$Q(\boldsymbol{\beta}^*)/N_D$	$Q(\boldsymbol{\beta}^*)/N_D$	$Q(\boldsymbol{\beta}^*)/N_D$
最小二乘法	19337.47/4	883.70/5	1199.79/3	205.15/4
最小二乘加一维搜索	19024.40/4	851.84/7	1077.70/2	194.24/3
阻尼最小二乘加一维搜索	18930.50/6	762.40/5	1076.43/3	137.07/4

注：$Q(\boldsymbol{\beta}^*)$为指标函数的值，N_D 为迭代次数。

对照 3 种算法的计算结果可以看出，改进算法的效果最好，其对应的指标函数的值 $Q(\boldsymbol{b}^*)$明显小，加入一维搜索的最小二乘算法的效果也较好。

通过试算还发现，初始阻尼因子 $\boldsymbol{\gamma}^{(0)}$ 的选取，对确保改进算法的效果是很重要的。确定 $\boldsymbol{\gamma}^{(0)}$ 的一个原则是：在保证每次迭代中指标函数 $Q(\boldsymbol{b}^{(k+1)})$ 总是下降的前提下，使 $\boldsymbol{\gamma}^{(0)}$ 尽可能小。

改进算法的另一重要优点是具有良好的数值稳定性，这意味着即使雅可比矩阵病态严重，仍能得到较高精度的结果。表 3-6 给出两种算法对 4 组不同初值的计算结果。不难看出，改进算法的数值稳定性明显好于原算法。

表 3-6 同一组数据使用不同初值的计算结果（指标函数值）

估计算法	初值一	初值二	初值三	初值四
	$Q(\boldsymbol{\beta}^*)$	$Q(\boldsymbol{\beta}^*)$	$Q(\boldsymbol{\beta}^*)$	$Q(\boldsymbol{\beta}^*)$
最小二乘法	946.59	70390.86	37657.92	1058.21
阻尼最小二乘加一维搜索	759.22	760.35	761.42	755.67

2. 弹道级加权融合模型

加权平均法是多弹道融合中的常用方法，它是求各个弹道数据的加权平均值，因此权的分配对融合效果的影响十分明显。若分配得当，则融合效果好；若分配得不合理，则对系统的精度和可靠性提高不大。

定义 称状态估计量$\hat{\boldsymbol{X}}$为真值 $\boldsymbol{X}$ 的最优估计，若其满足以下两个条件：①$\hat{\boldsymbol{X}}$是 $\boldsymbol{X}$ 的无偏估计，即 $E[\hat{\boldsymbol{X}}]=\boldsymbol{X}$；②$\hat{\boldsymbol{X}}$的均方误差最小，即 $\exp[\hat{\boldsymbol{X}}]=E[(\hat{\boldsymbol{X}}-\boldsymbol{X})\cdot(\hat{\boldsymbol{X}}-\boldsymbol{X})^{\mathrm{T}}]=\min$。

设有 n 个弹道对某状态 $\boldsymbol{X}$ 进行测量，第 i 个弹道的数据为 $\boldsymbol{X}_i$，它们之间彼此互相独立，并且是 $\boldsymbol{X}$ 的无偏估计；方差为 σ_i^2，代表第 i 个弹道参数的精度，σ_i^2 越大说明该弹道对同一飞行状态时所得到数据的离散度越大，即该弹道的精度越差，σ_i^2 越小该弹道的精度越高。

由加权平均数据融合法的定义可知，融合后的状态估计值$\hat{\boldsymbol{X}}$是各弹道的线性组合，即

$$\hat{\boldsymbol{X}} = \sum_{i=1}^{n} \omega_i \boldsymbol{X}_i \tag{3-393}$$

式中：$\omega_i(i=1,2,\cdots,n)$为相应弹道参数的加权因子。

定理　加权平均数据融合法中待估状态 $\boldsymbol{X}$ 的最优估计$\hat{\boldsymbol{X}}$是存在且唯一的。

证假设$\hat{\boldsymbol{X}}$是加权平均数据融合法中待估状态的最优估计，由最优估计的定义可知

$$E[\hat{\boldsymbol{X}}] = E\left[\sum_{i=1}^{n} \omega_i X_i\right] = \sum_{i=1}^{n} E[\omega_i X_i] = \sum_{i=1}^{n} \omega_i E[X_i] \tag{3-394}$$

由 X_i的无偏性，即 $E[X_i]=\boldsymbol{X}$，从而

$$E[\hat{\boldsymbol{X}}] = \sum_{i=1}^{n} \omega_i \boldsymbol{X} = \boldsymbol{X} \tag{3-395}$$

即

$$\sum_{i=1}^{n} \omega_i = 1 \tag{3-396}$$

$\hat{\boldsymbol{X}}$的均方误差为

$$\begin{aligned}\exp[\hat{\boldsymbol{X}}] &= E[(\hat{\boldsymbol{X}} - \boldsymbol{X}) \cdot (\hat{\boldsymbol{X}} - \boldsymbol{X})^{\mathrm{T}}] \\ &= E\left[\sum_{i=1}^{n} \omega_i^2 (X_i - \boldsymbol{X})(X_i - \boldsymbol{X})^{\mathrm{T}} + 2\sum_{\substack{i=1,j=1\\ i\neq j}}^{n} \omega_i \omega_j (X_i - \boldsymbol{X})(X_j - \boldsymbol{X})^{\mathrm{T}}\right]\end{aligned}$$

因为 $X_1, X_2, \cdots, X_n$彼此独立，并且为 $\boldsymbol{X}$ 的无偏估计，所以

$$E[(X_i-\boldsymbol{X})(X_j-\boldsymbol{X})^{\mathrm{T}}]=0(i\neq j;i=1,2,\cdots,n;j=1,2,\cdots,n)$$

故 $\exp[\hat{\boldsymbol{X}}]$可写成

$$\exp[\hat{\boldsymbol{X}}] = E\left[\sum_{i=1}^{n} \omega_i^2 (X_i - \boldsymbol{X})(X_i - \boldsymbol{X})^{\mathrm{T}}\right] = \sum_{i=1}^{n} \omega_i^2 \sigma_i^2 \tag{3-397}$$

式（3-397）的值越小，表明融合后输出的精度越高。显然，问题已归结为约束条件为等式的多变量条件极值的求解问题。用拉格朗日乘法构建约束条件下的目标函数，使其最小，即

$$\min_{a_i(i=1,2,\cdots,n)} J = \sum_{i=1}^{n} \omega_i \sigma_i^2 - \lambda\left(\sum_{i=1}^{n} \omega_i - 1\right)$$

易得，最优权 ω_i有以下唯一的表达式，即

$$\omega_i = \frac{\frac{1}{\sigma_i^2}}{\sum_{i=1}^{n}\frac{1}{\sigma_i^2}} \tag{3-398}$$

因此，待估状态 $\boldsymbol{X}$ 的最优估计 $\hat{\boldsymbol{X}}$ 存在，并是唯一的，其形式为

$$\hat{\boldsymbol{X}} = \sum_{i=1}^{n}\left(\frac{\frac{1}{\sigma_i^2}}{\sum_{i=1}^{n}\frac{1}{\sigma_i^2}}\right)X_i \tag{3-399}$$

此时最优估计的均方误差为

$$\exp[\hat{\boldsymbol{X}}] = \left[\sum_{i=1}^{n}\frac{1}{\sigma_i^2}\right]^{-1}$$

定理证毕。

假设现有 N 条弹道，以求解 t_i 时刻的弹道 Y_i 参数为例，假设 N 条弹道在 t_i 时刻的弹道位置 Y_i 方向参数为 $y_{i,j}(j=1,2,\cdots,N)$，其对应的宣示精度参数为 $\delta_{i,j}(j=1,2,\cdots,N)$，那么，$y_{i,j}$ 的“弹道级”融合权值为

$$\omega_{i,j} = \frac{\frac{1}{\delta_{i,j}^2}}{\sum_{j=1}^{N}\frac{1}{\delta_{i,j}^2}} \tag{3-400}$$

此时，t_i 时刻的弹道 Y_i 参数为

$$y_i = \sum_{j=1}^{N}\omega_{i,j}\cdot y_{i,j} \tag{3-401}$$

假如 N 个弹道的宣示精度相等，即 $\sigma_1=\sigma_2=\cdots=\sigma_N=\sigma_0$，那么 N 个弹道融合后的宣示精度 $\exp[\hat{\boldsymbol{X}}]=\sigma_0^2/N$，表明 N 个相同宣示精度弹道的输出数据融合后精度提高到单个弹道的 N 倍；假如 N 个弹道的宣示精度有高低之分，最低精度与最高精度的均方误差分别为 $\sigma_{\min}^2$ 和 $\sigma_{\max}^2$，则

$$\exp[\hat{X}] = \left[\frac{1}{\sigma_{\max}^2}+\frac{1}{\sigma_{\min}^2}+\sum_{i=1}^{N-2}\frac{1}{\sigma_i^2}\right]^{-1} < \left[\frac{1}{\sigma_{\min}^2}+\sum_{i=1}^{N-2}\frac{1}{\sigma_i^2}\right]^{-1} < \sigma_{\min}^2 \tag{3-402}$$

式（3-402）表明，当采用最优加权数据融合方法后，通过多弹道融合能够有效提高系统的精度，而且即使宣示精度再差的弹道参与融合后也有利于提高系统的整体精度。

3.6　外测数据处理方法研究

本节主要介绍外测数据处理中的新方法及新思路，通过对多年的外测数据处理经验进行总结归纳以及对科研项目成果的总结，进行创新而形成的适用于外测数据处理的方法，同时对本专业相关的科技前沿知识进行介绍。

3.6.1　机器学习技术研究

1. 机器学习概述及方法分类

1）机器学习的概念、应用及发展概况

机器学习是一种使获取知识自动化的计算方法的学习。机器学习在人工智能的研究中具有十分重要的地位。其应用已遍及人工智能的各个分支，如专家系统、自动推理、自然语言理解、模式识别、计算机视觉、智能机器人等领域。

对机器学习的研究大致经过以下 4 个阶段。

（1）20 世纪 50 年代的神经模拟和决策理论技术，学习系统在运行时还很少具有结构或知识。主要方法是建造神经网络和自组织学习系统，学习表现为阈值逻辑单元传送信号的反馈调整。

（2）20 世纪 60 年代早期开始研究面向概念的学习，即符号学习。使用的工具是语义网络或谓词逻辑，不再是数值或者统计方法。在概念获取中，学习系统通过分析相关概念的大量正例和反例来构造概念的符号表示。

（3）20 世纪 70 年代中期，研究活动日趋兴旺。1980 年在卡内基-梅隆大学召开的第一届机器学习专题研讨会，标志着机器学习正式成为人工智能的一个独立研究领域。

（4）20 世纪 80 年代中后期至今，机器学习研究进入一个新阶段，已趋向成熟。神经网络的复苏，带动着各种非符号学习与符号学习并驾齐驱，并且已超越人工智能研究范围，进入自动化及模式识别等领域，各种学习方法开始继承，多策略学习已经使学习系统愈具应用价值，而运用机器学习的数据挖掘在商业领域中的应用则是最好的例子。

2）机器学习方法的分类

Bose 和 Mahapatra 归纳了数据挖掘中使用的机器学习。技术主要有以下 5 种。

（1）规则归纳。规则归纳从训练集中产生一棵决策树或一组决策规则来进行分类。决策树可以转化成一组规则，分类规则通常用析取范式表示。规则归纳主要优点是处理大数据集的能力强，适合分类和预测型的工作，结果易于解释，技术上易于实施。

(2) 神经网络。由类似人脑神经元的处理单元组成，输入节点通过隐藏节点与输出节点相连接，从而组成一个多层网络结构。节点的输入信号等于所有通过其输入链接到达此节点的信号的加权和。神经网络由相互连接的输入层、中间层、输出层组成。中间层由多个节点组成，完成大部分网络工作。输出层输出数据分析的执行结果。神经网络的最大优点是能精确地对复杂问题进行预测。其缺点是处理大数据集时效率较低，用户在使用这种方法时需要具备相当的建立和运行该系统的工具知识。

(3) 事例推理。每个事例都由问题描述和问题的解决方法两部分构成。提出问题后，系统会寻找匹配事例和解决方法。其优点是能够较好地处理污染数据和缺失数据，非常适用于有大量事例的领域。

(4) 遗传算法。这是一种基于生物进化过程的组合优化方法。其基本思想是适者生存，基本操作包括繁殖、杂交和变异3个过程。繁殖过程是从一个整体中选择基于某种特定标准的信息并对要求解的问题编码，产生初始群体，计算个体的适应度。杂交过程是把一个信息的某一部分与另一个信息的相关部分进行交换。变异过程随机改变信息的某一部分以得到一个新的个体。重复这个操作，直到求得最佳或较佳的个体。遗传算法的优点是能够较好地处理污染数据和缺失数据，易于和其他系统集成。

(5) 归纳性逻辑程序。用一级属性逻辑来定义、描述概念。首先定义正面和负面的例子，然后对新例子进行等级划分。这一方法具有较强的概念描述机制，能较好地表达复杂关系，体现专业领域知识，因而用该方法得出的模型易于理解。

2. 数据挖掘中机器学习技术的特性

商业数据库往往含有噪声，体现在存在错误和不一致性。如果数据验证过程不够充分，则可能允许用户输入不正确的数据，而数据迁移也可能产生破坏。商业数据库的另一个常见问题是数据的缺失，尤其是当数据来自于不同的数据源时。由于数据编码标准和聚集策略的不同，有可能导致无法对所有属性进行分析。另外，在商业数据挖掘中，数据集的大小从几吉到几兆不等，并往往还有大量的属性，所以可测量性是数据挖掘技术的一个重要方面。商业数据库含有多种属性类型，如果机器学习技术能够处理不同的数据类型，则将对数据挖掘产生更大的作用。

数据挖掘技术的预测精度是评价挖掘效果的一个非常重要的因素。遵循监督学习过程的机器学习系统首先被训练，但是系统对真实数据的预测精度往往低于对训练数据的预测精度。所以，能对真实数据得到较高的预测精度显然是一个需要的特性。

结果的可解释性是另一个重要特性。在商业数据挖掘应用中往往需要使用不同的 DSS 或 DBMS，所以与其他信息系统的易整合性也是一个需要特性。不同的机器学习技术需要终端用户具有一定程度的工具知识和领域知识，一些技术还需要对数据进行大量预处理工作，因此对于终端用户来说，易于理解和需要较少预处理工作的机器学习技术是比较好的。

3. 机器学习方法与数据挖掘类型

Bose 和 Mahapatra 把运用于数据挖掘的机器学习方法在商业应用时的类型归结如下。

（1）分类。利用一个训练集来确定最大可区分属性，当分类确定好之后，新的实例可以通过分析进行合适的分类。

（2）预测。根据已观测到的数据找出可能的将来值和/或属性的分布。主要工作之一是确定对要预测的属性影响最大的因素。

（3）关联。在寻找实体之间或者实体属性之间的潜在联系规律的关联分析中，最常见的就是市场菜篮子分析。

（4）侦察。侦察的目的在于寻找异常现象、离群数据、异常模式等，并且给出支持决策的解释。

机器学习方法及其所对应解决的数据挖掘中的工作类型总结如表 3-7 所示。

表 3-7　机器学习方法及其在数据挖掘工作类型的应用情况

类型	规则归纳	实例推理	神经网络	遗传算法
分类	常见	常见	少见	常见
预测	常见	常见	常见	常见
关联	常见	少见	少见	常见
侦察	常见	少见	常见	少见

4. 大数据技术下的机器学习平台构建

大数据的核心是利用数据的价值，机器学习是利用数据挖掘价值的关键技术，数据量的增加有利于提升机器学习算法的精度，大数据背景下的机器学习算法也迫切需要大数据处理技术。大数据技术下的机器学习平台是集数据处理、建模、离线预测、在线预测于一体的机器学习平台。该平台为算法开发者提供了丰富的 MPI、PS、BSP 等编程框架和数据存取接口，高效地配置计算资源，为数据赋能。可提供算法开发、分享、模型训练、部署、监控等一站式算法服务，支持处理亿万级大规模数据，用户无须编码，即可以通过可视化的操作界面来操作整个实验流程，同时也支持 PAI 命令，让用户通过命令来操作实验。通过拖曳的方式搭配实验，提供了数据模型的可视化功能，缩短了用户与数据的距离，真正实现数据的触手可及，同时，也提供了命令行工具，方便用户将算法嵌入到自身的工程中。

3.6.2　光学图像处理技术研究

1. 高动态范围红外图像的压缩显示

目前，高位宽红外探测器的应用最为广泛，它具有高灵敏度和低噪声的特点，输出信号是高动态范围的图像数据。动态范围是场景中最亮物体与最暗物体之间的亮度比率，也就是图像从“最亮”到“最暗”之间灰度划分的等级数。动态范围越大，所表示的场景层次越丰富。当一个场景的动态范围低于输出设备的动态范围时，称为低动态范围（low dynamic range，LDR）；当一个场景的动态范围远远超出输出设备时，称为高动态范围（high dynamic rang，HDR）。假如景物所产生的红外辐射最大变化范围是 500K，红外探测器系统分辨率是 0.1K，若不考虑非线性造成的影响，那么景物所成像的动态范围就有 5000 个灰度级，远远超出了普通显示设备的 256 级灰度范围，这就是高动态范围图像（high dynamic range image，HDRI）。

针对探测器获取的是大动态范围数据，而显示图像是小动态范围数据的矛盾问题，对输入图像信号进行动态范围压缩（dynamic range compression，DRC）就成为图像显示的必要环节，这也是图像后续处理（包括对比度增强、饱和度增强和噪声抑制等环节）的基础。但是如果压缩方法不好，就会使原有高动态范围图像信息得不到保留，即不良的压缩可能会造成 8 位图像中难以复原出原始图像所丢失的细节信息。

另外，红外成像设备自身的特殊性造成了红外图像的诸多不足，如整体偏暗、对比度偏低、边缘模糊、噪声较大、细节分辨能力不足。这也对利用红外图像进行目标识别与跟踪等后续处理带来了很大困难。针对这些问题，国内外学者在红外图像的细节增强方面进行了广泛研究，但目前大部分研究是针对低动态范围的 8 位红外图像的增强方法，而此时的红外图像已经是损失细节后的图像。因此，采取适当的压缩算法使图像在压缩的同时保留细节显得尤为重要。

高动态范围可见光图像压缩显示的研究，为高动态范围红外图像的压缩奠定了良好的基础。色调映射（tone mapping）是高动态范围图像将其更好地显示在低动态范围的显示设备上的经典 DRC 方法。该方法将现实世界场景的亮度值映射到显示设备能显示的范围，同时确保经过处理的图像有较逼真的视觉效果，能够保持原图像的对比度、亮度、细节等。色调映射算子主要分为两类，即全局映射方法和局部映射方法。全局映射方法把图像看成一个整体，对图像空间内的每一像素使用相同的变换，故其也称空域统一方法。而局部映射方法对图像的不同部分使用不同的变换，故也称其为空域变化方法。

1）全局映射方法

全局映射方法的研究有：Huang 等基于 S 曲线的灰度变换压缩了亮暗区域的动态范围，拉伸了中等亮度的对比度，符合人眼视觉；Drago 等利用对数变化与人眼对亮度变化的良好适应性，采用对数变换进行色调映射，视觉效果较好；Larson 等提出了基于图像直方图的色调映射方法，该方法通过调整直方图改变图像的对比度，在显示设备的最大对比度范围内实现了良好的压缩，但没有很好地突出局部细节特征。全局映射算法的优点是简单方便，能够保持较好的整体明暗效果；缺点是对图像中各像素的亮度进行统一映射，而不考虑像素的具体位置。这种算法在处理复杂场景和具有极高动态范围的图像时效果不佳。

2）局部映射方法

局部映射方法的研究有：Fattal 等注意 HDR 图像剧烈变化的亮度范围处必有大的亮度梯度衰减，因此他们将图像亮度的梯度场计算出来，通过求解泊松方程得到图像亮度大梯度场衰减后的小梯度场，该方法能够大幅度压缩动态范围，同时更好地保留了细节；Cheolkon Jung 等在亮度梯度场衰减函数中添加了自动调整因子 k，将动态范围按不同的局部对比度、细节和全局外观来压缩，结果非常有效地提高了图像的整体质量，并使细节的损失看起来相当自然；Robert 等提出一个基于多尺度小波变换的局部自适应作对比度增强的压缩算法，就是使用一个边缘检测器作为母小波，增加小波变换低能量梯度增益，降低高能量梯度增益，该方法能提高小细节，同时防止大光晕和噪声，但是小波变换相对复杂；唐崇武等提出了一种基于 FPGA 实现的局部映射算法，该算法在处理某一像素点时，以该像素点为中心的 5×5 窗口中像素的不同灰度均值来设计映射函数，该方法实现了高速处理，能保留部分细节。

局部映射算法由于兼顾了像素的亮度和位置特征，能够很好地保留图像的对比度和局部细节信息，更好地满足人眼视觉所需。但算法较复杂，映射后整体明暗效果不佳，而且容易产生光晕。

2. 高动态范围红外图像压缩的细节增强算法

红外图像表征了景物的温度分布，它是灰度图像，没有彩色或阴影（立体感觉），与可见光图像相比还有许多特殊性。因此，高动态范围红外图像的压缩算法在可见光动态范围压缩算法的基础上需要结合红外图像的特殊性作进一步研究，并且结合人类视觉系统（human visual system，HVS）以达到良好的视觉效果，体现出景物的有效细节。

V. Vickers 等在直方图均衡（histogram equalization，HE）的基础上提出了平台直方图均衡化（plateau histogram equalization，PHE），通过设定一个平台阈值成为直方图均衡的一个优良改进，避免了大范围均匀区域的过度拉伸增强。Reza 采用了对比度自适应直方图均衡化（contrast limited adaptive histogram equalization，CLAHE）方法，通过限制局部平坦区域的对比度增强，再通过双线性插值的方法消除边界效应，该方法可以很好地将局部区域的细节显示出来。F. Branchitta 等对 CLAHE 方法作了改进，提出了 Balanced-CLAHE，进一步增强了局部对比度来改善低对比度区域的细节，并结合压缩与对比度调整因子调整强对比度的输出动态范围，该算法被称为 BCCE。缺点是 CLAHE 的分块与插值运算复杂，还有调整因子无法根据动态范围自适应地选取。F. Branchitta 等在非锐化掩模的思想基础上，提出基于双边滤波分层和动态范围分区（bilateral filter-dynamic range partitioning，BF-DRP）算法。BF-DRP 将图像分成细节部分和粗略部分，对其分别做 r 变换调整对比度后，根据给定的分区重组输出动态范围。该方法较好地实现了高动态范围红外图像的压缩与细节保留，但是双边滤波的分层方法容易在边缘处产生梯度翻转现象。

3. 亚像素图像定位技术

数字图像是将模拟图像 $f(x,y)$ 的坐标 (x,y) 和灰度值 f 都离散后得到的。数字图像的灰度值只在离散的像平面点上有意义。这些像平面点就是像素点。以往，确定目标在图像上位置的方法，只能达到像素点精度。为了提高精度，只能提高图像的物理分辨率，也就是减小像素点之间的距离。然而，图像的物理分辨率受到技术水平和经济条件的限制。亚像素图像定位技术就是通过研究先进的图像处理方法，使图像中目标定位精度高于图像的物理分辨率。

应用亚像素图像定位技术使目标判读精度大大提高。目标判读过程中，将主要涉及点特征目标的定位。点特征目标是指目标在图像上作为一个点来处理。判读的目的是要确定目标在图像上的位置点。例如，目标较小的箭体、光团，和大目标的特征点（如尖点等）都可作为点目标处理。

航天发射场数据处理主要采用以下几种点特征目标的亚像素定位技术。

1）*相关滤波法*

此方法是根据目标的特征，制作一个数字模板，然后用此模板对图像进行相关滤波，得到一幅相关系数图像。

一幅数字图像一般表示为

$$[f(i,j)]_{K\times L} \quad i、j\text{取整数},\ 0\leqslant i\leqslant K-1, 0\leqslant j\leqslant L-1$$

数字模板一般比图像取的小，表示为

$$[m(i,j)]_{(2M+1)\times(2N+1)} \quad i、j\text{取整数},\ -M\leqslant i\leqslant M, -N\leqslant j\leqslant N$$

则相关系数表示为

$$c(k,l)=\frac{\sum_{i=-M}^{M}\sum_{j=-N}^{N}m(i,j)f(i+k,j+l)}{\left[\sum_{i=-M}^{M}\sum_{j=-N}^{N}m^2(i,j)\sum_{i=-M}^{M}\sum_{j=-N}^{N}f^2(i+k,j+l)\right]^{1/2}} \tag{3-403}$$

以上相关系数，当图像与模板完全一致时，取1；其他情况均小于1。一般情况下，由于存在噪声干扰和误差，相关系数均小于1。但相关系数应在目标点位置取极值。因此，通过求极值的位置，即可确定目标的位置。

为了得到亚像素精度的目标位置，有多种方法：①通过对相关系数图进行曲面拟合，对拟合出的曲面用解析的方法求极值，即可得到亚像素定位精度；②通过对原图像进行插值，在插值点上也能求得相关系数，然后对相关系数图直接求极值，就得到亚像素定位精度。

由于相关滤波运算量较大，为了减小计算量，可采用爬山法等，不必计算出所有点的相关系数。

2）自适应阈值重心法

对于有光团特征点的目标，通过多种图像处理方法提取具有一定面积的目标区域，并考虑到目标的灰度分布特征，采用灰度重心法，即在目标区域内以灰度值为权值求出目标区域的灰度重心作为目标位置。同时采用带自适应阈值的高斯分布样板，对光团特征目标进行跟踪。

3）灰度拟合法

对于有光团特征点的目标，还可直接根据目标图像的特征，选用合适的解析曲面，对灰度图进行曲面拟合；再对拟合出的解析曲面求出极值位置，即为目标的亚像素精度定位。

4. 目标运动弹道预测和模式识别技术

对目标的判读，将按“匹配-修正-预测”等环节进行，即在某一时刻检测到的目标，将与前面判读检测到的目标建立对应关系（匹配）；然后修正目标的特征参数；最后预测目标在下一时刻可能出现的方位。在匹配过程中，将应用统计决策理论，在修正和预测中，需要用到参数估计理论，为了预测，还需要建立描述目标运动的运动模型。

目标运动弹道将用3次多项式运动模型描述，状态方程为

$$X(k+1)=AX(k) \tag{3-404}$$

其中：

$$X(k)=\{x(k)\quad v(k)\quad a(k)\}^{\mathrm{T}}$$

$$A=\begin{bmatrix}1 & T & \frac{1}{2}T^2\\ 0 & 1 & T\\ 0 & 0 & 1\end{bmatrix}$$

式中：T 为时间间隔。

3 次多项式模型是恒加速度运动模型，也就是目标所受外力恒定。实际上，所拍摄的目标可能是机动的，即它受到变外力的作用。解决这个问题的方法是：设在第 k 时刻有一个加速度增量 $n(k)$，则状态方程变为

$$X(k+1)=AX(k)+Bn(k) \tag{3-405}$$

其中：

$$B=\left\{\frac{T^2}{2^{T_1}}\right\}^{\mathrm{T}}$$

目标状态将用刚体运动学模型描述。

由于测量存在噪声干扰和误差。实际判读得到的结果是对目标运动弹道和姿态的一个估计。这里将主要研究卡尔曼滤波技术在目标运动弹道和姿态参数估计中的应用，以此解决多目标判读中目标匹配与预测问题。

由于目标姿态可能发生变化，因此得到的二维图像上目标形态也将变化，而且二维图像上也可能只有目标的一部分。因此，在自动判读中应用了特征关系图匹配、假设检验等模式识别方法。

3.6.3 非合作测量技术研究

1. 基于外测数据的特征事件时间判别方法

在非合作测量条件下，脉冲雷达反射式跟踪将是主要的外测信息来源。

首先研究飞行过程中的主要分离事件。考虑到发射过程中脉冲雷达测距信息相对精度较高，而测角数据在特征点附近随机误差相对较大，因此首先不考虑角度信息。在特征事件发生过程中，飞行器受力一般会发生重大变化，分离过程前后飞行加速度变化较大，反映在测量数据上即数据的 1 阶、2 阶差分值会发生变化。

（1）根据飞行理论弹道构造匹配模版：以特征点为中心，选择理论弹道中前后 N 点弹道数据，并根据发射方位角、发射点坐标以及测站站址等信息反算该测站测距数据的理论值或者根据理论值的 1 阶差分（计算测距数据的

变化率）构造匹配模版，定义模板为

$$\text{Mask}=\{r_{-N},r_{-N+1},\cdots,r_0,\cdots,r_{N-1},r_N\} \tag{3-406}$$

（2）选取一段实测数据 $\boldsymbol{X}=\{x_0,x_1,\cdots,x_{M-1}\}(M>2N+1)$ 作为候选区域进行曲线模板匹配，以确定对应的特征事件时间。

（3）对所选的测距数据进行滤波及补点处理，以消除随机误差及测量数据丢失的影响，这里以 3 次样条函数拟和的方式进行滤波与数据补点处理。

（4）从 x_0 开始依次选取长度为 $2N+1$ 的一段连续曲线与模板进行匹配，计算相应的距离范数作为待检测曲线与模板的相似度测度，以相似度测度最小的点作为特征事件时间的候选值。假设待匹配的数据点集为 $Y=\{y_{-N},y_{-N+1},\cdots,y_0,\cdots,y_{N-1},y_N\}$，定义以下距离范数。

① L_1 范数：$|\cdot|_{\mathrm{L}_1}=\sum_{i=-N}^{N}|r_i-y_i|/(2N+1)$。

② 修正的 L_1 范数：$|\cdot|_{\mathrm{ML}_1}=\sum_{i=-N}^{N}|r_i-y_i-D|/(2N+1)$。

③ L_2 范数：$|\cdot|_{\mathrm{L}_2}=\sqrt{\sum_{i=-N}^{N}|r_i-y_i|^2/(2N+1)}$。

④ 修正的 L_2 范数：$|\cdot|_{\mathrm{ML}_2}=\sum_{i=-N}^{N}|r_i-y_i-D|^2/(2N+1)$。

其中修正的距离范数主要是消除两组数据间存在的固定偏差，D 为两组数据集合 Mask 与 Y 的中值之差。事实上，若以修正的距离范数作为判别标准，还应该考虑固定偏差值的影响，应该根据历史经验对 D 加以限制，确定阈值 M，在进行最小值判断时，只考虑 $|D|<M$ 的点。

2. 基于 RCS 数据的飞行特征事件分析识别技术研究

直接对反应控制系统（reaction control system，RCS）时间序列进行统计，所能提取的主要是时域特征，如果把 RCS 数据变换到其他特征域后重新进行特征统计，一方面可以突出目标特性，简化分类器的设计，降低计算量；另一方面可以提取新的特征。通常采用傅里叶变换把 RCS 时间序列变换到频域，再对其频域特征进行统计分析。

在一维空间内，信号可以当成一维连续变量的函数，这个域称为信号域。其傅里叶变换记为 $X(\Omega)$，表示如下：

$$X(\Omega)=\int_{-\infty}^{\infty}x(u)\mathrm{e}^{-\mathrm{j}\Omega u}\mathrm{d}u \quad (\Omega\in(-\infty,\infty)) \tag{3-407}$$

这个函数称为变换域内的信号，其逆变换为

$$x(u)=\frac{1}{2\pi}\int_{-\infty}^{\infty}X(\Omega)\mathrm{e}^{-\mathrm{j}\Omega u}\mathrm{d}\Omega \quad (\Omega\in(-\infty,\infty)) \tag{3-408}$$

采用周频率变量 $F=\Omega/2\pi$ 的一个等效变换对为

$$X(F)=\int_{-\infty}^{\infty}x(u)\mathrm{e}^{-\mathrm{j}2\pi Fu}\mathrm{d}u \quad (F\in(-\infty,\infty)) \tag{3-409}$$

$$x(u)=\int_{-\infty}^{\infty}X(F)\mathrm{e}^{\mathrm{j}2\pi Fu}\mathrm{d}F \quad (u\in(-\infty,\infty)) \tag{3-410}$$

对于离散变量信号，有两类傅里叶变换。类似于连续变量傅里叶变换的是下面的离散变量信号 $x[n]$ 的变换对，即

$$X(\omega)=\sum_{n=-\infty}^{\infty}x[n]\mathrm{e}^{-\mathrm{j}\omega n} \quad (\omega\in(-\infty,\infty)) \tag{3-411}$$

$$x[n]=\frac{1}{2\pi}\int_{-\pi}^{\pi}X(\omega)\mathrm{e}^{-\mathrm{j}\omega n}\mathrm{d}\omega \quad (n\in(-\infty,\infty)) \tag{3-412}$$

式中：ω 为归一化连续频率变量，单位为 rad，且

$$\omega=\Omega T_{\mathrm{S}} \tag{3-413}$$

式中：T_{S} 为采样间隔。相应地，采用归一化周频率 $f=(\Omega/2\pi)T_{\mathrm{S}}=FT_{\mathrm{S}}$（单位为周）的傅里叶变换对为

$$X(f)=\sum_{n=-\infty}^{\infty}x[n]\mathrm{e}^{-\mathrm{j}2\pi fn} \quad (f\in(-\infty,\infty)) \tag{3-414}$$

$$x[n]=\int_{-0.5}^{0.5}X(f)\mathrm{e}^{\mathrm{j}2fn}\mathrm{d}f \quad (n\in(-\infty,\infty)) \tag{3-415}$$

函数 $X(\omega)$ 称为 $x(n)$ 的离散时间傅里叶变换（DTFD）。

对于有限长度的离散傅里叶变换信号，定义离散傅里叶变换 DFT。对于 N 点的信号 $x(n)$，DFT 及其逆可以写成

$$X[k]=\sum_{n=0}^{N-1}x[n]\mathrm{e}^{-\mathrm{j}2\pi nk} \quad (k\in(0,N-1)) \tag{3-416}$$

$$X[n]=\frac{1}{N}\sum_{k=0}^{N-1}X[k]\mathrm{e}^{\mathrm{j}2\pi nk/N} \quad (n\in(0,N-1)) \tag{3-417}$$

RCS 时间序列的离散傅里叶变换特征反映了目标回波的频域特征。对于姿态较稳定的目标，频域分量相对集中，而对于姿态变化不规则的箭体、诱饵等目标，频域分量呈现出杂散状态。

3. 基于光测图像的特征事件判别

随着航天发射场光学测控设备的建设与发展，目前已实现了对运载火箭飞行的首区、航区的全程光学成像监控。由于光学图像的直观性，因此可以通过光学图像对飞行过程的实时观测作为箭上遥测信息的重要补充，在发射中一旦出现实无法获取遥测信息的情况下为指挥员提供有效的辅助决策信息。

对航天发射场光学实况视频实时进行帧图像提取，并进行图像预处理增强。对保留了时统信息的帧图像序列进行直方图特征统计与比较和连通域分

析，有效实现了对目标特征变化如级间分离、目标解体等事件的发生时刻、目标个数等信息的自动识别和获取。

1）图像二值化处理

针对火箭监控图像中具有大量红外图像的具体特点，提出一种新的二值化图像分割算法，即（Max-Mean/m）法。试验证明，该方法能达到良好效果。该方法通过求取整幅图像灰度的最大值和均值，然后按照下述计算公式求值，将 Threshold 值作为二值化阈值分割图像。

$$\text{mean} = \frac{\sum_{i=0,j=0}^{i=M,j=N} I(i,j)}{M \times N} \tag{3-418}$$

$$\text{Threshold} = \max - \text{mean}/m \tag{3-419}$$

式中：$M \times N$ 为图像的分辨率大小；$I(i,j)$ 为图像像素灰度值；mean 为图像像素灰度均值。

这种方法主要由红外图像的特点决定的，对于图像，其中大部分像素的灰度值均很小，而目标的灰度值一般很大，所有像素的平均灰度值将会较小，而最大值与均值的差值就比较适合作为二值化的阈值，其中 m 为比例系数，可根据图像进行调节。这样，既可以去掉背景点，又能较好地保留目标信息，最重要的是，该方法计算速度很快，非常适合实时系统的需要。

2）基于数学形态学方法进行目标边缘检测及细化

数学形态学的基本思想是研究从一个集合转换到另一个集合的运算方法，通过物体图像（集合）与一个称为结构元素的集合的某些运算，得到物体更本质的形态。

设 A 为图像集合，B 为结构元素，数学形态学运算是用结构元素 B 对图像 A 进行操作。结构元素本身实际上也是一个图像集合，对每个结构元素，先要指定一个远点，它是结构元素参与形态学的参照点，通常包含在结构元素中。

结构元素是具有一定几何形状的集合，如圆形、正方形、菱形、十字形、有向线段等的集合。通常情况下结构元素的尺寸明显小于目标图像的尺寸。当结构元素在图像中移动时就可以侦察图像各部分之间的联系，提取有用的特征和信息，达到图像分析和处理的目的。不同的结构元素其分析和处理图像的效果通常是不同的，其作用相当于信号处理中的滤波窗口。因此，结构元素的选取直接影响形态计算的结果。

结构元素都具有一定的形状和大小。通常把形状和大小都相同的结构元素称为单一结构元素，而把形状或大小不同的结构元素称为多尺度多结构元素。在图像处理中，如果仅使用单一结构元素，那么经处理后的图像中就只有一种几何信息，不利于图像细节的保持。因此有必要利用不同形状、取向和大小的多尺度多结构元素，把每一个结构元素看作一种尺度对图像的细节特征进行匹配，然后按照某种方法将运算后的图像合并，即可实现对图像几何特征的精确提取。

数学形态学的基本元素运算包括膨胀、腐蚀、开启、闭合等。

设A、B是两个非空集合，集合$A_b=\{y\mid y=x+b,x\in A\}$是由集合$A$平移$b$后的集合，集合$\hat{A}=\{y\mid y=-x,x\in A\}$是集合$A$的反射，则有：

① A被B膨胀的结果为$A\oplus B=\bigcup\limits_{b\in B}A_b=\{x\mid[(B)_x\cap A]\neq\Phi\}=\{x\mid\exists_{b\in B}\ \exists_{a\in A}(x=a+b)\}$；

② A被B腐蚀的结果为$A\Theta B=(A^C\oplus\hat{B})^C=\{x\mid B_x\subseteq A\}$；

③ A被B开启的结果为$A\circ B=(A\Theta B)\oplus B$；

④ A被B闭合的结果为$A\cdot B=(A\oplus B)\Theta B$。

设边缘图像为g，目标图像为f，b_1、b_2、b_3为不同的结构元，这里采用的基于多结构元的图像边缘提取公式可表述为

$$g=[(f\Theta b_1)\oplus b_2]\oplus b_3-[(f\oplus b_1)\Theta b_2]\Theta b_3$$

经过上述处理步骤之后，已获取了较为清晰、光滑的火箭图像目标边缘，但图像的边缘轮廓仍然较粗，因此还需要对其作进一步细化处理，通过灰度腐蚀方法，使检测出的边缘更加细腻。

设$f(x,y)$为图像，$b(i,j)$是选用的结构元素，通常灰度腐蚀选用平坦的结构元素来执行，因此灰度腐蚀公式可定义为

$$(f\Theta b)(x,y)=\min\{f(x+i,y+j)+b(i,j)\mid(x+i,y+j)\in D_f;(i,j)\in D_b\}$$

式中：D_f与D_b分别为函数f与b的定义域，位移参数必须包含在f的定义域内。

灰度腐蚀是在由结构元素确定的邻域内选取$f-b$的最小值，是局部最小值滤波，其最小值取决于D_b的形状所确定的一系列像素邻域。由定义可知，灰度腐蚀运算使整幅输入图像的灰度降低。

3） 直方图特征提取及比较分析

直方图是对图像中所有像素某种性质的分布统计。以灰度直方图为例，灰度直方图是灰度级的函数，它表示图像中具有某种灰度级像素的个数，反映了图像中某种灰度出现的频率。对图像序列提取直方图特征后，对相邻的两张图像判断其特征相似度，用于判断图像是否有明显的变化，目前采用皮尔逊（Pearson）相关系数来判断两张图片直方图特征的相似性。该方法对图像的灰度变化非常敏感，能够准确抓到光学图像上对应特征事件的时间点。

皮尔逊相关系数的数学表述为

$$r_{xy}=\frac{\sum z_x z_y}{N}=\frac{\sum\left(\frac{x-\bar{x}}{s_x}\right)\left(\frac{y-\bar{y}}{s_y}\right)}{N} \tag{3-420}$$

如式(3-420)所述，皮尔逊相关系数可以看作将两组数据先做 Z 分数处理后，两组数据的乘积之和除以样本数。其中 Z 分数代表正态分布中数据偏离中心点的距离，等于变量减掉平均数再除以标准差。该系数可以广泛度量两个向量之间的相关程度。在这里用于衡量两张图像的相似度。

4）连通域分析

从连通区域的定义可知，一个连通区域是由具有相同像素值的相邻像素组成像素集合，因此，就可以通过这两个条件在图像中寻找连通区域。对于找到的每一个连通区域，应赋予一个唯一的标识（Label），以区别于其他连通区域。

连通区域分析有其基本算法，也有其改进算法，本书采用的方法为两遍扫描法。正如其名，两遍扫描法即通过扫描两遍图像，就可以将图像中存在的所有连通区域找出并标记。采取按行扫描方式，图像记为 B，为二值图像（背景像素值为0，目标像素值为1），标识从2开始计数，方法步骤如下。

（1）第一次扫描：访问当前像素 $B(x,y)$，如果 $B(x,y)==1$，则：

① 如果 $B(x,y)$ 的邻域中像素都为0，则赋予该像素一个新的标识；

② 如果 $B(x,y)$ 的邻域中像素有为1的，则认为这些像素同属一连通区域，记录这些像素之间的相等关系。

（2）第二次扫描：访问当前像素 $B(x,y)$，如果 $B(x,y)==1$，找到与当前像素属于相等关系像素中最小的一个标识，将其赋予当前像素。

完成上述两遍扫描后，图像中具有相同标识值的像素就组成了同一个连通区域。

4. 基于高分辨一维距离像的特征事件判别

1）宽带HRRP特征

由于宽带雷达的距离分辨单元小于目标的径向尺寸，目标的一维距离像连续占据多个距离单元，形成一幅在雷达视线距离上投影的具有高低起伏特点的目标幅度图像，它揭示了目标沿雷达视线方向散射中心的分布，能够反映目标精确的结构特征。一维距离像与目标实际外形之间有着紧密的对应关系，可以此作为特征点检测识别的依据。一维距离像含有丰富的目标信息，从目标一维距离像中可提取的特征量包括径向长度、中心矩、功率谱等。

目标的一维距离像具有平移敏感性、幅度敏感性和姿态敏感性，其中平移敏感性可通过距离像对齐和平移不变特征提取予以减弱或消除，幅度敏感性可通过归一化消除，而距离像非相干平均可降低姿态敏感性。

对于一段时间上的一组宽带 HRRP 回波，可以直接在全数据长度上计算特征，从而得到基于宽带 HRRP 的特征序列。结合 HRRP 的物理意义，还可提取的特征有以下几个。

（1）散射中心个数。

该特征提取基于单帧一维距离像。设$\{x(n), n=1,2,\cdots,N\}$为目标一维距离像，N为距离单元数，宽带回波自相关矩阵为

$$\boldsymbol{R}_{xx}=E(\boldsymbol{x}(n)\cdot\boldsymbol{x}^{\mathrm{H}}(n)) \tag{3-421}$$

去掉$\boldsymbol{R}_{xx}$的最后一行和最后一列构成矩阵$\boldsymbol{R}'_{xx}$，计算$\boldsymbol{R}'_{xx}$的特征向量$\boldsymbol{S}_1$，$\boldsymbol{S}_2,\cdots,\boldsymbol{S}_{N-1}$，令$\boldsymbol{U}_{N-1}=[\boldsymbol{S}_1,\boldsymbol{S}_2,\cdots,\boldsymbol{S}_{N-1}]$，生成酉矩阵

$$\boldsymbol{U}_N=\begin{bmatrix}\boldsymbol{U}_{N-1} & 0\\ 0 & 1\end{bmatrix} \tag{3-422}$$

用$\boldsymbol{U}_N$对$\boldsymbol{R}_{xx}$做酉变换，得

$$\boldsymbol{U}_N^{\mathrm{H}}\boldsymbol{R}_{xx}\boldsymbol{U}_N=\begin{bmatrix}\lambda_1 & 0 & \cdots & 0 & \rho_1\\ 0 & \lambda_2 & \cdots & 0 & \rho_2\\ 0 & 0 & \cdots & 0 & \rho_3\\ \vdots & \vdots & \ddots & \vdots & \vdots\\ 0 & 0 & \cdots & \lambda_{N-1} & \rho_{N-1}\\ \rho_1^* & \rho_2^* & \cdots & \rho_{N-1}^* & c_{NN}\end{bmatrix} \tag{3-423}$$

根据盖氏圆定理，得到判别公式为

$$\mathrm{GDE}(\rho_k)=|\rho_k|-\frac{D(M)}{N-1}\sum_{k=1}^{N-1}|\rho_k| \quad (k=1,2,\cdots,N-1) \tag{3-424}$$

式中：$M=1$是回波数据采样次数；$D(M)\in[0,1]$且是M的递减函数。

将ρ_k依次代入判别式（3-424）中，若当$\rho_k=\rho_{k_0}$时，$\mathrm{GDE}(\rho_{k_0})$为第一个比0小的值，则散射中心个数估计值为

$$\mathrm{HRRP}_{\mathrm{scat\_num}}=k_0-1 \tag{3-425}$$

（2）径向长度。

该特征均基于一维距离像时间序列滑窗提取，一维距离像帧数$K=10$，一维距离像滑窗时长取0.1s。提取径向长度特征步骤如下。

① K帧距离像进行包络对齐，包络对齐后的距离像序列$\mathrm{HRRPs}=\{x_k(n)\mid k=1,2,\cdots,K\}$，其中$\{x_k(n), n=1,2,\cdots,N\}$为目标第$k(k=1,2,\cdots,K)$帧一维距离像，$N$为距离单元数。

② 估计各帧一维距离像的散射中心个数$\mathrm{HRRP}_{\mathrm{scat_num}}(k)$，取最大值作为

距离像序列散射中心个数，即

$$\text{scat\_num}=\max_{k}\{\text{HRRP}_{\text{scat\_num}}(k)\} \tag{3-426}$$

③ 计算第 $k(k=1,2,\cdots,K)$ 帧距离像中各距离单元按幅度降序排序后的序号，得到降序序号向量 $\boldsymbol{Od}_k$，即

$$\begin{cases}n_k'(1)=\arg\max_{n} x_k(n)\\ \boldsymbol{Od}_k[n_k'(1)]=1\end{cases}\quad(k=1,2,\cdots,K) \tag{3-427}$$

$$\begin{cases}n_k'(m)=\arg\max_{n\notin n_k'(1:m-1)} x_k(n)\\ \boldsymbol{Od}_k[n_k'(m)]=m\end{cases}\quad(m=2,3,\cdots,N;k=1,2,\cdots,K) \tag{3-428}$$

④ 计算从 $x_{k-1}(n)$ 到 $x_k(n)$ 的转移代价矩阵，即

$$\boldsymbol{F}_{k-1,k}=\begin{bmatrix}f_{k-1,k}(1,1) & f_{k-1,k}(1,2) & \cdots & f_{k-1,k}(1,N)\\ f_{k-1,k}(2,1) & f_{k-1,k}(2,2) & \cdots & f_{k-1,k}(2,N)\\ \vdots & \vdots & \ddots & \vdots\\ f_{k-1,k}(N,1) & f_{k-1,k}(N,2) & \cdots & f_{k-1,k}(N,N)\end{bmatrix} \tag{3-429}$$

$\boldsymbol{F}_{k-1,k}$由第 $k-1$ 帧距离像的各距离单元到第 k 帧距离像的各距离单元的转移代价组成。其中，从第 $k-1$ 帧距离像的第 m 个距离单元到第 k 帧距离像的第 n 个距离单元的转移代价为

$$\begin{cases}f_{k-1,k}(m,n)=g(m,n)+A_{k-1}(m,n)\\ m=1,2,\cdots,N;n=1,2,\cdots,N;k=2,3,\cdots,K\end{cases} \tag{3-430}$$

式中：$g(m,n)$为路径代价函数，表示从前一帧距离像第 m 个距离单元到当前帧距离像第 n 个距离单元的路径代价；$A_{k-1}(m)$为第 $k-1$ 帧距离像第 m 个距离单元的幅度代价，第一帧距离像的幅度代价向量定义其等于降序序号，即 $A_1(m)=\boldsymbol{Od}_1(m),m=1,2,\cdots,N$；第 $2,3,\cdots,K$ 帧距离像的幅度代价向量为

$$A_k(n)=\boldsymbol{Od}_k(n)+\min_{m} f_{k-1,k}(m,n)\quad(n=1,2,\cdots,N;k=2,3,\cdots,K) \tag{3-431}$$

⑤ 从最后一帧开始，依次计算各帧距离像代价最小的散射中心位置（指所在的距离单元）$n_{\text{opt},1}(k),k=K,K-1,\cdots,1$。其中，$n_{\text{opt},1}(K)$根据最后一帧距离像的幅度代价计算得到，$n_{\text{opt},1}(K)=\arg\min_{n} nA_K(n)$；$k<K$ 时，$n_{\text{opt},1}(k)$根据第 k 帧距离像的各距离单元到第 $k+1$ 帧距离像的第 $n_{\text{opt},1}(k+1)$个距离单元的转移代价计算得到，即

$$n_{\text{opt},1}(k)=\arg\min_{m} f_{k,k+1}(m,n_{\text{opt},1}(k+1))\quad(k=K-1,K-2,\cdots,1) \tag{3-432}$$

⑥ 根据 FFT 主瓣宽度，将已提取的散射中心及其主瓣宽度内的 N_{neig} 个距离

单元的距离像幅度置零，N_{neig}为散射中心的主瓣距离单元个数。重复步骤③~⑤，依次提取其他散射中心的位置$n_{opt,i}(k)(k=1,2,\cdots,K;i=2,\cdots scat_num)$。

⑦ 各帧距离像目标区的起始距离单元为

$$n_L(k)=\min\{n_{opt,1}(k),n_{opt,2}(k),\cdots,n_{opt,scat\_num}(k)\}\quad(k=1,2,\cdots,K) \tag{3-433}$$

各帧距离像目标区的终点距离单元为

$$n_R(k)=\max\{n_{opt,1}(k),n_{opt,2}(k),\cdots,n_{opt,scat\_num}(k)\}\quad(k=1,2,\cdots,K) \tag{3-434}$$

各帧距离像的目标支撑区为

$$x_{sup,k}(k)=\{x_k(n_L(k)),x_k(n_L(k)+1),\cdots,x_k(n_R(k))\}\quad(k=1,2,\cdots,K) \tag{3-435}$$

各帧距离像径向长度为

$$\mathrm{HRRP}_{rnglen}(k)=d_{rngcell}[n_R(k)-n_L(k)]\quad(k=1,2,\cdots,K) \tag{3-436}$$

式中：$d_{rngcell}$为一个距离单元对应的径向距离长度。

(3) 中心矩。

设一维距离像中的目标支撑区为x_{sup}，支撑区内的距离单元数为N_{sup}，$x_{sup}=\{x_{sup}(1),x_{sup}(2),\cdots,x_{sup}(N_{sup})\}$。对$x_{sup}$进行幅度和归一化，有

$$\bar{x}_{sup}=\frac{x_{sup}}{\sum_{n=1}^{n_R-n_L+1}x_{sup}(n)} \tag{3-437}$$

则距离像的p阶中心矩$\mu^{(p)}$定义为

$$\mu^{(p)}=\sum_{n=1}^{n_R-n_L+1}(n-n_0)^p\bar{x}_{sup}(n) \tag{3-438}$$

式中：$n_0=\sum_{n=1}^{n_R-n_L+1}n\bar{x}_{sup}(n)$为一阶原点矩。提取一维距离像的2~5阶中心矩。

2）统计特征

统计特征选择的是距离像方差和特征。该特征利用一组距离像序列计算每个距离单元的方差，并求和得到。

该特征均基于目标一维距离像时间序列滑窗提取，一维距离像帧数$K=10$，一维距离像滑窗时长取0.1s。提取该特征算法步骤如下。

① K帧距离像进行包络对齐，包络对齐后的距离像序列$\mathrm{HRRPs}=\{x_k(n)|k=1,2,\cdots,K\}$，其中$\{x_k(n),n=1,2,\cdots,N\}$为目标第$k(k=1,2,\cdots,K)$帧一维距离像，$N$为距离单元数。

② 对各帧一维距离像分别进行最大值归一化，有

$$\bar{x}_k = \frac{x_k}{\max\limits_k \{x_k\}} \quad (k=1,2,\cdots,K) \tag{3-439}$$

③ 利用 K 帧一维距离像，计算各个距离单元的方差，即

$$\sigma^2(n) = \frac{1}{K}\sum_{k=1}^{K}[\bar{x}_k(n) - \mu(n)]^2 \quad (n = 1,2,\cdots,N) \tag{3-440}$$

式中：$\mu(n) = \frac{1}{K}\sum_{k=1}^{K}\bar{x}_k(n)\,(n = 1,2,\cdots,N)$。

④ 将各个距离单元的方差之和作为识别特征量，有

$$\mathrm{HRRP}_{\mathrm{varsum}} = \sum_{n=1}^{N}\sigma^2(n) \tag{3-441}$$

3）二次特征

二次特征是对已经提取的宽带特征序列再次进行特征提取，提取反映特征序列分布规律的均值、极差等统计特征。提取的二次特征包括散射中心个数二次特征、径向长度二次特征、中心矩二次特征和距离像方差和二次特征。

（1）散射中心个数二次特征。

散射中心个数二次特征包括散射中心个数特征序列的均值、散射中心个数特征序列的极差。散射中心个数二次特征提取算法步骤如下。

提取散射中心个数特征序列的均值特征，即

$$\mathrm{HRRP}_{\mathrm{scat\_num}}\_\mathrm{mean} = \frac{1}{K}\sum_{k=1}^{K}\mathrm{HRRP}_{\mathrm{scat\_num}}(k) \quad (k = 1,2,\cdots,K) \tag{3-442}$$

提取散射中心个数特征序列的极差特征，即

$$\mathrm{HRRP}_{\mathrm{scat\_num}}\_\mathrm{range} = \max_k \mathrm{HRRP}_{\mathrm{scat\_num}}(k) - \min_k \mathrm{HRRP}_{\mathrm{scat\_num}}(k) \quad (k=1,2,\cdots,K) \tag{3-443}$$

（2）径向长度二次特征。

径向长度二次特征包括径向长度特征序列的均值、径向长度特征序列的极差。径向长度特征序列二次特征提取算法步骤如下。

提取径向长度特征序列的均值特征，即

$$\mathrm{HRRP}_{\mathrm{rnglen}}\_\mathrm{mean} = \frac{1}{K}\sum_{k=1}^{K}\mathrm{HRRP}_{\mathrm{rnglen}}(k) \quad (k = 1,2,\cdots,K) \tag{3-444}$$

提取径向长度特征序列的极差特征，即

$$\mathrm{HRRP}_{\mathrm{rnglen}}\_\mathrm{range} = \max_k \mathrm{HRRP}_{\mathrm{rnglen}}(k) - \min_k \mathrm{HRRP}_{\mathrm{rnglen}}(k) \quad (k=1,2,\cdots,K) \tag{3-445}$$

（3）中心矩二次特征。

中心矩二次特征包括中心矩特征序列的均值、中心矩特征序列的极差。

中心矩二次特征提取算法步骤如下。

提取中心矩特征序列的均值特征，即

$$\mu^{(p)}\_\text{mean}=\frac{1}{K}\mu^{(p)}(k)\quad(k=1,2,\cdots,K)\tag{3-446}$$

提取中心矩特征序列的极差特征，即

$$\mu^{(p)}\_\text{range}=\max_k\mu^{(p)}(k)-\min_k\mu^{(p)}(k)\quad(k=1,2,\cdots,K)\tag{3-447}$$

（4）距离像方差和二次特征。

距离像方差和二次特征包括距离像方差和特征序列的均值、距离像方差和特征序列的极差。距离像方差和特征序列二次特征提取算法步骤如下。

提取距离像方差和特征序列的均值特征，即

$$\text{HRRP}_{\text{varsum}}\_\text{mean}=\frac{1}{K}\sum_{k=1}^{K}\text{HRRP}_{\text{varsum}}(k)\quad(k=1,2,\cdots,K)\tag{3-448}$$

提取距离像方差和特征序列的极差特征，即

$$\text{HRRP}_{\text{varsum}}\_\text{range}=\max_k\text{HRRP}_{\text{varsum}}(k)-\min_k\text{HRRP}_{\text{varsum}}(k)\quad(k=1,2,\cdots,K)\tag{3-449}$$

4）投影特征

投影特征是将多维特征联合后，经由训练所得投影权向量在特征域投影后的分布。投影特征提取算法步骤如下。

（1）提取一维距离像特征向量 $\text{HRRP}_{\text{fea\_origin}}$。

（2）对一维距离像特征向量进行特征选择，即

$$\text{HRRP}_{\text{fea\_choose}}=\boldsymbol{W}_{\text{HRRP\_choose}}^{\text{T}}\text{HRRP}_{\text{fea\_origin}}\tag{3-450}$$

式中：$\boldsymbol{W}_{\text{HRRP\_choose}}$ 为区分邻近空间高动态目标与助推器的一维距离像特征选择矩阵。

（3）FDA 特征变换得到投影特征，即

$$\text{HRRP}_{\text{FDA}}=\boldsymbol{w}_{\text{HRRP\_FDA}}^{\text{T}}\text{HRRP}_{\text{fea\_choose}}\tag{3-451}$$

式中：$\boldsymbol{w}_{\text{HRRP\_FDA}}$ 为邻近空间高动态目标与助推器的一维距离像投影权向量。

3.6.4 载波相位测量技术研究

利用测距码进行伪距测量是全球定位系统的基本测距方法。然而由于测距码的码元长度较大，对于一些高精度应用来讲其测距精度还显得过低，无法满足实际需要。如果观测精度均取测距码波长的 1%，则伪距测量对 P 码而言，测量精度为 30cm，对 C/A 码而言，测量精度为 3m 左右。而如果把载波作为测量信号，由于载波的波长短，$\lambda_{L1}=19\text{cm}$，$\lambda_{L2}=24\text{cm}$，因此就可达到很高的精度。目前的大地型接收机的载波相位测量精度一般为 1~2mm，有的

精度更高。但载波信号是一种周期性的正弦信号，而相位测量又只能测定其不足一个波长的部分，因而存在着整周数不确定性问题，使解算过程变得比较复杂。

在 GNSS 信号中由于已经利用相位调整的方法在载波上调制了测距码和导航电文，因而接收到的载波的相位已不再连续，所以在进行载波相位测量以前，首先要进行解调工作，设法将调制在载波上的测距码和卫星电文去掉，重新获取载波，这一工作称为重建载波。重建载波一般可采用两种方法：一种是码相关法；另一种是平方法。采用码相关法，用户可以同时提取测距信号和卫星电文，但必须知道测距码的结构；采用平方法，用户则无须掌握测距码的结构，但只能获得载波信号而无法获得测距码和卫星电文。

1. 载波相位测量原理

载波相位测量的观测量是 GNSS 接收机所接收的卫星载波信号与接收机本振参考信号的相位差。以 $\varphi_k^j(t_k)$ 表示 k 接收机在接收机钟面时刻 t_k 时所接收到的 j 卫星载波信号的相位值，$\varphi_k(t_k)$ 表示 k 接收机在钟面时刻 t_k 时所产生的本地参考信号的相位值，则 k 接收机在接收机钟面时刻 t_k 时观测 j 卫星所取得的相位观测量可以写为

$$\Phi_k^j(t_k)=\varphi_k^j(t_k)-\varphi_k(t_k) \tag{3-452}$$

通常的相位或相位差测量只是测出一周以内的相位值，实际测量中，如果对整周进行计数，则自某一初始取样时刻 t_0 以后就可以取得连续的相位测量值。

如图 3-18 所示，在初始 t_0 时刻，测得小于一周的相位差为 $\Delta\varphi_0$，其整周数为 N_0^j，此时包含整周数的相位观测值应为

$$\varphi_k^j(t_0)=\Delta\varphi_0+N_0^j=\varphi_k^j(t_0)-\varphi_k(t_0)+N_0^j \tag{3-453}$$

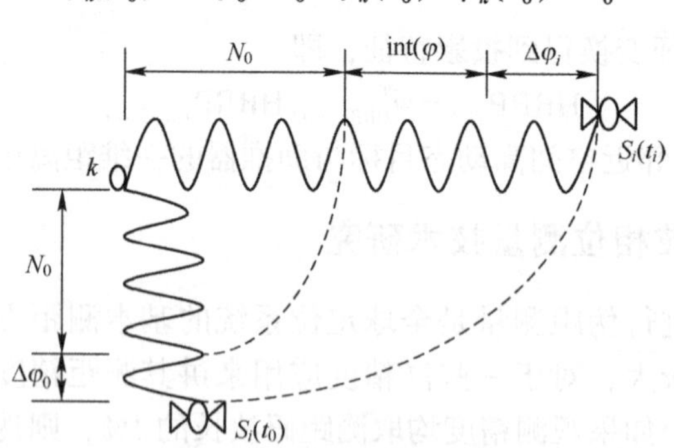

图 3-18　载波相位测量原理

接收机继续跟踪卫星信号，不断测定小于一周的相位差 $\Delta\varphi(t)$，并利用

整波计数器记录从 t_0 到 t_i 时间内的整周数变化量 $\text{int}(\varphi)$，只要卫星 S^j 从 t_0 到 t_i 之间卫星信号没有中断，则初始时刻整周模糊度 N_0^j 就为一常数。这样，任一时刻 t_i，卫星 S^j 到 k 接收机的相位差为

$$\varphi_k^j(t_i)=\lfloor \varphi_k^j(t_i)-\varphi_k(t_i)\rfloor+N_0^j+\text{int}(\varphi) \tag{3-454}$$

式（3-454）说明，从第一次开始，在以后的观测中，其观测量包括了相位差的小数部分和累积的整周数。

2. 载波相位测量的观测方程

载波相位观测量是接收机和卫星位置的函数，只有得到它们之间的函数关系，才能从观测量中求解接收机（或卫星）的位置。

设在 GNSS 标准时间 T 时刻卫星 S^j 发播的载波相位为 $\varphi^j(T)$，经过传播延迟 $\tau_k^j(T)$ 后被 k 接收机所接收。也就是说，k 接收机在钟面时刻 t_k 时所接收到的卫星 S^j 的载波相位 $\varphi_k^j(t_k)$ 就是卫星 S^j 在 GNSS 时 T 时刻的载波相位 $\varphi^j(T)$，若再考虑到接收机钟面时与 GNSS 标准时的钟差，则有

$$\varphi_k^j(t_k)=\varphi^j(T) \tag{3-455}$$

$$T=t_k+\delta t_k-\tau_k^j(T) \tag{3-456}$$

式中：δt_k 为接收机钟差；$\tau_k^j(T)$ 为卫星 S^j 至接收机 k 的传播延迟。在地固坐标系中，传播延迟是接收机与卫星位置的函数，又是时间的函数。

将式（3-456）代入式（3-454）即得

$$\varphi_k^j(t_k)=\varphi^j(t_k+\delta t_k-\tau_k^j(T)) \tag{3-457}$$

将式（3-456）代入式（3-452），并考虑到 t_k 时的整周数 N_k^j，可得到接收机 k 在其钟面时刻 t_k 时观测卫星 S^j 所取得的相位观测量为

$$\Phi_k^j(t_k)=\varphi^j(t_k+\delta t_k-\tau_k^j(T))-\varphi_k(t_k)+N_k^j \tag{3-458}$$

式中：N_k^j 可以认为是第一次观测时刻相位差的整周数——模糊度参数（设 t_k 为初始时刻），以后各次不同时刻的观测可以将整周累计数并入观测量中，式中仍保留初始整周数 N_k^j。显然，对于不同的接收机、不同的卫星，其模糊度参数是不同的。一旦观测中断，因不能进行连续整周的计数，即使是同一台接收机观测同一颗卫星，也不能使用同一个模糊参数。

式（3-458）中包含了不同的时间参数，应将 $\tau_k^j(T)$ 中的参数 T 转化为统一的接收机钟面时刻 t_k，由式（3-456）有

$$\tau_k^j(T)=\tau_k^j(t_k+\delta t_k-\tau_k^j(T))=1/c(\rho_k^j(t_k+\delta t_k-\tau_k^j(T))) \tag{3-459}$$

将 $\tau_k^j(T)$ 和 φ^j 在 t_k 处展开，取至 $(1/c)^2$ 项，得

$$\Phi_k^j(t_k)=\varphi^j(t_k)+f\delta t_k-1/c(f\rho_k^j(t_k))-1/c(f\dot{\rho}_k^j(t_k))[\delta t_k-1/c(\rho_k^j(t_k))]-\varphi_k(t_k)+N_k^j \tag{3-460}$$

式（3-460）即为载波相位测量的观测方程式。式中 f 为载波频率。公式中包含了卫星至接收机的距离 $\rho_k^j(t_k)$ 及其随时间的变化率 $\dot{\rho}_k^j(t_k)$，它们是卫星与接收机位置的函数。这正是利用载波相位观测量进行接收机定位或卫星定轨的理论基础。

如果传播延迟 $\tau_k^j(T)$ 中考虑到电离层和对流层的影响 $\delta\rho_1(t_k)$ 和 $\delta\rho_2(t_k)$，则载波相位测量方程有以下形式，即

$$\begin{aligned}\Phi_k^j(t_k)=&\varphi^j(t_k)+f\delta t_k-1/c(f\rho_k^j(t_k))-1/c(f\dot{\rho}_k^j(t_k))\lfloor\delta t_k-1/c(\rho_k^j(t_k))\rfloor\\&-\varphi_k(t_k)+N_k^j+1/c(f\delta\rho_1(t_k))+1/c(f\delta\rho_2(t_k))\end{aligned}\tag{3-461}$$

式中含有的 $1/c(\dot{\rho}_k^j(t_k))$ 项对距离的影响很小，在相对定位中，如果基线较短（如小于 10km），则有关的项可以忽略，于是式（3-461）可简化为

$$\Phi_k^j(t_k)=\varphi^j(t_k)+f\delta t_k-1/c(f\rho_k^j(t_k))-\varphi_k(t_k)+N_k^j+1/c(f\delta\rho_1(t_k))+1/c(f\delta\rho_2(t_k))\tag{3-462}$$

式中：$\varphi^j(t_k)$ 为卫星的载波相位（包含卫星钟差）；δt_k 为接收机钟差；$\varphi_k(t_k)$ 为接收机参考信号相位；其余符号含义同前。以下在分析 GNSS 定位原理时，均采用载波相位观测方程的简化形式（式（3-462））。

3. 整周跳变修复

如果在跟踪卫星过程中，由于某种原因，诸如卫星信号被障碍物挡住而暂时中断、受无线电信号干扰造成失锁等，这样，计数器无法连续计数。因此，当信号重新被跟踪后，整周计数就不正确，但是不到一个整周的相位观测值仍是正确的。这种现象称为周跳。周跳的出现和处理是载波相位测量中的重要问题。

整周跳变的探测与修复常用方法有下列几种。

1）*屏幕扫描法*

此种方法是由作业人员在计算机屏幕前依次对每个站、每个时段、每个卫星的相位观测值变化率的图像进行逐段检查，观测其变化率是否连续。如果出现不规则的突然变化时，就说明在相应的相位观测中出现了整周跳变现象。然后用手工编辑的方法逐点、逐段进行修复。

2）*用高次差或多项式拟合法*

此种方法是根据有周跳现象的发生将会破坏载波相位测量的观测值 $(\mathrm{int}(\varphi)+\Delta\varphi)$ 随时间而有规律变化的特性来探测的。GNSS 卫星的径向速度最大可达 0.9km/s，因而整周计数每秒钟可变化数千周。因此，如果每 15s 输出一个观测值，相邻观测值间的差值可达数万周，那么对于几十周的跳变就不易发现。但如果在相邻的两个观测值间依次求差而求得观测值的一次差，这些一次差的变化就要小得多。在一次差的基础上再求二次差、三次差、四

次差、五次差时，其变化就小将更多了，此时就能发现有周跳现象的时段。四次差、五次差已趋于零。对于稳定度为 10^{-10} 的接收机时钟，观测间隔为 15s，L_1 的频率为 1.57542×10^9 Hz，由于振荡器的随机误差而给相邻的 L_1 载波相位造成的影响为 2.4 周，所以用求差的方法一般难以探测出只有几周的小周跳。

通常也采用曲线拟合的方法进行计算。根据几个相位测量观测值拟合一个 n 阶多项式，据此多项式来预估下一个观测值，并将该观测值与实测值进行比较，从而发现周跳并修正整周计数。

3）*在卫星间求差法*

在 GNSS 测量中，每一瞬间要对多颗卫星进行观测，因而在每颗卫星的载波相位测量观测值中，所受到的接收机振荡器的随机误差的影响是相同的。在卫星间求差后即可消除此项误差的影响。

4）*根据平差后的残差发现和修复整周跳变*

经过上述处理的观测值中还可能存在一些未被发现的小周跳。修复后的观测值中也可能引入 1~2 周的偏差。用这些观测值来进行平差计算，求得各观测值的残差。由于载波相位测量的精度很高，因而这些残差的数值一般均很小。有周跳的观测值上则会出现很大的残差，据此可以发现和修复周跳。

4. 整周未知数 N_0 的确定

确定整周未知数 N_0 是载波相位测量的一项重要工作。常用的方法有下列几种。

1）*伪距法*

伪距法是在进行载波相位测量的同时又进行了伪距测量，将伪距观测值减去载波相位测量的实际观测值（化为以距离为单位）后即可得到 $\lambda\cdot N_0$。但由于伪距测量的精度较低，所以要有较多的 $\lambda\cdot N_0$ 取平均值后才能获得正确的整波段数。

2）*将整周未知数当作平差中的待定参数——经典方法*

把整周未知数当作平差计算中的待定参数来加以估计和确定有两种方法。

（1）整数解。

整周未知数从理论上讲应该是一个整数，利用这一特性能提高解的精度。短基线定位时一般采用这种方法。具体步骤如下。

① 首先根据卫星位置和修复了周跳后的相位观测值进行平差计算，求得基线向量和整周未知数。由于各种误差的影响，解得的整周未知数往往不是一个整数，称为实数解。

② 然后将其固定为整数（通常采用四舍五入法），并重新进行平差计算。

在计算中整周未知数采用整周值并视为已知数，以求得基线向量的最后值。

（2）实数解。

当基线较长时，误差的相关性将降低，许多误差消除得不够完善。所以，无论是基线向量还是整周未知数，均无法估计得很准确。在这种情况下，再将整周未知数固定为某一整数往往无实际意义，所以通常将实数解作为最后解。

采用经典方法解算整周未知数时，为了能正确求得这些参数，往往需要一个小时甚至更长的观测时间，从而影响了作业效率，所以只有在高精度定位领域中才应用。

3）多普勒法（三差法）

由于连续跟踪的所有载波相位测量观测值中均含有相同的整周未知数 N_0，所以将相邻两个观测历元的载波相位相减，就将该未知参数消去，从而直接解出坐标参数。这就是多普勒法。但两个历元之间的载波相位观测值之差受到此期间接收机钟及卫星钟的随机误差的影响，所以精度不太好，往往用来解算未知参数的初始值。三差法可以消除许多误差，所以使用较为广泛。

4）快速确定整周未知数法

1990 年 E. Frei 和 G. Beutler 提出了利用快速模糊度（即整周未知数）解算法进行快速定位的方法。采用这种方法进行短基线定位时，利用双频接收机只需观测一分钟便能成功地确定整周未知数。

第4章

遥测数据处理

4.1 遥测数据的测量与处理

4.1.1 遥测测量系统

1. S 频段遥测系统

S 频段遥测系统容量大、码速率高，并可实时切换码速率。帧格式可编程，用户可以选定符合 IRIG 106—86 标准或 GJB 21.2—84 标准的各种 PCM 帧格式，并且可实时切换帧格式。

1）主要特点及功能

（1）全数字化系统，可编程、可扩展。

（2）模块式结构，用户可根据需要对模块（插件）品种、数目任意选定组装，也便于根据新的要求设计各种专用模块。

（3）帧格式可编程，并可实时切换帧格式。

（4）有延时重发功能。

（5）有数字量串行入口，可直接向遥测设备插入数字量。

（6）有冲击参数测量插件，对冲击参数实现突发采样，记忆后再重发。

（7）有数据流形成插件，可以抽取数据获得另一数据流。

（8）其射频和调制体制符合 IRIG 标准。

2）帧格式

帧长：帧格式可编程，子帧、副帧字数没有限制，只要符合遥测标准中有关 PCM 帧格式的规定即可。

码速率：从低到高可变。

帧同步码：子帧同步码通常为16位二进制码，副帧同步码有3种方式（ID副帧同步方式，其识别码通常是二进制数；反码副帧同步方式，一般为子帧同步码的反码；循环副帧同步方式，一般是在副帧中插入特别字）。

系统的帧格式因火箭的不同状态而不同。遥测数据原码按设计要求编排在相应的帧波道中，熟练掌握系统帧格式对遥测数据处理是十分重要的。

通过检查帧结构块大小、副帧周期、子帧同步码、副帧同步码、副帧计数以及固定波道固定码（若有）的正确性，可判定原始数据的质量，进一步用来判定是否对该帧数据进行处理。

为获取可能出现的乱散段的原始测量数据，一些重要参数往往要在帧格式中同时安排平行延时波道传输（将采集到的数据暂存在存储设备中，经过一定时间再发送出来）。

2. 地面遥测站

目前使用的地面遥测站主要有S频段和Ka频段遥测设备，利用各设备所有接收机（基带）接收、解调、记录飞行遥测信号，送指控中心进行实时和快速处理，为飞行态势掌控和地面安全控制提供监视显示信息，飞行结束后对记录数据进行事后处理。

地面遥测站的组成及工作原理见前面章节介绍。

4.1.2 遥测参数分类及处理要求

1. 遥测参数分类

遥测参数可划分为事件参数、模拟参数和数字量参数3类。事件参数，也称时间参数，反映某事件的发生及发生时刻，如火箭的起飞、点火、发动机关机等。模拟参数习惯上又分为缓变参数和速变参数，缓变参数有加速度、压力、温度、热流、工作状态参数等，速变参数一般指振动、冲击、噪声、脉动压力等变化频率较高呈随机特性的参数。数字量参数指数字化的信息，如运载火箭上计算机输出数据以及一些指令、频率等参数。还有近几年出现的1553B总线等新型参数。

2. 连续参数处理

连续参数是指遥测参数中的连续变化模拟量缓变参数，包括电量和非电量两大类。其中电量参数包括电压、电流、姿态角、角速率等。非电量参数包括压力、温度、过载、相对行程、流量等。该类参数的处理工作就是利用输入的产品证明书校准数据，把测量参数转换成物理数据，并进行数据纠错滤波处理。

3. 数字量参数处理

数字量参数主要包括两类参数：一类是加速度表参数，包括平台加速度表参数和惯组加速度表参数；另一类是计算机字，包括视速度、视位置、关机余量、横法向导引、姿态角、速度、位置等参数。数字量参数是控制系统的重要参数，加速度表参数是进行制导误差分离的主要数据，计算机字参数对于飞行结果分析、故障分析有着重要的作用。

数字量参数的特点是格式复杂、不同运载火箭之间变化很大，该类参数处理主要是完成箭上计算机输出数据格式转换和数据纠错滤波处理，特别是1553B总线参数等新型参数处理过程比较复杂，具体处理方法可参见相应数据处理要求和方法。

4. 指令参数处理

指令参数也称为事件参数，反映某事件的发生及其发生时间。指令参数包括阶跃电压型指令、组合电压型指令、位控型指令、特征码指令等。指令参数处理工作就是把这些参数的发生点正确地分析判断出来。

1）阶跃电压型指令参数处理

阶跃电压型指令是以指令串的形式将多个指令记录在某一个或几个波道中，处理是先将多个波道按采样时间顺序合并，然后在其中扫描，搜索出各个指令出现的时间。

2）组合电压型指令参数处理

组合电压型指令与阶跃电压型指令都是一系列指令串，不同之处在于阶跃型指令的出现对应固定的阶跃值，而组合型指令有多种阶跃可能，也就是有多个阶跃值，一个指令出现和多个指令同时出现的阶跃值不同。

3）位控型指令参数处理

位控指令是利用一个字节的某一位来表示指令的发生与否，只有两种状态（0与1），状态发生变化即意味着指令出现，可以定义0变为1为通、1变为0为断，也可以反过来定义，在具体发射中定义有所不同。

4）特征码指令参数处理

特征码指令通常包括时序码指令和姿控码指令。特征码是一系列码组成的代表特定动作的码组，形式包括原码与反码。每个时序码代表一个特定的事件，姿控码的每一位码代表一个或一组姿控发动机的动作。

5）特殊遥测系统指令参数处理

在特殊遥测系统体制下，由于没有时统系统，所以各指令没有绝对时相对应，指令时间要通过子帧计数和填充脉冲计数来计算，并给出与遥测零点的相对时。

5. 脉冲参数处理

脉冲类参数主要包括液位参数、转速参数、频率参数等。

1）液位参数的处理

液位测量属于触点型测量，处理时首先将编码分层值复原为电压（或相对电平百分数），然后扫描各脉冲的前沿，由此处的电压值（或相对电平百分数）在校准数据表中匹配相应的液位高度，最后根据传感器的安装位置作相应修正。

2）转速参数处理

在液体火箭发动机中，氧化剂和燃烧剂分别储存在推进剂储箱中。在发动机工作时，需要推进剂输送系统将液体推进剂从储箱输送到燃烧室，然后进行混合并燃烧。推进剂输送系统一般采用涡轮泵式输送系统，即当发动机工作时，用涡轮直接带动高速离心泵将推进剂分别由储箱中抽出，然后压入燃烧室中。

3）频率参数处理

频率参数也是脉冲类参数，处理时首先扫描出各脉冲的前沿，然后计算一定时间段内的脉冲数，并按公式计算出该时间段内的平均频率。

4）等幅脉冲参数的纠错方法

等幅脉冲参数的纠错采用二值法，频率参数和转速参数都属于等幅脉冲参数。其数据特征是：绝大多数数据要么在高电平处小幅波动，要么在低电平处小幅波动。据此特征，在处理前先分别在高电平处和低电平处做归一化处理，将高电平处的值变为1，将低电平处的值变为0，这样就将原信号化为二值信号，然后在二值信号中扫描脉冲的前后沿，同时过滤干扰造成的错点。

6. 速变参数处理

速变参数一般指高频变化参数，数据呈随机特性，包括振动、冲击、噪声等参数。该类参数的处理就是统计信号能量在时频上的分布，主要提供频谱、功率谱密度、频带声压级、总声压级和冲击响应谱等。

1）物理量计算

被测物理量通常要由传感器、变换器等将其变成电量。在进行数据处理时，必须把电量还原成物理量。在进行电量和物理量工程单位转换时，需要设计部门提供传感器和变换器产品证明书等有关资料。

2）参数选段

由于速变参数处理是基于随机数据的统计分析，因此不可能也没有必要在火箭飞行的全过程进行分析和处理，而是选取一些特定的时段（或称采样段）进行处理，俗称“选段”。

通过分析参数的时间历程曲线，可采取人工选段或自动选段两种方法。

(1) 人工选段。通过计算机显示屏上观察参数的时间历程曲线，获取感兴趣时段的长度和起始时刻，并将这些信息输入有关处理程序，这一过程就是人工选段。人工选段具有较高的可靠性，但速度慢且含有较多的经验成分。

(2) 自动选段。自动选段遵循典型采样段的选段原则，采用信号幅值加特征时刻综合判断得到处理时段。特征时刻的选定比较容易。自动选段的关键是针对平稳飞行段和瞬态振动段如何根据信号的幅值进行选段，这需要具备一定的实践经验。

3）数据滤波

当信号含有高于分析频率上限的频率成分时，应进行低通滤波，以防止频率混叠；当信号含有零线漂移或所用的谱分析设备没有中心化处理措施时，应进行高通滤波，以消除甚低频扰动和低频上翘。低通滤波器通带边界频率应等于被测信号频率范围的最大值，低通滤波器特性要好；高通滤波器通带边界频率应等于被测信号频率范围的最小值，高通滤波器特性要好。

4）数据合理性加工

由于运载火箭恶劣的飞行环境，导致箭上设备可能出现异常，加上地面设备也可能出现异常，实测信号中往往会出现奇异项和趋势项，并混杂有周期性干扰和噪声干扰。另外，传感器、变换器也可能出现零位漂移。为了改善数据质量、节约处理时间，需要对测量数据进行预处理，同时还要将校准数据加工成便于数据处理的形式。

(1) 消除趋势项。

周期大于选段记录长度的频率成分均称为趋势项。遥测数据中的趋势项既可以是畸变引起的基线偏移，也可以是一种相对于研究主频段来说较低的甚低频扰动。两者均会造成低频成分上翘、淹没主频成分，从而严重影响处理精度。可以采用最小二乘法或平均斜率法来消除趋势项。

(2) 抑制周期性干扰。

经常使用的方法有：一是点阻滤波法；二是傅里叶变换法和小波变换阈值法等。点阻滤波法是采用滤波方法，使信号振幅在需要消除的干扰频率点上为零，而在其他频率处则没有影响。傅里叶变换法的基本思想是先对信号进行傅里叶正变换得出频谱，再将其干扰频率抑制掉，最后进行傅里叶逆变换，并调整时域数据的加窗畸变，从而得到较为准确的复合值。具体算法不在此赘述。

(3) 剔野值。

信号在测量和传输过程中，有时会产生一些偏离被测信号变化规律的数据点，称之为野值。野值的存在会产生虚伪的谐频成分，提高了噪声总量级。较多较大的野值还会淹没有效信号，对测量数据的总能量给出偏大的错误估计。因此，剔除野值是遥测参数预处理中的重要环节，可选用下列方法之一剔除野值。可采用的方法包括目测法、均方值法、肖维涅法、相关函数加权法。

5）频谱分析

根据参数的种类主要提供频谱、功率谱密度、频带声压级、总声压级和冲击响应谱等计算。将信号进行谱分析之前，一般在时域都要进行加窗处理，以使截取的数据频谱能反映原来频谱的特点。一般对平稳随机振动、噪声及脉动压力信号加汉宁窗或哈明窗，对冲击及瞬态振动信号不加窗。最后还应根据所加窗型的修正因子对功率谱密度结果进行修正。

4.1.3 遥测数据处理模式

遥测数据处理经过多年的发展，数据处理模式根据需求分为遥测参数快速处理和事后处理两种。

1. 遥测参数快速处理

遥测参数快速处理通过快速处理软件实现，软件功能通过功能层的构件实现，包括数据接收、数据对接预处理、数据对接、数据分路、数据处理（连续、数字量、总线、指令等）、数据记录、数据发送等主要功能。在使用过程中，根据需要又增加了文件转换、延时弥补和时间指令格式转换功能。

1）数据接收

数据接收组件接收到网络数据后，进行解包，获取设备及流信息，并进行预分路工作。数据预分路工作完成各设备流数据分发和对接预处理模块工作线程的创建。数据接收模块将接收到的数据以事件驱动（采用信号-槽的方式）的方式，发送给数据对接预处理组件。

2）数据对接预处理

数据对接预处理是将接收到的子帧数据组成全帧，并剔除坏帧，并将全帧写入全帧缓冲区的过程。数据对接预处理模块在单独工作线程执行。在运行时数据接收模块接收到新的设备流信息后创建线程，然后将数据对接预处理模块分配到该线程运行，同一个流的处理线程只创建一次。线程创建与分配关系如图 4-1 所示。

对每个数据流，数据对接预处理模块在实例化时，创建一个拼接缓冲区和一个预处理缓冲区。其中，拼接缓冲区为接收到原始数据缓存大小，用于全帧好坏判断。预处理缓冲区为可动态增长的容器，用于存放拼好的全帧

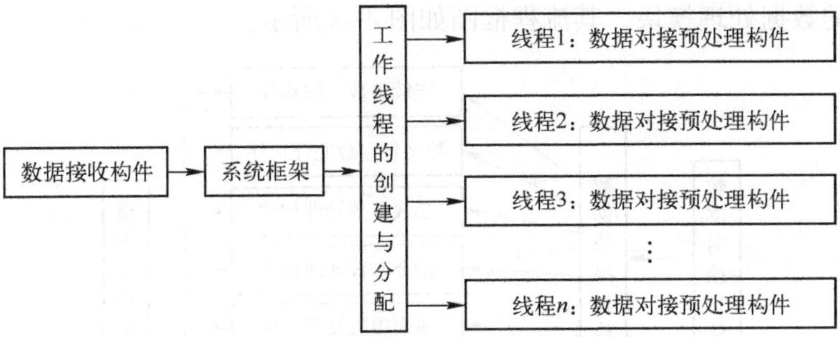

图 4-1　线程创建与分配关系

数据。

数据对接预处理组件通过网络事件驱动，向数据对接模块发送拼接好的 N 个全帧数据。数据对接预处理组件与数据对接组件通过信号-槽形式关联，数据对接预处理组件负责发送处理信号。在数据对接预处理组件的预处理缓冲区没有数据时，不发送信号。

3）数据对接

数据对接负责通过设备 ID 和流信息创建预对接缓冲区，并从预对接缓冲区中取出数据按照一定规则进行排列、拼接，形成基于不同流的虚拟设备数据。数据对接方法可以按照由简单到复杂编制不同的运行库，在系统启动或运行时加载。

数据对接模块在启动时，负责创建数据对接数据缓冲区，用于虚拟设备数据缓存。数据对接模块依据时统驱动，数据对接过程如图 4-2 所示。

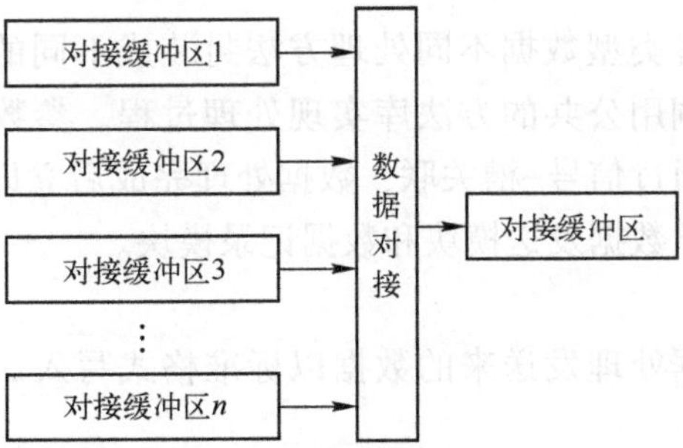

图 4-2　数据对接过程

4）数据分路

数据分路首先从数据库各类参数分路表或处理表中读取分路信息，然后依据分路信息从对接好的数据中分路出各类参数数据，并以固定的格式发送给相应的数据处理模块。其流程框图如图 4-3 所示。

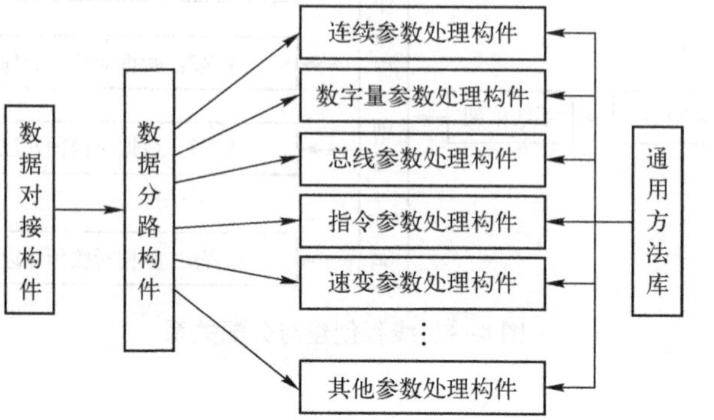

图 4-3　数据分路流程框图

5）消息解析

1553B 消息解析介于数据分路与 1553B 数据处理中间，是将数据分路数据进行二次分路处理，数据流如图 4-4 所示。

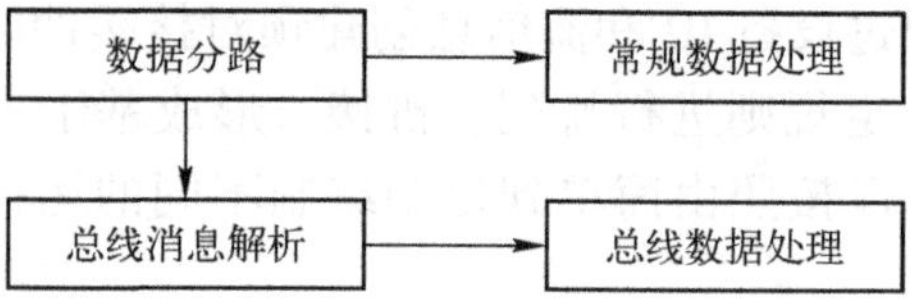

图 4-4　1553B 消息解析流程框图

6）数据处理

数据处理依据各类型数据不同处理方法封装成不同的动态链接库，这些动态链接库也需要调用公共的方法库实现处理过程。参数处理模块与数据发送和数据记录模块通过信号-槽关联，数据处理完成后立即触发信号，数据处理模块将数据发送给数据发送模块和数据记录模块。

7）数据记录

数据记录将数据处理发送来的数据以标准格式写入 . txt 文件，供数据分析使用。

8）数据发送

数据发送功能负责网络发送，接口数据格式为数据帧格式。

常规参数（除时间指令以外的所有参数）有处理结果就将处理结果组帧发到网上，没有处理结果时不进行发送；时间指令在解算出后一直进行发送，在解出新的该指令值后将原有发送指令结果进行替换。

9）文件转换

依据解析出的遥测零点（T_0），将记录的数据文件中的绝对时转换为相对时，并重新记录到结果文件中。

2. 遥测参数事后处理

遥测参数事后数据处理通过事后软件实现，遥测参数事后数据处理软件与遥测快速数据处理软件同构，加载的数据处理库也是一致的。不同的是，遥测参数事后数据处理软件的输入数据是设备原始数据文件，经过事后预处理后，计算结果的数据质量比快速处理结果更高。

遥测参数事后数据处理软件3层架构如图4-5所示。

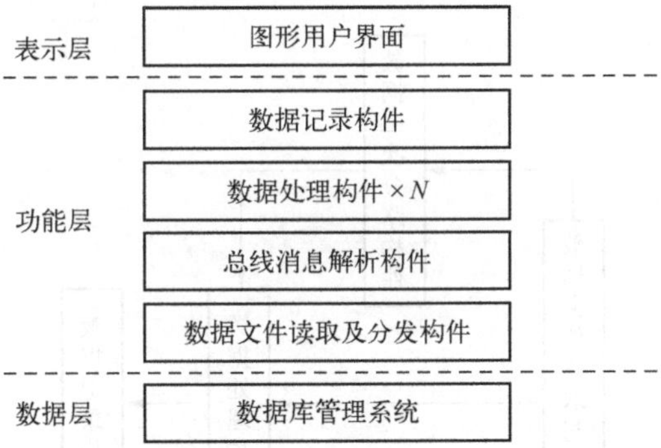

图4-5 事后数据处理软件3层C/S架构框图

软件功能通过功能层的构件实现，包括数据文件读取、事后数据对接预处理、事后数据对接、数据分路、数据处理（连续、数字量、总线、指令参数）、数据记录等主要功能。在使用过程中，根据需要又增加了文件转换、结果弥补和时间指令格式转换功能。

1）数据文件读取及分发

数据文件读取及分发功能从磁盘文件中读取事后分路数据，然后按照配置文件中设置的数据块长度将数据文件内容切分后分发，这一过程中需要注意可能存在段尾，需要将切分段尾数据分发。

2）1553B消息解析

1553B消息解析功能与快速数据处理软件相同，这里不再赘述。

3）参数处理

功能与快速数据处理软件相同，这里不再赘述。

4）数据记录

功能与快速数据处理软件相同，这里不再赘述。

5）文件转换

功能与快速数据处理软件相同，这里不再赘述。

6）软件接口

遥测精细化数据处理软件的接口设计是非常重要的环节，接口设计形成的文档将作为各挂接到主框架上的构件，需要遵守共同协议。接口文档明确了各构件（模块）间的输入输出接口函数及数据类型，特别是在设计时考虑了接口的标准化与通用化，使接口尽可能简洁。通过使用这些标准接口，在软件使用与维护过程中就可以灵活地组织各个构件，从而获得完整的软件功能。

构件（模块）间接口关系如图4-6所示。

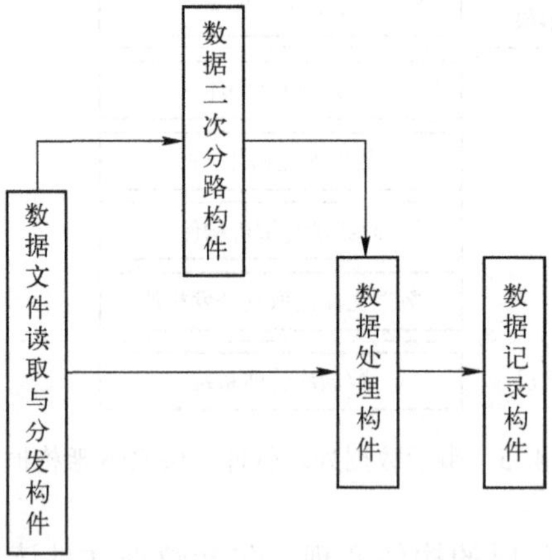

图4-6　构件（模块）间接口关系

上一构件的输出接口函数与下一构件输入接口函数的形式参数类型一致。而且，不同构件之间没有关联，这样就实现了构件间的解耦，限定了构件改变的影响域。构件只要遵守各自的接口传输协议，既可以灵活地串接起来共同完成数据处理工作，也可以通过统一定义的接口协议，还可以将关键构件并联，使用软件冗余技术提高系统的可靠性。

4.2　遥测原始数据预处理

在航天发射中，地面遥测站是以接力方式接收记录运载火箭遥测信息的。因此，对选定的首区、航区和落区接收记录的信息要进行对接，使之成为一个在时间坐标序列里连续的数据文件。同时，由于发动机尾焰干扰等原因，无线电传输受干扰造成遥测记录数据出现乱散，这时需要用延时波道数据或其他遥测车接收数据进行弥补。因此，数据处理前，需要对这些原始测量数据进行一系列预处理工作。

遥测数据预处理，主要是对各遥测地面站记录的原始信息进行质量检查，得出能否进行数据处理的结论。对时统信号、帧同步信号等进行纠错，以使时统、帧同步及各波道参数严格保持正确的逻辑关系。对测量信息进行对接整理和分路，将起飞触点进行加工，提供参数时间坐标，剔除野值等初始处理，形成可用来进行数据处理的数据结构形式，以供计算模块使用。简言之，遥测数据预处理主要指在进行遥测参数处理前做的原始记录数据质量检查、时码修正、多站对接、数据分路和延时弥补等工作，具体方法会在后面章节中详细介绍。

4.2.1 遥测测量数据格式

1. 遥测记录数据结构

遥测原始记录数据是指由遥测设备记录的原始数据或后经遥测设备传输至指控中心后记录下来的遥测设备测量数据。这两种原始数据记录结构的主要差别在于子帧数据前设备写入的附加信息格式上。

除发射卫星数据不加密外，其他发射遥测设备直接记录下来的通常是加密数据，指控中心记录数据是经过解密中心解密后记下的遥测明文数据。遥测原始数据质量检查方法在后面章节中详细介绍。

2. 1553B 总线数据结构

1553B 总线上的操作实体包括总线控制器（bus controller，BC）、远程终端（remote terminal，RT）和总线监控器（bus monitor，BM）。其中总线控制器通过向终端和监控器发布命令来管理总线；终端接收总线控制器的命令，并进行相应的操作（发送状态字或发送/接收数据字）；而监控器则只进行命令和数据的接收。

1553B 总线的帧结构是以命令字、状态字和数据字的形式表现出来的。其中命令字是控制器用于向终端或显示器发送命令信息；状态字则是终端向控制器发送关于总线和终端相连子系统等方面的状态信息；而数据字则是控制器和终端之间、终端与终端之间发送的相关数据信息。1553B 总线字格式如图 4-7 所示。

每个字长度为 20bit，其中前 3bit 是同步头，用于接收端的解码时钟在每个字的开始时刻能够与发送方同步；接着的 16bit 为信息域，3 种字类型的信息域不同。最后 1bit 为采用奇校验的奇偶校验位。

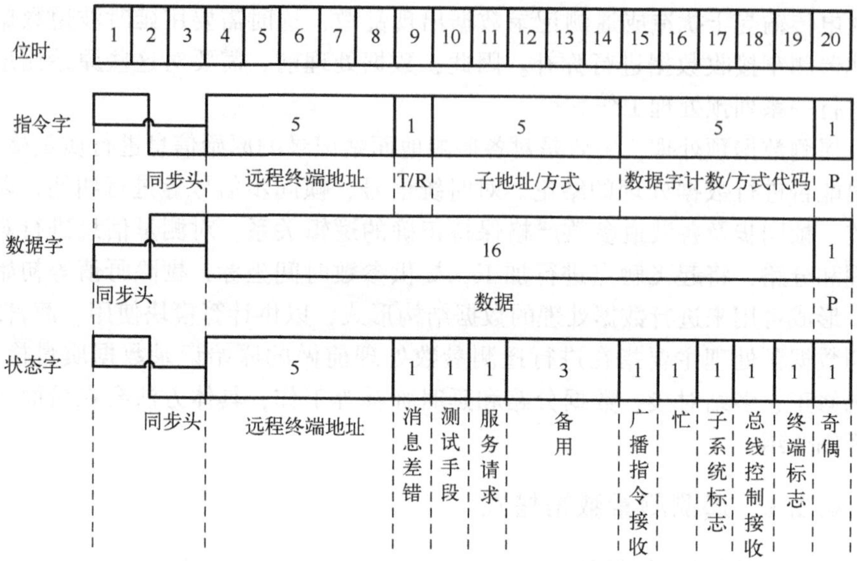

图 4-7 1553B 总线字格式

1）命令字

在命令字中，第 1~3bit 用于同步标识，第 20bit 用于进行奇校验。其他部分的含义如下。

第 4~8bit（远程终端地址位）：总共可以标识“00000~11111”共 32 个地址，使用时尽量避免使用“00000”作为地址，而“11111”仅供系统采用广播操作时使用。

第 9bit（发送/接收指示位）：用于总线控制器指示终端进行数据传输的方向，逻辑“1”代表远程终端发送数据，而逻辑“0”代表远程终端接收数据。

第 10~14bit（子地址/方式标识位）：用于子地址或方式控制标识，当该标识位为“00000”或“11111”时，用作总线系统进行方式控制，包括同步、总线自检等。

第 15~19bit（字计数/方式代码）：当子地址/方式标识位为“00000”或“11111”时，字计数/方式代码位用于标识总线管理的方式代码（1553B 国军标中规定了不同的方式代码对应的总线管理方式），其余情况用于标识传输数据字的数量（其中“00000”表示数据字个数为 32 个）。

2）状态字

在状态字中，第 1~3bit 用于同步标识，第 20bit 用于进行奇校验。其他部分的含义如下。

第 4~8bit（远程终端地址位）：总共可以标识 32 个地址，其中“00000~11110”标识总共 31 个终端，使用时尽量避免使用“00000”作为地址，而“11111”仅供系统采用广播操作时使用。

第 9bit（消息差错位）：用于指示上一个接收到的消息是否正确，逻辑 1 代表消息错误，而逻辑 0 代表消息正确。

第 10bit（测试手段位）：用于区别命令字和状态字，可选位，常设置为逻辑 0。

第 11bit（服务请求位）：用于终端向总线控制器请求服务，逻辑 1 表示有服务请求，逻辑 0 表示无服务请求。

第 12~14bit（备用状态位）：保留用于他用。

第 15bit（广播命令接收位）：用于报告接收到广播命令，该位为逻辑 0 表示未采用广播方式。

第 16bit（忙位）：用于终端向总线控制器报告其子系统处理数据的状态，如果远程终端在响应发送指令时置忙位（该位置 1），则只发出其状态字，不进行数据的提取或移入。

第 17bit（子系统标志位）：逻辑 1 表示终端向总线控制器报告其子系统存在故障。

第 18bit（动态总线控制接受位）：逻辑 1 表示终端愿意接管总线控制器对总线的管理指示。

第 19bit（终端标志位）：指示终端是否处于故障状况，逻辑 1 表示远程终端发生问题。

3）信息传输形式

在总线系统中，传输的消息包括控制器（BC）向远程终端（RT）的传输、远程终端向控制器的传输、远程终端向远程终端的传输、方式指令传输、广播指令传输。需要注意的是，RT 向 BC 的传输中，状态字在数据字之前；BC 向 RT 的传输中，状态字在数据字之后；而 RT 向 RT 的传输中，两个命令字之后是状态字，随后发送数据，再发送状态字；当总线进行方式控制时，至多发送一个数据字；1553B 国军标中对广播指令的传输格式进行了规定，在此不再赘述。

4）消息

消息是包括一个指令字、一个状态字（或出现在 RT 到 RT 传输时的两个指令字、两个状态字）、若干个数据字（字数从 0 到 32 不等）及状态响应间隔的传输序列。即一条消息的标准长度 N 为（BC 到 RT 或 RT 到 BC 传输时）：指令字长（2 字节）+状态字长（2 字节）+m 个数据字长（$2m$ 字节）；对于 RT

到 RT 传输，消息的标准长度 N 为：指令字长（4 字节）+状态字长（4 字节）+m 个数据字长（$2m$ 字节）。

4.2.2 遥测原始测量数据检查

遥测原始数据质量检查，就是查看各测量站记录原始信息的测量时统信号、帧同步、帧结构等是否保持正确的逻辑关系。其目的有二：一是判别各站测量记录设备是否工作正常，若有故障则提供查找故障现象的数据；二是删除各测站乱散数据，生成各测站完整全帧数据，以供后面数据对接处理时使用。

质量检查包括所有遥测测量站记录的所有介质。各介质检查内容包括：介质的头、尾标记是否完整、清楚；时间信号是否正常；参数信号记录是否正常；信号记录的有效起、止时间；信号乱散段的起、止时间；乱散数据包含的全帧个数等，并按有关标准规定，写出质量检查报告。

1. 时码记录检查

时码检查主要是检查时统信号是否正常，时间间隔是否正确，是否有丢失时间码、较大或较小时间码的情况。

实际发射中，遥测记录中的时间码经常出错，且直接影响遥测数据的处理。对时间码的检查方法，可分别进行时码、分码和秒码的直接检查，也可对逐帧记录时间码转换成逐帧对应时间进行差分判别。其值落在区间[$Z_T-\Delta t$, $Z_T+\Delta t$]内认为正确，否则为不正确，并输出当前时间码记录值以供分析，其中 Z_T 为帧周期，Δt 为帧周期的误差偏移量，通常取子帧周期。

2. 起飞零点检查

检查起飞零点信号记录是否正常，利用多波道测量零点的跳变状态；与延时波道对比；利用多台车帧计数值进行推算等。

3. 校准电平检查

校准电平是用来衡量各参数码所对应电压百分数的尺度。校准电平的检查十分重要。检查校准电平信号是否正常的方法，是利用校准电平的周期变化规律来进行判断比较，查看变化规律是否正常。

4. 波道检查

检查参数与所对应的测量波道是否正确，主要利用特殊的数码波道，如帧码、帧计数、校准电平等，查看波道的正确性。

5. 帧周期检查

对帧周期的分析检查，可以分析时间码记录的稳定情况，同时也可查出少帧记录情况。其检查方法就是对帧时间序列进行 1 阶差分结果进行比较判断得出结论。

6. 帧码检查

帧码检查主要是检查子帧、副帧同步码是否正确，子帧、副帧计数是否正确。

帧码数据一般由 2 字节或 4 字节的数据组成，每个字节的数据为帧码的一个码元。对帧码的检查，主要是看帧码的出错概率及对出错码值的分析。其检查内容包括检查总帧数、帧码出错数、各码元出错数。

7. 乱散段或丢失段的检查

乱散段检查主要是检查记录信息的乱散段情况及在整个测量区域的分布情况。乱散段的数据一般是指数据在该段内错点较多，并有一定数据丢失，记录数据中突然断开一段时间或突然出现一段全“0”或全“1”的状态。

乱散段的确定是依据数据出错统计和帧结构时序跳跃两种情况来判断的。这里的数据出错统计是按测量时间进行分段统计，对出错较高的段落进行分析确定是否为乱散段。对于该段中的时间跳跃，则认为是干扰信号较强造成的信号失锁原因产生的。同乱散段的检查方法差不多，关键是根据信号出错现象确定。首先是记录数据时间突然产生跳跃，或该段内数据出现全“0”或全“1”。这些现象的出现，一般不是空中传输干扰造成的，大多数都是地面接收记录设备或箭上设备不正常造成的。

解决这类问题的具体办法是，根据数据结构特点，利用子帧及副帧同步码、帧计数器、时统信号等在正常情况下特有的固定关系来判断各种错误。例如，两个时统信号的间隔应固定不变，如果间隔大了，中间必然有错误，或是信号丢失或是时统本身有错。帧计数的规律：起飞触点清“0”后开始计数，一般记子帧的帧数、副帧出现时改记为副帧的帧计数，如果这个计数器的内容有跳变，那么中间必然出现错误，或丢失信号或数据乱散。帧同步码应是固定不变的码，如果帧码错则数据必然乱散，根据这些规律可判断出错误的性质和存在的问题。

8. 副帧丢失的处理

副帧丢失判别方法：一是在时间上判别与子帧丢失的判别方法类似；二是利用副帧计数值进行判别处理。如果没有延时测量，一般副帧丢失就不能弥补。如有延时记录则必须考虑弥补。目的是补好后插入延时波道内容。在用副帧计数判别时，要考虑检查副帧计数记录不正确的问题。处理这一类型的问题，是利用记录时间和副帧计数综合考虑的办法来进行判断搜索的。

4.2.3 多站测量数据优选及对接

在多站数据对接时，先检查和修正各站数据流的副帧计数，针对每一副帧数据，先判断各站该帧数据的优先级，再选用优先级最高站的单帧数据，最终自动建立按照帧计数递增的每帧数据优先级都最高的帧序列数据文件，即多站数据的对接数据，供下一步数据分路使用。

1. 对接前的预处理工作

在多站数据对接前，需要对获取的各站原始记录数据进行一些必要的加工，称为对接前的预处理工作，其包含原始测量数据检查。如需要对各站数据流进行副帧质量检查并记录检查结果，其中副帧是具有特定遥测帧结构的数据块，它主要包括子帧长、副帧长、子帧同步码、副帧同步码和副帧周期等状态参数，对于在两副帧同步码之间的某数据块副帧，副帧数据可能受飞行器尾焰影响、收发天线相对位置、电波传输等干扰，使副帧结构不完整，主要表现在副帧数据块中丢失部分子帧，甚至直接丢失部分副帧，这种数据块副帧称为不完整副帧或乱散数据。通过检查副帧是否完整，获取全部完整副帧数据流，并按帧头时间依次记录下来，作为该站的预处理数据。对各站的预处理数据，统计每一副帧帧计数的正确与否，并记录下来，称之为原始帧计数质量；针对副帧计数在起飞时常常清零和副帧计数在计满后重新归零计数的问题，利用各帧帧头时间进行多站预处理数据各完整帧帧计数的统一修正，以消除帧计数清零或帧计数误码带来的帧计数与数据帧可能不一一对应情况，确保一个帧计数对应一个数据帧，各预处理数据的同一帧对应的帧计数也相同。

2. 单帧质量的因素分析

多站数据对接时，以各站形成的预处理数据为基础，再判别各站预处理流中某单帧的优先级。因此，这里单帧均指完整的副帧，其结构是一个分别以子帧长和副帧长为长和宽的矩形块，其中子帧是以特定的子帧同步码结尾，副帧数据块是以特定的副帧同步码结尾，副帧计数位于矩形中特定位置。根据遥测副帧结构的特点，提出以统一修正过的帧计数、原始帧计数质量和工作弧段为优先级因子，衡量某单帧质量的优先级。当然，还可以增加其他优先级因子，如副帧中子帧同步码出错率、校准电平等。测站中某副帧计数是否存在是相应完整副帧是否存在的标志，只有在该帧存在的前提下才考虑帧数据的具体质量，通常情况下完整副帧数据的质量是完全可信的，是未受到干扰的，但受某些飞行动作或无线电传输干扰等方面的影响，完整副帧中部分数据也可能产生乱码，所以又增加了原始帧计数质量和工作弧段两个衡量因子；原始帧计数是具体存在于该副帧中的数据，它是否正确或出现乱散在一定程度上表征了该帧数据是否乱散；工作弧段是根据设备长期工作统计出来的一个良好工作时间段的先验值，利用某副帧所在的时间是否在该设备的弧段内这一简单判别法则，既节省了良好数据帧的搜索时间，又有效加快了对接速度。综上，优先级的制定原则为：三者都满足的优先级最高；帧计数和原始帧计数质量两者均满足的优先级次之；帧计数和工作弧段两者均满足的优先级再次之；只有帧计数满足的最次。各站对帧计数均不满足时不再考虑该帧计数对应的单帧。具体的基于单帧质量最优原则搜索判别某一副帧算法将在对接方法中给出。

3. 自动对接流程

基于单帧质量最优的遥测多站数据自动对接流程如下：

① 设置对接数据时段为射前预定的处理时段；

② 设置各站预处理数据的时段为对接数据时段；

③ 配置各站已知的测量工作弧段；

④ 对各站数据流进行副帧质量检查，并生成该站在相应时段内的预处理数据；

⑤ 统计各站预处理数据原始帧计数的质量并记录；

⑥ 统一修正各站预处理数据的帧计数，并记录修正结果；

⑦ 统计所有测站预处理数据统一修正过的帧计数的共同最大值、最小值；

⑧ 按照帧计数从小到大顺序，从各站中选用优先级最高的相应站单帧，按照一个浮点型的帧头时间和一个完整副帧数据块的格式写入对接数据文件。

其中，在从各站中选用优先级最高的相应站单帧时，按照各站开始接收到遥测信息的先后顺序依次循环，具体到某一帧计数对应的单帧判别时，当前的搜索站为对接数据中上一帧计数单帧使用的测站，以此测站为起始点，按照各站开始接收到遥测信息的先后顺序循环判别，当碰到优先级比较起来最高的测站就终止搜索，记下该测站，同时将该站单帧写入对接数据，若各站对优先级最低（即只有帧计数满足条件）都不成立，则表明该帧计数对应的单帧在各站预处理数据中均不存在，不再考虑该帧数据，进入下一帧计数搜索判别。

4. 对接方法中的关键步骤

1）各站乱散数据的自动判别

乱散数据是指不完整副帧组成的数据，而完整副帧是指两副帧同步码之间的数据块副帧在时间上和长度上分别满足副帧周期和副帧长两个条件。根据完整副帧判别标准，对各测站数据流中完整副帧进行自动判别、标识和记录，供形成各站预处理数据时使用。

2）副帧原始帧计数质量统计

副帧原始帧计数质量统计利用上下帧帧头时间差与上下帧帧计数差之间的关系进行判别。在判断当前帧的原始副帧计数时，需利用上一原始帧计数正确的副帧，当这两帧帧头时间差正好是副帧周期的 n 整数倍时，若副帧帧计数差也为 n，则判别该帧原始帧计数正确。这里，需要注意清零帧的影响，因为它和上下帧之间并不满足上述关系，虽然在清零帧时副帧计数突变为零，但仍然认为该帧原始计数正确。

3）利用地面接收时间统一修正多站数据帧计数

对多站预处理数据进行帧计数统一修正时，通常以最先能接收到遥测信息的测站为基站，对基站先进行帧计数修正，若遇到帧计数清零，则修正过的帧计数不再为零，而是继续累加，后面的帧计数根据其与上一帧的帧个数差继续累加，其中帧个数差为两帧帧头时间差对于帧周期的倍数；接着再对下一个最先能接收到遥测信息的测站进行帧计数修正，对它的第一个副帧帧计数，利用上一个已修测站在该副帧计数附近的副帧，根据这两帧帧头时间差完成该测站第一个副帧帧计数修正，之后，与基站处理过程一样，再利用上下帧帧头时间差与上下帧帧计数差之间的关系进行其他帧修正。对其他测站依此类推进行修正。

4）利用飞行器内时统统一修正对接数据时间

对数据时间进行电磁波传输延时修正，各站数据时间除了受电磁波传输影响外，还受到各站时统零点不一致（传输延时）等多方面的影响，这些都使各站数据时间不完全一致。在对接时，依据飞行器内时统的原理，利用副帧计数对帧头时间进行统一修正，即在确定第一副帧的帧头时间后，其他帧头时间按照统一修正过的帧计数之间的关系进行修正。该修正方法消除了电磁波传输延时等多方面的影响，使各连续副帧的时间差正好是内时统规定的副帧周期。

4.2.4 分路及分路结果检查

经过多站数据对接后，获取到对接数据，上述对接方法中已说明对接数据是遥测全帧数据的帧序列数据文件，因此，这里介绍的分路方法是基于遥测全帧的，循环全帧序列对某一具体参数或数据块，如 1553B 总线数据块、计算机字数据块等进行统一分路，分路结果为实时分路数据和延时分路数据。若对接数据存在散乱帧或丢帧，且其对应的延时帧数据质量良好时，可以在分路同时分出经延时弥补后的弥补数据，或利用先分过的实时、延时分路数据再做延时弥补。

1. 全帧数据分路流程

在分路时，通常先根据处理模块配置相应模块的参数分路表，基于全帧的数据分路方法流程如下：

① 获取对接数据；

② 配置参数分路表、帧结构信息文件；

③ 计算分路参数或数据块在全帧中波道位置；

④ 获取波道位置对应的全帧数据，若该帧数据存在跳点，可根据需要选择是否分该帧数据。

2. 参数波道位置自动解析

某参数或数据块的分路波道一般情况下分为实时分路波道和延时分路波道，即实时主帧波道串及其对应的实时副帧波道串，主、副帧波道串格式相同，具体格式说明如下。

假设实时主帧波道串为（$x_0/x_1/\cdots/x_n$），实时副帧波道串为（$y_0/y_1/\cdots/y_n$），主、副帧波道串中 x_i 与 y_i 是一一对应的。其中 x_i、y_i 格式为 $z_0,z_1,\cdots,z_p,z_i$ 的具体表现形式为5种波道串，分别是 k_0 波道、$k_0 \sim k_1$ 连续波道、$k_0 \sim k_1$ 间隔 Δ 波道、$k_0 \sim k_1$ 偶数波道或 $k_0 \sim k_1$ 奇数波道。

针对上述实时分路主、副帧波道串，波道位置自动解析方法流程如下：

① 从主、副帧波道串中分别获取 x_0、y_0、x_1、y_1、…、x_n、y_n；

② 依次分别解析每一组波道串 x_i、y_i 中单主波道集合和单副波道集合；

③ 循环计算 x_i 单主波道集合中每一主波道和 y_i 单副波道集合中每一副波道对应的在全帧中一维波道索引位置，逐个加入波道位置解析结果一维波道索引位置数组中。

循环完毕后，将波道位置解析结果一维波道索引位置数组按升序进行排序，得出一维有序波道数组。

3. 延时弥补方法

在数据处理中，延时弥补均是以实时数据为主，用延时数据弥补实时数据的不足，如散乱或丢失等。在确定采取基于全帧进行弥补后，在方法实现中依据弥补全帧的判定是否需要人工参与，又分为基于遥测全帧的延时数据精细弥补方法和基于遥测全帧的延时数据快速自动弥补方法。

1）利用延时数据精细弥补遥测全帧数据

基于遥测全帧的延时数据精细弥补方法具体流程如下：

① 通过人工比对已分路的实时、延时数据质量，确定适用于所用数据的公共弥补时段；

② 利用分路数据在每个对接数据帧中的第一个实时、延时波道数据分别构成实时、延时帧序号判别序列；

③ 在延时数据帧序号判别序列中逐个判别与弥补时段开始和结束两端点分别对应的帧序号；

④ 在实时数据帧序号判别序列中逐个判别与弥补所用的延时数据两端帧序号对应的帧序号；

⑤ 在弥补时段内，用延时数据在其两帧序号之间的所有分路数据代替实时数据在其两帧序号之间的所有分路数据，在其他帧序号仍用实时数据，这样组合生成新的数据即弥补数据。

2）利用延时数据快速自动弥补遥测全帧数据

基于遥测全帧的延时数据快速自动弥补方法，自动体现在不需人工参与确定弥补时段，自动判别需要延时弥补的帧，快速体现在边分路边弥补，方法具体流程如下：

① 在利用对接数据进行数据分路前，先将对接数据扩充为全程连续对接数据，即当对接数据存在丢帧时，用一个假数据帧补上，同时设置该假帧的原始帧计数质量为不好；

② 对全程连续对接数据逐帧进行分路时，若原始帧计数质量好，分实时波道数据、延时波道数据、弥补数据采用实时波道数据，若原始帧计数质量不好，不分实时波道数据、延时波道数据，仅当该实时帧对应的延时帧原始帧计数质量好时，才分延时帧的延时波道数据，扣除延时时间后作为弥补数据，否则该帧也没有弥补数据。

4. 变帧分路方法

全程遥测系统帧格式在飞行过程中进行多种帧格式切换，如某次发射中，全程遥测系统存在 4 种帧格式切换。变帧给遥测数据处理带来一定的困扰，主要表现在数据预处理分路过程中，针对每一帧数据，必须通过帧格式标志来识别具体的帧格式，因为在不同的帧格式中，各参数的分路波道位置和个数可能都不一样，所以必须确定该帧数据属于哪种帧格式后才能分路。下面主要介绍在变帧遥测数据分路中常用的两种方法。

1）先分帧再分路方法

该方法先对已准备分路的对接数据按帧格式标志切分成 4 个阶段的对接数据，然后对各个阶段的对接数据分别使用一组与其对应的分路信息进行数据分路与弥补；再利用各个阶段的分路数据，对同一个参数按照各阶段的先后顺序组合成一个全阶段的分路数据，供下一步参数处理时使用，其中，应注意若同一个参数在各阶段的分路数据的采样率不尽相同，且对该参数处理时和参数采样率有关，那么合并时不能将这种各阶段的分路数据合成一个参数分路数据，不同采样率的同一数据应看作不同参数来处理。

2）边分帧边分路方法

该方法逐帧对已准备分路的对接数据进行分路，在每一帧分路时，先根据其中的帧格式标志判断该帧属于哪种帧格式，再按照该种帧格式的分路信息进行各参数分路。其中，应注意，若同一个参数在各阶段的分路数据的采样率不尽相同，且对该参数处理时和参数采样率有关，那么分路时应根据采样率分成不同参数。分路完毕后，再进行分路数据的延时弥补，其中应注意，弥补时段不能包含存在两种帧格式的时段，因为变帧后的延时数据已不能用于变帧前的实时数据弥补了。

5. 分路结果检查方法

分路数据表示的是一个参数或数据块在遥测帧波道中的原码分层值的一个时间序列，其基本格式为一个原码波道时间+波道原码分层值，通常时间为float或double类型，分层值为byte类型。分路数据作为遥测数据处理的中间值，通过检查其结果的合理性等能起到事半功倍的效果。

1）变化范围检查法

通过曲线图形显示软件，显示曲线图形。检查图形变化是否正常、时域范围是否合理、原码变化范围是否合理。通过该检查，初步确定分路是否正常。

2）时间差分检查法

通过曲线图形显示软件，显示时间差分图形。重点检查时间差分是否存在小于零的情况，如果存在，说明分路数据存在时间倒流现象，这时需要查看分路有关步骤来解决这一问题；还可检查时间差分值是否是已知的理论值，若不是，则需要查看分路有关步骤来解决这一问题。

3）原码趋势检查法

通过曲线图形显示软件，显示曲线图形。检查曲线变化趋势是否为已知的预示趋势，若不是，则需要查看分路有关步骤来解决这一问题。

4）实时延时分路对比检查法

通过曲线图形显示软件，同时显示实时、延时曲线图形。检查两曲线变化是否一致，若不是，则需要查看分路有关步骤来解决这一问题。

5）纯原码结构检查方法

针对数据块分路，通过数据处理软件提取分路数据中的纯原码，利用纯原码核对纯原码值状态与该数据块中已知特定结构的吻合性，若不吻合，则需要查看分路有关步骤来解决这一问题。

分路结果检查的目的是保证分路数据的正确性，如果分路数据不正确，处理结果必定也会不正确。同时，分路结果的检查也是对预处理工作效果的检查，分路数据不仅正确，而且质量高，说明预处理做得好，对接质量高、弥补到位。

4.3 遥测参数处理

4.3.1 遥测参数处理的内容和要求

1. 遥测参数处理的内容

遥测数据处理是用数学方法和软件对原始测量数据进行加工、变换和计算、分析，最后得到反映运载火箭真实飞行情况的结果，包括缓变参数的工程物理量和速变参数的频谱分析结果以及各特征事件的时间指令等，为飞行态势的全程掌控、飞行结果的快速判决、飞行异常（或故障）的分析定位、工具误差的制导分离，提供了最直接和最真实的数据支持。

2. 遥测参数处理的要求

遥测数据处理的参数按照所属系统可以分为控制系统参数、伺服机构参数、外安系统参数、动力系统参数、总体参数以及振动、冲击、噪声、过载等环境参数。

遥测参数数据处理结果，以能描绘该参数的物理量随时间变化的规律为原则，并要保证遥测大纲中的测量误差。为此，数据处理采样点选择的一般规则是：在信号变化较快的过渡段、特征段（如起飞、级间分离、抛罩等）采样点较密；故障参数或故障段参数需加密处理，乃至逐点处理，复制该段的时间历程曲线，并标注时间坐标、参数代号等。

通常，缓变参数有相对应的延时波道，在处理时以实时信号为主，延时信号用来补偿实时信号的中断段落，处理延时信号时，需要减去延时波道时间。

遥测参数在时间坐标上一般以“起飞触点”接通为“0”秒，起飞触点接通前的时间为负，接通后的时间为正。时间坐标的精度不低于遥测系统子帧周期的一半。

4.3.2 遥测参数处理软件设计

1. 遥测连续参数处理软件

1） 软件功能

遥测连续参数处理软件负责处理缓变连续参数，是遥测事后数据处理系统的重要组成部分。连续参数是指遥测参数中的连续变化模拟量缓变参数，包括电量和非电量两大类。其中电量参数包括电压、电流、姿态角、角速率等；非电量参数包括压力、温度、过载、相对行程、流量等。该软件主要接收遥测预处理软件输出的遥测分路数据，再按照数据处理方法和要求完成连续参数处理，并完成零位修正、大气修正、数据滤波、报告打印等功能，获取飞行器内部各系统的工作状态参数、遥测外安参数和环境数据等。例如，反映控制系统工作状态和箭上姿态控制情况的控制系统参数：电压、电流、姿态角和角速率等；反映箭上各级发动机工作情况的动力系统参数：压力、压差和转速等；反映箭上热环境情况的环境参数：温度和热流等；反映箭上发动机系统、分离系统和飞行气流等综合因素的力学环境参数：过载和加速度等；反映箭上遥测、外测和安控系统工作状态的电压参数；并提交数据处理结果报告，为评定飞行器性能、改进设计和鉴定定型等提供数据依据。

2） 软件接口

连续参数处理软件的输入接口包括 3 部分，即预处理后的分路数据、数据库和公式库，如图 4-8 所示。输出接口为连续参数结果文件。

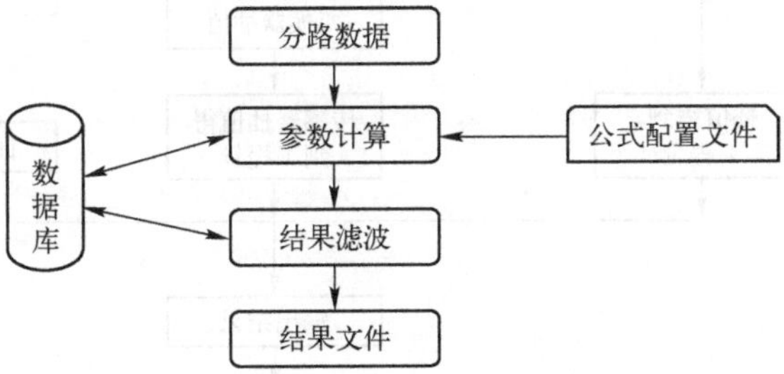

图 4-8 连续参数处理软件接口关系图

3） 软件设计

（1） 处理流程。

连续参数处理流程框图如图 4-9 所示。

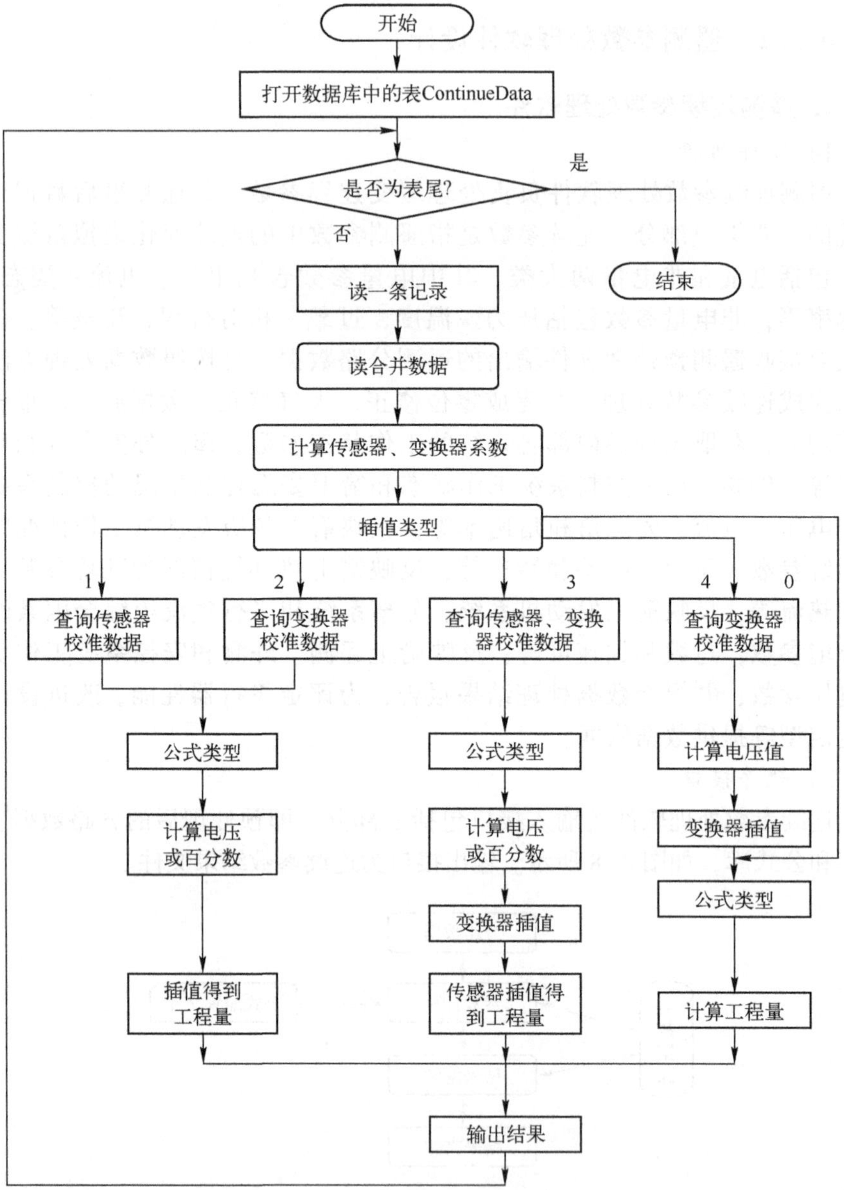

图 4-9　连续参数处理流程图

（2）参数配置。

连续参数处理配置包括两部分，即数据库表和配置文件。数据库表涉及 ContinueData、SensorData、ConvertorData、TimeCharacter 等，主要用于对连续参数名称、参数代号、处理时段、编码电压、处理公式、插值类型和传感器变换器校准数据等的说明，连续参数分类与数据库表关系如图 4-10 所示。参数配置文件主要包括两个文件，用于对压力参数进行大气压修正等。

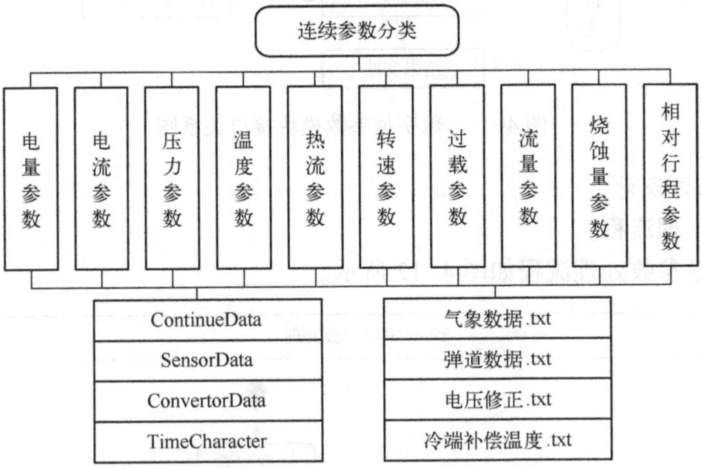

图 4-10　连续参数分类与数据库表关系图

2. 遥测数字量参数处理软件

1）软件功能

遥测数据处理软件具备以下功能。

（1）从数据库读取配置。数字量处理软件从数据库和配置文件中获取数字量参数处理所需的配置信息，包括分路文件的读取位置、数字量参数处理个数、处理类型、结果存储类型等处理要素。

（2）数据读取。读取预处理软件处理的分路数据结果及总线消息处理分路文件。

（3）数字量参数处理。完成对脉冲计数参数、计算机字参数、总线计算机字参数等的数据处理。

（4）数据记录。将数据处理结果，根据参数种类和序号，存储所有数字量参数。

2）软件接口

数字量参数处理获取数据分路发送的数字量参数分路数据，按照遥测大纲和数据处理方法中规定的方法完成数字量参数的处理，并将处理结果进行记录。

数字量参数处理模块的输入接口包括 3 部分，即预处理后的分路数据、数据库和公式配置文件。输出接口为数字量各参数结果文件。模块接口关系如图 4-11 所示。

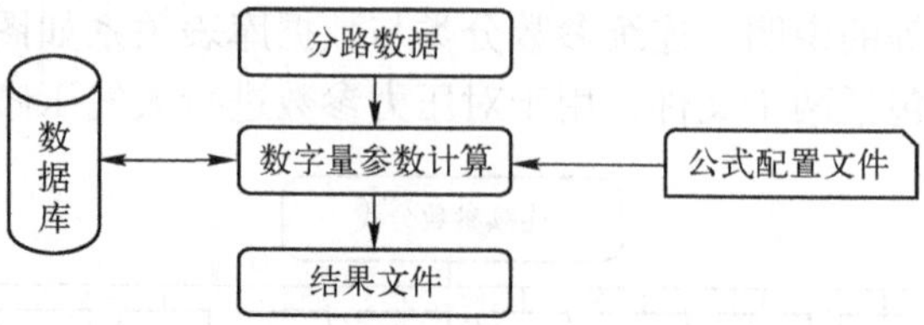

图 4-11　数字量参数模块接口关系图

3）软件设计

（1）处理流程。

数字量参数处理流程如图 4-12 所示。

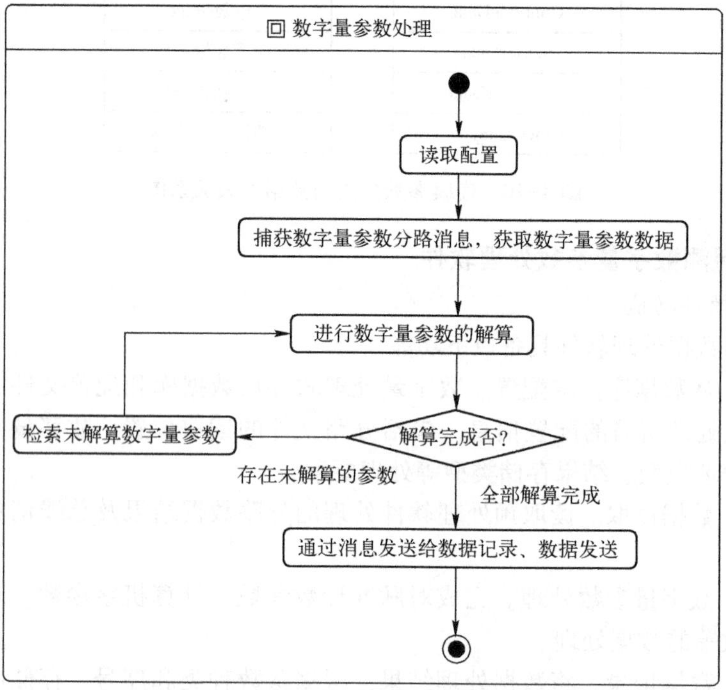

图 4-12　数字量参数处理流程图

数字量主要包括两类参数：一类是加速度表参数，包括平台加速度表参数和惯组加速度表参数；另一类是计算机字。数字量参数的特点是格式复杂、不同火箭之间变化很大，特别是计算机字，如其所占波道不同、所包含参数不同、数据传输次数不同、参数的表示格式不同等。

以计算机字参数处理流程为例进行说明，主要包括以下步骤：

① 打开数据库中的计算机字通用信息表；

② 读取记录信息，包括主副波道号、传输次序、传输次数、特征码位置等；

③ 按照记录波道查找有关原始文件，进行文件合并；

④ 根据传输次数决定是否进行“少数服从多数原则”的选择；

⑤ 根据传输次序进行字节的拼接，并进行特征码与数据的分离；

⑥ 打开数据库中的计算机字参数信息表；

⑦ 读取一条记录，包括特征码、计算类型等；

⑧ 由特征码检索对应参数的数据；

⑨ 根据计算类型进行对应格式的计算；

⑩ 输出结果；

⑪ 否则返回，继续，直到结束。

（2）参数配置。

数字量参数处理配置包括两部分，即数据库表和配置文件。数据库主要用于对数字量参数名称、参数类型、数据字类型、数据字位置、数据字长度、处理时段进行说明。

3. 遥测速变参数处理软件

1）软件功能

遥测速变参数数据处理软件能够完成现有所有航天发射中速变参数（包括振动、冲击、噪声和脉动压力等参数）的处理要求。遥测速变参数数据处理软件主要包含数据接收、物理量计算、检查分析、参数选段、谱分析计算、结果检查、可视化显示分析、报告输出等功能模块。

2）软件接口

遥测速变参数处理软件，接收遥测数据快速处理软件（或者遥测速变参数事后处理软件）输出的速变参数分路结果和时间指令处理结果，然后依次进行速变参数物理量计算、速变参数选段、速变参数谱分析处理、速变参数计算结果检查、结果输出和报告打印等，虚线框内部分为遥测速变参数处理软件，软件接口关系框图如图 4-13 所示。

3）软件设计

（1）处理流程。

遥测速变参数处理软件以多线程运行，各种功能操作与用户能同步进行。在数据处理过程中，按照参数计算、自动选段、选段修正、谱处理、结果输出的顺序进行。用户可以通过单击菜单命令执行启动、参数配置、参数计算、选段预览、自动选段、选段修正、可视化显示、结果打印、程序退出等功能。采用这种进程结构，考虑到在参数计算、谱处理等计算环节会消耗大量计算机资源，在计算过程中会影响用户的同步操作，采用这种多线程结构可让计算和用户操作分布在不同的进程上，可增强软件的可靠性，增加软件的易用性。

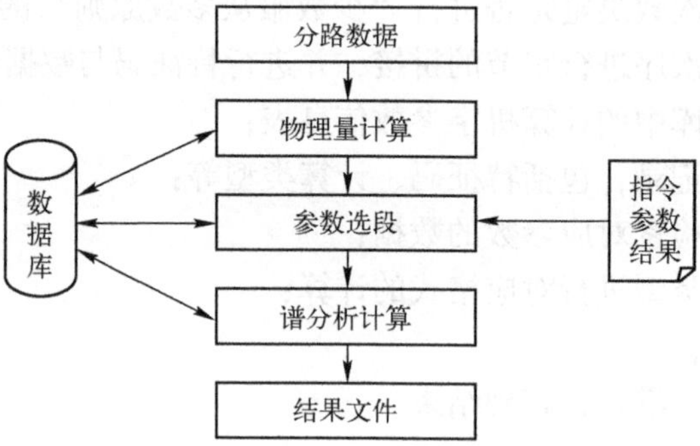

图 4-13　遥测速变参数处理软件接口关系框图

遥测速变参数处理软件进程结构如图 4-14 所示。

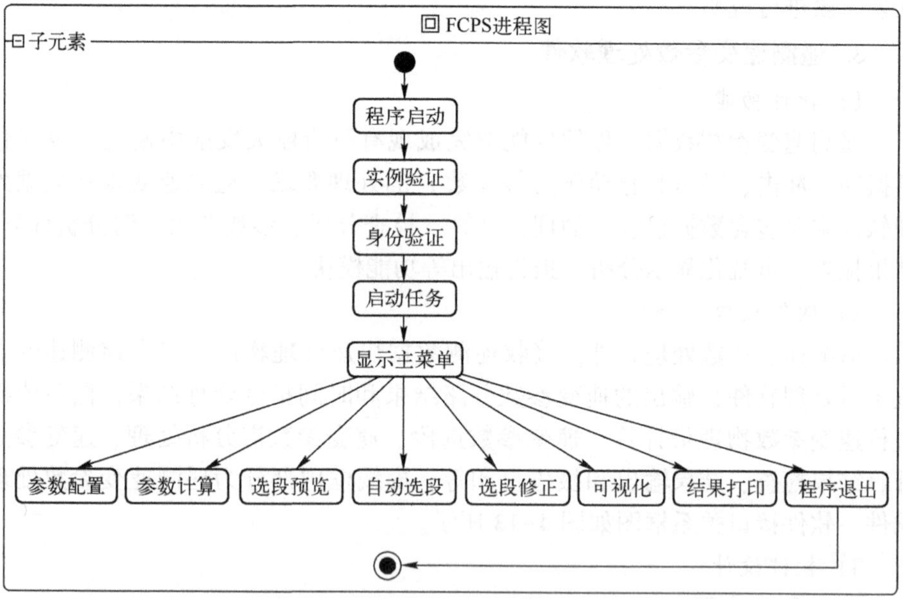

图 4-14　软件进程结构框图

（2）软件配置。

遥测速变参数处理软件配置表主要有参数信息表和选段特征时刻表，主要对参数名称、参数代号、参数性质、采样率、频率范围、编码电压、传感器、变换器校准系数、参数变化范围以及特征时刻和窗口宽度等进行说明。

4.4 遥测参数快速处理

4.4.1 遥测参数快速处理内容

遥测事后数据处理经过多年的发展，积累了大量的处理高质量数据的经验，但是随着实时性要求的不断提高，事后处理的流程与方法已越来越不适应这种情况。尤其在实时化的大背景下，对数据处理的需求向准实时化和实时化方向发展，如何为实时飞行结果快判、快定，飞行故障分析提供快速、准确、完整的数据，已经成为遥测数据处理领域亟待解决的问题。经过对遥测数据处理软件功能的梳理及适应改造，采用网络边接收边处理的快速数据处理的数学方法和软件，对网络接收的原始测量数据进行加工、变换和计算，快速计算出所有遥测参数的处理结果，能够满足快速处理包括缓变参数的工程物理量、特征事件的时间指令等，为飞行态势的全程掌控、飞行结果的快速判决、飞行异常（或故障）的快速分析定位提供了最快速、准确的数据支持。

4.4.2 快速处理软件设计

1. 软件功能

软件功能通过功能层的构件实现，包括数据接收、数据对接预处理、数据对接、数据分路、数据处理（连续、数字量、总线、指令）、数据记录、数据发送等主要功能。在使用过程中，根据需要又增加了文件转换、结果弥补和时间指令格式转换功能。

2. 软件接口

快速处理软件的接口设计是非常重要的环节，接口设计形成的文档将作为各挂接到主框架上的构件需要遵守的共同协议。接口文档明确了各构件（模块）间的输入输出接口函数及数据类型，特别是在设计时考虑了接口的标准化与通用化，使接口尽可能简洁。通过使用这些标准接口，在软件使用与维护过程中就可以灵活组织各个构件，从而获得完整的软件功能。构件（模块）间接口关系如图4-15所示。

从图4-15中可以看出，上一构件的输出接口函数（outFunction()）与下一构件输入接口函数（inFunction()）的形式参数类型一致。而且，不同构件之间没有关联，这样就实现了构件间的解耦，限定了构件改变的影响域。构件只要遵守各自的接口传输协议，既可以灵活地串接起来共同完成数据处理工作，也可以通过统一定义的接口协议将关键构件并联，使用软件冗余技术提高系统的可靠性。

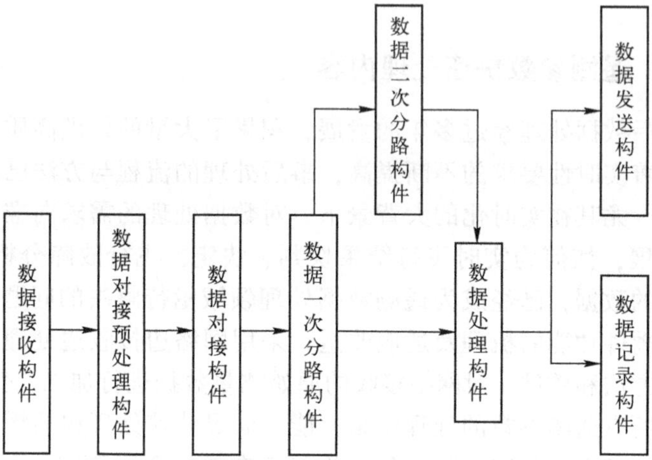

图 4-15　构件（模块）间接口关系框图

3. 软件设计

1）功能层设计

遥测参数快速处理软件功能层采用了层次化、模块化的设计原则。

（1）层次化原则。所谓层次化就是系统设计的纵向结构，下层为上层提供服务，上层利用下层提供的服务完成更高级的功能。下层为上层提供的服务通过接口调用形式实现。层次化的软件结构体现在不同层次的软件模块的相互依赖关系上，层次化软件结构为每个层次定义了清晰的接口和功能。

（2）模块化原则。在同一层次上，软件划分为一个个独立的软件单元，即构件（模块）。一个模块的实现不依赖同层的其他模块，模块之间通信采用 Q_t 提供的信号-槽机制。

遥测参数快速处理软件功能层自底向上分为数据接收层、数据对接预处理层、数据对接构件层、数据分路层、数据参数处理层（模块）和数据发送与记录层等 6 个层次。对于数据参数处理层，又分为连续参数处理模块、指令参数处理模块及数字量参数处理模块等多个处理模块。遥测数据快速处理软件功能层次化、模块化结构如图 4-16 所示。

2）构件的设计与实现

下面以数据发送构件为例分析构件的程序结构。

遥测数据快速处理软件数据发送构件由 3 个类组成，分别为接口实现类

DataTransmissionPlugin、功能实现类 DataTransmission 和接口定义类 PluginsInterface。类图如图 4-17 所示。

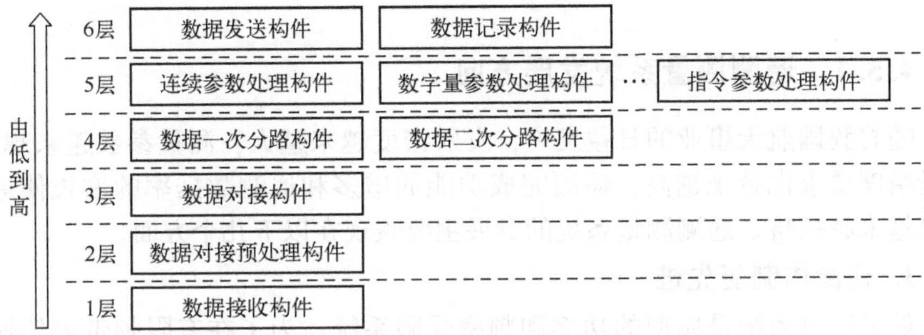

图 4-16 遥测参数快速处理软件功能层结构框图

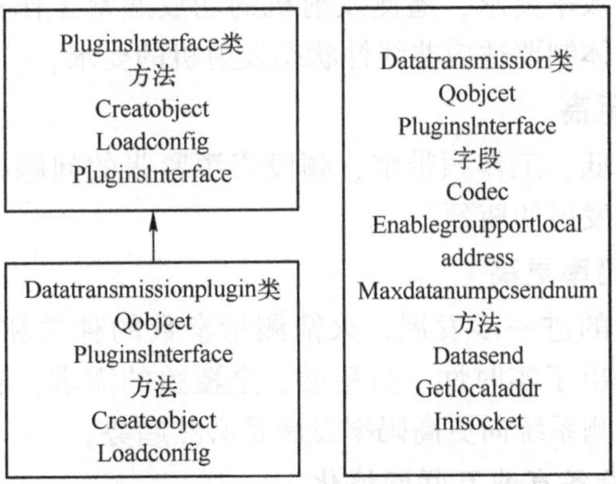

图 4-17 数据发送构件类图

接口定义类 PluginsInterface 是纯虚基类，接口函数是纯虚函数。该类是框架和所有构件共同遵守的接口协议。其主要功能有：定义所有构件接口数据类型；定义接口函数。

接口实现类 DataTransmissionPlugin 主要功能有：实现接口类 PluginsInterface；创建具体的功能实现类（DataTransmission），并为功能实现类传递配置参数。

功能实现类 DataTransmission 是具体功能实现类，实现构件所设计的数据发送功能。

3）参数配置

快速处理软件使用 .xml 格式文件作为配置文件类型，文件名为 TDFPS.xml。配置文件中节点及字段包括系统配置、曲线显示配置、设备信息综合配置、处理阶段配置等。

4.5 遥测数据处理技术研究方向

4.5.1 遥测测量系统发展方向

随着我国航天事业的日益发展，发射密度越来越大，测量参数越来越多，测量精度要求也越来越高，遥测完成功能的增多和遥测数据率的增长使遥测频段越来越拥挤。遥测测量系统的发展主要表现在以下几个方面。

1. 遥测体制更先进

航天遥测系统是典型的功率和频率受限系统，为了在有限频带内传输更多路数据或实现更高的遥测码率，要求调制体制具备高的带宽效率。此外，限于体积、重量和效率要求，遥测发射机的功放通常工作在全饱和或接近饱和状态，因此调制体制要适应非线性状态发射机的要求。

2. 遥测频段更高

遥测工作频段低、工作频带窄、频段资源紧张的问题在一定程度上已经成为制约遥测系统发展的瓶颈。

3. 遥测传输码率更高

随着火箭技术的进一步发展，火箭测量参数的种类和数量将大大增加，并且对测量数据提出了实时性、高精度、全覆盖的需求，随着纳入的图像遥测数据量增加，遥测系统向更高码率发展是必然趋势。

4. 遥测传输设备高速互联网络化

面向未来更大容量遥测数据的传输需求，遥测传输设备向先进互联网方向发展是其另一个发展趋势，在具备高可靠、高速率、高实时性等高性能的同时，可实现遥测传输设备按需接入、在线状态监视及在线功能配置，并且大大减轻系统电缆网的复杂性和重量。

5. 天基测控网

天基测控网是一种经地球同步弹道卫星转发，与一个地面终端站相配合，可同时为多颗中、低轨在轨航天器提供连续覆盖，高达几百兆带宽数传能力，并能精确测轨的新型航天测控网。

4.5.2 遥测数据处理研究方向

随着我国遥测测量系统的快速发展，以及飞行器种类、发射频度、测量数据等的增多，发射场遥测数据也在飞速增长，数据总量已经达到 TB 量级，遥测数据从典型的“小数据”时代，跨入“大数据”时代。遥测数据也从标准格式、追求精准、对数据的严格解释等传统的思维和做法，向大数据的做法发展转变，即把重点转移到数据分析和挖掘数据价值上。大数据时代发射场遥测数据处理要研究以下几个方面内容。

1. 从发射场范围数据处理向全过程数据处理发展

目前发射场遥测数据处理关注的重点主要集中在总检查和飞行过程获取的数据。由于航天产品对质量的要求远高于一般的工业产品，在研制、试验、改进、定型等过程中要进行多次的检查、测试，积累了海量数据，这些数据对分析、评估飞行结果并揭示飞行事件后的真相有重要作用。因此，数据处理要从单次的检查或飞行数据处理，向从研制到定型全过程遥测数据处理方向发展。

2. 从基于物理过程分析向数据挖掘扩展

以往对遥测数据的分析，侧重基于遥测信息物理背景进行过程的还原和关联，以及不同发射时参数处理结果间的比对。考虑遥测参数的特点，这些分析在任何时候都是重要的和必需的，但是参数间物理相关的复杂性常常导致专业人员对参数反映的物理过程认识不够精细和完整，而一些产品存在的缺陷恰恰就可能蕴含在这些相关性中，因此在做好单发参数基于物理过程分析的基础上，数据处理需要向综合多次飞行、多种参数进行数据挖掘方向发展，从而发现共性规律，提高认识水平。

3. 从遥测数据处理向遥外数据融合处理发展

传统的发射场遥测侧重点是关注飞行器各系统的工作状态和工作环境，目标是能够监测飞行器及其载荷的工作情况。这些信息仅仅依靠飞行器安装的有限数量的传感器获取测量数据，因此存在很大的局限性。遥测数据处理需要基于全信息感知，综合考虑其他手段获取的监控、测量信息，向遥、外测测量信息融合处理方向发展。

4. 从事后处理向实时全遥信息处理发展

航天发射密度越来越大，测量参数越来越多，测量精度要求也越来越高，目前的处理模式和方法已经不能适应发射场新要求。在测量数据快速处理、处理结果智能分析方面的需求越来越强烈，因此，需要基于新平台、新方法开展全遥信息实时处理以及智能化分析技术研究。

第5章

数据处理结果应用

本章主要讲述遥、外测数据处理结果的应用，分为综合弹道计算方法和数据处理结果分析及精度鉴定两个部分。

5.1 综合弹道计算方法

5.1.1 综合弹道计算的要求

发射场外测综合弹道解算主要承担的工作包括以下两个。

（1）为火箭研制部门进行制导工具误差系数分离以及分析故障提供依据。

（2）对航天发射中各外测设备的跟踪与数据质量情况进行综合分析，为评价各外测设备的工作完成情况提供依据。

因此，外测事后数据处理结果的质量和精度，直接影响到运载火箭飞行的评价和精度的评定。

为了满足火箭研制部门对主动段的高精度测量要求，单靠一台外测设备无法满足其要求，需要将多台（套）外测设备的测量数据经过各种修正后联用，应用统计理论和各种弹道解算方法进行综合处理，通过估计和校准系统误差，解算出飞行弹道参数，并给出其弹道精度。

为了保证数据处理结果的正确性，需要采用各种方法、手段对处理过程及结果进行检验、评价，它包括单个测元的自检、测速定位元素互检、多台外测设备测元的互检、落点检验、遥测和外测数据比对检验等。通过各种检验、评定方法，确保数据处理结果的质量和精度。

5.1.2 综合弹道计算的基本方法

由于各设备的测量体制及误差修正方法的局限等因素，参加综合弹道求解的测量元素中还不同程度地存在系统误差的残差，因此需要通过引入能反映各外测系统主要系统误差残差的误差模型，利用冗余信息估计出这些残差，从而提高弹道参数的精确度。

目前进行综合弹道求解的方法主要有逐点多站最小二乘法、UKF 方法(无迹卡尔曼滤波方法)、常规“EMBET”法和样条约束的“EMBET”法，通过采用这些方法即可得出各测元系统误差的估计、弹道参数和这些弹道参数的精度估计。

1. 逐点多站最小二乘法

在数理统计中，最小二乘估计是应用最广泛的参数估计方法，同样也是外测数据事后处理中使用最多的一种参数估计方法。

高斯估计是最小二乘估计的最早形式，它是在 n 个观测样本的随机误差为等方差不相关条件下得到的最优线性无偏估计。

假设 m 个观测数据 $y_1,y_2,\cdots,y_m$ 与 n 个未知参数 $x_1,x_2,\cdots,x_n$ 有以下线性关系式，即

$$\begin{cases}y_1=a_{11}x_1+a_{12}x_2+\cdots+a_{1n}x_n+\eta_1\\ y_2=a_{21}x_1+a_{22}x_2+\cdots+a_{2n}x_n+\eta_2\\ \vdots\\ y_m=a_{m1}x_1+a_{m2}x_2+\cdots+a_{mn}x_n+\eta_m\end{cases} \tag{5-1}$$

式中：$\{a_{ij}\}$ 为已知；$\{\eta_i\}$ 为观测数据的随机误差，满足

$$E(\eta_i)=0 \quad (i=1,2,\cdots,m) \tag{5-2}$$

$$E(\eta_i\eta_j)=\begin{cases}\sigma^2 & (i=j)\\ 0 & (i\neq j)\end{cases} \tag{5-3}$$

为了计算方便，常用矩阵形式来表示方程组（5-1）。为此，令

$$\boldsymbol{Y}=\begin{bmatrix}y_1\\y_2\\ \vdots\\ y_m\end{bmatrix},\ \boldsymbol{A}=\begin{bmatrix}a_{11}&a_{12}&\cdots&a_{1n}\\a_{21}&a_{22}&\cdots&a_{2n}\\ \vdots&\vdots&\ddots&\vdots\\a_{m1}&a_{m2}&\cdots&a_{mn}\end{bmatrix},\ \boldsymbol{X}=\begin{bmatrix}x_1\\x_2\\ \vdots\\ x_n\end{bmatrix},\ \boldsymbol{\eta}=\begin{bmatrix}\eta_1\\ \eta_2\\ \vdots\\ \eta_m\end{bmatrix},\ \hat{\boldsymbol{X}}=\begin{bmatrix}\hat{x}_1\\ \hat{x}_2\\ \vdots\\ \hat{x}_n\end{bmatrix}$$

则方程组（5-1）的矩阵形式为

$$\boldsymbol{Y}=\boldsymbol{AX}+\boldsymbol{\eta} \tag{5-4}$$

式中：$\mathrm{rank}(\boldsymbol{A})=n$，且 $E(\boldsymbol{\eta})=0$，$E(\boldsymbol{\eta_\eta}T)=\sigma_{\mathrm{I}}^2$。

当 $m>n$ 时，即观测子样个数多于未知参数个数时，取使方程组（2）残差平方和

$$\boldsymbol{Q}=(\boldsymbol{Y}-\boldsymbol{A}\hat{\boldsymbol{X}})^{\mathrm{T}}(\boldsymbol{Y}-\boldsymbol{A}\hat{\boldsymbol{X}}) \tag{5-5}$$

达到最小的$\hat{X}$作为未知参数向量 X 的估计，即为

$$\hat{\boldsymbol{X}}=(\boldsymbol{A}^{\mathrm{T}}\boldsymbol{A})^{-1}\boldsymbol{A}^{\mathrm{T}}\boldsymbol{Y} \tag{5-6}$$

而参数估计量$\hat{X}$的误差协方差为

$$\boldsymbol{P}_{\hat{X}}=(\boldsymbol{A}^{\mathrm{T}}\boldsymbol{A})^{-1}\sigma^2 \tag{5-7}$$

关系式（5-6）和式（5-7）便是式（5-4）的未知参数向量 X 的高斯估计和误差协方差阵，或称$\hat{X}$为等方差不相关条件下未知参数 X 的最小二乘估计。容易证明，高斯估计是最优线性无偏估计。应用高斯估计的优越性是不需要确切知道观测数据随机误差的特征，另一优点是计算简便。

可以证明，未知参数向量 X 的最小二乘估计与矩估计是一致的；而当观测向量 Y 的随机误差向量 $\boldsymbol{\eta}$ 服从正态分布时，则参数的高斯估计即为最大似然估计。

在外测数据处理中，观测数据随机误差的方差统计、数据平滑与滤波以及多台光学经纬仪测量数据交会处理，常将观测数据随机误差视为等方差不相关的，并且应用高斯估计来估计未知参数。

对于方程组（5-7），可以利用高斯估计来估计观测数据$\hat{\boldsymbol{Y}}=\boldsymbol{A}\hat{\boldsymbol{X}}$，并由其残差估计观测数据随机误差的方差 σ^2 和均方差 σ。在此，仅列出结果，其中方差 σ^2的估计为

$$\hat{\sigma}^2=\frac{Q}{m-n} \tag{5-8}$$

$\hat{\sigma}^2$为 σ^2的无偏估计，而观测误差均方差 σ 估计为

$$\hat{\sigma}=\sqrt{\frac{Q}{m-n}} \tag{5-9}$$

2. UKF 方法

针对改进非线性滤波问题，Julier 等提出基于无迹变换的滤波新思想（unscented transformation，UT），其相应算法称为无迹卡尔曼滤波（Unscented Kalman Filter，UKF）。该算法是对状态变量进行 Unscented 变换（简称 UT 变换）得到新的变换向量，然后由变换向量实现滤波算法，以降低非线性方程中的舍入误差。理论证明，UKF 算法对于任意非线性问题均可达到 2 阶以上精度。由于 UKF 具有比 EKF 更突出的优点，目前 UKF 已经在多种非线性滤波问题中得到应用，成为非线性系统滤波的主要算法。

1）基于无迹变换实现的新型卡尔曼滤波方法

无迹变换是基于这样的思想，即用固定数量的参数去近似一个高斯分布比近似任意非线性函数或变换更容易。其实现原理为：在原先状态分布中按

某一规则取一些点，使这些点的均值和协方差等于原状态分布的均值和协方差；将这些点代入非线性函数中，相应得到非线性函数值点集，通过这些点集求取变换后的均值和协方差。由于这样得到的函数值没有经过线性化、没有忽略其高阶项，因而由此得到的均值和协方差的估计比 EKF 方法的更为精确。

用 UKF 求解非线性滤波问题的本质就是在假设先验分布为正态分布，且已知其均值和协方差的情况下，求经历了一次非线性变换后的后验概率密度的均值和协方差。UKF 与 EKF 一样，使用的是标准卡尔曼滤波器框架，但是实现原理不同。EKF 是通过线性化非线性函数实现递推滤波，而 UKF 是通过上述的 UT 变换使非线性系统方程适用于线性假设下的标准卡尔曼滤波体系。

由于在一般系统中，过程噪声可能有非常灵活的形式，它的一部分可能反映了前一时刻的估计值和输入量的加性噪声，或者过程噪声本身在非线性方程中就不是一个简单的附加项，这种情况下应将 UKF 的状态向量扩展以包含过程噪声项。如果过程噪声与测量噪声相关，扩展的状态向量应同时包含测量噪声。至此，结合 UF 算法的思想和标准卡尔曼滤波体系，可以得到 UKF 滤波算法。

（1）目标的运动模型。

为了保证卡尔曼滤波的跟踪性能，必须为目标运动建立一个合适的运动模型，使它能够比较准确地描述目标主动段的运动特性。经过分析，选择了“当前”统计模型，其含义是：假设目标的加速度是随机的，当目标现时正以某一加速度机动时，它在下一瞬间的加速度取值范围是有限的，而且只能在“当前”加速度的邻域内。周宏仁于 1982 年提出了机动目标“当前”统计模型。该模型本质上是非零均值时间相关模型，其机动加速度的“当前”概率密度函数用修正的瑞利分布描述，均值为“当前”加速度，在每一采样周期内为常数。由于该模型采用非零均值和修正瑞利分布表征机动加速度特征，因而更加切合实际，与传统的 Singer 模型相比，能更为真实地反映目标机动范围和强度的变化，特别适合大机动目标的估计。

$$\ddot{x}(t)=\bar{a}(t)+a(t) \tag{5-10}$$

$$\dot{a}(t)=-\alpha\cdot a(t)+w(t) \tag{5-11}$$

$$\sigma_a^2=\left(\frac{4-\pi}{\pi}\right)(a_{\mathrm{MAX}}-\bar{a})^2 \tag{5-12}$$

式中：$a(t)$为零均值有色加速度噪声；$\bar{a}$为机动加速度均值，且在每一采样周期内为常数；α 为机动（加速度）时间常数的倒数；$w(t)$为均值为零、方差为 $\sigma_w^2=2\cdot\alpha\cdot\sigma_a^2$的白噪声；$\sigma_a^2$为目标加速度方差。

设 $a_1(t)=a(t)+\bar{a}$，则式（5-10）、式（5-11）可写为

$$\ddot{x}(t)=a_1(t) \tag{5-13}$$

$$\dot{a}_1(t)=-\alpha a_1(t)+\alpha\bar{a}+w(t) \tag{5-14}$$

这样，机动目标当前统计模型可表示为

$$\begin{bmatrix}\dot{x}(t)\\ \ddot{x}(t)\\ \dddot{x}(t)\end{bmatrix}=\begin{bmatrix}0&1&0\\0&0&1\\0&0&-\alpha\end{bmatrix}\begin{bmatrix}x(t)\\ \dot{x}(t)\\ \ddot{x}(t)\end{bmatrix}+\begin{bmatrix}0\\0\\ \alpha\end{bmatrix}\cdot\bar{a}+\begin{bmatrix}0\\0\\1\end{bmatrix}\cdot w(t) \tag{5-15}$$

设采样周期为 T，可以得到下列离散状态方程，即

$$\boldsymbol{X}(k+1)=\boldsymbol{\Phi}(k+1,k)\boldsymbol{X}(k)+\boldsymbol{U}(k)\bar{a}+\boldsymbol{W}(k) \tag{5-16}$$

其中：

$$\boldsymbol{X}(k)=[x(k)\quad \dot{x}(k)\quad \ddot{x}(k)]^{\mathrm{T}} \tag{5-17}$$

$$\boldsymbol{\Phi}(k+1,k)=\begin{bmatrix}1&T&\dfrac{1}{\alpha^2}(-1+\alpha T+\mathrm{e}^{\alpha T})\\0&1&\dfrac{1}{\alpha}(1-\mathrm{e}^{-\alpha T})\\0&0&\mathrm{e}^{-\alpha T}\end{bmatrix} \tag{5-18}$$

$$\boldsymbol{U}(k)=\begin{bmatrix}\dfrac{1}{\alpha}\left(-T+\dfrac{\alpha T^2}{2}+\dfrac{1-\mathrm{e}^{-\alpha T}}{\alpha}\right)\\ T-\dfrac{1}{\alpha}(1-\mathrm{e}^{-\alpha T})\\ 1-\mathrm{e}^{-\alpha T}\end{bmatrix} \tag{5-19}$$

$$\boldsymbol{Q}(k)=2\alpha\sigma_a^2\begin{bmatrix}q_{11}&q_{12}&q_{13}\\q_{21}&q_{22}&q_{23}\\q_{31}&q_{32}&q_{33}\end{bmatrix} \tag{5-20}$$

$$q_{11}=\frac{1}{2\alpha^5}\left[1-\mathrm{e}^{-2\alpha T}+2\alpha T+\frac{2\alpha^3T^3}{3}-2\alpha^2T^2-4\alpha T\mathrm{e}^{-\alpha T}\right] \tag{5-21}$$

$$q_{12}=\frac{1}{2\alpha^4}[\mathrm{e}^{-2\alpha T}+1-2\mathrm{e}^{-\alpha T}+2\alpha T\mathrm{e}^{-\alpha T}-2\alpha T+\alpha^2T^2] \tag{5-22}$$

$$q_{13}=\frac{1}{2\alpha^3}[1-\mathrm{e}^{-2\alpha T}-2\alpha T\mathrm{e}^{-\alpha T}] \tag{5-23}$$

$$q_{22}=\frac{1}{2\alpha^3}[4\mathrm{e}^{-\alpha T}-3-\mathrm{e}^{-2\alpha T}+2\alpha T] \tag{5-24}$$

$$q_{23}=\frac{1}{2\alpha^2}[\mathrm{e}^{-2\alpha T}+1-2\mathrm{e}^{-\alpha T}] \tag{5-25}$$

$$q_{33}=\frac{1}{2\alpha}[1-e^{-2\alpha T}] \tag{5-26}$$

(2) 用于实时滤波的系统状态方程与测量方程。

根据式（5-8）~式（5-26）给出的目标运动模型和实际的外测测量系统，可以得到以下非线性系统，即

$$\boldsymbol{X}_k=\boldsymbol{\Phi}_{k,k-1}\boldsymbol{X}_{k-1}+\boldsymbol{U}_k\bar{a}+\boldsymbol{W}_k \tag{5-27}$$

$$\boldsymbol{Z}_k=\boldsymbol{H}(\boldsymbol{X}_k,\boldsymbol{V}_k) \tag{5-28}$$

式中：$\boldsymbol{X}_k$为系统的 n 维状态向量；$\boldsymbol{U}_k$为系统的 r 维控制向量；$\boldsymbol{H}$ 为系统的 m 维向量函数；$\boldsymbol{W}_k$为 p 维随机过程噪声；V_k为 q 维随机观测噪声。

假设过程噪声和测量噪声都为不相关零均值白噪声，且过程噪声和测量噪声的统计特性为

$$E[\boldsymbol{w}_k]=0,\quad E[\boldsymbol{w}_k\boldsymbol{w}_k^{\mathrm{T}}]=\boldsymbol{Q}_k\delta_{i,j} \tag{5-29}$$

$$E[\boldsymbol{v}_k]=0,\quad E[\boldsymbol{v}_k\boldsymbol{v}_k^{\mathrm{T}}]=\boldsymbol{R}_k\delta_{i,j} \tag{5-30}$$

设初始状态 $\boldsymbol{x}_0$的统计特性为

$$\mathrm{Var}[\boldsymbol{x}_0]=E[(\boldsymbol{x}_0-\bar{\boldsymbol{x}}_0)(\boldsymbol{x}_0-\bar{\boldsymbol{x}}_0)^{\mathrm{T}}]=\boldsymbol{P}_0 \tag{5-31}$$

$$\mathrm{Cov}[\boldsymbol{x}_0,\boldsymbol{w}_k]=E[\boldsymbol{x}_0\boldsymbol{w}_k^{\mathrm{T}}]=0 \tag{5-32}$$

$$\mathrm{Cov}[\boldsymbol{x}_0,\boldsymbol{v}_k]=E[\boldsymbol{x}_0\boldsymbol{v}_k^{\mathrm{T}}]=0 \tag{5-33}$$

$$E[\boldsymbol{x}_0]=\bar{\boldsymbol{x}}_0=\hat{\boldsymbol{x}}_0 \tag{5-34}$$

对连续波测速雷达跟踪目标时测得的距离和变化率$\dot{S}_{ij}$，可以建立以下测量方程，即

$$\dot{S}_{i,j}=(l_{i,j}^{(\mathrm{T})}+l_{i,j}^{(\mathrm{R})})\dot{x}_j+(m_{i,j}^{(\mathrm{T})}+m_{i,j}^{(\mathrm{R})})\dot{y}_j+(n_{i,j}^{(\mathrm{T})}+n_{i,j}^{(\mathrm{R})})\dot{z}_j+\varepsilon_{i,j}$$

式中：T 为从发射机天线到目标；R 为从目标到接收机天线；$i=1,2,\cdots,m$ 为连续波测速雷达的序号；$j=1,2,\cdots,n$ 为观测时间点号；l、m、n 为发射机天线到目标（或目标到接收机天线）向量的方向余弦；$\varepsilon_{i,j}$为观测数据中的随机误差。对 l、m、n 有

$$l_{i,j}=\frac{x_j-x_{0i}}{R_{i,j}}\quad m_{i,j}=\frac{y_j-y_{0i}}{R_{i,j}}\quad n_{i,j}=\frac{z_j-z_{0i}}{R_{i,j}} \tag{5-35}$$

式中：x_{0i}、y_{0i}、z_{0i}为第 i 台雷达发射机天线（或接收机天线）在发射坐标系中的位置（也称站址）；$R_{i,j}$为发射机天线到目标（或目标到接收机天线）的距离，即

$$R_{i,j}=[(x_j-x_{0i})^2+(y_j-y_{01})^2+(z_j-z_{0i})^2]^{\frac{1}{2}} \tag{5-36}$$

可以把式（5-34）写成矩阵形式，即

$$\dot{\boldsymbol{S}}(t)=\boldsymbol{F}(\boldsymbol{X}(t))+\boldsymbol{\Lambda}(t) \tag{5-37}$$

式中：$\boldsymbol{X}(t)=[x(t),y(t),z(t),\dot{x}(t),\dot{y}(t),\dot{z}(t)]^{\mathrm{T}}$，为6×1阶列阵；$\dot{\boldsymbol{S}}(t)=[\dot{s}_1(t),\dot{s}_2(t),\cdots,\dot{s}_m(t)]^{\mathrm{T}}$，为$m\times1$阶列阵；$\boldsymbol{F}(\boldsymbol{X}(t))=[f_1[\boldsymbol{X}(t)],f_2[\boldsymbol{X}(t)],\cdots,f_m[\boldsymbol{X}(t)]]^{\mathrm{T}}$，为$m\times1$阶列阵；$\boldsymbol{\Lambda}(t)=[\varepsilon_1(t),\varepsilon_2(t),\cdots,\varepsilon_m(t)]^{\mathrm{T}}$，为$m\times1$阶列阵。

2）UKF滤波算法简介

（1）UT变换取样。

将状态变量扩充为

$$\boldsymbol{x}_k^a=[\boldsymbol{x}_k^{\mathrm{T}},\boldsymbol{w}_k^{\mathrm{T}},\boldsymbol{v}_k^{\mathrm{T}}]^{\mathrm{T}} \tag{5-38}$$

则状态方差为

$$\boldsymbol{P}_k^a=E[(\boldsymbol{x}_k^a-\hat{\boldsymbol{x}}_k^a)(\boldsymbol{x}_k^a-\hat{\boldsymbol{x}}_k^a)^{\mathrm{T}}]=\begin{bmatrix}\boldsymbol{P}_k & 0 & 0\\ 0 & \boldsymbol{Q}_k & 0\\ 0 & 0 & \boldsymbol{R}_k\end{bmatrix} \tag{5-39}$$

式中：下标k对应第k个测量时刻。设UKF方法中状态变量$\boldsymbol{x}_k^a$为L维列向量，则$L=n+p+q$。进行U变换，取变量$\boldsymbol{X}_k^a$为$L\times(2L+1)$维矩阵，$\boldsymbol{X}_k^a$具有以下表达式，即

$$\boldsymbol{X}_k^a=\lfloor\hat{\boldsymbol{x}}_k^a,\hat{\boldsymbol{x}}_k^a+\sqrt{(L+\lambda)\boldsymbol{P}_k^a},\hat{\boldsymbol{x}}_k^a-\sqrt{(L+\lambda)\boldsymbol{P}_k^a}\rfloor \tag{5-40}$$

且

$$\boldsymbol{X}_k^a=[(\boldsymbol{X}_k^x)^{\mathrm{T}},(\boldsymbol{X}_k^w)^{\mathrm{T}},(\boldsymbol{X}_k^v)^{\mathrm{T}}]^{\mathrm{T}} \tag{5-41}$$

式中：$\boldsymbol{P}_k^a$为$\boldsymbol{x}_k^a$的协方差矩阵；$\sqrt{(L+\lambda)\boldsymbol{P}_k^a}$为$(L+\lambda)\boldsymbol{P}_k^a$的平方根，有下式成立，即

$$\left(\sqrt{(L+\lambda)\boldsymbol{P}_k^a}\right)\left(\sqrt{(L+\lambda)\boldsymbol{P}_k^a}\right)^{\mathrm{T}}=(L+\lambda)\boldsymbol{P}_k^a \tag{5-42}$$

在$\boldsymbol{X}_k^a$的表达式中，$\boldsymbol{X}_{0,k}^a=\hat{\boldsymbol{x}}_k^a$为状态变量均值，而

$$\boldsymbol{X}_{i,k}^a=\hat{\boldsymbol{x}}_k^a+\lfloor\sqrt{(L+\lambda)\boldsymbol{P}_k^a}\rfloor_i\quad(i=1,2,\cdots,L) \tag{5-43}$$

$$\boldsymbol{X}_{i,k}^a=\hat{\boldsymbol{x}}_k^a-\lfloor\sqrt{(L+\lambda)\boldsymbol{P}_k^a}\rfloor_{i-L}\quad(i=L+1,L+2,\cdots,2L) \tag{5-44}$$

式中：$\boldsymbol{X}_{i,k}^a$为状态变量均值附近的第i个采样点；$\lfloor\sqrt{(L+\lambda)\boldsymbol{P}_k^a}\rfloor_i$为矩阵$\sqrt{(L+\lambda)\boldsymbol{P}_k^a}$的第$i$列；系数$\lambda=\alpha^2(L+\kappa)-L$，$\alpha$和$\kappa$为待选参数。$\kappa$的取值应保证$(L+\lambda)\boldsymbol{P}_k^a$为半正定矩阵，$\alpha$控制采样点的分布状态，调节$\alpha$以使高阶项的影响达到最小。$\alpha$应该是一个小量，选择$\alpha$：$0\leqslant\alpha\leqslant1$。适当选择$\alpha$和$\kappa$可以提高估计均值的精度。

（2）UKF的时间更新。

$$\boldsymbol{X}_{i,k}^x=\boldsymbol{F}(\boldsymbol{X}_{i,k-1}^x,\boldsymbol{u}_{k-1},\boldsymbol{X}_{i,k-1}^w)\quad(i=0,1,2,\cdots,2L) \tag{5-45}$$

$$\hat{\boldsymbol{x}}_k = \sum_{i=0}^{2L} W_i \boldsymbol{X}_{i,k}^a \tag{5-46}$$

$$\boldsymbol{P}'_k = \sum_{i=0}^{2L} W_i^c [\boldsymbol{X}_{i,k}^x - \hat{\boldsymbol{x}}_k][\boldsymbol{X}_{i,k}^x - \hat{\boldsymbol{x}}_k]^{\mathrm{T}} \tag{5-47}$$

$$\boldsymbol{Z}_{i,k} = \boldsymbol{H}(\boldsymbol{X}_{i,k}^x, \boldsymbol{X}_{i,k}^v) \quad (i=0,1,2,\cdots,2L) \tag{5-48}$$

$$\hat{\boldsymbol{z}}_k = \sum_{i=0}^{2L} W_i Z_{i,k} \tag{5-49}$$

（3）UKF 的测量更新。

$$\boldsymbol{P}_{z_k z_k} = \sum_{i=0}^{2L} W_i^c [\boldsymbol{Z}_{i,k}^x - \hat{\boldsymbol{z}}_k][\boldsymbol{Z}_{i,k}^x - \hat{\boldsymbol{z}}_k]^{\mathrm{T}} \tag{5-50}$$

$$\boldsymbol{P}_{x_k z_k} = \sum_{i=0}^{2L} W_i^c [\boldsymbol{X}_{i,k}^x - \hat{\boldsymbol{x}}_k][\boldsymbol{X}_{i,k}^x - \hat{\boldsymbol{x}}_k]^{\mathrm{T}} \tag{5-51}$$

$$\boldsymbol{K}_k = \boldsymbol{P}_{x_k z_k} \boldsymbol{P}_{z_k z_k}^{-1} \tag{5-52}$$

$$\hat{\boldsymbol{x}}_k = \hat{\boldsymbol{x}}_k + \boldsymbol{K}_k(z_k - \hat{\boldsymbol{z}}_k) \tag{5-53}$$

$$\boldsymbol{P}_k = \boldsymbol{P}'_k - \boldsymbol{K}_k \boldsymbol{P}_{z_k z_k} \boldsymbol{K}_k^{\mathrm{T}} \tag{5-54}$$

在式（5-45）~式（5-54）中，W_i、W_i^c 均为权系数，表达式由下列各式决定，即

$$W_0 = \frac{\lambda}{L+\lambda} \tag{5-55}$$

$$W_i = \frac{1}{2(L+\lambda)} \quad (i=1,2,\cdots 2L) \tag{5-56}$$

$$W_0^c = \frac{\lambda}{L+\lambda} + (1-\alpha^2+\beta) \tag{5-57}$$

$$W_i^c = W_i \quad (i=1,2,\cdots,2L) \tag{5-58}$$

待选参数 $\beta \geqslant 0$，是一个非负的权系数项，它可以合并方程中高阶项的动差。

3. 常规“EMBET”法

EMBET 方法的核心思想是利用同一时刻的多种不同测量元，估计该时刻系统误差和弹道参数。

假定 t 时刻测得 k 个测量元 $y_1(t), y_2(t), \cdots, y_k(t)$，记

$\boldsymbol{X} = \boldsymbol{X}(t) = (x, y, z, \dot{x}, \dot{y}, \dot{z})^{\tau} = (x(t), y(t), z(t), \dot{x}(t), \dot{y}(t), \dot{z}(t))^{\tau}$ 为 t 时刻的弹道参数，$\boldsymbol{X}^*(t) = (x^*, y^*, z^*, \dot{x}^*, \dot{y}^*, \dot{z}^*)^{\tau} = (x^*(t), y^*(t), z^*(t), \dot{x}^*(t), \dot{y}^*(t), \dot{z}^*(t))^{\tau}$ 为 t 时刻的理论弹道。设待估系统误差参数为 $\boldsymbol{a} = (a_1, a_2, \cdots, a_l)\tau(k>l+6)$，系统误差是线性的。于是

$$\begin{cases}y_1(t)=f_1(x,y,z,\dot{x},\dot{y},\dot{z})+u_1a+\varepsilon_1(t)\\y_2(t)=f_2(x,y,z,\dot{x},\dot{y},\dot{z})+u_2a+\varepsilon_2(t)\\\vdots\\y_k(t)=f_k(x,y,z,\dot{x},\dot{y},\dot{z})+u_ka+\varepsilon_k(t)\end{cases}\tag{5-59}$$

记 $\boldsymbol{Y}(t)=\begin{bmatrix}y_1(t)\\y_2(t)\\\vdots\\y_k(t)\end{bmatrix}$，$\boldsymbol{F}(\boldsymbol{X})=\begin{bmatrix}f_1(\boldsymbol{X})\\f_2(\boldsymbol{X})\\\vdots\\f_k(\boldsymbol{X})\end{bmatrix}$，$\boldsymbol{U}=\begin{bmatrix}u_1\\u_2\\\vdots\\u_k\end{bmatrix}$，$\boldsymbol{\varepsilon}=\begin{bmatrix}\varepsilon_1\\\varepsilon_2\\\vdots\\\varepsilon_k\end{bmatrix}$

由式（5-59）得模型式为

$$\boldsymbol{Y}(t)=\boldsymbol{F}(\boldsymbol{X})+\boldsymbol{Ua}+\boldsymbol{\varepsilon}\tag{5-60}$$

式中：$\boldsymbol{Y}(t)$为测量数据；$\boldsymbol{\varepsilon}$为测量随机误差向量；$\boldsymbol{F}(\boldsymbol{X})$为真实信号；$\boldsymbol{Ua}$为测量系统误差。

利用 t 时刻的理论弹道 $\boldsymbol{X}^*$，将式（5-60）在 $\boldsymbol{X}^*$ 附近作台劳展开，取一次项为

$$\boldsymbol{Y}=\boldsymbol{F}(\boldsymbol{X}^*)+\nabla\boldsymbol{F}(\boldsymbol{X}^*)(\boldsymbol{X}-\boldsymbol{X}^*)+\boldsymbol{Ua}+\boldsymbol{\varepsilon}$$

或

$$\boldsymbol{Y}-\boldsymbol{F}(\boldsymbol{X}^*)=(\nabla\boldsymbol{F}(\boldsymbol{X}^*),\boldsymbol{U})\begin{pmatrix}\boldsymbol{X}-\boldsymbol{X}^*\\\boldsymbol{a}\end{pmatrix}+\boldsymbol{\varepsilon}\tag{5-61}$$

利用线性回归模型式（5-61）可以估计 $\boldsymbol{X}-\boldsymbol{X}^*$ 和 $\boldsymbol{a}$，由此就得到弹道参数 $\boldsymbol{X}$ 和系统误差 $\boldsymbol{a}$ 的估计，这就是单点的 EMBET 方法。若把多个时刻的数据联合，则是多点的 EMBET 方法。

如果理论弹道 $\boldsymbol{X}^*(t)$，与真实弹道 $\boldsymbol{X}(t)$ 充分接近，记 $\Delta\boldsymbol{X}(t)=\boldsymbol{X}(t)-\boldsymbol{X}^*(t)$，则

$$\boldsymbol{Y}(t)-\boldsymbol{F}(\boldsymbol{X}^*(t))=(\nabla\boldsymbol{F}(\boldsymbol{X}^*(t),\boldsymbol{U}))\begin{pmatrix}\Delta\boldsymbol{X}(t)\\\boldsymbol{a}\end{pmatrix}+\boldsymbol{\varepsilon}(t)\tag{5-62}$$

用模型式（5-62）估计 $\Delta\boldsymbol{X}(t)$和 $\boldsymbol{a}$ 的方法就是单点（只用一个时刻的数据）EMBET 方法，得到 $\Delta\boldsymbol{X}(t)$的估计后，由公式 $\boldsymbol{X}(t)=\boldsymbol{X}^*(t)+\Delta\boldsymbol{X}(t)$，就可以获得 $\boldsymbol{X}(t)$的估计。

若矩阵 $\boldsymbol{V}=(\nabla\boldsymbol{F}(\boldsymbol{X}^*(t),\boldsymbol{U})$是列满秩的，则可从模型下式中获得 $\Delta\boldsymbol{X}(t)$和 $\boldsymbol{a}$ 的 LS 估计，即

$$\begin{pmatrix}\Delta\boldsymbol{X}(t)\\\boldsymbol{a}\end{pmatrix}=(\boldsymbol{V}^{\tau}\boldsymbol{V})^{-1}\boldsymbol{V}^{\tau}(\boldsymbol{Y}(t)-\boldsymbol{F}(\boldsymbol{X}^*(t)))\tag{5-63}$$

但一般 $\boldsymbol{V}^{\tau}\boldsymbol{V}$ 是一个病态矩阵，有一些很接近于 0 的特征值。若在一段时

间内系统误差为常值，那么

$$\begin{bmatrix} \boldsymbol{Y}(1)-\boldsymbol{F}(\boldsymbol{X}^*(1)) \\ \boldsymbol{Y}(2)-\boldsymbol{F}(\boldsymbol{X}^*(2)) \\ \vdots \\ \boldsymbol{Y}(m)-\boldsymbol{F}(\boldsymbol{X}^*(m)) \end{bmatrix} = \begin{bmatrix} \nabla \boldsymbol{F}(\boldsymbol{X}^*(1)) & & & \boldsymbol{U} \\ & & & \boldsymbol{U} \\ & \ddots & & \vdots \\ & & \nabla \boldsymbol{F}(\boldsymbol{X}^*(m)) & \boldsymbol{U} \end{bmatrix} \times \begin{bmatrix} \Delta\boldsymbol{X}(1) \\ \Delta\boldsymbol{X}(2) \\ \vdots \\ \Delta\boldsymbol{X}(m) \\ \boldsymbol{a} \end{bmatrix} + \begin{bmatrix} \varepsilon_1 \\ \varepsilon_2 \\ \vdots \\ \varepsilon_m \end{bmatrix} \tag{5-64}$$

用模型式（5-64）可以给出 $X(1),X(2),\cdots,X(m)$ 和 $\boldsymbol{a}$ 的估计，这是多点的 EMBET 方法。

为讨论方便，以下将模型式（5-64）简写为

$$\widetilde{\boldsymbol{Y}}=\boldsymbol{V}\begin{pmatrix} \Delta\boldsymbol{X} \\ \boldsymbol{a} \end{pmatrix}+\boldsymbol{\varepsilon} \quad (\boldsymbol{\varepsilon}\sim(0,I)) \tag{5-65}$$

EMBET 方法的缺点主要在以下几个方面。

（1）模型式（5-65）只是一个近似的模型，由此获得的是 $\Delta\boldsymbol{X}(t)$ 和 $\boldsymbol{a}$ 的有偏估计；当 $\boldsymbol{X}^*(t)$ 偏离 $\boldsymbol{X}(t)$ 较远时，模型误差比较大，参数的估计偏差很大。

（2）设计矩阵 $\boldsymbol{V}$ 严重病态，这主要是由于 $\nabla \boldsymbol{F}(\boldsymbol{X}(t))$ 与 $\boldsymbol{U}$ 的复共线性所致。而且随着采样时间点数 m 的增大，这种复共线性能有效地减轻。容易证明

$$\mathrm{Cov}\begin{pmatrix} \Delta\widetilde{\boldsymbol{X}} \\ \widetilde{\boldsymbol{a}} \end{pmatrix}=(\boldsymbol{V}_*^{\tau}\boldsymbol{V}_*)^{-1} \tag{5-66}$$

由于 $\boldsymbol{V}^*$ 的各列间存在严重的复共线性，$(\boldsymbol{V}_*^{\tau}\boldsymbol{V}_*)$ 有一些很接近于 0 的特征值，此时的 $(\boldsymbol{V}_*^{\tau}\boldsymbol{V}_*)^{-1}$ 对角元很大，弹道参数和系统误差估计值的方差很大，为解决矩阵病态而引入了线性模型有偏估计——主成分估计方法。

4. 样条约束的“EMBET”法

采用样条约束的 EMBET 方法求解全程弹道，其中极为关键的一项就是样条节点的选取。可以通过遥测数据获取火箭惯性平台的视速度数据，扣除惯性平台视速度的实时补偿量，然后把视速度转换为外测发射系下火箭的弹道参数，从遥测弹道上来搜索样条时间节点序列。

1）弹道上进行节点序列选取

下面首先介绍在弹道上选择节点的方法。

设在时间段 $[a,b]$ 区间，弹道 3 个坐标分量分别选定 N_x、N_y、N_z 个内节点，分布为

$$K_x^{N_x}:\quad a<t_{x,1}<t_{x,2}<\cdots<t_{x,N_x}<b \tag{5-67}$$

$$K_y^{N_y}:\quad a<t_{y,1}<t_{y,2}<\cdots<t_{y,N_y}<b \tag{5-68}$$

$$K_z^{N_z}:\quad a<t_{z,1}<t_{z,2}<\cdots<t_{z,N_y}<b \tag{5-69}$$

则弹道的 6 个坐标分量可表示为

$$\begin{cases} x(t)=\sum\limits_{j=-2}^{N_x-1}\beta_{x,j}B_{4,j}(K_x^{N_x},t) \\ \dot{x}(t)=\sum\limits_{j=-2}^{N_x-1}\beta_{x,j}\dot{B}_{4,j}(K_x^{N_x},t) \\ y(t)=\sum\limits_{j=-2}^{N_y-1}\beta_{y,j}B_{4,j}(K_y^{N_y},t) \\ \dot{y}(t)=\sum\limits_{j=-2}^{N_y-1}\beta_{y,j}\dot{B}_{4,j}(K_y^{N_y},t) \\ z(t)=\sum\limits_{j=-2}^{N_z-1}\beta_{z,j}B_{4,j}(K_z^{N_z},t) \\ \dot{z}(t)=\sum\limits_{j=-2}^{N_z-1}\beta_{z,j}\dot{B}_{4,j}(K_z^{N_z},t) \end{cases} \tag{5-70}$$

式中的扩充节点一般可选为边界的重节点。

式（5-70）中的 $K_x^{N_x}$、$K_y^{N_y}$、$K_z^{N_z}$ 和 $\{\beta_{x,j}\}_{-2}^{N_x-1}$、$\{\beta_{y,j}\}_{-2}^{N_y-1}$、$\{\beta_{z,j}\}_{-2}^{N_z-1}$ 都是未知的待估参数，对这些参数如何选择才能使得在最小平方意义下弹道表示的精度最高，下面以弹道 x 分量为例，叙述关于节点分布的最优化算法及样条系数的估计。为了简化叙述，记 x 分量的节点分布为

$$K^N: a<t_1<t_2<\cdots<t_N<b$$

x 分量的表达式改写为

$$x(\boldsymbol{K}^N,t)=\sum_{j=-2}^{N-1}\beta_j B_{4,j}(\boldsymbol{K}^N,t)\ \dot{x}(\boldsymbol{K}^n,t)=\sum_{j=-2}^{N-1}\beta_j\dot{B}_{4,j}(\boldsymbol{K}^N,t) \tag{5-71}$$

设 x、$\dot{x}$ 的观测为

$$\begin{cases} y_i=x(t_i)+\varepsilon_i \\ \dot{y}_i=\dot{x}(t_i)+\varepsilon'_i \quad (i=1,2,\cdots,M) \end{cases} \tag{5-72}$$

式中：$\{\varepsilon_i\}$、$\{\varepsilon'_i\}$ 都假设为白噪声。

记

$$X(K^N)=\begin{pmatrix} B_{4,-2}(t_1) & B_{4,-1}(t_1) & \cdots & B_{4,N-1}(t_1), & \dot{B}_{4,-2}(t_1) & \dot{B}_{4,-1}(t_1) & \cdots & \dot{B}_{4,N-1}(t_1) \\ B_{4,-2}(t_2) & B_{4,-1}(t_2) & \cdots & B_{4,N-1}(t_2), & \dot{B}_{4,-2}(t_2) & \dot{B}_{4,-1}(t_2) & \cdots & \dot{B}_{4,N-1}(t_2) \\ \vdots & \vdots & \ddots & \vdots & \vdots & \vdots & \ddots & \vdots \\ B_{4,-2}(t_M) & B_{4,-1}(t_M) & \cdots & B_{4,N-1}(t_M), & \dot{B}_{4,-2}(t_M) & \dot{B}_{4,-1}(t_M) & \cdots & \dot{B}_{4,N-1}(t_M) \end{pmatrix} \tag{5-73}$$

则式（5-51）可写成以下矩阵形式，即

$$Y=X(K^N)\boldsymbol{\beta}+\boldsymbol{\varepsilon} \tag{5-74}$$

建立以下目标函数，即

$$\begin{aligned} Q(\boldsymbol{\beta},K^N) &= \|Y-X(K^N)\boldsymbol{\beta}\|^2 \\ &= (Y-X(K^N)\boldsymbol{\beta})^{\mathrm{T}}(Y-X(K^N)\boldsymbol{\beta}) \end{aligned} \tag{5-75}$$

式（5-75）的最优化问题可归结为以下非线性参数回归问题，即求参数 $\boldsymbol{\beta}$ 和内节点分布 K^N 的最优估计 $\hat{\boldsymbol{\beta}}$、$\hat{K}^N$，使得

$$Q(\hat{\boldsymbol{\beta}},\hat{K}^N)=\min_{\boldsymbol{\beta}\in\mathbf{R}^{N+2}K^N\in\Gamma^N} Q(\boldsymbol{\beta},K^N) \tag{5-76}$$

式中：$\mathbf{R}^{N+2}$ 为 $N+2$ 维实数空间；Γ^N 为 $[a,b]$ 区间内节点数等于 N 的内节点之集，$\Gamma^N=\{K^N=(t_1,t_2,\cdots,t_N):a<t_1<t_2<\cdots<t_N<b\}$。式（5-76）是一个线性与非线性叠合的回归问题，它关于参数 $\boldsymbol{\beta}$ 是线性的，而关于 K^N 则是非线性的。如果能够将式（5-76）分离为分别关于 $\boldsymbol{\beta}$ 的线性回归和关于 K^N 的非线性回归问题，将 $\boldsymbol{\beta}$ 和 K^N 的估计分步骤进行，则可以降低维数和复杂性，简化了算法，大大减少了计算量。

回归问题式（5-76）可以分步骤进行，首先考虑下面的非线性回归问题，即

$$Q_2(\hat{K}^N)=\min_{K^N\in\Gamma^N} Q_2(K^N) \tag{5-77}$$

注意到回归问题式（5-77）只是一个 N 维空间的非线性优化问题，有许多成熟的迭代算法可供选择，比如改进的高斯-牛顿算法、麦夸特算法等。在实际应用中，可将等距节点分布作为迭代初值。

由式（5-77）得到 K^N 的估计 $\hat{K}^N$ 后，即可由线性回归得到 $\boldsymbol{\beta}$ 的最优估计 $\hat{\boldsymbol{\beta}}$，即

$$\hat{\boldsymbol{\beta}}=[X(\hat{K}^N)^{\mathrm{T}}X(\hat{K}^N)]^{-1}X(\hat{K}^N)^{\mathrm{T}}Y \tag{5-78}$$

最优节点样条函数不仅能够高精度逼近非平稳弹道，对于平稳弹道，与等距节点样条相比，虽然它的计算量和计算复杂性要大，但它也具有一些好的特点，即逼近精度高、所需的节点数更少、可以进一步减少非线性回归待

估参数个数，这对弹道参数估计大有裨益。

2）测速元上进行节点序列的选取

我们的目的是通过优选内节点序列 τ 和样条系数序列 Γ，使数据融合的效果最佳。运用参数可分离的非线性最小二乘问题的求解算法，可以把求解数据融合模型问题扩展为求解自由节点样条最小二乘问题。但是，这种算法要求雅可比矩阵是满秩矩阵，而我们在用实例试算中发现，由于使用 **0** 向量作为待解的样条系数向量 $\boldsymbol{\Gamma}$ 的初值，雅可比矩阵常常呈严重病态，因此难以直接应用该算法。考虑在测元数据上进行 B 样条拟合时，雅可比矩阵是一个带状满秩矩阵，且对弹道的变化非常敏感、测速元数据采样率比较高。因此，可以应用参数分离的思想，首先在 m 个测速元数据序列上搜索不等距样条拟合的最优节点序列，得到

$$\boldsymbol{\tau}^{(i)} = \{\tau_{i,k+1}, \tau_{i,k+2}, \cdots, \tau_{i,k+N}\} \quad (i=1,2,\cdots,m) \tag{5-79}$$

然后对这 m 个最优节点序列结合遥测得到的各个弹道特征时间进行综合分析比较，从中选出最合适的节点序列参加数据融合模型的解算。

节点序列遴选的准则是：在弹道的平稳段，节点距在剩余误差允许的范围内尽可能大，以压缩随机误差和减少待估参数；在弹道的非平稳段，节点序列准确的描述弹道机动的起始与结束时间，使融合出的弹道最大程度地减轻我们不希望的“过平滑效应”。

大量实测数据的试算表明，由于测速元 $\dot{s}$ 的变化率与弹道的加速度直接对应，且测速元随机误差的量级又很小，可以在 m 个待选节点序列中精选出一条对弹道特征最敏感、相应测元数据质量最好的一个拟合节点序列，使最终融合出的弹道对实际飞行的逼近效果非常好。

5.1.3 遥、外测弹道合理性分析方法

遥外测弹道可从以下几个方面分析其合理性。

（1）外测自检验。即测元残差分析，可采用外测综合弹道反算到各站后与各站原始测元比对获得测元残差，如各站残差序列平稳，则外测综合弹道合理。

（2）外测分系统弹道比对。如光学、脉冲雷达、测速雷达、GNSS 等不同分系统之间产生的弹道两两比对，如分系统弹道一致性较好，则外测综合弹道合理。

（3）遥外弹道比对。将外测综合弹道与发射系遥测弹道的位置、速度、速度 1 阶差分做差比较，通过两条弹道之间的一致性，判断外测弹道合理性。

5.1.4 外测弹道结果精度分析方法

我们知道，由数据处理得到外测弹道是一个多变量的随机序列，弹道参数的精度实际上由两个不同的概念组成，即弹道参数的精密度与弹道参数的准确度。其中某一时刻弹道参数的精密度表示该时刻得到的实测弹道值与实测弹道分布中心的距离，表示实测弹道数据的离散程度；而弹道参数的准确度表示该时刻实测弹道分布中心与这一时刻弹道真值之间的距离，表示实测弹道数据的准确度。因此，弹道参数的精度可表示为

$$\sigma_x(t)=\sqrt{\sigma_{x,r}^2(t)+\sigma_{x,s}^2(t)} \tag{5-80}$$

由于无法得到真实的外测弹道，因此不能通过与真值比对的方法准确地给出弹道参数的精度。通常，估计弹道精度主要采用两种途径：一是运用经典的误差传播公式估计弹道参数的精度；二是通过对数据融合弹道的反算残差序列进行各种分析，以确认实测弹道的真实可信程度。第一种估计弹道精度的方法可以定量、逐点地给出弹道精度的估计值，然而，如果测量方程具有较强的非线性，经典的误差传播公式可能带来较大的截断误差。另外，测元先验测量精度系数的确定也有较大难度。第二种估计弹道精度的方法虽然不能定量、逐点地给出弹道精度的估计值，但可从总体上对实测弹道的精确度给出一个可信的估计。

对于外测系统而言，首要的是根据火箭典型弹道的弹道特性和弹道测量精度方面的要求，合理选择测量体制、测量设备的类型、精度、布站以及数据处理方法，一旦测量体制、测量设备的类型、测量精度、布站确定以后，对弹道精度影响的重点就是数据处理方法，选用不同数据处理方法对最后提供的弹道精度评估差别很大。

测速体制下精度的一个典型特征是高精度特性与弹道的飞行矢量（包括位置和速度）存在相关关系，如何建立高精度特性与弹道飞行矢量的相关关系的数学模型是一个难点，必须通过数学公式的推导、误差传播的分析和仿真试验把其内在确定的规律性表现出来，形成精度空间分布与飞行矢量内在联系的分析数学模型。

传统的解算方法是建立在弹道逐点解算基础上的，而弹道的多项式特性为利用弹道的内在相关性，融合一段时间内的弹道参数进行解算，以得到更高精度的弹道提供了可能。在深入分析弹道的多项式特性的基础上，利用弹道的多项式表示和样条表示，显著地提高了弹道的解算精度。此外，由于多项式结构简单，便于误差传播分析等特点，在后面的布站精度分析中，也主要采用多项式的方法。从本质上讲，样条也是一种多项式，所以对多项式分

析所得的结论也适用于样条。

通过对测速定轨体制原理的分析，可以导出测元的测量误差对弹道参数（位置、速度）的影响，即误差传播关系。采用蒙特卡罗方法，进行多次弹道解算仿真，将算得的结果进行统计分析，计算其均值，标准差，二阶矩的平方根等统计量，也可以分析弹道解算的精度。通过误差传播关系和弹道仿真计算结果的对比，可以说明误差传播关系1阶近似的合理性。

1. 弹道的参数表示

随着对弹道参数精度要求的提高，特别是为了分离雷达等测量设备的系统误差，提出了弹道参数的表示问题。弹道参数的表示有两个要求：一是截断误差小；二是表示的参数要少。前者要求表示函数组对弹道参数有充分的逼近能力，后者是因为在噪声观测中，待估计参数越少，参数的估计精度越高。

弹道的参数表示是一个基础性问题，也是一个模型问题，看是否充分利用了先验信息。它涉及由测量确定弹道坐标参数的方法、从测量到坐标的误差传播分析方法、可观测性等问题。一般包括坐标参数的逐点表示、样条函数表示和多项式表示 3 种方法，其中逐点表示是最普遍的，而样条函数表示在精度工程技术报告（参考文献）中已有先详细介绍，这里只简略介绍，这里重点放在弹道的多项式表示方面。

1）弹道的逐点表示

记弹道位置参数为 $\boldsymbol{X}(t)=(x(t),y(t),z(t))$，则速度和加速度参数为 $\dot{\boldsymbol{X}}(t)=(\dot{x}(t),\dot{y}(t),\dot{z}(t))$和$\ddot{\boldsymbol{X}}(t)=(\ddot{x}(t),\ddot{y}(t),\ddot{z}(t))$，由各时刻的观测数据来求解各时刻的弹道位置、速度和加速度，这就是弹道的逐点表示。弹道跟踪的实时处理、经典的多站最小二乘解法以及 EMBET 方法都是采用的这个模型。

2）弹道的多项式表示

在理论分析和仿真计算过程中，都是基于这样一个经验事实：一小段弹道可以用一个多项式来描述，这也正是采用单弹道多项式表示方法的原因。进一步，从降低表示误差的角度出发，我们希望多项式表示时长度较短；而从抑制随机误差的角度出发，我们又希望多项式表示时长度较长。这是两个对立面，又是测速定轨体制下用多项式方法解算弹道必须重点考虑的两个问题，因此有必要分析弹道多项式表示的特征。

通常情况下，弹道是一个光滑的空间曲线，因此短时间内的弹道可以用一个多项式来表示。这种表示是存在误差的，也可以说这是多项式方法的模型误差。采用的多项式窗口越宽，即一个多项式表示的弹道越长，则这种表示误差越大。另外，多项式窗口时长较长时对随机误差的平滑抑制效果较好，同时估计参数的冗余信息增多，从而误差传播关系变好，可以提高弹道的解算精度，这在理论分析和仿真计算中均得到了验证。

2. 误差传播关系

目标的位置和速度是无法进行直接测量的，硬件设备能直接测量的是包含目标位置和速度信息的各种测元，如角度、距离、距离变化率等。表现测元与目标的位置和速度参数之间的数学方程，称为观测方程。由于测元存在误差，而这种误差将不可避免地传播到目标的位置和速度上，所以必须分析传播到目标的位置和速度上的误差大小。这种分析是对观测方程进行一定转换实现的，由测元误差到目标的位置和速度误差分析，称为误差传播分析。

在测速定轨体制下，主要考虑各测速元的误差对弹道参数精度的影响。本节以下各段，分别讨论弹道逐点表示和多项式表示情况下的误差传播关系。

1）基于逐点表示的误差传播

考虑利用 N 个测站进行测速定轨，设这 N 个站的站址为

$$(x_k, y_k, z_k) \quad (k=1,2,\cdots,N) \tag{5-81}$$

目标的弹道参数为

$$\boldsymbol{X}(t)=(x(t), y(t), z(t), \dot{x}(t), \dot{y}(t), \dot{z}(t))^{\mathrm{T}} \tag{5-82}$$

t 时刻第 k 个站址到目标的距离为

$$R_k(t)=R_k(\boldsymbol{X}(t))=\sqrt{(x(t)-x_k)^2+(y(t)-y_k)^2+(z(t)-z_k)^2} \tag{5-83}$$

测速元记为 $\dot{R}_k(k=1,2,\cdots,N)$，式（5-83）两边对时间 t 求导，就可以得到 t 时刻时测速元与目标位置及速度之间的关系，即观测方程为

$$\dot{R}_k(t)=\frac{x(t)-x_k}{R_k(t)}\dot{x}(t)+\frac{y(t)-y_k}{R_k(t)}\dot{y}(t)+\frac{z(t)-z_k}{R_k(t)}\dot{z}(t), \quad (k=1,2,\cdots,N) \tag{5-84}$$

记

$$\cos\alpha_k=\frac{x-x_k}{R_k(\boldsymbol{X})}, \quad \cos\beta_k=\frac{y-y_k}{R_k(\boldsymbol{X})}, \quad \cos\gamma_k=\frac{z-z_k}{R_k(\boldsymbol{X})} \tag{5-85}$$

$$\begin{cases} a_{k1}=\dfrac{1}{R_k(\boldsymbol{X})}[\sin^2(\alpha_k)\dot{x}-\cos\alpha_k\cos(\beta_k)\dot{y}-\cos\alpha_k\cos(\gamma_k)\dot{z}] \\ a_{k2}=\dfrac{1}{R_k(\boldsymbol{X})}[-\cos\alpha_k\cos(\beta_k)\dot{x}+\sin^2(\beta_k)\dot{y}-\cos\beta_k\cos(\gamma_k)\dot{z}] \end{cases}$$

$$\begin{cases} a_{k3}=\dfrac{1}{R_k(\boldsymbol{X})}[-\cos\alpha_k\cos(\gamma_k)\dot{x}-\cos\beta_k\cos(\gamma_k)\dot{y}+\sin^2(\gamma_k)\dot{z}] \\ a_{k4}=\cos\alpha_k, \quad a_{k5}=\cos\beta_k, \quad a_{k6}=\cos\gamma_k \\ k=1,2,\cdots,N \end{cases} \tag{5-86}$$

记

$$\begin{cases} \dot{\boldsymbol{R}}=(\dot{R}_1,\dot{R}_2,\cdots,\dot{R}_N)^{\mathrm{T}} \\ \boldsymbol{X}=(x,y,z,\dot{x},\dot{y},\dot{z})^{\mathrm{T}} \\ \boldsymbol{A}=(a_{ij})_{N\times 6} \end{cases} \tag{5-87}$$

对式（5-84）进行泰勒展开，忽略高阶项，只取 1 阶近似，有

$$\dot{\boldsymbol{R}}=\boldsymbol{A}*\boldsymbol{X} \tag{5-88}$$

事实上，这种只取 1 阶项而忽略高阶项方法的合理性是需要分析的，这部分内容本书不具体论述。

由最小二乘法，当 $\boldsymbol{A}$ 为满秩矩阵时，有

$$\boldsymbol{X}=(\boldsymbol{A}^{\mathrm{T}}*\boldsymbol{A})^{-1}*\boldsymbol{A}^{\mathrm{T}}*\dot{\boldsymbol{R}} \tag{5-89}$$

记 $\boldsymbol{H}=(\boldsymbol{A}^{\mathrm{T}}*\boldsymbol{A})^{-1}*\boldsymbol{A}^{\mathrm{T}}$，误差传播矩阵记为 $\boldsymbol{C}$，假设测元的随机误差为独立同分布的高斯白噪声，则

$$\boldsymbol{C}=\boldsymbol{H}*\boldsymbol{H}^{\mathrm{T}} \tag{5-90}$$

于是，弹道 6 个参数的误差传播系数为

$$\boldsymbol{G}=(G_x,G_y,G_z,G_{\dot{x}},G_{\dot{y}},G_{\dot{z}})^{\mathrm{T}}=\mathrm{sqrt}(\mathrm{diag}(\boldsymbol{C})) \tag{5-91}$$

显然，用测元误差乘以误差传播系数，就可以得到弹道参数的误差。

2）基于多项式表示的误差传播

弹道的多项式表示就是将一定时间段内的弹道，用一组多项式进行表示。从而，弹道参数的解算问题可以转化为多项式系数的估计问题。利用多项式对弹道进行表示的合理性，即弹道的多项式表示特征。

这种方法的核心思想是把数据处理问题转化为一个待估参数少、模型误差小的多项式系数估计问题。这里不再逐个时刻建立模型考虑问题，而是将一段时间的数据一起考虑，用多项式或是样条表示弹道参数。这样做既减少了待估参数，又可以充分利用弹道参数的匹配关系，从而大大减轻模型的病态。

当弹道参数用 3 次多项式表示时，误差传播关系和逐点的情况相比有一定的不同。

下面对弹道的位置参数用一组 3 次多项式进行拟合，速度参数可以通过对这组多项式求导得到，即

$$\begin{cases} x(t)=a_1t^3+b_1t^2+c_1t+d_1 \\ y(t)=a_2t^3+b_2t^2+c_2t+d_2 \quad (t_1\leqslant t\leqslant t_2) \\ z(t)=a_3t^3+b_3t^2+c_3t+d_3 \end{cases} \tag{5-92}$$

记

$$\boldsymbol{a}=(a_1,b_1,c_1,d_1,a_2,b_2,c_2,d_2,a_3,b_3,c_3,d_3)^{\mathrm{T}} \tag{5-93}$$

$$\boldsymbol{D}(t)=\begin{bmatrix} t^3 & t^2 & t & 1 & 0 & 0 & 0 & 0 & 0 & 0 & 0 & 0 \\ 0 & 0 & 0 & 0 & t^3 & t^2 & t & 1 & 0 & 0 & 0 & 0 \\ 0 & 0 & 0 & 0 & 0 & 0 & 0 & 0 & t^3 & t^2 & t & 1 \\ 3t^2 & 2t & 1 & 0 & 0 & 0 & 0 & 0 & 0 & 0 & 0 & 0 \\ 0 & 0 & 0 & 0 & 3t^2 & 2t & 1 & 0 & 0 & 0 & 0 & 0 \\ 0 & 0 & 0 & 0 & 0 & 0 & 0 & 0 & 3t^2 & 2t & 1 & 0 \end{bmatrix} \tag{5-94}$$

$$\dot{\boldsymbol{R}}(t)=(\dot{R}_1(t),\dot{R}_2(t),\dot{R}_3(t),\dot{R}_4(t),\dot{R}_5(t),\cdots,\dot{R}_N(t))^{\mathrm{T}} \tag{5-95}$$

则

$$\boldsymbol{X}=(x,y,z,\dot{x},\dot{y},\dot{z})^{\mathrm{T}}=\boldsymbol{D}*\boldsymbol{a} \tag{5-96}$$

当取 n_1 个观测数据时，有

$$\begin{cases} \dot{\boldsymbol{R}}(1)=\boldsymbol{A}(1)\boldsymbol{X}(1)+\boldsymbol{o}(\boldsymbol{X})=\boldsymbol{A}(1)\boldsymbol{D}(1)\boldsymbol{a}+\boldsymbol{o}(\boldsymbol{a}) \\ \dot{\boldsymbol{R}}(2)=\boldsymbol{A}(2)\boldsymbol{X}(2)+\boldsymbol{o}(\boldsymbol{X})=\boldsymbol{A}(2)\boldsymbol{D}(2)\boldsymbol{a}+\boldsymbol{o}(\boldsymbol{a}) \\ \qquad \vdots \\ \dot{\boldsymbol{R}}(n_1)=\boldsymbol{A}(n_1)\boldsymbol{X}(n_1)+\boldsymbol{o}(\boldsymbol{X})=\mathrm{A}(n_1)\boldsymbol{D}(n_1)\boldsymbol{a}+\boldsymbol{o}(\boldsymbol{a}) \end{cases} \tag{5-97}$$

综上可得

$$\begin{pmatrix} \dot{\boldsymbol{R}}(1) \\ \dot{\boldsymbol{R}}(2) \\ \vdots \\ \dot{\boldsymbol{R}}(n_1) \end{pmatrix}=\begin{pmatrix} \boldsymbol{A}(1)\boldsymbol{D}(1) \\ \boldsymbol{A}(2)\boldsymbol{D}(2) \\ \vdots \\ \boldsymbol{A}(n_1)\boldsymbol{D}(n_1) \end{pmatrix}\boldsymbol{a}+\boldsymbol{o}(a) \tag{5-98}$$

记

$$\boldsymbol{RR}=\begin{pmatrix} \dot{\boldsymbol{R}}(1) \\ \dot{\boldsymbol{R}}(2) \\ \vdots \\ \dot{\boldsymbol{R}}(n_1) \end{pmatrix} \quad \boldsymbol{AA}=\begin{pmatrix} \boldsymbol{A}(1)\boldsymbol{D}(1) \\ \boldsymbol{A}(2)\boldsymbol{D}(2) \\ \vdots \\ \boldsymbol{A}(n_1)\boldsymbol{D}(n_1) \end{pmatrix} \tag{5-99}$$

同样，若只取 1 阶近似，而忽略高阶项，式（5-98）可简化为

$$\boldsymbol{RR}=\boldsymbol{AA}*\boldsymbol{a}+o(\boldsymbol{a}) \tag{5-100}$$

由最小二乘法，当 $\boldsymbol{AA}$ 为满秩时，有

$$\boldsymbol{a}=((\boldsymbol{AA})^{\mathrm{T}}*\boldsymbol{AA})^{-1}*(\boldsymbol{AA})^{\mathrm{T}}\boldsymbol{RR} \tag{5-101}$$

记 $\boldsymbol{H}=((\boldsymbol{AA})^{\mathrm{T}}\boldsymbol{AA})^{-1}(\boldsymbol{AA})^{\mathrm{T}}$，则有

$$\boldsymbol{X}=\boldsymbol{D}*\boldsymbol{a}=\boldsymbol{D}*\boldsymbol{H}*\boldsymbol{RR} \tag{5-102}$$

误差传播矩阵记为 $\boldsymbol{C}$，和逐点的情形一样，假设测元上的随机误差为独立同分布的高斯白噪声，则有

$$\boldsymbol{C}=(\boldsymbol{D}*\boldsymbol{H})*(\boldsymbol{D}*\boldsymbol{H})^{\mathrm{T}} \tag{5-103}$$

则弹道 6 个参数的误差传播系数为

$$\boldsymbol{G}=(G_x,G_y,G_z,G_{\dot{x}},G_{\dot{y}},G_{\dot{z}})^{\mathrm{T}}=\mathrm{sqrt}(\mathrm{diag}(\boldsymbol{C})) \tag{5-104}$$

采用逐点表示时也一样，用测元误差乘以误差传播系数，就可以得到弹道参数的误差。

3. 误差传播性能分析与坐标解算仿真结果对比

上面分别描述了弹道参数精度分析的两种方法，即误差传播关系和弹道仿真解算结果统计分析。每种方法中，又可分为弹道逐点表示和弹道多项式表示两种情况。各种情况可以总结如表 5-1 阵列。

表 5-1　弹道参数精度分析各种方法列表

方　　法	弹道逐点表示	弹道多项式表示
误差传播关系	弹道逐点表示下误差传播关系	弹道多项式表示下误差传播关系
弹道仿真解算	弹道逐点表示下仿真解算	弹道多项式表示下仿真解算

各种方法在各种情况下的关系如何，需要通过具体计算来分析。

5.2　数据处理结果分析及精度鉴定

数据处理结果分析和鉴定包含：外测测量数据的误差统计方法；光、电波折射修正方法；遥测参数检查分析方法；外、遥测数据处理结果融合分析方法；外测设备测量精度鉴定方法；遥测原始测量数据质量评估方法等。

5.2.1　外测数据处理结果分析方法

1. 不同弹道间的分析比较

从工程上讲，评价一种测量设备精度的高低，一个最直接也最令人信服的办法就是硬设备的比对。即采用更高精度的测量设备与该设备同时测量，

然后比对精度，技术阵地的校飞工作就是这种工作。除了校飞外，技术阵地的测试也是一个重要指标，在前面讨论了外测系统误差与制导工具系统误差的联合估计问题，并证实了可以给出外测系统误差与制导工具系统误差的联合估计，同时还能给出估计结果的精度评定。若将技术阵地对制导工具系统误差系数的测试结果与实际的制导工具系统误差系统的估计结果比较，则不仅可知制导工具误差系数的基本情况，还能从一个侧面看到数据处理的全面情况。

2. 由设备的状况分析数据结果

测量数据的精度，不仅与设备有关，而且与设备当时的工作状况密切有关，随机误差的大小就与量化误差有关；关于遥测数据，有公式

$$V_i=\frac{F_i}{K_i} \tag{5-105}$$

式中：$I=x$、y、z，$k_x=k_y=200$，$k_z=3000$。

可知，遥测数据 x、y 方向惯性系下速度遥测数据的量化误差为0.005m/s，而 z 方向则为0.00033m/s。以上是测量设备正常工作状态时，由具体的工作方式造成的误差。此外，还有其他的偶然因素引起的误差。

总之，评价数据处理结果要紧密结合设备的要求，通过残差分析，出现这种误差是大还是小、是否合理，要作细致的分析。

5.2.2　遥测数据处理结果分析方法

1. 遥测参数变化特性检验分析

建立各种运载火箭参数变化的标准物理特性库为基础，与发射时数据在时域进行全程比对。如果变化一致，则说明参数正常；如果变化不一致，则说明参数异常。一般来说，变化不一致，是指变化幅度不一致，或者在时间上变化规律不一致。当然幅度完全相等是不可能的，一般情况下，两者之差应在10%以下。如果两者之差在10%以上，则认为其工作状态可能不正常，应进一步深入分析。由于飞行环境影响可能有些细小变化不尽一致，但大的变化规律应一致。如果两个参数作差后数据中存在大的波动，则认为不正常。

2. 参数抖动幅度及频率检验分析

在正常飞行中各系统正常工作，缓变参数变化比较平缓，如果出现幅度较大的变化，则意味着该参数变化不正常，可能预示着某种故障发生。把发生抖动的参数区分出来，并且把抖动的幅值、抖动频率及发生时间记录下来，供故障分析使用。

一般来讲，小的抖动是参数的正常变化。我们感兴趣的是较大的抖动段落，因此要对抖动幅值进行计算。这就需要对电压、电流、压力、过载、速度、加速度、角度等参数确定一个阈值，超过阈值的值即认为抖动幅度较大。具体的阈值取值要根据不同参数而定。通过上述分析，可以把抖动较大参数的变化幅度和频率区分出来，这些参数作为故障参数可进一步深入分析。

3. 超限参数检验分析

把超出参数变化范围的参数和与理论时间不符的时间指令参数分离出来。参数超限对于控制系统来说是不允许的，超限就意味着故障。如在几次故障中计算机指令电流、发动机摆角、舵机指令电流、反馈电压、姿态角等都超过极限值。

时间指令是控制系统的重要组成部分，它具体反映了飞行中各个阶段的控制命令，如各级发动机实施点火和关机、级间分离、整流罩分离、正反推火箭点火等。在飞行器飞行过程中，飞行器按照一定的时序进行飞行，每个指令的参数均有理论值。

在数据处理中，为了确保数据正确无误，需与理论值相比较，若指令实测值与理论值相符，则说明该指令计算正确，预示其所控部件工作正常，若与理论值相差较大，则需具体分析，并与其相关参数进行比较分析。

4. 关联参数检验分析

有一部分参数之间是有关系的，有的是输入输出关系、有的是极性相同或相反、有的是一个参数不同的输出形式等。这些参数都有确定的关系，一旦其关系发生异常，即预示工作不正常。

1）控制系统反馈电压分析

各参数之间都有一定的相关性、规律性。例如，某次发射中，一级伺服机构Ⅰ反馈电压与一级伺服机构Ⅲ反馈电压变化规律一致；一级伺服机构Ⅱ反馈电压与一级伺服机构Ⅳ反馈电压变化规律一致。

2）控制系统电流分析

某数据中，一级综合放大器Ⅰ输出电流与一级综合放大器Ⅲ输出电流变化规律一致；一级综合放大器Ⅱ输出电流与一级综合放大器Ⅳ输出电流变化规律一致。而另一发射数据中，一级综合放大器Ⅰ输出电流与一级综合放大器Ⅲ输出电流变化规律以及一级综合放大器Ⅱ输出电流与一级综合放大器Ⅳ输出电流变化规律恰好相反。这主要是取决于该产品控制系统极性规定。

3）伺服作动器压差、线位移、发动机喷管摆角的分析

Ⅰ级伺服作动器A压差与Ⅰ级伺服作动器A线位移、Ⅰ级伺服系统喷管摆角A的变化趋势一致；Ⅰ级伺服作动器B压差与Ⅰ级伺服作动器B线位移、Ⅰ伺服系统喷管摆角B的变化趋势一致。当然Ⅱ、Ⅲ级也存在这种关系。

上述这种关系在产品正常飞行中都是正确的且相互对应，一旦其关系发生异常，即预示其工作不正常。我们把这些异常情况识别出来，进行深入的分析研究。

5. 数字量参数检验分析

1）平台加速度表输出脉冲参数检验分析

在数据分析中，差分方法是一种常用的数据分析方法，最常用的差分方法有两种，即1阶差分和2阶差分。下面以平台加速度表输出脉冲参数X、Y向为例来说明。平台加速度表输出脉冲参数，其变化规律是非减递增的，一阶差分Δl应为非负，即$\Delta l \geqslant 0$。当$\Delta l < 0$时，则说明数据有误或出现异常情况。

2）误差补偿参数检验分析

误差补偿参数主要用来实时补偿工具误差。在正常情况下，工具误差与误差补偿参数变化规律应一致，才能使工具误差得到补偿，保证落点精度满足要求。如果两者变化规律不一致，其落点精度就会超差。通过进一步分析，可找出引起超差的原因。

6. 时频分析方法

飞行过程中，火箭由于受到发动机推力、控制力等作用会引起各种类型的结构动力学问题，如火箭的横向弯曲振动、扭转振动、纵向振动等。火箭在不同介质中飞行时，会产生各种类型的动力学问题；火箭在大气中飞行，由于受气动力的作用会产生各种类型的空气动力学问题；火箭在水下发射时，由于受水动力的作用而引起各种类型的水动力学问题。另外，在液体火箭发射和飞行过程中，引起充液储箱内推进剂液体晃动、充液管路内推进剂液体波动等问题，同时，组成火箭的各分系统之间也可能出现耦合振动。例如，火箭结构的弹性振动与姿态控制系统的相互作用引起姿态控制系统的不稳定，导致火箭的不稳定振动；火箭结构纵向振动与液体火箭推进系统耦合作用引起的纵向耦合振动（POGO振动）等。由于激励源的不同，所产生的振动加速度响应类型也不同，通常有瞬态振动、正弦振动（周期振动）和随机振动3种类型。

一个振动信号有多种特征分析方法，基于傅里叶变换的时序理论的经典信号处理方法，只能对信号的统计特征和频率特征进行分析，很难在时域和

频域中同时得到信号的全局和局部变化结果。而时频分析方法不仅能够提供信号的全部信息，而且又能提供任一局部时间内信号变化激烈程度的信息。因此，将时频分析方法用于飞行振动信号处理中，可以在很大程度上提高数据分析的准确性和可靠性。

1）时频分析的基本原理

分析和处理平稳信号的常用也是最主要的方法是傅里叶分析，傅里叶变换建立了信号从时域到频域的变换桥梁，而傅里叶反变换则建立了信号从频域到时域的变换桥梁，这两个域之间的变换为一对一映射关系。从时域到频域的映射关系为傅里叶变换，有

$$S(\omega)=\int_{-\infty}^{\infty}s(t)\mathrm{e}^{-\mathrm{j}2\pi t\omega}\mathrm{d}t \tag{5-106}$$

反过来，从频域到时域的映射关系为傅里叶反变换，有

$$s(t)=\int_{-\infty}^{\infty}S(\omega)\mathrm{e}^{\mathrm{j}2\pi t\omega}\mathrm{d}\omega \tag{5-107}$$

时域和频域构成了观察一个信号的两种方式。基于傅里叶变换的信号频域表示及其能量的频域分布揭示了信号在频域的特征，它们在传统的信号分析与处理的发展史上发挥了极其重要的作用。但是，傅里叶变换是一种整体变换，是在整体上将信号分解为不同的频率分量，对信号的表征要么完全在时域、要么完全在频域，作为频域表示的功率谱并不能告诉我们其中某种频率分量出现在什么时候及其变化情况。然而，在许多实际应用场合，信号是非平稳的，其统计量是时变函数。这时，只了解信号在时域或频域的全局特性是远远不够的，最希望得到的是信号频谱随时间变化的情况。为了分析和处理非平稳信号，提出并发展了一系列新的信号分析理论，联合时频分析就是其中一种重要方法。联合时频分析的基本思想是设计时间和频率的联合函数，用它同时描述信号在不同时间和频率的能量密度和强度。如果有这样一个分布 $W(t,\omega)$，就可以求在某一确定的频率和时间范围内的能量百分比，计算在某一特定时间的频率密度、该分布的整体和局部的各阶矩等。然而，不确定性原理不允许有“某个特定时间和频率处的能量”这一概念，理想的 $W(t,\omega)$ 并不存在。人们只能研究伪能量密度或时频结构，根据不同的要求和不同的性能去逼近理想的时频表示，迄今提出了多种时频表示方法。

时频分析是联合时频分析的简称，其基本功能是建立一个函数，要求这个函数不仅能够同时用时间和频率描述信号的能量密度和强度，还能够以同样的方式来计算任何密度，同时从物理意义上考虑，这个函数必须或者基本满足边缘，即满足以下两个边缘方程，即

$$\begin{cases}\int P(t,\omega)\mathrm{d}t = |S(\omega)|^2 \\ \int P(t,\omega)\mathrm{d}\omega = |s(t)|^2\end{cases} \tag{5-108}$$

如果把某一特定时间的所有频率的能量都加起来，就应该给出瞬时能量；如果把某一特定频率的能量在全部时间内加起来，就应该给出能量密度谱。基于这种认识，定义了一般时频分布函数，即

$$P(t,\omega) = \iiint s^*\left(u - \frac{1}{2}\tau\right) s\left(u + \frac{1}{2}\tau\right) \phi(\theta,\tau) \mathrm{e}^{-\mathrm{j}2\pi(\theta t + f\tau - \theta u)} \mathrm{d}u\mathrm{d}\tau\mathrm{d}\theta \tag{5-109}$$

式中：$\phi(\theta,\tau)$为二维核函数，它确定了分布及其特性，通过改变它可以实现不同的分布。

2）短时傅里叶变换

常用的时频分析方法有短时傅里叶变换方法、威格纳—威利分布方法、小波变换方法和希尔伯特—黄变换方法。短时傅里叶变换能给出与我们直观感知相符的时频构造，是应用最多的一种时频分析方法。

短时傅里叶变换的思想是将信号看成分段平稳的信号，那么通过在原始信号上加固定窗，然后由窗口在原始信号上用平移的方法，就可以得到原始信号的时频谱。信号 $x(t)$ 的短时傅里叶变换定义为

$$\mathrm{STFT}(t,\omega) = \int_{-\infty}^{+\infty} x(\tau)h(\tau - t)\mathrm{e}^{-\mathrm{j}2\pi\omega\tau}\mathrm{d}\tau \tag{5-110}$$

式中：$h(t-\tau)$为时间窗函数，起时限作用；$\mathrm{e}^{-\mathrm{j}2\pi f\tau}$起频限作用。合起来共同起到时频双限作用。通过选择不同的时间窗和频率窗，可以实现给出不同特征信号较好的时频表示。

以上是连续短时傅里叶变换，对于实际应用而言，需将 $\mathrm{STFT}(t,f)$ 离散化，其中 $T>0$ 和 $F>0$ 分别是时间变量和频率变量的采样周期，m 和 n 为整数，为了简便，记 $\mathrm{STFT}(mT,nF)=\mathrm{STFT}(m,n)$。令 $z(k)$ 为离散信号，因此，STFT 的离散形式为

$$\mathrm{STFT}(m,n) = \sum_{k=-\infty}^{\infty} z(k)\gamma(kT - mT)\mathrm{e}^{-\mathrm{j}2\pi(nF)k} \tag{5-111}$$

STFT 的综合形式为

$$z(k) = \sum_{m=-\infty}^{\infty}\sum_{n=-\infty}^{\infty} \mathrm{STFT}(m,n)h(kT - mT)\mathrm{e}^{\mathrm{j}2\pi(nF)k} \tag{5-112}$$

若选择 $\gamma(k)=h(k)$，则可以得到离散短时傅里叶反变换为

$$z(k) = \sum_{m=-\infty}^{\infty}\sum_{n=-\infty}^{\infty} \mathrm{STFT}(m,n)\gamma(kT - mT)\mathrm{e}^{\mathrm{j}2\pi(nF)k} \tag{5-113}$$

3）分析与比较

对测量信号进行频谱分析，传统的方法一般是：首先从信号中选取一些特定（信号幅值较大、频率成分较丰富、平稳性较好）的时段；然后使用快速傅里叶变换对所选信号进行频谱计算；最后分析该时段信号在频域的分布情况。

传统谱分析方法只是对信号特征段或者感兴趣部分数据段进行谱分析处理，处理结果只能反映信号的局部时域和频域特性，而时频分析方法不但能够全时域和全频域掌握信号的变化特性和能量分布，而且能够在微观上了解频率成分的能量特性，实现准确、全面了解信号特性和分布的目的，有助于专业人员更加直观、全面地了解产品飞行过程中振动环境变化与分布情况。

5.2.3 遥、外测数据处理结果融合分析方法

1. 遥、外测数据的时间配准方法研究

目前测控系统的遥、外测数据处理结果由于时间获取机制、数据传输延时、数据处理延时等一系列原因带来了遥、外测数据难以对齐，导致无法直接对遥、外测数据进行互校准和数据融合，因此需要对遥、外测数据进行时间配准。遥、外测数据进行时间配准首先需要按照遥、外测数据是以遥测 T_0 或外测 T_0 修正到一个时间基准上，然后根据实时计算的各遥、外测数据延迟情况，计算数据后续处理的等待点时间，将等待点的数据采用平滑外推等方式进行时间对齐，提供给互校准和数据融合模块，等待点后的数据积累到下一计算周期。

通过对箭上遥测时间和地面外测时间之间误差产生原理和计算方法进行分析，研究了实时遥、外测时间配准方法，通过时间修正，将遥测时间统一到外测时间。然后将遥测弹道和加速度与外测测元统一进行实时动态时延计算，采用外推和内插的时间对齐方法进行遥、外测元的时间配准。由于多台外测设备和遥测信息之间的延时均不一致，为确保弹道解算的实时性，采取动态与静态参数结合的方式进行时间配准，当在固定时延误差内到达的设备测元不满足形成弹道的最少设备要求，则动态将满足弹道解算的最少设备数中的最大时延作为延时修正量，将所有遥、外测信息均对齐到该设备时间。

目前该方法已经应用到外测实时数据处理软件，其稳定性和可靠性得到了检验。动态时延计算方法如下。

将解算弹道所使用的测元外推至同一延时时间，多台设备延时为形成弹

道的最少设备延时。动态时延计算用于计算使用测元时刻，获取测元数据。方法要求某个信息时延过大时，不使用该信息；不能由于时延过小，无法获取足够测元而造成无法解算弹道。方法如下。

（1）使用接收线程中存储的各测元最后一点时间与当前时计算时延。

（2）当存在 M 个测元（解算弹道最少测元，根据解算弹道所需测元种类，如脉冲雷达综合求速弹道中，脉冲雷达必须选择）时延不大于 $t_{时延}$（现用时延），且不存在 M 个测元延时小于 $t_{时延}-100$ 无变化；n（延时变化累计）清零。

（3）当不满足（2）时，则统计时延最小的前 M 个（根据解算弹道所需测元种类，如脉冲雷达综合求速弹道中，脉冲雷达必须选择，剩余测速元排序后，选择 $M-1$ 个时延最小的）时延，计算以上 M 个时延的最大值 T_{temp}，则新延时为 $t_{时延}n=\text{int}((T_{temp}+50\text{ms})/50\text{ms})\times 50\text{ms}$（$n$ 初始为0）；$n=n+1$。

（4）当 $n<3$ 时，若 $t_{时延n}>t_{时延}$，则本周期不计算弹道，直接外推当前时。

（5）当 $n<3$ 时，若 $t_{时延n}<t_{时延}$，则继续使用 $t_{时延}$ 计算弹道。

（6）当 $n=3$ 时，判断 $t_{时延1}$、$t_{时延2}$、$t_{时延3}$是否相差不超过 50ms。

（7）不超过 50ms 则取 $t_{时延}=\text{MAX}(t_{时延1},t_{时延2},t_{时延3})$，$n=0$；超过 50ms 则 $t_{时延1}=t_{时延2},t_{时延2}=t_{时延3}$，$n=n-1$，程序进入下一个周期。

（8）时间对齐方法。

由于遥、外测系统 T_0 不统一，需要首先将遥、外测系统统一到相同的时间起点，考虑到外测系统作为主要的信息来源，这里将外测 T_0 作为时间起点。

时间对齐算法采用三点拉格朗日算法，给定三点 (t_0,x_0)、(t_1,x_1)、(t_2,x_2)，若 t_0、t_1、t_2 互不相等，则 t 时刻的值为

$$x_t=\frac{(t-t_0)(t-t_1)}{(t_2-t_0)(t_2-t_1)}x_2+\frac{(t-t_0)(t-t_2)}{(t_1-t_0)(t_1-t_2)}x_1+\frac{(t-t_1)(t-t_2)}{(t_0-t_1)(t_0-t_2)}x_0 \quad (5-114)$$

2. 遥、外测数据的互校准方法研究

测控系统在发射中相对独立地使用遥、外测数据对飞行器目标状态进行识别，导致对目标的状态掌控不够全面。如果能够将遥、外测数据进行互校准，将更真实地反映飞行器状态。遥测系统中具备专门的传感器采集加速度、平台角度等信息，采用遥测加速度来修正外测数据处理中对加速度的估计值，将极大提高外测数据处理的计算精度和收敛速度。同时，外测数据获取的外测弹道和遥测弹道的差值也可以对飞行器平台的偏差进行评估，对整个目标状态是否异常进行判断。此外，作为独立信息源，遥测弹道信息可以对测速雷达数据的跟踪模式以及测量数据质量进行判断，剔除误差较大的测元或者根据不同的跟踪模式选择弹道计算方法以提高相应弹道解算的精度。

1）基于外测信息的遥测弹道有效性分析

（1）实时遥、外测数据分析。

遥测弹道相对于外测弹道更加平稳，但遥测弹道容易产生系统性偏差，若直接进行遥、外测数据融合，可能会影响外测弹道准确性。因此，在遥、外测数据融合之前需要对遥测弹道参数的有效性进行判断分析。

以某数据为例，箭上平台与捷联惯组以主备关系工作，以平台为主。在飞行过程中，平台系统工作正常，捷联姿态角与捷联弹道异常。利用实时平台与捷联秒节点弹道反算测元残差可以看出，无论与测速数据还是测角数据相比较，捷联弹道均存在严重偏离实际飞行弹道现象，可以由此判断捷联秒节点弹道出现异常，利用遥、外测数据互检择技术，能够快速、准确地判断箭上工作状态。

（2）遥测弹道有效性判别算法。

通过仿真数据可以看出，利用外测信息对遥测弹道进行有效性分析是合理可行的。基于外测测量信息的遥测弹道的有效性判断，采用以下方法。

① 数据预处理。根据发射场外测设备类型分为光学设备、脉冲雷达设备以及连续波雷达设备，外测测量数据经过量纲复原、野值检择、电波修正等预处理过程，并且是平稳的（测元 2 阶差分绝对值小于阈值）。

② 假设 t 时刻遥测弹道为 $\boldsymbol{X}=(x,y,z,\dot{x},\dot{y},\dot{z})$，该时刻有效外测测元数目为 N，假设分别为 H_i，利用遥测弹道分别计算 N 个测元的理论值 $\widetilde{H}_i$，对于测速元素直接作差得到 Δfd（对于测速雷达数据，存在应答与信标两种跟踪模式，在实时发射中无法准确判断跟踪模式，因此在计算 Δfd 时，需要分别利用应答与信标两种模式计算残差，取其绝对值小的作为 Δfd 的值）；对于光学与脉冲雷达数据，直接求距离差 ΔL，其中

$$\begin{cases}\Delta fd=\min(|H_i-\widetilde{H}_i|,|H_i-\widetilde{H}_{\mathrm{S}i}|)\\ \Delta L=\mathrm{sqri}(\Delta X^2+\Delta Y^2+\Delta Z^2)\end{cases}\tag{5-115}$$

式中：对于测速雷达，$\widetilde{H}_i$ 为应答模式计算得到的理论值；$\widetilde{H}_{\mathrm{S}i}$ 为信标模式计算得到的理论值；ΔX、ΔY、ΔZ 分别根据脉冲雷达解算弹道位置参数公式计算得到，其中光学设备的测量距离 R 使用遥测弹道反算值 $\widetilde{R}$，即有以下公式。

脉冲雷达设备，有

$$\begin{cases}\Delta X=R\cos E\cos A-\widetilde{R}\cos\widetilde{E}\cos\widetilde{A}\\ \Delta Y=R\sin E-\widetilde{R}\sin\widetilde{E}\\ \Delta Z=R\cos E\sin A-\widetilde{R}\cos\widetilde{E}\sin\widetilde{A}\end{cases}\tag{5-116}$$

光学设备，有

$$\begin{cases}\Delta X=\widetilde{R}\cos E\cos A-\widetilde{R}\cos\widetilde{E}\cos\widetilde{A}\\ \Delta Y=\widetilde{R}\sin E-\widetilde{R}\sin\widetilde{E}\\ \Delta Z=\widetilde{R}\cos E\sin A-\widetilde{R}\cos\widetilde{E}\sin\widetilde{A}\end{cases}\tag{5-117}$$

③ 根据测量设备不同，将测量数据分为位置与速度两组，分别评估遥测弹道位置与速度参数与外测数据的符合情况，对每一时刻的位置残差向量与速度残差向量（速度分为通道 1 与通道 2 两个向量）求中值。

④ 对于位置与速度分别给定阀值，仿真试验中位置阀值取 2000m，速度阀值取 15m/s，对于遥测秒节点弹道，若连续 5 点小于阀值，则认为遥测弹道与相关的外测设备一致性好，可以使用遥测弹道或遥测数据进行遥、外数据的融合处理。此外，还可以设置另外的阀值，若小于此阀值则认为遥、外测数据一致性较好，可以使用遥测弹道作为外测测元检择的参考弹道。

2）基于遥测弹道信息的测速数据检择算法

（1）测速雷达信标与应答数据检择算法。

测速雷达数据包含信标与应答两种测量模式，在航天发射中两种模式均可能出现，且通过状态码无法准确判断跟踪模式。

目前实时数据处理中的数据检择算法，无法有效区分信标与应答数据，对于此类数据，理论上可以通过测元作差的方式消除信标与应答的影响，但是此方法存在以下不足，一是需要更多的测元进行弹道解算（以信标模式综合求速弹道解算方法为例，则至少需要 4 站数据），二是由于实时数据采样，各测站信标和应答数据出现的时刻不完全相同，在进行数据检择后同一周期的数据可能既有信标数据又有应答数据，在弹道解算时会造成弹道解算错误，如表 5-2 所示，此时上行站数据无效，测站 1 部分数据为信标模式，其他各站为应答数据且数据正常，此时无论是应答模式还是干涉模式，弹道均出现了散点。

表 5-2　检择后数据（未进行时间对齐）

上行站	测站 1	测站 2	测站 3	测站 4
7203. 9	6671. 254494	5292. 259678	5773. 644	4227. 729
7211. 5	6678. 871254	5298. 903656	5781. 289	4235. 560
7219. 1	6686. 505876	5305. 516263	5788. 974	4243. 383
NAN	6702. 797634	5307. 373420	5798. 171	4251. 432

（续）

上行站	测站 1	测站 2	测站 3	测站 4
NAN	NAN	5315. 422796	5793. 790	NAN
NAN	NAN	5321. 658654	5806. 568	4267. 307
NAN	NAN	5329. 103524	5807. 907	4259. 297
NAN	3169. 751033	NAN	NAN	NAN
NAN	3170. 861306	5335. 742387	5816. 873	4267. 211
NAN	3183. 016620	5342. 918587	5820. 754	4264. 509
NAN	3187. 808573	5327. 440249	5809. 507	4268. 884
NAN	3197. 509434	5323. 598220	5809. 892	4279. 592
NAN	3203. 937689	5324. 972728	5814. 352	4285. 3. 153
NAN	6703. 867224	5322. 869545	5816. 096	4287. 080
NAN	6705. 3. 4. 289990	5323. 084822	5819. 650	4291. 130
NAN	6707. 359537	5321. 754459	5821. 998	4294. 365
NAN	6709. 156739	5331. 815052	5825. 150	4298. 143
7234. 4	6710. 402170	5333. 755490	5825. 469	4301. 559
7235. 4	6712. 158535	5335. 682215	5827. 738	4306. 885
7236. 7	6713. 574278	5337. 836252	5830. 314	4310. 954

表 5-2 经过数据检择后的测元，原始数据在 123. 10～123. 20s，测站 1 有 3 个周期信标数据，其他各站在 123. 15～123. 20s 有 2 个周期信标数据，由于采用 3 点检择算法，经过数据检择后，测站 1 有 6 个周期信标数据，而其他各站信标数据被当作野值去除，于是造成了有多个周期数据跟踪方式不一致现象，从而造成弹道解算错误。

遥测弹道数据与外测数据相比是独立信息源，且遥测弹道比较稳定，因此可以利用遥测弹道对检择后数据进行区分，来判断信标与应答数据，在弹道解算时可以对弹道进行精细化处理，以提高外测弹道精度与稳定性。

假设当前时刻接收到的弹道参数为$(x, y, z, \dot{x}, \dot{y}, \dot{z})$，测量值为$\dot{S}_i$，已知测站坐标$(x_{0i}, y_{0i}, z_{0i})$与上行站坐标$(x_{up}, y_{up}, z_{up})$，由式（5-118）可分别计算 i 测站指向目标的距离变化率$\dot{R}_i$与上行站的距离变化率$\dot{R}_{ap}$。

$$\begin{cases} l=\dfrac{x-x_0}{R}, m=\dfrac{y-y_0}{R}, n=\dfrac{z-z_0}{R} \\ R=\sqrt{(x-x_0)^2+(y-y_0)^2+(z-z_0)^2} \\ \dot{R}=l\cdot\dot{x}+m\cdot\dot{y}+n\cdot\dot{z} \end{cases} \tag{5-118}$$

由测速雷达测量原理可知，若$\dot{S}_i$为应答数据，则有$\dot{S}_i=\dot{R}_i+\dot{R}_{\text{up}}$；若为信标数据，则有$\dot{S}_i=\dot{R}_i$。据此可同时进行数据有效性判断与状态判断，给定两个阈值ε_1、ε_2。若有$|\dot{S}_i-\dot{R}_i-\dot{R}_{\text{ap}}|<\varepsilon_1$，则数据有效且为应答模式；若有$|\dot{S}_i-\dot{R}_i|<\varepsilon_2$，则数据有效且为信标模式。

（2）利用遥测弹道进行测速数据互检择。

在遥外数据一致的基础上，利用上节方法可以进行测速数据的跟踪模式判断，并能剔除部分异常数据，为保证实时弹道的稳健性，检择条件相对较宽，无法完全剔除数据中的异常值，如图5-1所示，为某次航天发射中测速数据反算残差。从图中可以看出，在同一时刻各站的残差相差不大，其中有3站数据分别在不同时间段内残差相对较大，经查询发现这是由于设备过顶造成的。在遥、外测数据一致的情况下，正常的测速数据遥外残差基本上集中在较小范围内，可以利用这一特性设计互检择算法，具体如下。

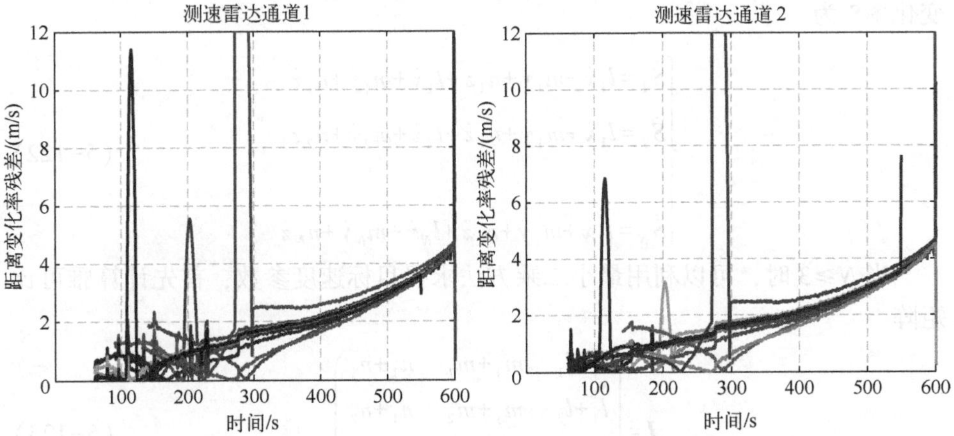

图5-1 遥测弹道反算残差曲线

① 利用遥测弹道计算各设备测速数据遥外差，记为$D=(d_1,d_2,\cdots,d_N)$，其中N为该时刻有效测元数目。

② 取长度$L\leqslant N$，在序列D的所有长度为L的子列中选取取值范围最小的子列，记为$M=(m_1,m_2,\cdots,m_L)$。

③ 计算子列 M 的标准差 σ、最大值 $M_{\max}$ 以及最小值 $M_{\min}$。

④ D 中取值范围在 $[M_{\min}-3\sigma, M_{\max}+3\sigma]$ 的值对应的测元均作为有效测元参与后续弹道计算。

3）基于弹道检择的脉冲雷达综合求速算法

目前，脉冲雷达综合求速包括应答模式与干涉模式两种，其中具体计算过程如下。

（1）应答模式。应答模式下，测量量为上行站与测站距离变化率之和。首先由脉冲雷达数据根据计算位置分量，利用当前弹道位置参数 (x,y,z) 和已知测站坐标（x_{0i},y_{0i},z_{0i}），可知 i 测站指向目标的距离变化率 $\dot{R}_i$，有

$$\dot{R}_i = l_i\dot{x}+m_i\dot{y}+n_i\dot{z} \quad (i=1,2,\cdots,N) \tag{5-119}$$

式中：l_i、m_i、n_i 表示目标到地面测站接收机天线的方向余弦，分别为

$$l_i=\frac{x-x_{0i}}{R_i};\quad m_i=\frac{y-y_{0i}}{R_i};\quad n_i=\frac{z-z_{0i}}{R_i} \tag{5-120}$$

式中：R_i 为目标到接收机天线的距离，即

$$R_i=\sqrt{(x_t-x_{0i})^2+(y_t-y_{0i})^2+(z_t-z_{0i})^2} \tag{5-121}$$

假设 $i=1$ 为上行站，则目标到上行站距离变化率为 $\dot{R}_1$，则各测站距离和变化率 $\dot{S}_i$ 为

$$\begin{cases}\dot{S}_1=l_1\dot{x}+m_1\dot{y}+n_1\dot{z}+l_1\dot{x}+m_1\dot{y}+n_1\dot{z}\\ \dot{S}_2=l_1\dot{x}+m_1\dot{y}+n_1\dot{z}+l_2\dot{x}+m_2\dot{y}+n_2\dot{z}\\ \qquad\vdots\\ \dot{S}_N=l_1\dot{x}+m_1\dot{y}+n_1\dot{z}+l_N\dot{x}+m_N\dot{y}+n_N\dot{z}\end{cases} \tag{5-122}$$

当 $N\geqslant 3$ 时，可以利用最小二乘方法求得目标速度参数，首先计算雅可比矩阵

$$\boldsymbol{J}=\begin{pmatrix} l_1+l_1 & m_1+m_1 & n_1+n_1\\ l_1+l_2 & m_1+m_2 & n_1+n_2\\ \vdots & \vdots & \vdots\\ l_1+l_N & m_1+m_N & n_1+n_N\end{pmatrix}_{N\times 3} \tag{5-123}$$

记 $\boldsymbol{Y}=(\dot{S}_1,\dot{S}_2,\cdots,\dot{S}_N)^{\mathrm{T}}$、$\boldsymbol{V}=(\dot{x},\dot{y},\dot{z})^{\mathrm{T}}$，则有

$$\boldsymbol{V}=(\boldsymbol{J}'\cdot\boldsymbol{J})^{-1}\boldsymbol{J}'\cdot\boldsymbol{Y} \tag{5-124}$$

（2）干涉模式。信标模式下，各测站测量值为目标到测站距离变化率，即有

$$\begin{cases}\dot{S}_1=l_1\dot{x}+m_1\dot{y}+n_1\dot{z}\\ \dot{S}_2=l_2\dot{x}+m_2\dot{y}+n_2\dot{z}\\ \quad\vdots\\ \dot{S}_N=l_N\dot{x}+m_N\dot{y}+n_N\dot{z}\end{cases} \tag{5-125}$$

在实时发射中，由于应答与信标两种模式均可能存在，无法有效区分，为解决这个问题，可采用干涉模式综合求速方法。假设$\dot{S}_1$为上行站测量值，各站测元与上行站作差可将式（5-122）与式（5-125）两种模式统一写为

$$\begin{cases}\dot{S}_2-\dot{S}_1=l_2\dot{x}+m_2\dot{y}+n_2\dot{z}-(l_1\dot{x}+m_1\dot{y}+n_1\dot{z})\\ \dot{S}_3-\dot{S}_1=l_3\dot{x}+m_3\dot{y}+n_3\dot{z}-(l_1\dot{x}+m_1\dot{y}+n_1\dot{z})\\ \quad\vdots\\ \dot{S}_N-\dot{S}_1=l_N\dot{x}+m_N\dot{y}+n_N\dot{z}-(l_1\dot{x}+m_1\dot{y}+n_1\dot{z})\end{cases} \tag{5-126}$$

当$N\geqslant4$时，可以利用最小二乘法求得目标速度参数，计算雅可比矩阵为

$$\boldsymbol{J}_S=\begin{pmatrix}l_2-l_1 & m_2-m_1 & n_2-n_1\\ l_3-l_1 & m_3-m_1 & n_3-n_1\\ \vdots & \vdots & \vdots\\ l_N-l_1 & m_N-m_1 & n_N-n_1\end{pmatrix}_{(N-1)\times3} \tag{5-127}$$

记$\boldsymbol{Y}_S=(\dot{S}_2-\dot{S}_1,\dot{S}_3-\dot{S}_1,\cdots,\dot{S}_N-\dot{S}_1)^{\mathrm{T}}$，$\boldsymbol{V}=(\dot{x},\dot{y},\dot{z})^{\mathrm{T}}$，则有

$$\boldsymbol{V}=(\boldsymbol{J}_S'\cdot\boldsymbol{J}_S)^{-1}\boldsymbol{J}_S'\cdot\boldsymbol{Y}_S \tag{5-128}$$

从数据质量来看，应答数据精度普遍高于信标数据；从弹道解算方法来看，对于应答数据采用应答模式解算精度较高，而对于信标数据，采用干涉模式精度较高。因此，在完成测元有效性与跟踪模式判断后，根据有效测元数以及各测元跟踪模式，按照以下规则动态选择速度解算方法。

① 若应答模式有效测元数目不小于 3 个，则只利用应答数据采用应答模式进行弹道解算。

② 若应答模式有效测元数目小于 3 个，并且信标模式有效测元数目不小于 4 个，则只利用信标数据采用干涉模式进行弹道解算。

③ 若以上两点都不满足，且总的有效测元数目不小于 3 个，则采用混合模式进行弹道解算。

在测量数据既有应答数据又有信标数据时，可采用混合模式进行弹道解算。

混合模式：假设此时既有应答数据又有信标数据，应答数据为距离和变化率，而信标数据为目标到测站距离变化率，假设测站 k 为上行站，测站$1\sim n$ 为应答数据，测站 $n+1\sim N$ 为信标数据，即有

$$\begin{cases}\dot{S}_1=l_k\dot{x}+m_k\dot{y}+n_k\dot{z}+l_1\dot{x}+m_1\dot{y}+n_1\dot{z}\\ \vdots\\ \dot{S}_n=l_k\dot{x}+m_k\dot{y}+n_k\dot{z}+l_n\dot{x}+m_n\dot{y}+n_n\dot{z}\\ \dot{R}_{n+1}=l_n\dot{x}+m_n\dot{y}+n_n\dot{z}\\ \vdots\\ \dot{R}_N=l_N\dot{x}+m_N\dot{y}+n_N\dot{z}\end{cases} \tag{5-129}$$

其雅可比矩阵为

$$\boldsymbol{J}=\begin{pmatrix}l_k+l_1 & m_k+m_1 & n_k+n_1\\ \vdots & \vdots & \vdots\\ l_k+l_n & m_k+m_n & n_k+n_n\\ l_{n+1} & m_{n+1} & n_{n+1}\\ \vdots & \vdots & \vdots\\ l_N & m_N & n_N\end{pmatrix}_{N\times 3} \tag{5-130}$$

记 $\boldsymbol{Y}=(\dot{S}_1,\cdots\dot{S}_n,\dot{R}_{n+1},\cdots,\dot{R}_N)^{\mathrm{T}}$，$\boldsymbol{V}=(\dot{x},\dot{y},\dot{z})^{\mathrm{T}}$，则有

$$\boldsymbol{V}=(\boldsymbol{J}'\cdot\boldsymbol{J})^{-1}\boldsymbol{J}'\cdot\boldsymbol{Y} \tag{5-131}$$

5.2.4 外测设备测量精度鉴定方法

1. 光学设备数据质量鉴定方法

1）设备跟踪情况鉴定

包括进行光学跟踪段落检查、各种图像跟踪段落、拍摄帧频、有无丢帧和重帧等。

2）图像质量情况鉴定

包括对光学设备获取的图像，从清晰度、对比度、稳定性等方面对图像质量进行评价。

3）系统误差估计

包括对数据的系统误差进行估计，通过综合弹道反算出各测元值，与实测值比对，统计平均值、均方差、总误差。

2. 脉冲雷达测量数据精度鉴定方法

脉冲雷达属于中等精度的测量设备，目前，发射场配备的脉冲雷达测

量精度比以往有了较大幅度的提高，其测量数据在实时安全控制和引导中发挥了重要作用，而且其测距元参加了外测事后精确弹道解算。随着脉冲雷达在发射场受关注程度的提高，在数据处理结果评定过程中，多次出现了精度指标超差与否的认定分歧，为此，作为承担外测设备评价职责的外测数据处理组，有必要对脉冲雷达测量数据的误差评估方法进行说明，并对其系统误差是否超差的判定提出建议。下面以某脉冲雷达的测距系统误差为例，说明脉冲雷达现行的系统误差估计方法、设备评价标准、存在问题并提出改进建议。

1）设备精度指标分析

某脉冲雷达的测距系统误差修正模型（单载频）为

$$R(t)=R_c(t)-\left(R_0+\frac{c}{2}\Delta t_\gamma\right)-\Delta R_N \tag{5-132}$$

式中：$R(t)$为距离真值；$R_c(t)$为距离测量值；R_0为距离零值；Δt_γ为应答机时延；ΔR_N为距离电波折射误差。

脉冲雷达距离跟踪测量误差包括与雷达相关的跟踪误差、与雷达相关的转换误差、与目标相关的跟踪误差和传播误差等，每种类型误差可分为系统误差和随机误差分量。其中，测距系统误差需要考虑的误差项有距离零值、接收机延迟、光速不稳定误差、应答机时延误差、空间传播时延误差、电波折射误差、动态滞后误差等。此外，由于采用硬比对的方法估计系统误差，还应该考虑定时误差。

某脉冲雷达的精度指标在设计时所考虑的误差（以单载频脉冲为例）有以下几项：距离零值标校误差ΔR_1；应答机延迟修正剩余ΔR_2；基准频率与光速不准ΔR_3；动态滞后ΔR_4；大气折射修正剩余ΔR_5。通过以上计算，可得测距总系统误差为

$$\Delta R=\sqrt{\Delta R_1^2+\Delta R_2^2+\Delta R_3^2+\Delta R_4^2+\Delta R_5^2}$$

比对测距系统误差修正模型，距离零值、应答机延迟和电波折射作为最主要的误差项在数据处理过程中进行了修正，因此在指标设计时只需考虑其修正剩余。另外，设计时还考虑了光速不稳定和动态滞后这两个量级较小的项。没有考虑的项包括接收机延迟、空间传播时延误差和定时误差，接收机延迟和空间传播时延误差在设备端进行了校准，剩余误差可以忽略；而定时误差如果有，可以在事后进行修正，由于时统系统的稳定性，一般这一项也忽略不计。

2）现行系统误差评价方法分析

对于中精度的测量设备，通常采用硬比对的方法对其系统误差进行估

计，比对标准为高精度设备。具体做法是将高精度弹道反算到脉冲雷达测量系统的测元，把脉冲雷达测元与高精度反算测元的差作为系统误差的估计值。根据军标要求，标准设备所提供的数据精度应该是待鉴定设备测量精度的3倍以上。在这种情况下，当所统计的系统误差和随机误差不大于雷达设计指标时，评定雷达的测量精度为合格（满足指标要求），否则为不合格（超差）。

3. 测速雷达测量数据精度鉴定方法

利用“弹道反算测元残差分析法”对测速雷达测量数据系统误差进行估计。利用多台测速雷达测量数据进行融合解算弹道，利用融合弹道反算各测量设备测元，将实际测元与反算测元进行比对，对测元的比对残差进行统计，以此对设备测量数据系统误差进行估计。

设有N个测量数据序列$\dot{R}_k(t)\,(k=1,2,\cdots,N)$，由这些测量数据融合解算得到的弹道状态量为$X(t)$。设观测方程为$G(X(t))$，则弹道反算测元残差即为

$$\Delta_k(t)=\dot{R}_k(t)-G(X(t))\quad (k=1,2,\cdots,N) \tag{5-133}$$

5.2.5 遥测设备测量数据质量评估方法

1. 时码质量检查

时码检查主要是检查时统信号是否正常、时间间隔是否正确、是否有丢失时间码的情况。

在火箭发射中，遥测记录的时间码经常出错，且直接影响遥测数据的处理。对时间码的检查方法，可分别进行时码、分码和秒码的直接检查，也可对逐帧记录时间进行差分判别，以此来判别遥测设备接收数据的质量情况。

2. 帧计数质量检查

检查起飞零点信号记录是否正常的检查方法有多种。利用多波道测量零点的跳变状态；与延时波道对比；利用多台车帧计数值进行推算等。

3. AGC 电平检查

检查 AGC 电平信号是否正常，利用 AGC 电平的变化规律进行判断比较，看变化规律是否正确。

4. 数据内容检查

检查数据内的测量波道是否正确，主要利用特殊的数码波道，如帧码、帧计数、校准电平、标准值参数等，查看数据内容的正确性。

5. 数据帧头帧尾的检查

其主要是检查子帧、副帧同步码是否正确，子帧、副帧计数、帧周期是否正确。通过上述检查可以发现遥测设备数据在传输、记录、处理过程中存在的问题。

6. 遥测参数质量检验分析

建立各种火箭参数变化的标准物理特性库为基础，与飞行数据在时域进行全程比对。如果变化一致，则说明参数正常；如果变化不一致，则说明参数异常。一般来说变化不一致，是指变化幅度不一致，或者在时间上变化规律不一致。当然幅度完全相等是不可能的，一般情况下，两者之差应在 10%以下。如果两者之差在10%之上，则认为其工作状态可能不正常，应进一步深入分析。由于飞行环境影响可能有些细小变化不尽一致，但大的变化规律应一致。如果两个参数作差后数据中存在大的波动，则认为不正常。

参考文献

[1] 陈伟利，李宗利．多测速体制下的外测数据处理［J］．导弹试验技术，2007（3）：56-58.

[2] 王正明．弹道跟踪数据的校准与评估［M］．北京：国防工业出版社，1999.

[3] 陈伟利，叶正茂，李颢．多测速体制下弹道数据融合的几个问题［J］．导弹试验技术，2005（4）：42-44.

[4] 陈伟利．多测速体制下外测数据处理方法研究［J］．导弹试验技术，2007（3）：40-42.

[5] 陈伟利．全测速测元弹道计算的数据融合算法与应用［J］．飞行器测控学报，2003（4）：30-32.

[6] 陈伟利．矩阵奇异值分解理论在外测数据处理中的应用［J］．导弹试验技术，2002（2）：44-46.

[7] 陈伟利．样条约束的 EMBET 中的最优化问题与算法改进［J］．装备指挥技术学院学报，2002（4）：34-36.

[8] 陈伟利．全测速多站系统的最优布站问题与数值算法［J］．飞行器测控学报，2005（6）：28-30.

[9] 刘利生．外测数据事后处理［M］．北京：国防工业出版社，2000.

[10] 周彬，郭亮杰，田鸿瀛，等．我国箭载遥测传输设备发展现状及展望［J］．遥测遥控，2017，38（6）：289.

[11] 黄捷．电波大气折射误差修正［M］．北京：国防工业出版社，1999.

[12] 甘友谊．全测速新体制下的电波折射修正方法研究与应用［J］．导弹试验技术，2005（1）：34-36.

[13] 黄学德，成求青．导弹测控系统［M］．北京：国防工业出版社，2000.

[14] 陈伟利．基于最小二乘 B 样条逼近的观测数据野值剔除方法［J］．飞行器测控学报，2001（4）：50-53.

[15] 杨位钦，颜岚．时间序列分析与动态数据建模［M］．北京：北京理工大学出版社，1988.

[16] 杜金观，项静怡，戴俭华．时间序列分析——建模与预报［M］．合肥：安徽教育出版社，1991.

[17] 成礼智．小波的理论与应用［M］．北京：科学出版社，2004.

[18] 易东云，朱距波，王正明．三频带信号分离的样条函数方法［J］．电子学报，1999（1）：15-21.

[19] 贾兴泉．连续波雷达数据处理 [M]. 北京：国防工业出版社，2005.

[20] 刘宗伟，李颢，胡亚男．测速雷达信标测量数据复原新方法 [J]. 飞行器测控学报，2012，31 (1)：23-25.

[21] 刘宗伟，潘建平，张香成，等．多测速体制应答模式测量数据复原新方法 [J]. 遥测遥控，2013，34 (3)：68-71.

[22] 叶正茂，甘友谊，陈伟利．LD-3701 测速雷达系统误差诊断与修正 [J]. 导弹试验技术，2004 (2)：45-48.

[23] 刘宗伟，刘夫体，甘友谊，等．微波辐射计在雷测数据折射误差修正中的应用 [J]. 电波科学学报，2011，26 (6)：1153-1157.

[24] 朱庆林，吴振森，赵振维，等．单台地基卫星导航接收机测量对流层斜延迟 [J]. 电波科学学报，2010，25 (1)：37-41.

[25] 朱庆林．基于单站地基 GNSS 的电波折射参数估计 [D]. 西安：西安电子科技大学，2010.

[26] 刘宗伟，刘夫体，胡亚男．GPS 反演技术用于电波折射误差修正精度分析 [J]. 遥测遥控，2014，35 (1)：69-72.

[27] 林乐科，张业荣，赵振维，等．基于支持向量机的地基单站 GPS 反演大气剖面 [J]. 南京邮电大学学报，2009，29 (4)：64-68.

[28] 林乐科，赵振维，张业荣，等．利用 BP_ANN 和地基单站 GPS 数据反演大气折射率剖面 [J]. 微波学报，2008，24 (6)：39-42.

[29] 邵长林．利用导弹制导误差补偿规律修正不完全弹道测量的数据融合技术 [J]. 飞行器测控学报，2005 (4)：79-82.

[30] 赵文策．基于弹道动力特性考虑的不完全测量数据处理方法 [J]. 飞行器测控学报，2006 (6)：130-135.

[31] 叶正茂．非等距节点样条约束 EMBET 方法的应用分析 [J]. 导弹试验技术，2002 (1)：15-18.

[32] 刘夫体．GPS 与测速雷达测量数据融合处理方法及应用 [J]. 导弹试验技术，2007 (1)：22-25.

[33] 刘夫体．GPS 与雷达测量数据融合处理方法在外弹道测量中的应用 [J]. 全球定位系统，2007 (4)：155-161.

[34] 郭军海．弹道测量数据融合技术 [M]. 北京：国防工业出版社，2012.

[35] 刘利生，吴斌，吴正容，等．外弹道测量精度分析与评定 [M]. 北京：国防工业出版社，2010.

[36] 陈伟利，胡亚男．一种基于数据融合技术的弹道重构方法 [J]. 导弹试验技术，2010 (3)：59-61

[37] 刘蕴才．导弹卫星测控系统工程 [M]. 北京：国防工业出版社，1996.

[38] 陈伟利．一种新的滑动型弹道数据融合算法 [J]. 导弹试验技术，2006 (4)：189-193.

[39] 陈伟利．一种基于“当前”模型的 UKF 弹道数据融合算法 [J]. 导弹试验技

术，2009（2）：87-94.

［40］周宏仁．机动目标跟踪［M］．北京：国防工业出版社，1991.

［41］彭焱．一种改进的机动目标跟踪算法［J］．雷达与对抗，2007（4）：213-217.

［42］彭竞．基于 UKF 的 GPS 非线性动态滤波算法［J］．GNSS World of China，2005（6）：391-395.

［43］唐波．Unscented 卡尔曼滤波在状态估计中的应用［J］．计算机仿真，2006（2）：102-107.

［44］吴玲．UKF 算法及其在目标被动跟踪中的应用［J］．系统工程与电子技术，2005（1）：15-19.

［45］蔡洪．Unscented 卡尔曼滤波用于再入飞行器跟踪［J］．飞行器测控学报，2003（3）：117-121.

［46］王淑一．UKF 方法及其在方位跟踪问题中的应用［J］．飞行力学，2003（6）：331-335.

［47］贾沛璋，朱征桃．最优估计及其应用［M］．北京：科学出版社，1984.

［48］胡绍林，许爱华，郭小红．脉冲雷达跟踪测量数据处理技术［M］．国防工业出版社，2007.

［49］郭军海．弹道测量数据融合技术［M］．北京：国防工业出版社，2012.

［50］王海晏．红外辐射及应用［M］．西安：西安电子科技大学出版社，2014.